DAKHUMENT 24/25

Department of Architecture
Kyung Hee University

Annual Book
2024–2025

ANNUAL BOOK

머리말

계획과 투사는 미래의 시간을 현재에서 미리 구현한다는 면에서 그 어원과 의미를 공유합니다. 그 맥락에서 건축은 여러 다양한 분야 중에서 가장 시간을 의식하고 이를 시각화하는 예술이라고 말할 수 있습니다. 아직 도래하지 않은 미래를 합의 속에서 현재 구현된 것처럼 작업한다는 것은 건축설계 뿐만 아니라 삶의 자세에 있어서도 시사하는 바가 크다고 생각합니다.

올해부터 우리 경희대학교 건축학과는 연감의 형식으로 전 학년에서 지난 두 학기의 시간을 헌신한 학생들의 작품을 발간하기로 하였습니다. 지금까지 졸업 작품만을 대상으로 제작했던 도록의 형식에서 한 걸음 더 나아간 결과물이라고 말할 수 있습니다. 여기에 각자 자신들이 몸담고 있는 상황과 사연 속에서 만들어낸 결과물을 내놓았습니다. 이들 중에 그동안 이루어 낸 자신의 성장에 만족하는 사람도 있고, 아쉬움을 느끼는 이들도 있을 것입니다. 하지만 이 연감은 입대를 준비하는 친구들, 다음 학기를 계획하는 학생들 그리고 취업을 바라보고 학창시절을 마감하는 모두에게 현재를 기억하게 해주는 소중한 자료이자 미래의 과거이기도 할 것입니다. 모든 차이를 떠나서 이들 모두가 공통적으로 한 해의 길고도 긴 여정을 마무리하였습니다. 그런 의미에서 여기에 자신의 작업을 수록한 각 한 사람 한 사람에게 칭찬과 찬사를 전합니다. 그리고 여기에 포함되지 않은 작업을 한 다수의 학생들에게도 동일한 말을 전하고 싶습니다.

이 모든 과정에서 가장 중요한 작품은 어떤 건축계획보다도 이를 계획한 그 사람이라고 생각합니다. 희로애락이 뒤섞인 여러 날들이 앞으로 어떻게 펼쳐질지는 모르지만, 여기 연감에 기록된 시간과 함께 우리 건축학과에서 강의와 그 밖에서 보낸 시간들이, 모두에게 긴 인생의 여정에서 힘과 용기를 줄 수 있기를 기원합니다. 다른 장소에서 함께 하면서 이들을 응원했던 부모님과 모든 지인들께도 감사의 말씀을 전하고, 이 연감을 위해 많은 고생을 한 김동일 교수님과 편집부 학생들에게도 동일한 마음을 전합니다.

건축학과 학과장
김일현 교수

Preface

Planning and projection share the same etymology and meaning in that both seek to realize the future in advance, within the present. In that sense, architecture can be regarded as the field that is most conscious of time—and the art that visualizes it. Working as though an unwritten future has already been shaped through collective agreement is not only central to architectural design but also offers important insights for one's attitude toward life.

Beginning this year, the Department of Architecture at Kyung Hee University has decided to publish an annual review featuring the works that students from all years have devoted themselves to over the past two semesters. This can be seen as a step forward from our previous catalog format, which focused solely on graduation projects. Each student has placed here the results shaped by their own circumstances and stories. Among them are those who feel satisfied with the growth they have achieved so far, and others who may feel regret. Yet this annual review will serve as a valuable record that allows friends preparing for military service, students planning for the next semester, and those concluding their school years while preparing for employment to remember their present—while also becoming the past of their future. Regardless of differences, all of them have completed a long and demanding journey. In this sense, I extend praise and congratulations to each and every person whose work is included here, and I wish to share the same words with the many students whose work is not featured in this edition.

Above all, I believe the most important work throughout this entire process is not any architectural plan itself, but the person who conceived it. Though we cannot know how the many days—filled with joy, anger, sorrow, and delight—will unfold from here, I hope that the time recorded in this annual review, along with the days spent learning and living within and beyond our department, will offer strength and courage throughout the long journey of life. I also extend my gratitude to the parents and all who supported these students from afar, as well as to Professor Kim Dong-il and the student editorial team, who worked tirelessly to bring this annual review to life.

Department Chair,
Prof. Ilhyun Kim

편집장 리뷰

«DAKHUMENT24-25»는 경희대학교 건축학과가 지난 수년간 이어온 교육과 설계, 연구 활동의 흐름을 한 권의 책으로 정리한 첫 인쇄 아카이브입니다. 이 책은 전시를 정리하거나 학기별 결과를 모은 보고서가 아닙니다. "지금 우리는 어디에 서 있는가"라는 질문에서 출발해, 건축 교육의 과정이 어떤 형태로 기록될 수 있을지를 함께 고민하고 실천해 본 결과입니다. 기록은 어떤 시작을 알리는 선언이라기보다, 되돌아보는 과정의 흔적이며 다음을 준비하기 위한 하나의 구조라고 생각합니다. 경희 건축은 2020년부터 온라인 아카이브를 통해 다양한 수업과 프로젝트, 실험과 피드백을 꾸준히 축적해 왔습니다.

이번 연감은 그 흐름을 종이 위로 옮긴 작업이며, 이를 통해 다시 읽히는 교육의 리듬과 구조를 정리해보려 했습니다. 반복되는 수업, 설계 과정에서의 고민, 표현기법의 시도, 연구의 방향과 질문들이 이 책 안에서 서로 연결되어 있습니다. 결과를 단순히 나열하기보다는, 그 과정에서 생긴 맥락과 고민을 함께 보여주고자 했습니다. 완성된 책이라기보다는, 앞으로도 계속 이어질 설계 과정의 일부라고 생각합니다.

올해 전시는 "The Known Unknown / The Unknown Known"이라는 주제에서 출발했습니다. 익숙하면서도 다시 살펴볼 필요가 있는 것들, 낯설지만 오랫동안 함께해온 감각들. 이 주제는 5학년 졸업설계 스튜디오에서 시작되었지만, 이후 학과 전체의 수업과 작업 속에서도 자연스럽게 이어졌습니다. 1학년의 조형 실험, 표현기법 수업에서의 다양한 시도, 대학원 리서치 스튜디오의 개념적 탐색 등, 서로 다른 접근 속에서 우리가 무엇을 배우고 남기려 하는지에 대한 단서들이 모였습니다.

«DAKHUMENT»는 단일한 흐름이나 정해진 해석을 따르지 않습니다. 학년별 수업과 스튜디오, 텍스트와 이미지, 개인 작업과 공동 작업이 서로 얽혀 구성되어 있습니다. 특정한 결론을 내리기보다는, 다양한 시선과 결과가 조화를 이루도록 편집의 흐름을 조정했습니다. 하나의 시각을 전달하기보다는, 그 사이의 차이와 간격이 이 책의 중요한 부분이 되기를 바랐습니다.

무엇보다 이 책은 특정 집필자나 팀에 의해 만들어진 결과물이 아닙니다. 교수와 학생, 연구자와 졸업생, 설계실의 메모와 전시장의 피드백까지, 여러 주체의 참여가 자연스럽게 모여 만들어졌습니다. 우리는 이 과정을 통해 건축 교육이라는 것이 단지 강의 계획이나 수업 성과에 머무르지 않고, 함께 고민하고 축적해 가는 실천이라는 점을 보여주고 싶었습니다. 그런 점에서 이 기록은 연결의 결과이자, 다음을 위한 준비라고 할 수 있습니다.

«DAKHUMENT»는 하나의 프로젝트를 마무리하는 작업이라기보다는, 다음을 위한 시작입니다. 이 책에 담긴 시간과 질문들이 앞으로의 교육과 작업, 그리고 기록의 방향을 다시 구성하는 계기가 되기를 바랍니다. 기록은 과거를 남기는 일이 아니라, 다음 세대를 위해 어떤 질문을 남길 수 있을지를 생각하는 일입니다. 이 책은 그 질문의 첫 발걸음입니다.

편집장
김동일 교수

Chief Editor Review

«DAKHUMENT24–25» is the first printed archive that brings together the educational, design, and research practices developed within the Department of Architecture at Kyung Hee University over the past several years. This book is not a summary of exhibitions or a compilation of semester-end outcomes. It began with a simple but persistent question: Where do we stand now? And it evolved into an attempt to understand how architectural education might be documented—and in what form.

Rather than a declaration of beginning, this record serves as a trace of where we've been, and a structure through which to consider what comes next. Since 2020, the department has maintained a digital archive, collecting and organizing projects, studio work, experiments, and feedback. This publication extends from that digital foundation, translating accumulated content into a tangible structure on paper. The goal is not simply to present final results, but to reveal the rhythms, challenges, and conversations that shape our academic environment. In that sense, this book is not a conclusion—it is part of a longer process, still ongoing.

This year's exhibition was organized under the theme The Known Unknown / The Unknown Known. First introduced in the fifth-year thesis studio, this paradoxical framework eventually resonated across the department. From first-year explorations in form and space, to visual studies that merge perception with language, to advanced research in graduate studios—the theme offered a shared reference point through which to revisit what we think we already know, and examine what we may have overlooked.

«DAKHUMENT» does not follow a linear narrative, nor does it offer a singular interpretation. Courses, studios, texts, drawings, individual efforts, and collective outcomes are interwoven throughout. The editing process focused less on coherence of message, and more on preserving the diversity of viewpoints and modes of engagement. The spaces in between, where different approaches diverge or overlap, are as important here as any finished piece of work.

Importantly, this publication is not the work of a single author or editorial team. It reflects the participation of faculty, students, researchers, alumni, and countless interactions across studios and reviews. Through this collaborative process, we hope to suggest that architectural education is not solely defined by curriculum or measurable results, but by the shared effort to think, work, and reflect together. In that sense, this archive is both a product of connection and a framework for continuity.

This is not a conclusion, but a beginning. The contents of this book—its projects, processes, and questions—are meant to inform future iterations of teaching, learning, and documenting architecture. To record is not only to preserve the past; it is to ask what questions we leave behind for the next generation. «DAKHUMENT» is a quiet gesture toward that ongoing conversation.

Chief Editor
Prof. Dongil Kim

목차

Contents

2차원의 이미지에서 3차원의 볼륨으로

[설계기초 1]

Studio A | 심경주, Kyungju Sim
Studio B | 임권웅, Kwonwoong Lim
Studio C | 김종수, Jongsoo Kim
Studio D | 이민호, Minho Lee

건축가의 작업은 지성과 이성적 사고 및 창의력의 조합에 의해 이루어진다. 본 과목은 생각하고, 느끼고, 행하고, 만드는 작업을 통하여 이성적 사고와 창의력의 조합으로 이루어지는 건축 디자인 전반에 대한 이해와 흥미를 유발하고 이를 표현할 수 있는 창의력의 발전을 목표로 한다. 이를 위해 3차원의 공간을 2차원의 매체에 표현하고 건축적 아이디어를 그래픽으로 구성하여 전달하는 능력을 키움과 동시에 2차원 매체를 활용한 3차원 공간 디자인 능력을 교육한다. 사진 작업을 통하여 3차원 공간의 구성을 기록, 분석하며 디지털기술 및 이미지 Collage 작업을 사용하여 이미지를 변형하여 원하는 공간을 2차원의 미디어에 구성하여 표현한다. 추상적인 음악적 시퀀스를 다이어그램으로 구성하고 이를 3차원의 형태와 공간으로 발전시켜 모형으로 구현한다.

Spatial Flow는 1학기 마지막 Project이다. 이번 과제에서 학생들은 자신이 선정하고 준비한 음악의 악보를 분석하여 음악의 리듬, 음의 높낮이, 화음 등으로 이루어진 음악적 시퀀스를 2차원의 도형으로 전환한다. 이를 위하여 Graphic Notation의 기법을 참조한다. 이렇게 만들어진 도형화된 악보의 구성에 높이 값을 부여하여 3차원 형태의 구성으로 제작한다. 이는 면 내지 선이 아닌 3차원의 볼륨화된 도형으로 표현되어야 한다. 3차원으로 구성한 Solid 형태를 Void로 반전시켜 (양각의 음각화) 주어진 크기의 형태 안에 (240mm×240mm×500mm) 공간으로 구성한다.

The work of an architect is achieved through a combination of intellect, rational thinking, and creativity. This course aims to foster an understanding and interest in architectural design achieved through thinking, feeling, doing, and creating, while developing the ability to express creativity. To this end, students will learn to represent three-dimensional spaces in two-dimensional media and convey architectural ideas graphically. Additionally, they will develop the ability to design three-dimensional spaces using two-dimensional media. Through photography, students will record and analyze the composition of three-dimensional spaces, and using digital technology and image collage, they will transform images to construct and express desired spaces in two-dimensional media. Abstract musical sequences will be diagrammed and developed into three-dimensional forms and spaces, which will be implemented as models.

Spatial Flow is the final project of the first semester. In this assignment, students analyze the sheet music of a selected musical piece, converting the musical sequence composed of rhythm, pitch, and harmony into two-dimensional shapes. They refer to the technique of Graphic Notation. The configured sheet music is assigned height values to create a three-dimensional form, which must be expressed as volumetric models rather than surfaces or lines. The solid form constructed in three dimensions is inverted to void (intaglio of relief) and composed into a space within a given size (240mm×240mm×500mm).

ⓒ 장승환, Seunghwan Chang

ⓒ 김가현, Gahyeon Kim

학생들에게 음악이라는 추상적이며 비 물리적인 예술매체를 물리적 공간으로 도출해 내는 과정은 생소하고 난해할 수 있었을 것이다. 각자의 학생들은 음악의 요소를 물리적 어휘로 변경하기 위하여 각자의 분석 틀을 만들어보지만 1-2번의 피드백 내에서 해당 분석을 만들어서 본인들 만의 독창성을 찾기에는 쉽지 않은 과정이었을 것이라 생각된다. 또한, 아직 공간 구축에 대한 경험이 부족하다 보니 공간 요소를 만드는 데 있어서 많은 것들을 담고자 하며, 적정한 스케일을 찾는데 시간이 많이 소요되었는데, 이 역시 1학년 1학기 학생들이기에 당연히 겪어야 되는 성장통이었다고 생각된다. 그럼에도 각자가 분석한 음악의 시퀀스를 공간으로 치환하며 해당 공간에서 그 특징을 만들어내기 위한 학생들의 많은 노력이 있었다.

학생들의 결과물을 살펴보면 비정형 형태의 공간이 많이 나타나는데, 이를 실현하기 위해서는 3차원 툴의 사용 역시 필수적이다. 그래서 더욱 막 학교에 입학한 1학년 학생들이 만들어 낸 1학기 마지막 과제 결과물은 항상 놀라움을 준다.

For students, the process of translating an abstract and non-physical art medium like music into physical space may have been unfamiliar and challenging. Each student attempted to create their own analytical framework to convert musical elements into physical vocabulary, but finding originality within one or two feedback sessions was likely not easy. Additionally, due to their lack of experience in spatial construction, students spent considerable time trying to incorporate many elements and find the appropriate scale, which is a growing pain expected of first-semester freshmen. Nevertheless, students put in significant effort to translate the analyzed musical sequences into space and create features within that space.

Looking at the students' results, many irregularly shaped spaces are present, which require the use of three-dimensional tools to realize. Therefore, the final project results created by first-year students just entering university always provide amazement.

이가연 | **Studio B**
Another Day of Sun

ⓒ 이가연, Gayeon Lee

김윤진 | **Studio C**

Swan Lake Ballet, Act II, Op.20

ⓒ 김윤진, Yunjin Kim

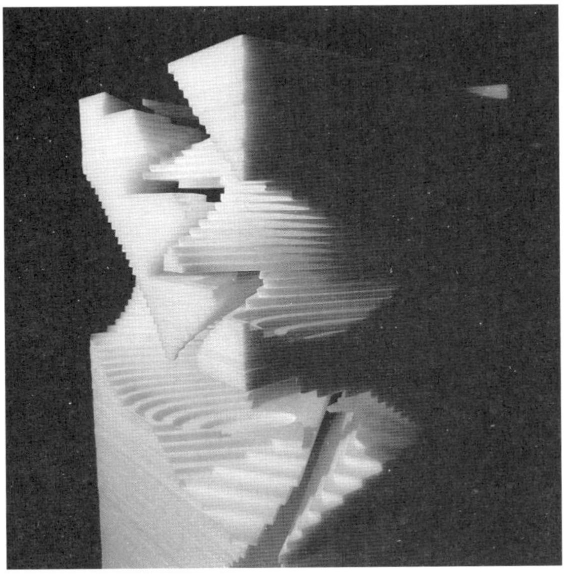

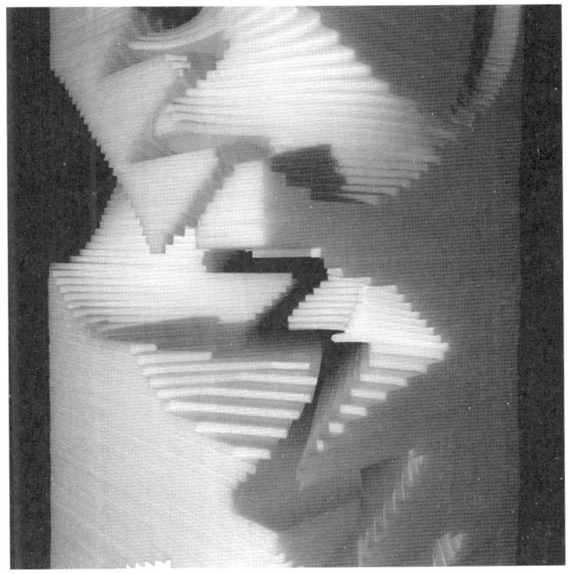

이의현 | **Studio A**

ⓒ 이의현, Uihyeon Lee

주민혁 | Studio A

Autumn Leaves

ⓒ 주민혁, Minhyeok Joo

장승환 | **Studio D**

Echoes of Tchaikovsky

ⓒ 장승환, Seunghwan Chang

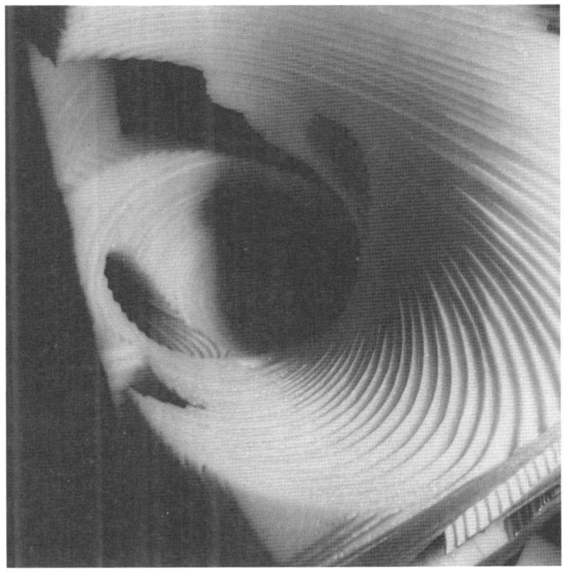

이지원, **Studio C**

ⓒ 이지원, Jiwon Lee

홍채은 | **Studio A**

Bach: Mass in B minor

ⓒ 홍채은, Chaeeun Hong

김가현 | **Studio B**

Symphony No.40, Mozart

ⓒ 김가현, Gahyeon Kim

형태·비례·빛·재료의 상호작용을 탐구하는 설계의 기초 확립 과정

Studio A | 황경은 Hwang Kyungeun
Studio B | 임권웅 Kwonwoong Lim
Studio C | 김종수 Kim Jongsoo
Studio D | 심경주 Sim Kyungju
Studio E | 이동훈 Lee Donghoon

2024학년도 2학기 <설계기초 2>는 건축 설계의 기초 감각을 심화하는 동시에, 공간 인식과 표현 능력을 발전시키는 것을 목표로 했다. 수업은 세 개의 프로젝트로 구성되었다.

첫 번째 프로젝트 Personal Space는 한 사람을 위한 최소 규모 주거 유닛 설계를 주제로, 90m^3 이하의 육면체 공간에 기본 생활 행위가 원활히 수용되도록 계획하는 과제였다. 두 번째 프로젝트 Personal Space 적층에서 학생들은 개구부 방향, 가로·세로 비례, 내부 동선 등을 창의적으로 구성하며, 16개 유닛모듈 적층과 연접을 통해 전체 건물의 공간 구성을 완성했다. 세 번째 프로젝트 공간/빛 박물관은 빛과 공간의 상호작용을 주제로, 10×20×10m의 입방체 내에서 공간 시퀀스를 설계하는 과제였다. 학생들은 문학작품, 영화 등의 서사를 건축적 시퀀스로 변환하고, 자연광이 각 공간의 성격을 극대화하도록 개구부와 표면을 계획했다. 이를 통해 공간의 차별화, 높이·폭·길이 비례, 개방성과 폐쇄성 등 다양한 건축 요소를 실험적으로 적용했다.

전반적으로 학생 작품은 주제에 대한 이해와 표현의 다양성에서 높은 수준을 보였다. 특히 Personal Space 과제에서는 제한된 부피와 개구부 조건을 참신하게 해결한 사례가 인상적이었고, 공간/빛 박물관 과제에서는 공간 시나리오와 빛의 흐름을 유기적으로 연결한 설계안이 돋보였다. 이번 학기는 학생들이 형태·비례·빛·재료를 통합적으로 사고하는 기초 역량을 확립하는 의미 있는 시간이 되었다.

The 2024 Fall semester <Design Basics II > course aimed to deepen students' fundamental design sensibilities while developing their spatial perception and expression skills.

The class consisted of three projects. The first project, Personal Space, focused on designing a minimal residential unit for one person within a cubic volume of less than 90m^3, ensuring that essential daily activities could be comfortably accommodated. The second project, Personal Space Stacking, challenged students to creatively determine window orientation, horizontal-vertical proportions, and internal circulation. Through stacking and adjoining 16 unit modules, they completed the overall spatial composition of the building. The third project, Space/Light Museum, explored the interaction between light and space within a cubic structure measuring 10×20×10m meters. Students translated narratives from literature or film into architectural sequences, planning openings and surfaces so that natural light would enhance each space's character. This process allowed them to experiment with differentiated spatial qualities, proportions of height-width-length, and varying degrees of openness and enclosure.

Overall, student works demonstrated a high level of conceptual understanding and diversity of expression. Notably, the Personal Space project showcased inventive solutions to constraints of volume and openings, while the Space/Light Museum project stood out for its seamless integration of spatial scenarios and light flow. The semester provided a meaningful opportunity for students to establish foundational skills for integrating form, proportion, light, and material in architectural design.

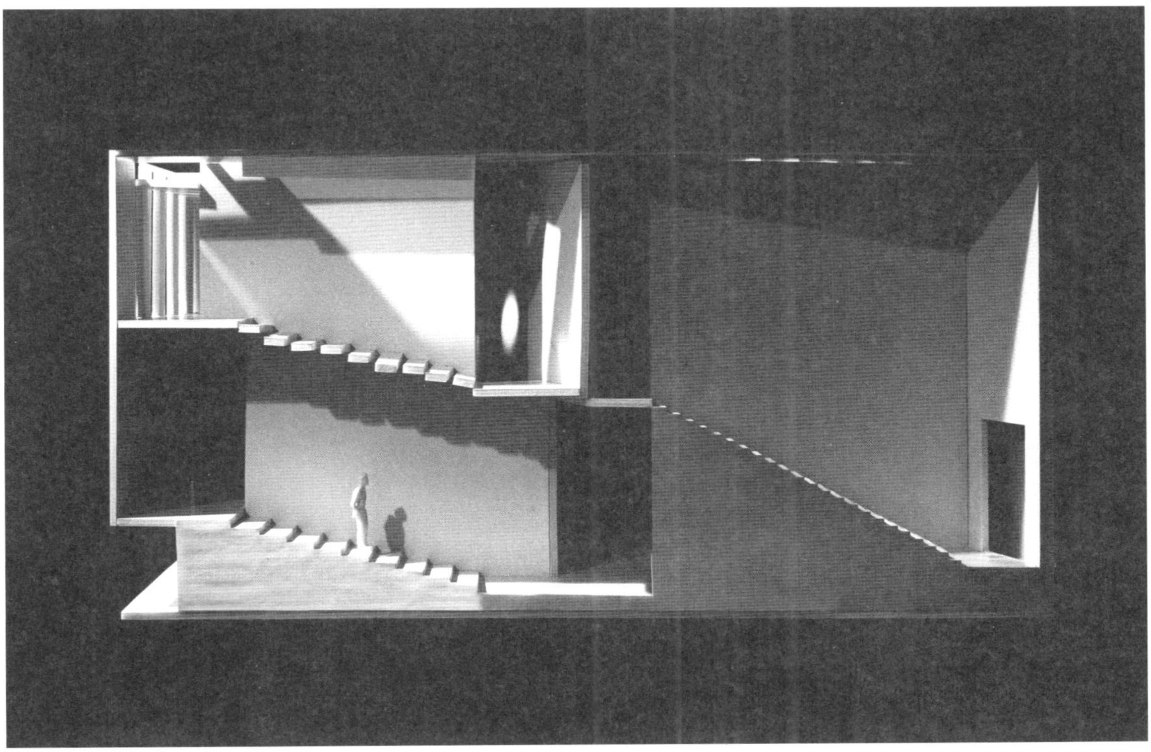

ⓒ 이시현, Sihyeon Lee

이시현 | **Studio D**
이중성
Duality

영화 <조커>를 모티프로 삼아 빛과 그림자를 통해 인간 내면의 이중성을 조명한다. 공간의 이동 과정에서 빛은 인간의 내면의 균열을 따라 스며들며, 감춰진 이중성을 서서히 드러낸다.

Inspired by the film <Joker>, the exhibition explores the duality of the human psyche through light and shadow. As visitors move through the space, light seeps along the fractures of the inner self, gradually revealing hidden aspects of this duality.

ⓒ 이시현, Sihyeon Lee

김형은 | Studio D
고통의 인내: 독립
Patience of Pain: Independence

단절되지 않았지만 닿을 수 없는 공간들에 소망과 한계를 담았다. 수직적으로 가라앉았다 떠오르는 동선과 점점 커지는 공간들을 통해 끝내 도달한 곳은 암울했던 시대의 끝이자 다가올 새로운 시대의 시작이다.

Continuous yet unreachable spaces embody both hope and limitation. A circulation path that dips then rises, along with gradually expanding spaces, leads to the formerly inaccessible area—signifying the end of darkness and the start of a hopeful new era.

조이현 | Studio D
어둠을 지나, 별에게 묻다
To ask a star through the darkness

각 공간에 들어오는 빛의 양과 방향성을 달리하여, 감정의 전개에 따라 공간이 흘러가듯 연결된다. 어둠을 지나 점차 별빛이 스며드는 듯한 흐름은 '별 헤는 밤'의 감정선을 온전히 따라가고, 마치 시(詩) 안을 거니는 듯한 경험을 준다.

The transition from darkness to a gentle infusion cf starlight follows the emotional arc of Starry Night, offering an experience akin to walking through the poem itself.

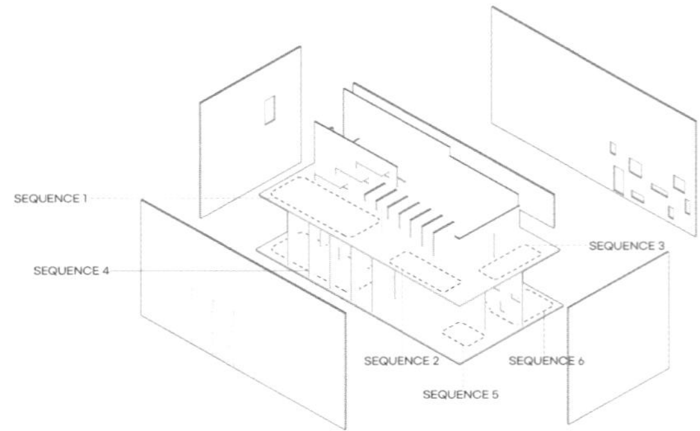

ⓒ 조이현, Ihyeon Cho

김정진 | Studio E
시간의 서사, 기억의 빛
The narrative of time, the light of memory

한 남자의 기억을 따라 흐르는 시간의 강 위에 한국 현대사의 상흔과 가족의 서사를 함께 띄워 올린 영화, <국제시장>을 빛과 공간을 통하여 풀어냈다.

The film which traces a man's memories along the river of time while reflecting the scars of modern Korean history and his family's story, is interpreted here through light and spatial design.

ⓒ 김정진, Jeongjin Kim

건축적 사고의 시각적 구현과 조형적 표현

[표현기법 1]

Studio A | 이경애 Kyoungaei Lee

<표현기법>은 조형 교육에서 가장 기본적으로 다루어야 할 핵심 요소이다. 건축물이나 예술 작품은 인간의 사고에서 비롯된 창작물이라는 점에서, 건축을 공부하는 학생들에게 예술적 감수성과 창의력을 키우는 것이 중요하다. 이 과목은 건축에 입문하는 학생들에게 예술적 감수성과 표현 능력의 중요성을 일깨우고, 이를 건축적 사고로 확장 시키는 것을 목표로 한다. 수업 과정에서는 표현력을 통한 창의성 증진, 건축과 예술의 연결성 체득, 자기만의 조형 언어 개발에 중점을 두고 있다.

전반적 수업 구성은 ① 기초 표현 능력 함양: 다양한 재료를 활용한 기본 스케치와 시각적 접근 방법 익히기, ② 조형 및 공간 감각 개발: 조형 감각, 원근법, 공간에 대한 이해와 표현, ③ 색채와 재질 표현력 키우기: 색상(Color)과 재질(Texture)에 대한 이해 및 실습, ④ 입체적 사고와 표현: 다양한 재료를 활용한 창의적 발상과 입체 표현 과정으로 진행되며, 수업 시간 외 학생 개별 드로잉 실력 향상을 위해 함께하는 데일리 드로잉과 손을 풀고 감각을 깨우는 워밍업 드로잉은 다양한 재료와 주제를 통해 감각을 확장하고, 사고를 시각적으로 풀어내는 법을 익히게 된다.

수업 운영 측면에서는 학생들 간의 자유로운 토론을 통해 아이디어를 도출하고, 이를 표현해 보는 과정을 중심으로 진행되며, 매 주제를 중심으로 한 과제 수행에 적절한 자유로운 재료 탐색과 조형 실험을 폭넓게 탐구하고 학습하도록 한다. <표현기법 1>의 수업 철학은 "생각을 눈에 보이게 하라"이다. 이 수업은 '정답'을 가르치지 않는다. 대신 학생 스스로 사고하고 표현하며, 자신만의 건축 언어를 찾아가는 여정을 함께한다. 표현은 창작이자 사고이며, 건축적 감수성의 시작이다.

<Expression techniques> are a foundational element in formative education. For students of architecture, whose work stems from human thought, cultivating artistic sensibility and creativity is crucial. This course aims to awaken entering students to the importance of artistic expression and to expand this ability into architectural thinking. The curriculum is centered on enhancing creativity, understanding the link between architecture and art, and guiding students to develop their own unique formative language.

The course is structured to build skills progressively. It begins with foundational sketching with various materials, then moves to developing a sense of form, perspective, and space. Students then enhance their abilities in representing color and texture, culminating in creative ideation and three-dimensional expression. To support skill development outside of class, supplementary "Daily Drawing" and "Warm-up Drawing" sessions are included to help students continuously practice translating their thoughts into visual form through diverse themes and materials.

The teaching philosophy of <Expression Techniques 1> is: "Make your thoughts visible." This course does not teach a single 'right answer.' Instead, it embarks on a journey with students as they learn to think and express for themselves, fostering an environment of open discussion and material experimentation. Our goal is to help each student discover their own architectural language, because we believe expression is creation, it is thought, and it is the very beginning of architectural sensibility.

© 김가현, Gahyeon Kim

© 이현호, Hyeonho Lee

© 김도연, Doyeon Kim,

[유기물 드로잉 및 최종 작품]

ⓒ 김도연, Doyeon Kim,

[집을 주제로 한 입체 작품]

ⓒ 김가현, Gahyeon Kim

[조형 실습 입체 작품]

ⓒ 이현호, Hyeonho Lee

[점, 선, 면 드로잉]

ⓒ 김가현, Gahyeon Kim

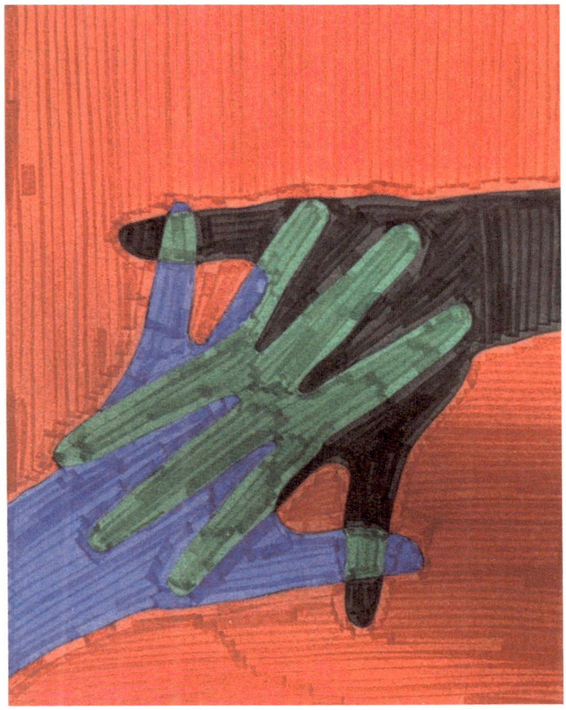

ⓒ 김도연, Doyeon Kim,

ⓒ 이현호, Hyeonho Lee

<표현기법>은 조형 교육의 기본 방법이다. 건축과 예술이 인간의 사고에서 비롯된 창작물임을 고려할 때, 건축에 입문하는 학생들에게 예술적 감수성과 창조적 능력을 배양하는 것은 매우 중요하다고 볼 수 있다. 본 과목은 건축 입문생들이 다양한 미술적 기술과 표현력을 습득하여 건축에 응용하도록 돕는 것에 그 목적이 있다. 또한, 자유로운 토론을 통해 발상 능력을 키우며 건축 표현에 사용되는 미술적 요소들을 폭넓게 학습하고자 한다.

수업은 사물 관찰을 점, 선, 면의 조형 언어로 풀어내는 과정에서 시작하여, 사물의 형태를 재해석하며 조형 감각과 공간(거리, 크기) 개념을 익히는 과정으로 이어진다. 다음으로 평면(1, 2차원)과 입체(3차원)의 개념을 익히고, 색상, 재질, 볼륨을 표현하는 능력을 학습한다. 마지막으로 재활용품 등 다양한 재료를 활용해 주제에 대한 발상과 입체 표현을 연구하며, 평면에서 입체로 이어지는 표현을 다각도로 탐구한다.

건축은 종합예술이므로, 표현기법 역시 다각적인 학습이 이루어져야 한다고 생각한다. 시각적 표현은 물론, 자신의 작업을 설명하는 말의 표현, 예술을 감상하고 해석하는 글의 표현도 중요하다. 미래의 건축가들은 공간, 도시, 환경, 역사 등 폭넓은 주제를 다루기에, 이러한 다각적 표현의 기본 여건을 만들어 주는 것이 중요하다고 할 것이다.

이번 학기 학생들은 7개의 주요 주제를 학습하고, 여러 전시 감상문과 독후감, 매주 6-10개의 데일리 스케치를 병행했다. 쉽지 않은 과정임에도 건축학도들답게 잘 따라와 주었다. 학기 말, 학생들은 각자 원하는 도구와 재료, 방법으로 자신들의 생각을 시각적 언어, 설명, 글로 표현해냈다. 그 해석과 결과물이 누구 하나 똑같지 않았다는 점이 좋았다.

<Expression technique> is a fundamental method in formative education. Considering that architecture and art are creations originating from human thought, it can be seen as crucial for students entering architecture to cultivate artistic sensibility and creativity. The purpose of this course is to help these students acquire various artistic skills and expressive abilities to apply to architecture. Furthermore, it seeks to foster ideation through free discussion and to broadly study the artistic elements used in architectural expression.

The course begins with the process of translating the observation of objects into the formative language of points, lines, and planes, and continues with reinterpreting forms to learn formative sense and spatial concepts (distance, size). Next, students learn the concepts of plane (1D, 2D) and solid (3D), along with the ability to express color, texture, and volume. Finally, they use various materials, including recycled items, to research ideation and 3D expression for a given theme, multi-dimensionally exploring the progression from 2D to 3D.

As architecture is a comprehensive art, I believe its expression techniques must also be learned from multiple perspectives. This includes not only visual expression, but also verbal expression in explaining one's work, and written expression in appreciating and interpreting art. Because future architects will deal with broad themes such as space, city, environment, and history, it is important to build this foundational, multi-faceted expressive capability.

This semester, students studied seven main topics, completed several exhibition reviews and a book report, and practiced 6-10 daily sketches per week. Despite the demanding curriculum, they followed along well, as befits architecture students. By the end of the term, each student presented their thoughts as visual language, explanations, and writing, using their own chosen tools, materials, and methods. It was wonderful that no two interpretations or results were the same.

[주제표현; 점, 선, 면]

© Ei Phoo Pyae Naing

© 장재연, Jaeyeon Jang

[구상적 공간]

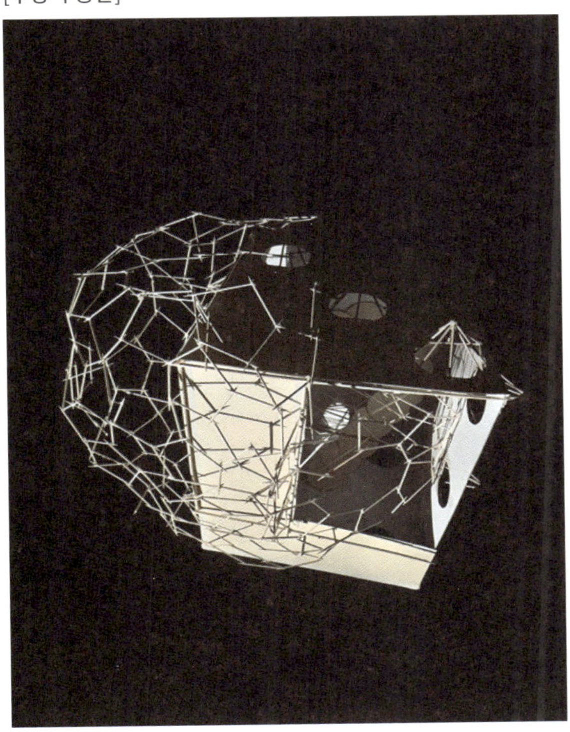

© Ei Phoo Pyae Naing

© 장정인, Jeongin Jang

<표현기법 1>은 건축적 사고를 시각적으로 구현하는 기본 역량을 형성하는 수업으로, 기법 습득을 넘어 관찰과 사고를 통해 대상을 새롭게 바라보고 표현하는 힘을 기르는 것을 목표로 했다. 건축에서의 표현은 단순한 결과물이 아니라 생각과 감각이 시각적으로 드러나는 과정이었으며, 한 가지 방식에 머무르지 않고 다양한 재료와 기법을 활용한 실험을 장려했다.

수업은 네 가지 흐름으로 진행됐다. 먼저 단색 재료를 활용해 형태와 명암을 표현하며 기초적인 시각 감각을 익혔다. 이후 사물의 구조와 비례를 분석하고 이를 시각화하며 조형감과 공간감을 훈련했다. 세 번째 단계에서는 색채를 적극적으로 사용해 심미적 표현을 시도했고, 마지막에는 학생 각자가 선택한 재료와 방법으로 자유로운 발상과 창의적인 표현을 전개했다. 이 과정에서 일부 작업은 평면 표현을 넘어 입체 모형 제작까지 확장되었다.

학생들은 종이, 목재, 금속, 투명 아크릴 등 다양한 재료를 활용해 완성도 높은 결과물을 만들어냈다. 단색 재료만으로 공간의 깊이를 강하게 전달한 작품과 서로 다른 재료를 결합해 빛과 질감의 새로운 관계를 실험한 사례, 그리고 모형 제작을 통해 구조와 디테일을 탐구한 작업 등이 있었다. 이번 학기 결과물 전반은 실험적인 시도와 완성도가 균형을 이뤘으며, 특히 재료의 물성과 빛의 효과를 깊이 탐구한 작업들이 돋보였다. 다만 일부 학생들은 초기 구상이 최종 결과물까지 충분히 연결되지 못한 경우가 있어, 향후 설계 과정에서 보완이 필요하다.

평가에서는 창의성과 표현력뿐 아니라 성실한 과제 수행과 수업 참여를 중요한 기준으로 삼았다. 비평 시간에는 다양한 의견을 경청하고 이를 작업 개선에 반영하는 과정을 강조했으며, 이를 통해 학생들이 서로의 관점을 이해하고 표현의 폭을 넓힐 수 있도록 했다.

기초적인 시각 표현 훈련과 재료 실험, 그리고 입체 제작까지 아우르며 학생들이 건축적 표현의 영역을 확장하는 계기가 되었다. 이러한 경험은 이후 설계 과정에서 보다 독창적이고 설득력 있는 건축 언어를 구축하는 밑거름이 될 것이다.

<Techniques of Expression 1> was a course designed to build the fundamental ability to translate architectural thinking into visual representation. Its aim extended beyond the acquisition of technical skills, focusing on developing the capacity to observe, think critically, and reinterpret subjects from new perspectives. In architecture, representation was understood as a process in which thought and sensibility became visible, and students were encouraged to experiment with a wide range of materials and methods.

The course progressed through four phases. Students worked with monochromatic media to explore form and tone, analyzed structure and proportion to strengthen spatial awareness, expanded aesthetic sensibility through the use of color, and pursued independent creative expression with chosen materials. Several projects moved beyond two-dimensional work to include physical model making with wood, metal, acrylic, and other media.

Overall, the semester's work balanced experimentation and completion. Projects exploring materiality and light effects stood out, while some could further strengthen the link between initial concept and final outcome in future design work.

ⓒ 이가연, Gayeon Lee

[역사전시관]

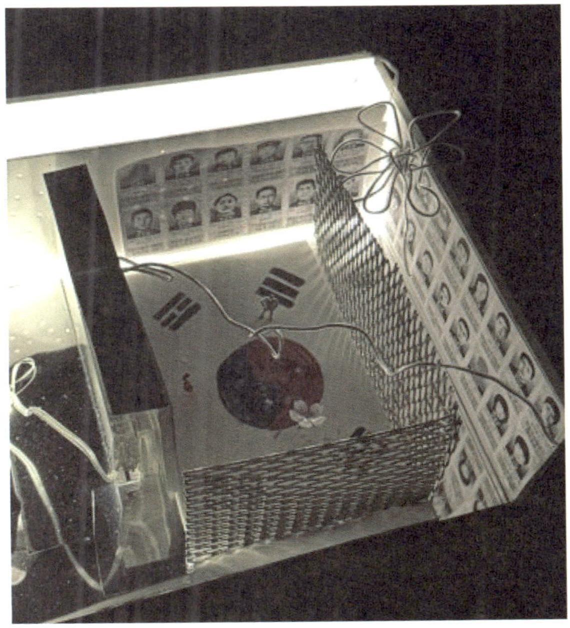

ⓒ 장세희, Sehee Jang

수업은 드로잉, 현장 답사, 건축가와의 만남, 평면과 입체의 과정으로 이루어진다. 드로잉 훈련은 재료의 이해, 백지의 두려움 극복, 대상의 세밀한 관찰을 통해 한정된 지각을 넓히고 분리된 것을 통합하는 과정이다. 이를 통해 조형 원리를 익히고 자신만의 조형 언어를 찾는다. 건축 탐방은 건물이 작가의 삶과 어떻게 연결되는지 탐구하며, 평면 수업에서는 촉각적 표현, 자연의 패턴과 수학적 원리 발견, 작가 작업의 감상과 실험이 이루어진다. 조별 활동으로 2D를 3D 공간으로 표현하며 창의적 문제 해결 능력을 키우고, 최종적으로 윤동주의 시어로 입체 작품을 완성했다. 이 모든 과정은 데일리 과제를 통해 사물을 깊게 보는 정직한 루틴을 만들며 감춰진 가능성을 확장하는 현장이 된다.

건축의 표현기법은 '나는 누구인가?'라는 근원적 질문, 즉 그동안 외면했던 내면에서 새어 나오는 소리를 듣는 것에서 시작하는 시간이다. 이 과정은 각자의 고유한 본질을 발견하여, 군더더기 없이 오감으로 새롭게 보고 관계를 사유하는 법을 배우는 시간이다. 이는 '참된 나'를 튼튼한 집처럼 세우는 과정과 같다. 든든한 뼈대, 순수한 재료, 불필요한 것을 비워 순환이 잘되는 집을 짓는 것이다. 수업은 결과보다 관찰과 재해석의 과정을 통해 경청과 소통을 배운다. 형상화가 힘든 것을 듣고, 쓰고, 말하고, 실행하는 일상의 다림줄 같은 루틴을 통해 한계를 돌파하며, 아이디어를 명확히 전달하는 살아있는 능력을 기른다.

대상을 세밀히 관찰하고 다양하게 바라보는 지각 훈련은 자기 존중과 상호 공감의 기쁨을 주었다. 일상을 호기심 어린 눈으로 낯설게 보고 모든 감각을 여는 경험이 주어졌다. 초기 과제(애착 물건, 자화상)에서 현장답사를 거쳐, 윤동주의 시 '자화상'으로 자신을 만나는 입체 작업으로 이어진 과정은 신선한 경험이었다. 학생들은 성실히 임해주었고, 과정이 거듭될수록 정형화된 이미지를 넘어 각자의 개성을 뚜렷이 보여주었다. 이는 평면과 입체를 포괄하는 드로잉을 공통 분모로, 눈과 손, 마음이 긴밀히 협업하는 특별한 경험으로 확장되었다.

The course consists of drawing, field trips, meetings with architects, and 2D/3D processes. Drawing practice is a process of expanding limited perception and integrating the disconnected by understanding materials, overcoming the fear of the blank page, and closely observing subjects. Through this, students learn formative principles and find their own visual language. Architectural exploration investigates how buildings connect to the architect's life, while 2D classes involve tactile expression, discovering patterns and mathematical principles in nature, and appreciating/experimenting with artists' work. Group activities foster creative problem-solving by expressing 2D planes in 3D space, culminating in a final 3D work based on the poetry of Yun Dong-ju. This entire process, reinforced by daily assignments, becomes a living site for expanding hidden potential and building an honest routine of deep observation.

Architectural expression is a time that begins with the fundamental question, "Who am I?"—that is, by listening to the sounds leaking from within, which had long been ignored. This process is a time to discover one's unique essence and learn to see anew with all senses, without superfluity, and to contemplate relationships. This is akin to the process of building a "true self" like a sturdy house. It is building a house with a strong frame, pure materials, and emptying out waste so that circulation flows freely. The class values listening and communication through the process of observation and reinterpretation, rather than results. Through a daily routine—like a plumb line—of listening, writing, speaking, and executing things that are hard to formalize, students break through their limitations and cultivate the living ability to clearly convey their core intentions and ideas.

[애착 물건과 자화상]

ⓒ 이지원, Jiwon Lee

The perceptual training to observe subjects in detail and from various perspectives brought the joy of self-respect and mutual empathy. Students were given the experience of seeing daily life anew—making the familiar strange with curious eyes and open senses. The journey from initial assignments (an object of attachment, a self-portrait) through field trips to the final 3D work of meeting the self through Yun Dong-ju's poem "Self-Portrait" was a fresh experience. The students were diligent, and as the course progressed, they clearly showed their individuality, moving beyond stereotyped images. With drawing as the common denominator bridging 2D and 3D, this expanded into a special experience of close collaboration between the eye, hand, and heart.

[공간드로잉: Anamorphose]

ⓒ 이지원, 이의현, 남수연, 차승원

[손을 이용하여 자신을 표현하기]

ⓒ 이지원, Jiwon Lee

건축 언어와 시각적 표현의 전달법

Studio A, 민세홍 Sehong Min

본 수업의 목적은 건축적으로 사고하기 및 드로잉으로 표현하기를 훈련해, 향후 설계 스튜디오에서 건축디자인 프로젝트에 도움이 되기 위함이다. 건축의 특성상 많은 아이디어를 글보다는 시각적으로 전달하며, 소통 교류해야 한다. 또한 결과물 및 타인과의 소통뿐 아니라, 본인의 아이디어를 정리하고 발전시키며 구체적으로 나타내기 위해서도 건축적 표현은 필요한 과정이기도 하다. 머릿속으로 생각을 고민하고, 바로 3D나 도면 등 입체적인 결과물로 나오기에는 너무나 많은 의사결정(자기 자신 & 타인)을 해야 하기에, 그 과정을 드로잉을 통해 구체화할 필요가 있다. 본 수업을 통해, 본인을 위한 ① 생각의 발전, ② 타인과 소통 및 결과 구현이라는 '과정과 결과'를 위한 드로잉을 '건축적으로' 하는 훈련을 하게 된다. 과목명은 <표현기법>이나 정확히는 '건축적인 사고와 드로잉'을 둘 다 하는 수업 과정이다.

3개의 과제를 통해 보는 학생들의 가장 어려운 점은, 아직 건축에 대해 처음 접하거나 잘 모르는 학생들이 사고와 드로잉을 어떻게 '건축적으로' 하는가에 있다. 학생들은 건축 공간에서 찾아내는 요소들을 분류하고 재구성해, 어떻게 서로 연관구조를 가지는지 이해하고, 이를 '드로잉'으로 바꾸며 본인만의 새로운 패턴 및 질서를 만들어 내는 과정을 수행했다. 이 과정에서 아직 낯설지만 나름의 창조적인 드로잉을 생산해 내었고, 그 과정에서 학생들과 '건축적으로' 소통하는 것은 흥미로웠다. 가장 아쉬운 점은 아직, 컴퓨터 그래픽 툴을 배우지 못한 상태에서 생각을 수반한 창조적인 드로잉의 결과물로 만들어 내야 함에 있었다. 개인적으로는 직관적인 사고와 드로잉 변환의 훈련을 위해 손으로 그리는 훈련을 먼저 함을 선호하나, 시대 트렌드에 맞추어 컴퓨터 그래픽을 병행하는 것은 고민이 되는 부분이다.

The purpose of this class is to teach students to think architecturally and express their ideas through drawing. This skill will benefit them in future design studio projects. Because architecture is a visual discipline, ideas are often communicated visually rather than verbally, and effective communication and exchange are necessary. In addition to communicating with others and producing results, architectural expression is a necessary process for organizing and developing one's ideas and expressing them concretely. Producing three-dimensional results such as 3D models or drawings immediately after thinking through ideas in one's head requires too many decisions (both personal and interpersonal), so it is necessary to concretize this process through drawing. In this course, students will practice "Architectural" drawing to develop their own ideas and communicate with others to implement results. Although the course is titled <Expression Techniques>, it is more accurately described as a course that combines "Architectural Thinking and Drawing."

The most challenging aspect for students, as observed through three assignments, is learning to think and draw in an "Architectural" manner, especially for those who are new to architecture or lack prior knowledge. Students classified and reconfigured elements found in architectural spaces. They understood how these elements are interconnected and transformed this understanding into drawings. In doing so, they created their own new patterns and orders. Despite their unfamiliarity with the subject, they produced creative drawings, and it was interesting to communicate with them "Architecturally" during this process. The most disappointing aspect was that they had to produce creative drawings accompanied by their thoughts before learning computer graphics tools. Personally, I prefer to first train intuitive thinking and drawing conversion through hand-drawn exercises.

Studio B | 이민호, Minho Lee

건축가에게 자신의 프로젝트를 표현하는 방식에서 가장 중요한 것은 시각적 어휘로 전환된 이미지이다. 시각적인 이미지에서 좋은 점수를 받지 못하면 프레젠테이션 할 기회조차 얻지 못하는 것이 현실의 건축이다. 이런 점에서 이 수업은 건축가로 성장하는데 있어 가장 기초적인 지식이기도 하지만 본인만의 개성이 담긴 표현이라는 무기를 갈고 닦기 위한 중요한 기본기를 탐구하는 시간이기도 하다.

본 수업은 3가지 과제를 진행하며 직교 및 평행 투영법, 추상 및 기능적 모델, 수작업 및 디지털 미디어와 같은 기본적인 건축의 표현 방식에 대한 소개 및 실습 등으로 구성된다. 건축적 아이디어를 도식화, 언어화, 추상화 등의 분석기법을 통해 시각화 하는 것을 목표로 학생들은 각자의 프로젝트를 진행하였다.

3개의 프로젝트를 진행하며 학생들은 무형적, 유형적 요소를 포함한 다양한 요소들에 대해서 정의를 내리고 이를 시각화, 조직화, 병치 및 배열 재구성 등의 과정 등을 통해 공간 내 계층 구조에 대한 직간접적인 이해를 하게 된다. 이를 통해 본인만의 독특한 관점으로 공간 혹은 시퀀스를 재구성해보며 이를 물리적으로 만들어보고, 해당 요소를 보다 효과적으로 전달하고 소통하기 위한 방식으로의 표현기법에 대해서 고민해볼 수 있는 기회를 갖는다.

아직 건축을 접한 지 1년도 채 되지 않은 1학년들이다 보니 건축적인 드로잉에서의 디지털 툴 활용 능력 및 건축적 사고의 정의가 아직은 미숙한 점들이 있었다. 그럼에도 나름 흥미로운 사고 전개를 보여주는 학생들의 성과물을 보며 그들의 치열한 고민 과정을 엿볼 수 있었다. 다만, 기성 건축가의 사례를 기준으로 프로젝트를 진행할 때 건축적 사고의 이해 수준에 따라 간극이 벌어지는 것이 느껴지는 점은 추후 수업 진행에 있어서 보완이 필요한 것으로 보인다.

In architecture, the most critical aspect of presenting one's project lies in the image, translated into a visual vocabulary. Without a compelling visual presentation, one may not even be granted the opportunity to present— a reality of the architectural field. In this regard, the course serves not only as foundational knowledge for aspiring architects but also as essential training in developing expressive techniques that reflect individual character.

This course is structured around three assignments, introducing and practicing fundamental architectural representation methods such as orthographic and parallel projection, abstract and functional modeling, and both hand-made and digital media. Aiming to visualize architectural ideas through analytical techniques such as diagramming, verbalization, and abstraction, students carried out their individual projects.

Through the three projects, students define and explore a range of tangible and intangible elements. They engage in processes of visualization, organization, juxtaposition, and spatial reconfiguration, gaining both direct and indirect understanding of spatial hierarchies. This allows them to reconstruct space or sequence from their own unique perspectives, physically materialize their ideas, and reflect on expressive techniques that more effectively communicate and convey these elements.

As first-year students with less than a year of exposure to architecture, many showed limitations in digital drawing tools and architectural thinking. Nevertheless, their outcomes revealed intriguing thought processes and intense effort. However, when projects were based on professional architectural precedents, noticeable gaps in conceptual understanding emerged, suggesting areas for improvement in future iterations of the course.

Studio C | 최경철, Kyungcheol Choi

<표현기법 2> 스튜디오는 건축 언어를 구체화하는 다양한 표현 방식을 탐구하는 수업이다. 학생들은 물리적 모델과 2D, 3D 드로잉을 제작한다. 본 스튜디오는 건축 설계 스튜디오를 진행할 때 단순히 투시도·모형·도면과 같은 결과물에 머무르지 않고 개념, 프로세스, 공간의 구조까지 드러낼 수 있는 디지털 드로잉 역량을 기르는 것을 목표로 한다.

첫 번째 과제에서는 학생이 스스로 특정 공간을 선정하고, 그 안에서 발견되는 물질적·비물질적 요소를 추출·분석·해체·추상화하여 새로운 논리로 재구조화한다. 이 과정에서 완성되는 물리적 모델은 단순한 형태의 재현을 넘어, 사용된 재료의 물성과 구축 방식이 공간을 재구성하는 논리적 근거가 된다.

두 번째 과제와 세 번째 과제는 기존 건축물을 대상으로 진행된다. 학생들은 이를 각각 2D 그래픽과 3D 엑소노메트릭 드로잉으로 재구조화하며, 모든 작업은 디지털 드로잉을 중심으로 이루어진다. 이를 통해 픽셀과 벡터의 개념, 점·선·면의 조형 원리, 선의 두께와 종류에 따른 표현 효과, 드로우 오더의 중요성, 구도와 배치의 적절성, 색상 활용과 같은 디지털 드로잉의 핵심 요소를 학습한다. 사전 작업으로 건축 평면, 입면, 단면을 통해 기본 개념에 대한 이해를 심화하였다.

마지막으로, 2·3과제의 결과물은 각각 하나의 완결성을 지닌 포스터 형식으로 제시되었다. 이를 통해 작업이 개별적으로 독립성을 가지면서도 전체 프로젝트의 흐름 속에서 일관성을 유지하도록 하였다. <표현기법 2>는 학생들이 지닌 표현에 관한 잠재적 역량을 디지털 드로잉을 통해 드러내고 자신의 의도를 설명하며, 이를 설득력 있는 논리로 구조화하는 방법을 지속적으로 탐구한다.

<Expression Techniques Studio 2> explores various modes of representation that articulate architectural language. Students produce physical models as well as 2D and 3D drawings, aiming not only to deliver conventional outcomes such as perspectives, models, and construction drawings, but also to reveal concepts, processes, and spatial structures through digital drawing. The studio's goal is to cultivate students' ability to employ digital representation as a medium that communicates and strengthens the design intent.

In the first assignment, each student selects a specific space and re-structures it through a process of extracting, analyzing, deconstructing, and abstracting both its material and immaterial elements. The resulting physical model goes beyond the reproduction of form, as the properties of the materials and the methods of construction become logical grounds for the spatial reconfiguration. The second and third assignments are based on existing architectural works. Students re-structure them into 2D graphics and 3D axonometric drawings, with all tasks carried out through digital drawing. In this process, they explore fundamental concepts such as the distinction between pixel and vector, the formal principles of point, line, and plane, the expressive potential of line weights and types, the importance of draw order, the role of composition and layout, and the use of color. Prior to these assignments, students engaged in preliminary exercises with architectural plans, elevations, and sections to deepen their understanding of drawing principles.

The outcomes of Assignments 2 and 3 were presented in the form of posters, each complete in itself while maintaining consistency across the entire sequence of projects. Ultimately, Expression Techniques Studio 2 aims to help students uncover their latent representational abilities, articulate their design intentions, and develop methods of structuring persuasive arguments through digital drawing.

Studio D | 송민경, Minkyung Song

<표현기법> 수업의 궁극적인 목표는 학생이 가진 공간적 아이디어를 타인이 명확히 이해할 수 있도록 시각화하는 동시에, 그 아이디어의 핵심을 효과적으로 부각시키는 방법을 익히는 데 있다. 이를 위해 단순한 표현 기술의 습득을 넘어, 개인의 디자인 감각을 바탕으로 미적으로 완성도 높은 드로잉을 구현하는 것이 중요하다.

수업에서는 늘 "무엇을 표현하고자 하는가"를 스스로 묻고, 말로 설명하지 않아도 드로잉만으로 의도가 전달되도록 하는 것을 강조했다. 이를 위해 표현 내용의 우선순위를 파악하고, 선의 굵기·점선의 형태 등 세밀한 그래픽 요소를 목적에 맞게 조율하는 훈련을 반복했다. 이제 막 건축을 접한 학년이기에, 건축물의 요소를 파악하고 무엇을 강조할지 선택하는 일조차 쉽지 않았을 것이다. 또한 효과적인 그래픽 기법이나 미적으로 우수한 드로잉을 접할 기회가 많지 않았던 만큼, 결코 간단한 수업이 아니었을 것이다. 그러나 그 과정 속에서 저학년만이 보여줄 수 있는 독창적 사고의 패턴을 발견할 수 있었고, 이는 매우 흥미로운 경험이었다.

건축 디자인은 순수예술과 달리 타인과의 소통이 필수적인 분야이기에, 표현기법은 공간 디자인 못지않게 중요한 기본 역량이다. 나아가, 생각을 시각화하는 과정에서 새로운 아이디어가 탄생하기도 한다. 이러한 점에서 이번 표현기법 수업이 학생들에게 '아이디어를 형상화하고 전달하는 힘'을 기르는 소중한 기회가 되었기를 바란다.

The ultimate goal of the <Expression Techniques> course is to equip students with the ability to visualize their spatial ideas in a way that others can clearly understand, while also learning how to effectively highlight the core of those ideas. This goes beyond simply acquiring technical drawing skills—it is about creating visually refined and aesthetically compelling drawings rooted in each student's unique design sensibility.

Throughout the course, students were consistently encouraged to ask themselves, "What am I trying to express?" and to ensure that their intent could be conveyed through the drawing alone, without verbal explanation. To achieve this, they practiced identifying the hierarchy of information in their work and adjusting subtle graphic elements—such as line weight or the style of dashed lines—to suit the intended purpose. For students who had only just begun studying architecture, even recognizing architectural elements and deciding what to emphasize was no easy task. Moreover, given their limited exposure to effective graphic techniques or high-quality drawings, the course was far from simple. Yet, through this process, it was possible to observe distinctive patterns of creative thinking unique to early-year students, which proved to be an engaging and rewarding discovery.

Unlike pure art, architectural design inherently requires communication with others, which makes expression techniques just as essential as spatial design itself. Furthermore, the process of visualizing one's thoughts often leads to the emergence of entirely new ideas. In this sense, I hope this course has served as a valuable opportunity for students to develop "the ability to shape and convey ideas" as a fundamental part of their design education.

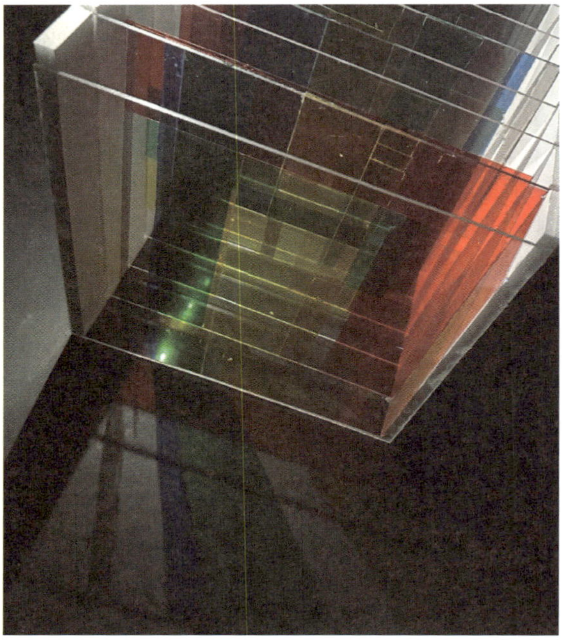

ⓒ 김하늘, Haneul Kim

ⓒ 신지수, Jisu Shin

ⓒ 김형은, Hyeongeun Kim

ⓒ 오지민, Jimin Oh

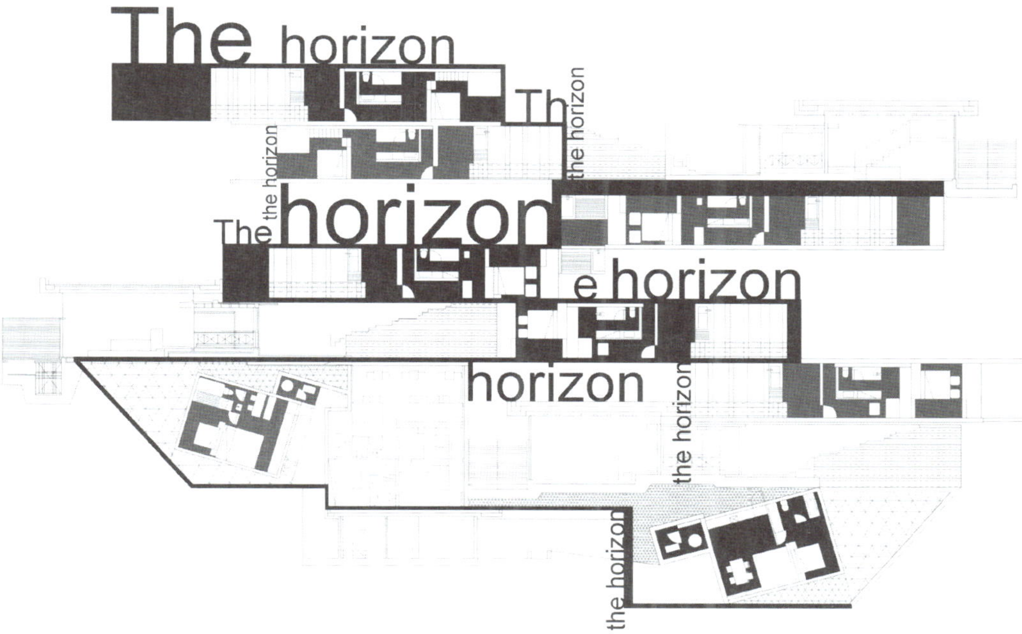

ⓒ 김민희, Minhui Kim

ⓒ 김한동, Handong Kim

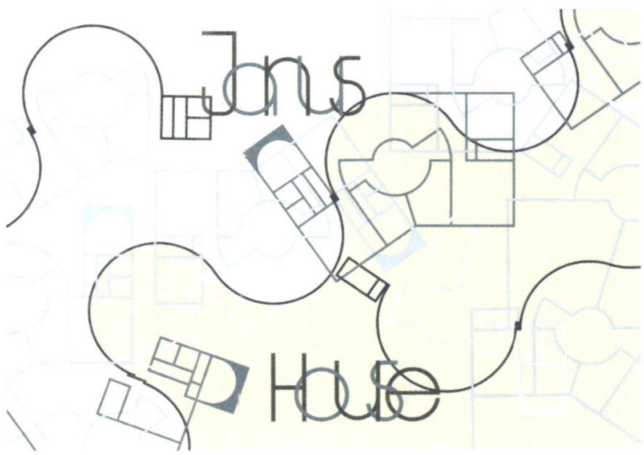

ⓒ 김형은, Hyeongeun Kim

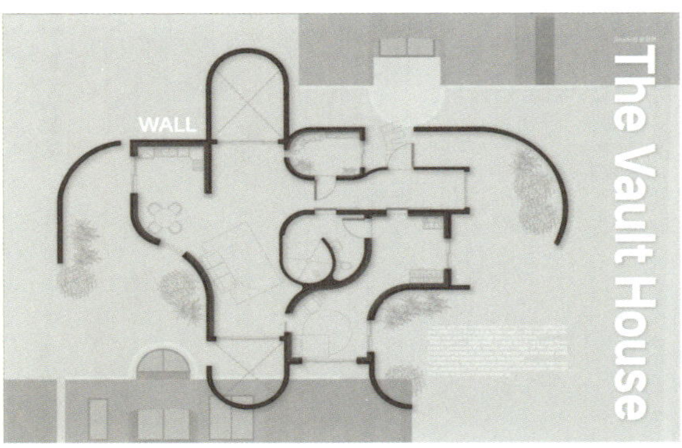

ⓒ 윤정현, Jeonghyeon Yun

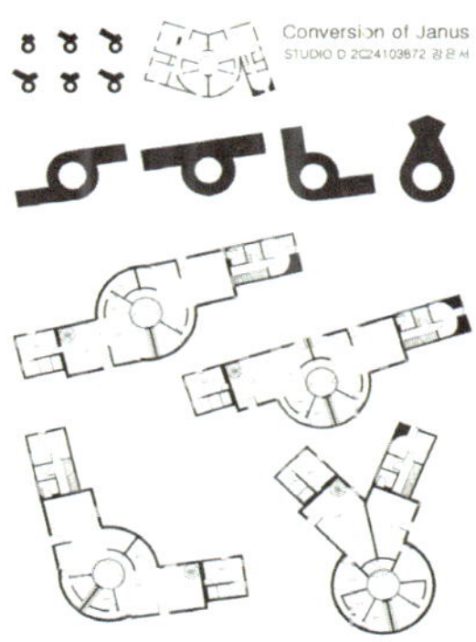

ⓒ 강은서, Eunseo Kang

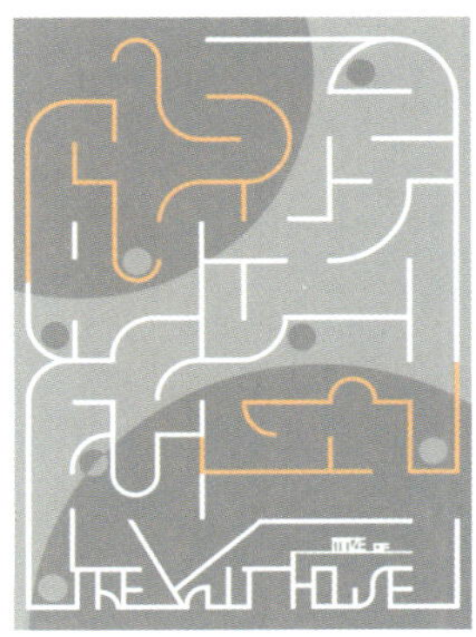

ⓒ 신동현, Donghyeon Shin

ⓒ 김하늘, Haneul Kim

ⓒ 이시현, Sihyeon Lee

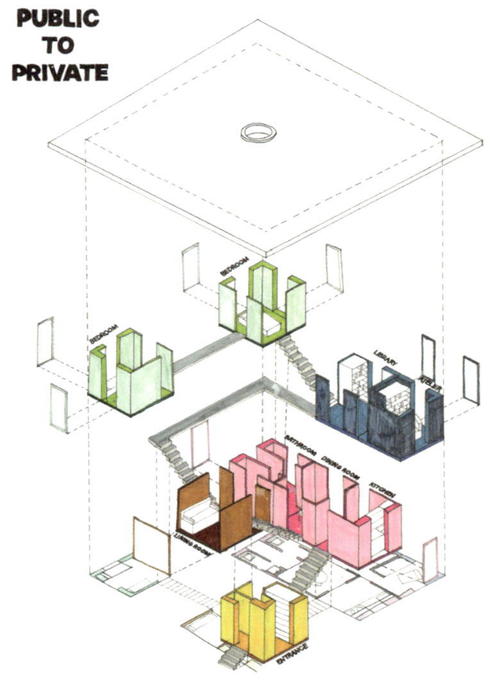

ⓒ 윤준수, Junsu Yun

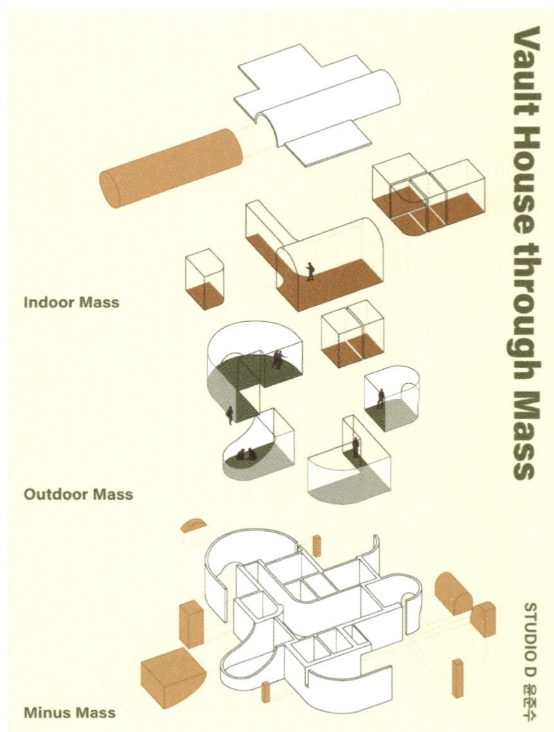

ⓒ 이현우, Hyeonwoo Lee

ⓒ 정혜찬, Hyechan Jeong

ⓒ 최주원, Juwon Choi

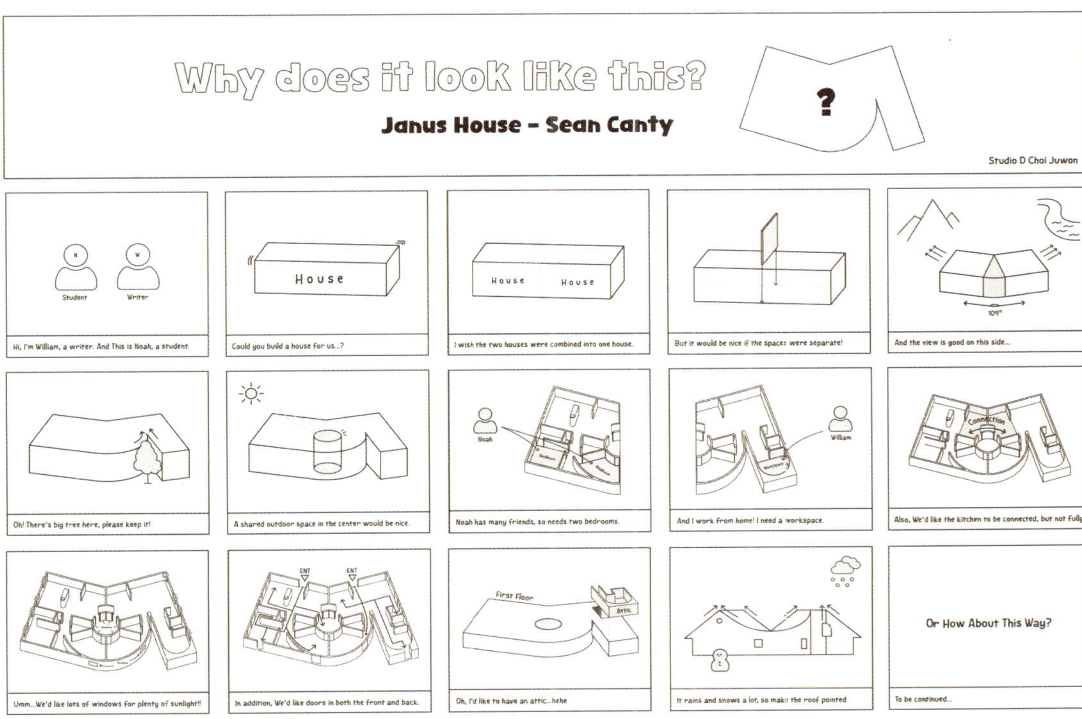

건축디지털디자인기초

석상용, Sangyong Seok

<건축디지털디자인기초>는 건축 분야에서 기본적으로 요구되는 건축 디지털디자인 기초 능력 개발을 목표로 하며, 세부적으로는 디지털 건축의 기초 원리 교육과 건축의 여러 응용 분야에서 필요한 디지털디자인 기술 및 이를 창의적으로 활용할 수 있는 능력 개발에 그 목적을 둔다.

학생들은 디지털 건축이 나타나게 된 철학적·사회·둔화적 배경을 이해하고, 다양한 건축 패러다임을 실제 작가와 작품을 통해 탐구한다. 또한, 건축 분야에서 활용되는 다양한 디지털 툴을 이해하고, 라이노 3D 프로그램을 이용해 실제 설계 디자인에 적용한다. 디지털디자인의 한 영역인 파라메트릭 디자인의 기초를 학습하고, 코딩을 통해 알고리즘 건축을 실습하며 건축 조형 요소를 발전시키기 위한 프로그램 활용 능력을 키운다.

건축 프로그램 활용 능력은 기초 단계부터 체계적으로 실습을 통해 학습된다. 라이노 3D를 중심으로 프로그램의 작동 원리(예: NURBS와 Polygon Modeling의 차이)를 이해하고, 다양한 조형적 요소를 실습한다. 이를 통해 설계 수업에서 다루는 건축 조형적 요소를 디지털디자인 과정어서 구현하고, 디지털 제작 원리를 활용하여 발전시키는 능력을 기른다. 또한, 건축 조형 구성 원리를 단순한 형태에서 복잡한 형태까지 효율적이고 창의적으로 구현하는 방법을 연구하며, 디지털디자인 실습을 통해 실현 가능한 건축 요소들에 대한 기초 지식을 습득하고 활용 능력을 점진적으로 확장한다.

디지털디자인에서 중요한 파라메트릭 디자인을 이해하기 위해서는 알고리즘 설계의 원리를 파악하는 것이 필요하다. 학생들은 그래스하퍼 코딩을 통해 알고리즘의 기본 구조를 학습하고, 파라메트릭 원리가 실제 디자인에 적용되는 방식을 익힌다. Figure는 단순한 사각형 면을 분할하고 크기를 랜덤하게 조정하는 방식을 타워형 조형물의 Façade에 적용한 예시로, 기초 원리가 복잡한 형태로 확장되는 과정을 보여준다. 또한, 태양 고도에 따라 변화하는 Façade 사례를 통해 알고리즘의 작동 방식과 디자인 적용 방법을 연구한다. 파라메트릭이란 가변수에 대응하는 디자인 법칙, 즉 알고리즘을 설정해 변화하는 결과를 만들어 내는 방식이며, Figure는 태양 고도 변화에 따라 Façade 패널이 열리고 닫히는 알고리즘 원리를 시각적으로 설명하고 있다.

건축의 영역에서 디지털디자인의 중요한 역할 중 하나는 프로그램을 활용해서 2D 도면을 그리고 3D 모델링으로 공간을 구현하는 것이다. 이를 위해 Casa Bianchi House 도면을 이해하는 법을 배우고, 도면의 작성 원리를 학습하며, 라이노

The course aims to develop foundational skills in digital design, which are essential in the field of architecture. Its objectives include teaching the basic principles of digital architecture, developing digital design skills required across various architectural applications, and fostering the ability to creatively apply this knowledge.

Students explore the philosophical, social, and cultural contexts that gave rise to digital architecture, and study various architectural paradigms through actual designers and their works. They learn to use a range of digital tools in architecture, particularly employing Rhino 3D for practical design projects. Students also acquire a basic understanding of parametric design, practice algorithmic architecture through coding, and develop the ability to enhance architectural forms using digital programs.

Architectural software skills are taught systematically from the basic level through hands-on exercises. Using Rhino 3D, students learn the program's operational principles (e.g., differences between NURBS and polygon modeling) and practice creating various sculptural forms. Through this process, they implement sculptural elements studied in design studios and advance them using principles of digital fabrication. They also research ways to efficiently and creatively realize architectural compositions from simple to complex forms, gaining foundational knowledge of feasible architectural elements and gradually expanding their digital design proficiency.

Understanding parametric design, a key aspect of digital design, requires grasping algorithmic principles. Students learn the basic structure of algorithms through Grasshopper coding and explore how parametric principles are applied in actual design. The figure illustrates an example in which a simple rectangular surface is divided and its size randomly adjusted on the façade of a tower-shaped structure, demonstrating how basic principles can be extended to complex forms. Additionally, a case study of a façade that changes according to solar altitude examines how algorithms operate and can be applied in design. Parametric design refers to a set of design

control point = 5
degree = 1

control point = 5
degree = 2

control point = 5
degree = 3

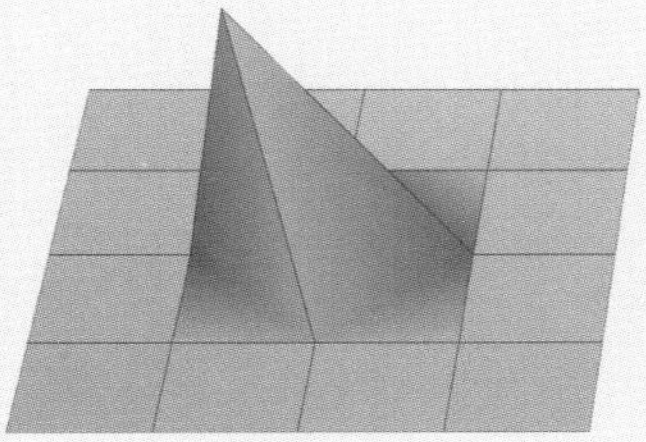

control point u = 5 v= 5
degree u = 1 v= 1

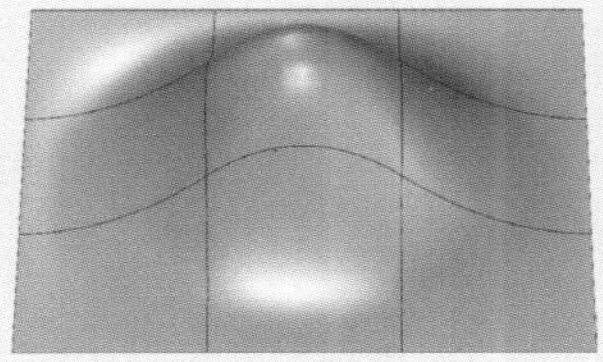

control point u = 5 v= 5
degree u = 2 v= 2

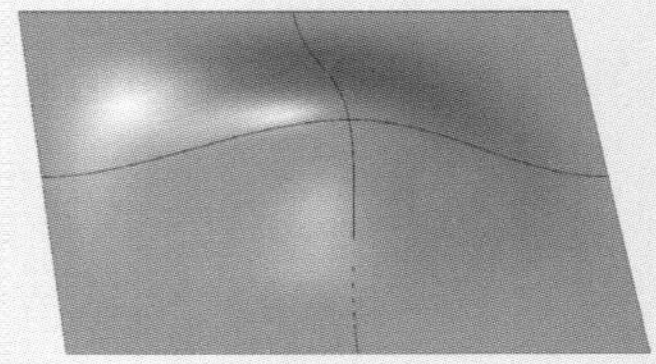

control point u = 5 v= 5
degree u = 3 v= 3

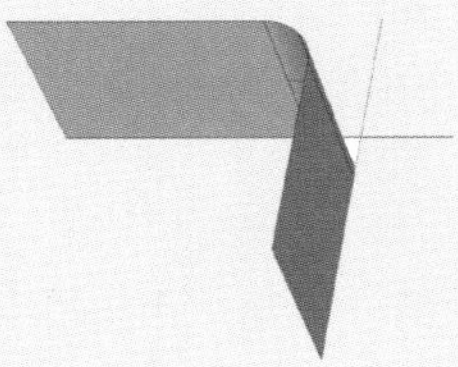

fillet srf
선을 그리고 익스투르드 한 다음 필렛
명령어 실행, 반지름 입력 후 두 번 클릭

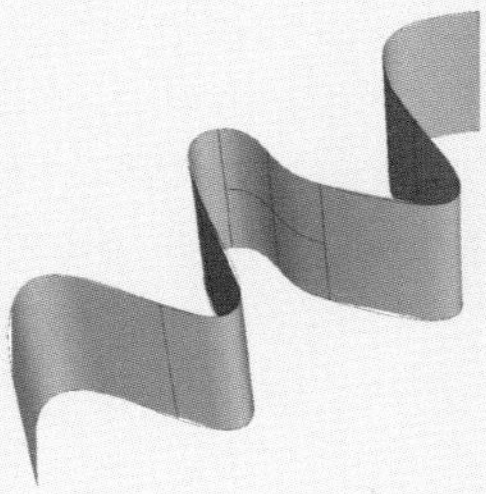

blend crv / srf

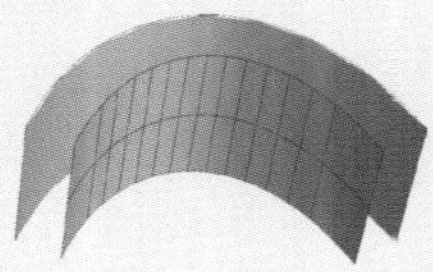

solid = no

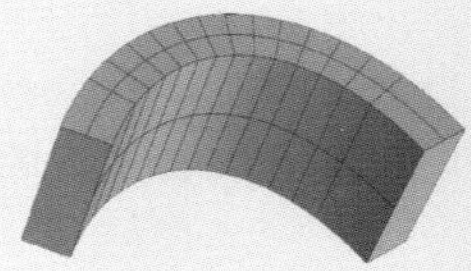

solid = yes

offset srf
방향 전환 =f

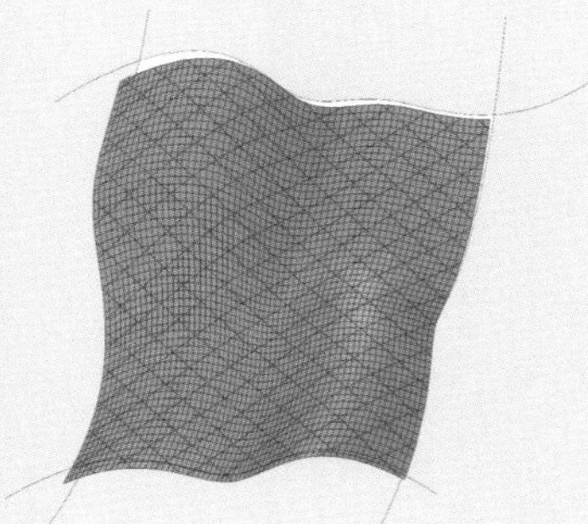

dupE / dupF

dupE

dupF

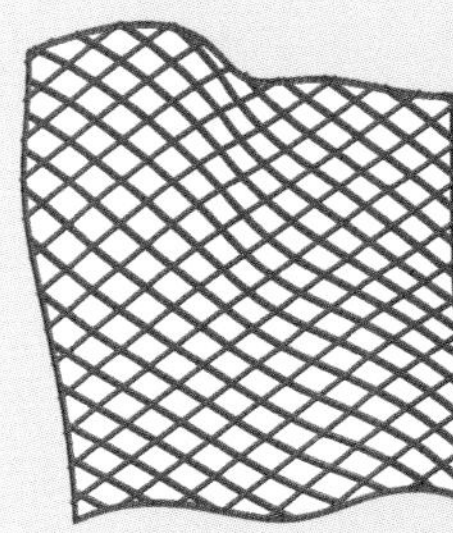

rec = 300×300
offset = 10
extrude = 150

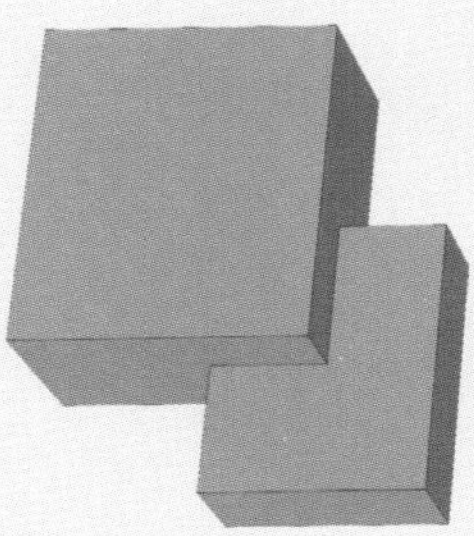

boolean union

boolean diff.

boolean int.

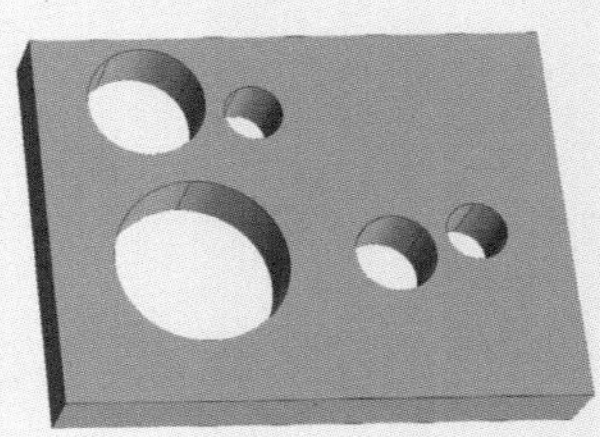

boolean diff.

프로그램을 활용해서 직접 도면을 작성하고 이차원의 공간 구성을 삼차원의 공간 구성으로 재구현한다.

이 과정에서 계단이나 창문을 구현할 때, 도면에서 보여지는 다양한 선의 표현 방식의 차이를 3D 모델링을 통해 이해한다. 예를 들어 두꺼운 선과 얇은 선의 차이, 실선과 점선의 차이 등을 설명한다. 특히 계단의 경우 도면에서 최하층과 중층의 표현 방식의 차이는 3D 모델링을 통해 잘 이해할 수 있다.

수업을 통해 학습한 내용을 디자인에 적용한 학생 작품 중 하나의 예시이다. <설계기초 1> 수업에서 진행 중인 프로젝트의 디자인 과정을 설명하고 디자인 개념의 발전 과정과 다양성 및 효율성을 향상시키기 위한 기술적인 디자인 과정을 정리한 내용의 일부분이다.

이 작품의 디자인 과정은 클래식 음악을 선정해서 분석하고 조형 요소를 형상화하고 음각과 양각의 교차를 통해 공간의 형태 또는 조형성을 구현하는 것이다. 이를 위해 바이올린, 비올라, 오보에의 음을 분석하고 공간의 흐름을 만들기 위해 다양한 디지털디자인 과정을 통해 개념을 구현했다.

음악의 조형성을 구성하는 데 디자인의 효율성 및 창의성을 발전시키기 위해 그래스하퍼를 이용해 코딩을 통해 파라메트릭

rules that respond to variables—essentially, algorithms that generate variable outcomes. The figure visually demonstrates the algorithm applied to the opening and closing of façade panels based on solar altitude.

One of the important roles of digital design in architecture is implementing spatial design concepts through 2D drawings and 3D modeling. To achieve this, students learn to interpret the drawings of Casa Bianchi House, master the principles of drafting, and use software to create drawings and reconstruct two-dimensional spatial compositions into three-dimensional forms.

During this process, when implementing elements like stairs or windows, students understand the differences between section lines and elevation lines in 2D and 3D relationships, and learn various methods of representation in drawings, such as the difference between solid and dashed lines.

The following is an example of student work that applies the lessons learned in class to design. It is part

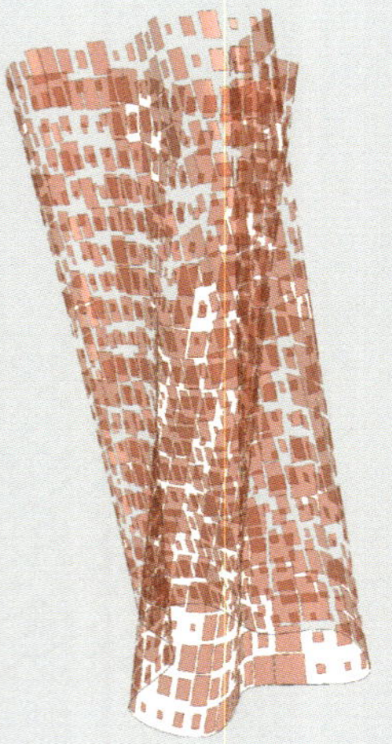

list item
random scale

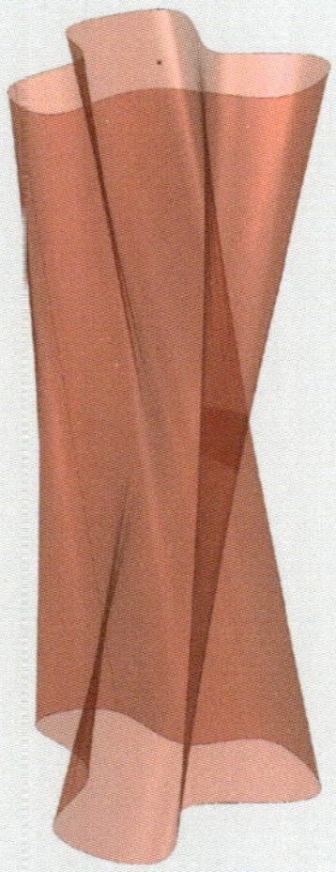

list item
random scale

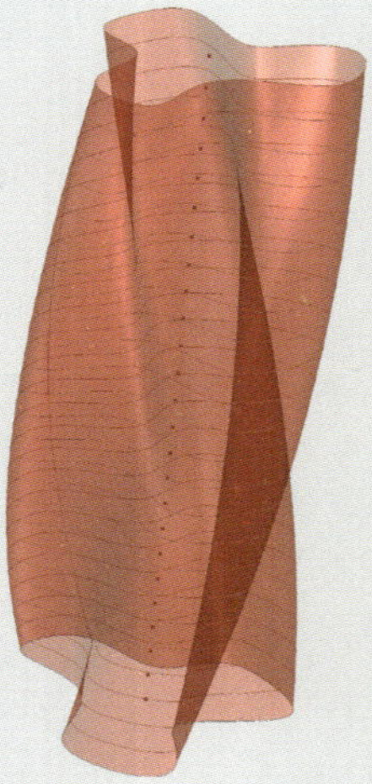

rotate
series / range
loft

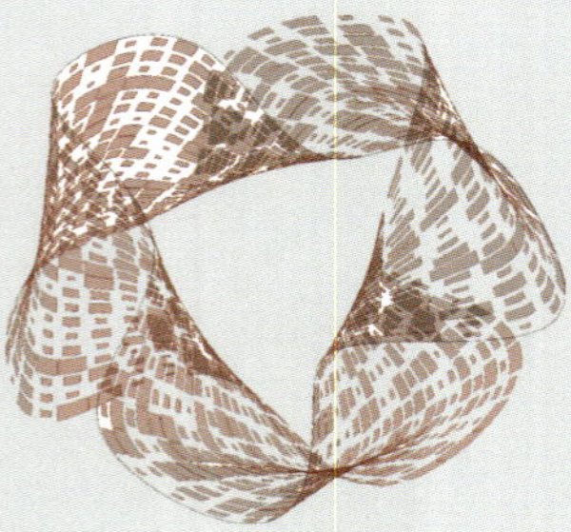

list item
random scale

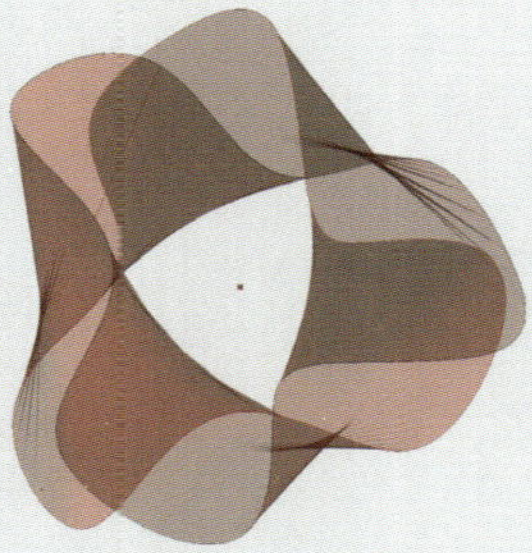

rotate
loft

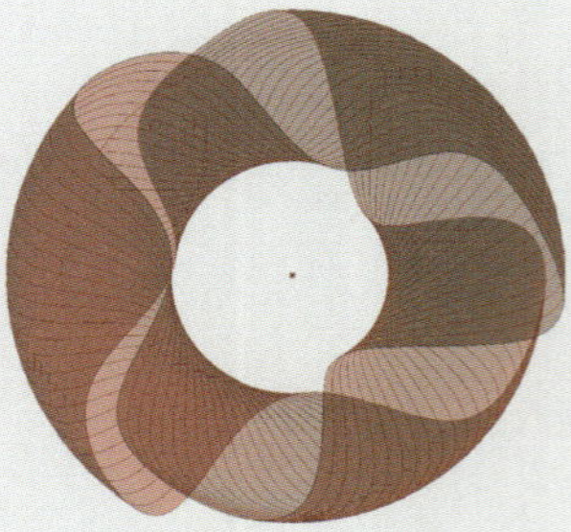

rotate
series / range
loft

디자인을 적용하였고 기초적인 단계이지만 생각을 표현하고 개념을 구현하는 데 의미 있는 시도였다. 음각과 양각의 교차는 조형적 요소를 통해 공간을 만들어내고 이 과정에서 개별적 음악적 요소에서 파생된 다양한 형태들이 관계를 맺고 어울어지며 다양한 공간성을 구현한다. <건축디지털디자인>은 다양하며 광범위한 범위를 내포하고 있으며 공간의 2D 도면화부터 3D 모델링까지, 또는 파라메트릭 원리를 이용하여 디자인하는 것까지 활용할 수 있는 방식의 무한 영역을 이해하고 실제 디자인에 다양한 원리를 활용하는 것이 중요하다.

of an explanation of the design process in a project from the <Basic Design 1> course, summarizing the technical design process to enhance the development, diversity, and efficiency of design concepts.

In this work, the design process involves selecting a piece of classical music to analyze, shaping form elements, and implementing spatial forms or plasticity through the intersection of relief and intaglio. Sounds from the violin, viola, and oboe were analyzed, and concepts were implemented through various digital design processes to create the flow of space.

To enhance the efficiency and creativity of design in composing the plasticity of music, parametric design was applied through coding using Grasshopper. The intersection of relief and intaglio creates space through form elements, and in this process, various shapes derived from individual musical elements form relationships and harmonize to realize diverse spatiality. <Architectural Digital Design> is diverse and encompasses a wide range of capabilities, from 2D drawing to 3D modeling, and applying parametric principles in design. Understanding this infinite scope and applying various principles to actual design is important.

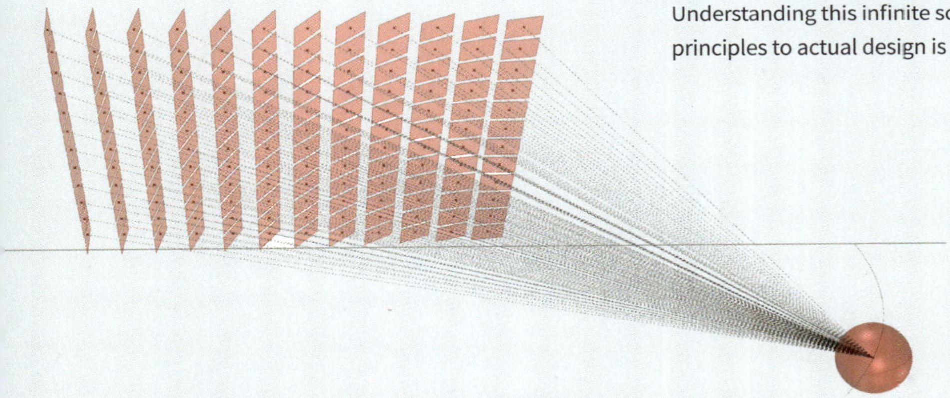

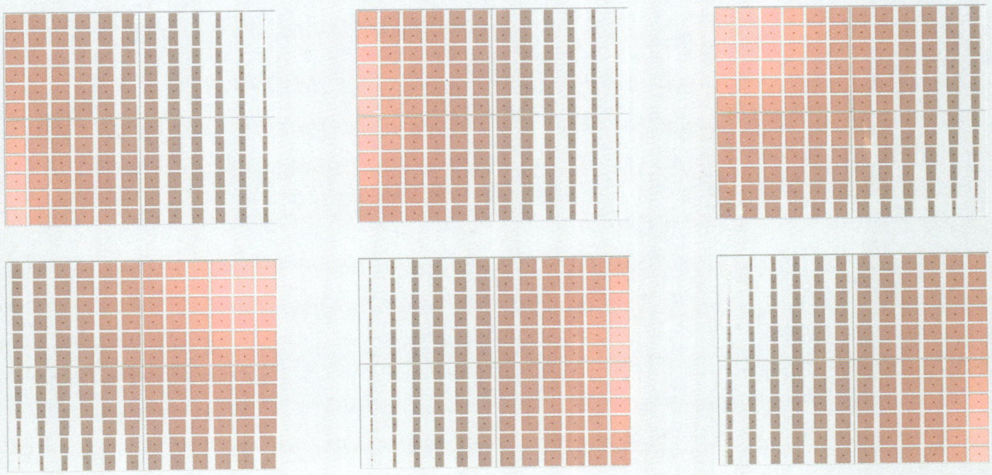

건축학개론

김일현, Ilhyun Kim

<건축학개론>은 우리의 전공과 관련하여 가장 기본적인 지식을 전달하는 역할을 맡고 있다. 고학년에서 수강하는 <현대건축론>에서 비로소 자신의 이론을 피력하게 된다면, <건축학개론>은 이를 위한 준비작업으로 지식의 영역의 전반을 파악하기 위해 새의 눈이나 드론의 렌즈를 통해 이를 내려다보는 것과 비슷하다. 하지만 건축학이라는 분야의 현황을 파악하는 것이 그리 쉬운 일은 아니다. 극단의 시대로 불렸던 20세기를 지나 21세기에도 건축의 등고선은 쉴 새 없이 변화해왔다. 어쩌면 이제는 건축이라는 지식과 경험의 지형 그 자체만큼 이에 변형을 야기하는 다양한 원인들을 논의하는 것이 이에 못지않게 중요한 시기가 도래했을지도 모른다.

지난 해의 경우 <건축학개론>의 중추적인 논제는 자기탐구였다. 이는 건축학과 예비건축가를 구별하지 않고 적극적으로 연계하여 학습하기 위해서 취한 방식이었다. 유아기부터 건축을 전공하기로 마음먹은 사람은 거의 없을 것이다. 같은 과의 신입생으로 한 강의실에 모여 있지만, 각기 다른 사연, 이유 그리고 계기로 건축과에 진학하였을 것이다. 이러한 배경에서 건축학과에 진행했을 때에 가장 선행되어야 하는 작업은 과거를 재배열하는 작업이다. 건축학에 발을 디딘 순간, 내가 처음 도시란 것을 경험했던 순간, 길을 잃었던 경험, 설명할 수는 없지만 기억에 남는 건축물 그리고 애착이 갔던 어린 시절에 살았던 집 등의 기억들을 되찾아야 한다. 이렇게 스스로 발굴하는 작업을 통해 현재의 예비건축가로서 만들고자 하는 그림의 퍼즐조각으로 확보하게 된다. 비록 올해에 주제를 원론적인 방식으로 재정비하기는 했지만, 집단으로서의 건축학과 1학년이 아니라 개인으로서 수업을 대면하였으면 하는 기대에서 그 정신을 수업의 과정 내에 스며들게 하고자 노력하였다.

계획은 수정하기 위해 세우는 것이라고들 하는데, 이번 학기는 다음과 같은 주제로 구성되었다. 첫 번째 주제는 건축의 정의이다. 비트루비우스에서 지금에 이르기까지 다양한 건축에 대한 정의를 살펴보고 자신 나름대로 이를 재정의하는 작업으로 학기를 시작한다. 이어서 건축과 관련된 다양한 주제들을 다루게 되는데 이는 다음과 같다.

관찰과 기록, 점·선·면, 요소와 원형, 입체와 공간, 빛·색·소리, 형태와 유형, 다양한 집, 도면의 이해, 계획과 설계, 대지와 장소, 구조와 재료, 건설과 시공, 설비와 법규, 도시와

<Introduction to Architecture> plays the role of conveying the most fundamental knowledge related to our major. If, in <Modern Architectural Theory>, senior students finally articulate their theories, then <Introduction to Architecture> serves as preparatory work, akin to viewing the entire domain of knowledge from a bird's-eye view or through the lens of a drone. However, understanding the current state of architecture is not an easy task. Even after the turbulent 20th century, the contours of architecture have continuously changed in the 21st century. Perhaps now is the time when discussing the various causes that lead to transformations in the field of architecture is just as important as understanding the terrain of knowledge and experience itself.

Last year, the central theme of <Introduction to Architecture> was self-exploration. This approach was taken to actively connect and learn without distinguishing between architecture and prospective architects. Few people decide to major in architecture from childhood. Although gathered in the same lecture hall as freshmen in the same department, each student has entered the architecture department for different reasons and under different circumstances. Against this backdrop, the most preliminary task when proceeding in the architecture department is to rearrange the past. They must retrieve memories such as the moment they first experienced a city, the experience of getting lost, an inexplicably memorable building, and the childhood home they were attached to. Through this self-exploration, they secure pieces of the puzzle they wish to create as prospective architects today. Although the theme was restructured in a fundamental way this year, I tried to infuse the spirit of engaging with the class as individuals, not just as first-year architecture students. It's said that plans are made to be revised, and this semester was structured with the following themes. The

조경, 환경과 실천, 실내의 세계, 사물과 소품, 독소와 해석, 여행과 답사, 예술과 디자인, 인간과 일상 그리고 역사와 전통.

이전에 이 과목을 강의하신 교수님들은 같은 학기에 수강해야 하는 <설계기초>와 <표현기법>으로 많은 시간을 소요하는 학생들에 대한 배려로 과제를 최소화하였다. 정확하게 말하자면 과제로 보고서도 없는 과목이었다. 이런 차원에서 거듭 학생들의 개인적인 성찰과 참여를 요구하기는 하지만 공유할 만한 자료는 그렇게 많지 않다. 그럼에도 불구하고, 이번 학기에는 두 개의 소과제를 통해서 나름대로의 생각을 시험답안지가 아닌 지면을 통해 표현할 기회를 마련하였다. 첫 번째 주제는 '하루의 열 두 장면'이다. 자신이 보내는 특정한 하루를 인생의 전부라는 가정하에서 그날을 기억할 만한 12가지의 순간을 그림과 설명으로 기록을 남기는 작업이다. 그리고 가능하다면 이 장면의 배경을 설명하여 그 도시, 건축, 상황의 맥락을 재구성한다. 이 작업은 자신이 보내는 양적인 시간을 정성적으로 대하는 태도를 연습하고 기록하는 법을 배우는 것이다. 두 번째 주제는 설명이 없는 현대건축물의 답사물을 시청하고 이에 관한 본인만의 해석을 기록하는 것이다.

학생들의 작업을 보면 각기 자신만의 시간을 경험한다는 것을 알 수 있으며, 이를 표현하는 방식에서도 이미 개성을 발휘하고 있음을 알 수 있다. 한 권의 책을 똑같이 읽는 사람이 없듯이, 도시와 시간도 각기 다르게 경험한다. 건축학개론은 이와 같이 호기심을 갖고 현실을 바라보며 상상하는 자양분을 예비 건축가들에게 계속 변화 속에서 제공하고자 한다.

first theme is the definition of architecture. The semester begins by examining various definitions of architecture from Vitruvius to the present and redefining them in their own way. Subsequent topics related to architecture include: observation and recording, point-line-plane, elements and archetypes, volume and space, light, color, sound, form and type, various houses, understanding drawings, planning and design, site and place, structure and materials, construction and execution, equipment and regulations, urban and landscape, environment and practice, the world of interiors, objects and accessories, reading and interpretation, travel and exploration, art and design, humanity and daily life, and history and tradition.

Previous professors minimized assignments to accommodate students who spend a lot of time on <Basic Design> and <Expression Techniques>, which must be taken in the same semester. To be precise, it was a course without report assignments. Despite this, while I continue to encourage personal reflection and participation, there aren't many materials to share. Nevertheless, this semester, I provided opportunities to express their thoughts in writing through two small assignments. The first theme is "Twelve Scenes of a Day." Students record 12 memorable moments of a specific day, assumed to be their entire life, using drawings and descriptions. If possible, they should explain the background of these scenes to reconstruct the context of the city, architecture, and situation. This task practices qualitative engagement with quantitative time and teaches how to document it. The second theme involves watching a documentary on modern architecture without narration and recording their interpretation.

Through students' work, it becomes evident that each experiences time uniquely and expresses it with individuality. Just as no one reads a book the same way, cities and time are experienced differently by each person.

건축가 작품 분석에 기반한 주택 설계

Studio A | 이관석, Gwanseok Lee
Studio B | 문희, Hee Moon
Studio C | 송민경, Minkyung Song
Studio D | 임승모, Seungmo Lim

본 교과목은 첫 건축설계 과목으로서, 인간 본성에 대한 기본적인 이해에 중점을 둔다. 세부적으로 공간 구성 능력과 형태구성 능력을 함양하는 것에 중점을 둔다. 이를 위해 설계할 건축물은 주택이다. 주택은 건축이 시작된 근원적인 장소이며 생활과 가장 가까운 공간이다. 집은 먹고 자고 아이를 키우며 사랑을 나누는 장소다. 인간의 모든 삶을 담는 장소다. 학생들은 기존에 가지고 있던 건축에 대한 고정관념을 뛰어넘어 창의적 사고로 전환할 것이 요구된다. 설계에 들어가기 전에 먼저 주택건축의 훌륭한 전범이 된 작품들을 살펴본다. 작품에 담긴 건축 개념, 공간구성 방법, 건축어휘를 이해한 후, 여기에서 발견한 제반 방법론을 자신의 작품에 창의적으로 적용하면서 설계를 진행한다.

제시된 주택 리스트에서 한 작품을 선택하여 작품 고유의 설계개념, 공간구조, 건축어휘를 분석한다. 자신이 건축주 가족의 시나리오를 설정하고 이를 바탕으로 프로그램을 작성한다. 대지는 제시된 범위 안에서 각자의 선호에 따라 선정한다. 앞서 주택작품 분석 결과를 바탕으로 자신의 주택에 적용할 설계개념, 공간구성 방식을 설정하고 이를 일관성 있게 설계에 적용하여 발전시켜 나간다.

This course serves as the first <Architectural Design> subject, focusing on the fundamental understanding of human nature. It emphasizes developing space composition abilities and form composition skills. For this purpose, the architectural design will be a house. The house is the original place where architecture began and is the space closest to daily life. It is a place for eating, sleeping, raising children, and sharing love—a place that encompasses all aspects of human life. Students are required to transcend preconceived notions about architecture and shift to creative thinking. Before starting the design, we will examine exemplary works of residential architecture. After understanding the architectural concepts, space composition methods, and architectural vocabulary contained in these works, students will proceed with their designs, creatively applying the methodologies discovered to their own projects.

Students will select a work from a provided list of houses and analyze its unique design concept, spatial structure, and architectural vocabulary. They will set up a scenario for the client's family and create a program based on it. The site will be chosen according to individual preferences within a given range. Based on the analysis results of the housing works, students will establish the design concept and spatial composition methods to apply to their own houses and consistently apply and develop these in their design.

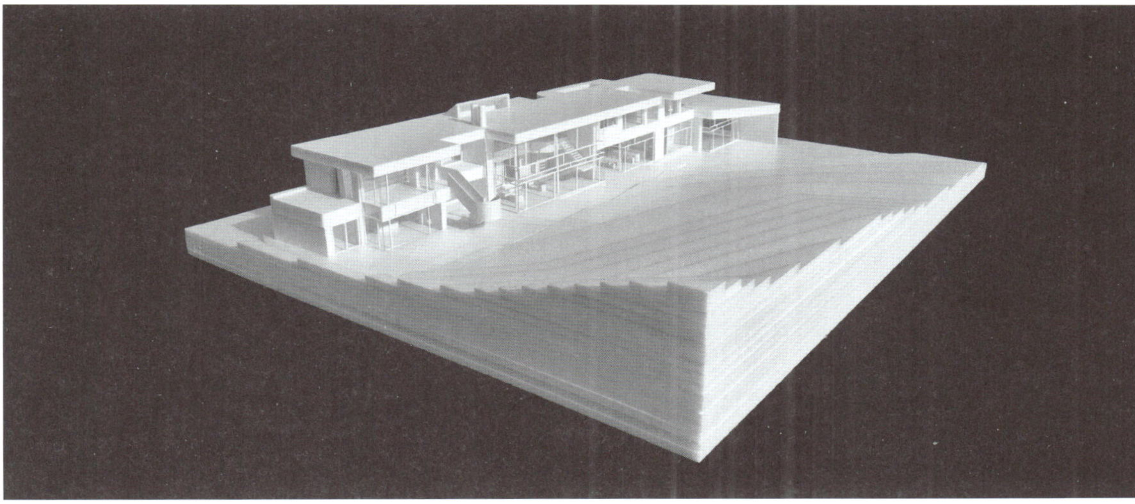

ⓒ 최주원, Juwon Choi

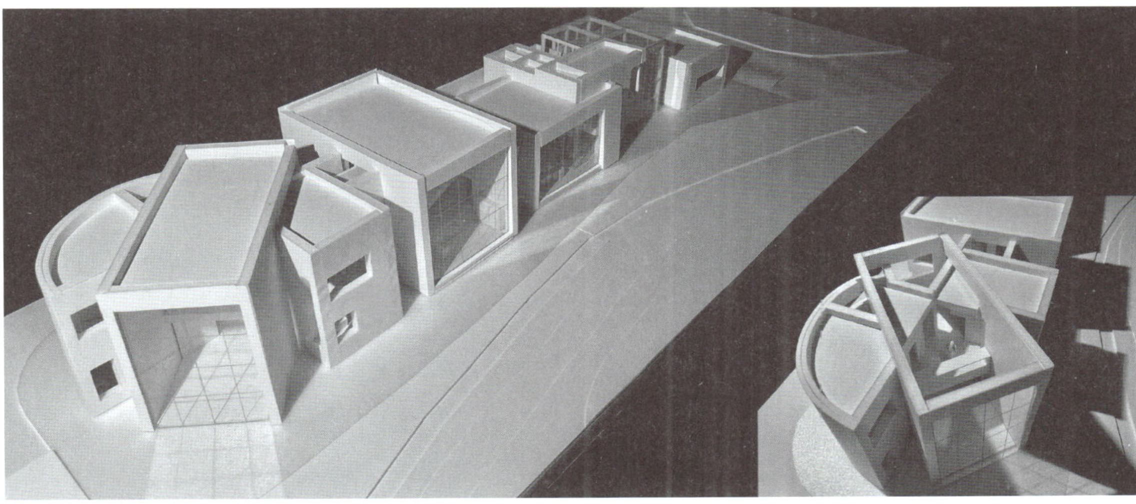

ⓒ 오지민, Jimin Oh

ⓒ 이도윤, Doyun Lee

김진형 | Studio A
나누고 – 잇다
Split & Stitch

‘나누고, 잇다’는 도시에서 조금 벗어난 판교동 주택단지에 위치한다. 5인 가족을 위한 집으로, 주변 환경으로부터 보호받으면서도 외부와 소통하고 공간을 유연하게 확장하도록 계획했다. 한정된 대지에 고르게 빛을 들이기 위해 대지 경계를 따라 올린 볼륨을 둘로 나누었고, 두 볼륨은 브릿지가 연결한다. 브릿지 아래 거실은 네 면이 열려 내부와 외부가 자연스럽게 이어진다. 브릿지에 매달린 작은 공간은 오브제로 작동하면서 잠시 머물 수 있는 휴식 공간이다. 크고 작은 두 개의 중정과 파티오, 테라스 등 다양한 외부 공간은 빛을 끌어들이고 자연과의 접점을 넓혀 내부를 풍요롭게 한다. 내향적인 배치이지만 내부공간은 서로 소통하며, 가족들은 머물고 스치며 관계를 만들어 간다.

‘Split & Stitch’ is set in a quiet pocket of Pangyo-dong just beyond the city center. Designed for a family of five, the plan balances shelter and openness, allowing spaces to adapt to daily life. To achieve even daylight on a compact lot, the perimeter massing aligned to the property line is split into two volumes and then stitched with a bridge link. The living room beneath the link opens on all four sides with glazing, easing the inside-outside threshold and bringing in ample daylight. A small space suspended from the bridge reads as an objet and offers a brief place to pause. Two courtyards—one large and one small—plus a patio and terraces serve as outer spaces that bring in light and pull nature close, enriching the interior. Though introverted in its courtyard-oriented layout, the plan keeps clear connectivity; legible circulation lets the family stay, pass, and meet, building everyday relationships.

ⓒ 김진형, Jinhyeong Kim

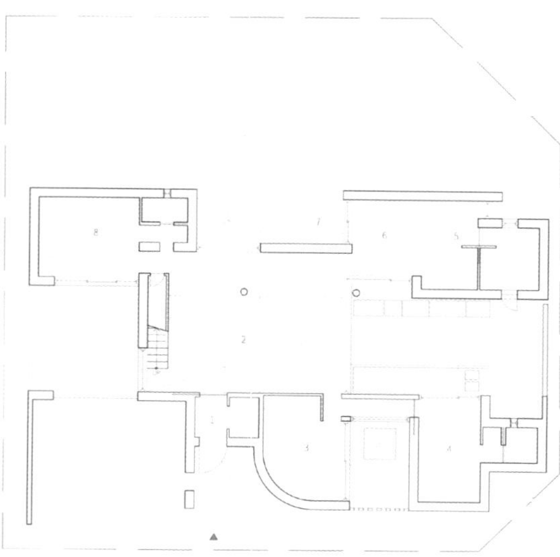

FIRST FLOOR PLAN

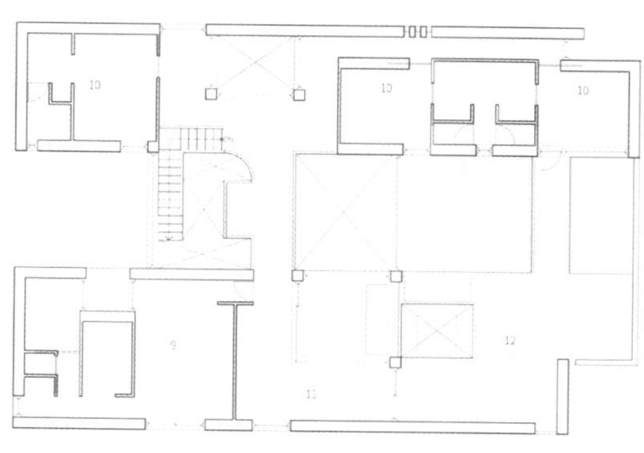

SECOND FLOOR PLAN

1 Entrance
2 Living
3 Atelier
4 Guest Room
5 Kitchen
6 Dining
7 Patio
8 Gym
9 Master Bedroom
10 Bedroom
11 Study
12 Terrace

ⓒ 김진형, Jinhyeong Kim

김정진 | Studio B
산책(켜를 통해 나아가다)
A Walk through Layers

ⓒ 김정진, Jungjin Kim

이 주택은 르 코르뷔지에의 건축적 산책의 개념을 건축물에 적용하여 거주자에게 있어 공간을 걷고, 보고, 느끼고, 생각하며 살아가게 만든다. 5개의 켜를 이루는 매스들과 이를 품는 'ㄴ' 자의 매스가 기본적인 매스를 구성하고 있다. 이 켜들은 다음 장소를 암시하기도, 장소와 장소 사이의 소통의 매개가 되기도 하고, 때로는 분절시키기도 한다. 대지의 남서쪽 영운정사를 조망축으로 설정한 후 건축적 산책의 종착점이 영운정사가 되도록 전체 매스를 배치하였다. 입구부터 시작되는 여러 개구부들을 통한 빛과 시선의 확장은 동선을 자연스럽게 유도해 무의식적으로 공간과 사람, 사람과 사람 사이의 관계를 형성시킬 수 있다.

또한, 1층과 2층 사이 보이드 공간은 페르소나 중 자녀와 부모 간의 적절한 분리와 균형 잡힌 관계를 형성시킨다. 사용자에게 선택권을 주면서도 긍정적인 교류가 일어날 수 있는 이 주택은 결론적으로 페르소나가 주인공이 되어 자신의 삶을 자의적으로 꾸려낼 수 있는 적절한 공간이 된다.

This house applies the concept of Le Corbusier's architectural walk to buildings, making residents walk, see, feel, and live in space. The mass that makes up the five layers and the mass of the 'ㄴ' that embraces them constitute the basic mass. These layers suggest the next place, serve as a medium of communication between places, and sometimes divide them. After setting Yeongunjeongsa Temple on the southwest side of the site as the viewing axis, the final point of the architectural walk will be Yeongunjeongsa Temple The entire mass was placed.

In addition, the void space between the first and second floors forms proper separation and proper relationships between children and parents during persona. This house, where positive exchanges can occur while giving users a choice, eventually becomes an appropriate space for the persona to become the main character and arbitrarily manage his or her life.

ⓒ 김정진, Jungjin Kim

최주원 | Studio C
Paradox House

주택은 때로 '연결'되면서도 '분리'되어야 한다. 이 아이디어는 Paradox House의 핵심 개념이 되어, 하나의 공간에서 가족 구성원의 유대와 개별성을 동시에 담아내고자 한다. 이 주택의 공용 공간들은 하나의 곡선형 매스에 안겨 네 명의 가족을 아우른다. 그러나 이는 단순히 뭉쳐진 공간이 아니다. 마치 마리오 보타의 건축처럼, 사적인 공간과 공적인 공간을 수직적으로 분리하여 각자의 생활은 충분히 존중받도록 설계되었다. 1층은 가족의 연결성을 극대화하는 공용공간으로 구성된다. 거실의 커다란 창과 외부로 열린 구조는 집 안팎의 경계를 허물며 소통을 유도한다. 이와 달리 2층은 각 구성원의 사적 공간으로 구성된다. 개별적으로 할당된 테라스는 자신만의 시간을 보낼 수 있는 독립적인 공간을 제공한다. 1층과 2층은 물리적으로 분리되면서도 고립되지 않도록 의도되었다. 두 층을 잇는 보이드는 공간의 관계를 이어준다. 이로써 Paradox House는 가족의 유기적인 연결과 각 개인의 독립성을 조화롭게 담아내는, 역설적이지만 완결된 주거형태를 제안한다.

A home must sometimes be 'connected' and yet 'separated.' This idea became the core concept of Paradox House, which seeks to simultaneously contain the bonds of family members and their individuality within a single space. The public spaces of this house are embraced by a single curved mass, while the private and public areas are vertically separated, like in the architecture of Mario Botta, so that each person's life is respected. The first floor consists of communal spaces that maximize family connection, with a large window and an opening to the outside in the living room breaking down boundaries and encouraging communication. In contrast, the second floor provides each member with private rooms and terraces for independence. Though physically divided, the two floors are linked by a central void that preserves their relationship. Thus, Paradox House proposes a paradoxical yet complete dwelling that harmoniously blends the organic connection of a family with the independence of each individual.

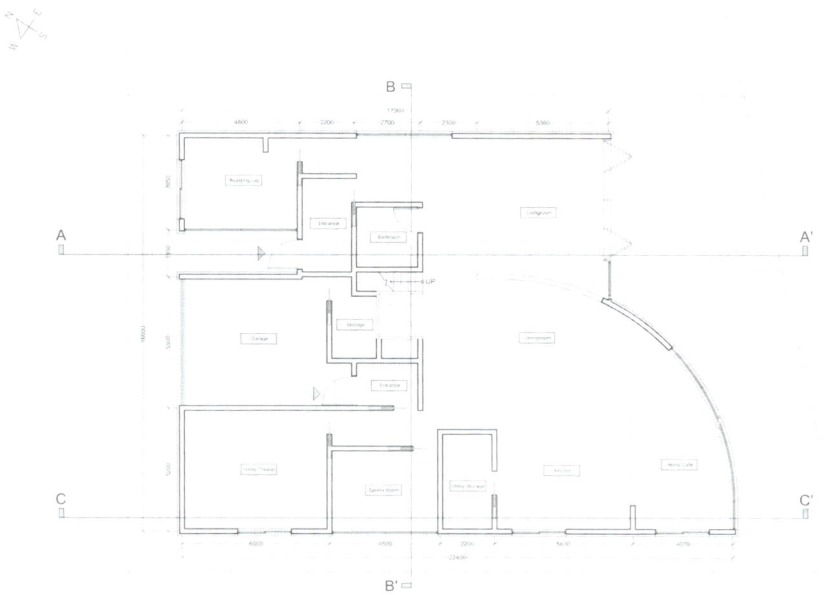

1 First Floor Plan

ⓒ 최주원, Juwon Choi

김하늘 | Studio B
채류당(彩流堂)
The House of Flowing Diversity

채류당은 '다채로움이 흐르는 집'이라는 이름처럼, 삶의 색깔과 움직임이 공간 속에서 자연스럽게 이어지도록 설계된 주택이다. '彩(채)'는 가족 개개인의 다채로운 취향과 활동을, '流(류)'는 그것들이 흘러 관계 맺는 방식을, '堂(당)'은 이 모든 흐름이 모여 하나의 집으로 완성됨을 뜻한다. 주택은 매스의 분절과 연결을 통해 공간적 리듬을 형성한다. 단일 매스를 둘로 나누고 다양한 레벨과 경로로 이어 내부와 외부가 맞닿는 지점을 만든다.
집은 대지의 흐름을 존중하며 자리한다. 건물의 배치와 창호 방향은 주변 풍경과 빛을 적극적으로 받아들이도록 계획되었고, 단면은 층간 시선과 빛의 흐름을 고려해 설계되었다. 내부는 가족의 필요에 따라 분리와 공유가 공존한다. 개인 활동 공간이 마련되면서도, 거실과 공유 공간에서는 가족이 모여 흐름처럼 이어질 수 있다. 결국 채류당은 '다채로운 삶의 색깔들이 하나의 집 안에서 유기적으로 흐르고 연결되는 모습'을 건축적으로 구현한 주택이다.

Chaeryudang, "the house where colorful flows gather," is designed for the seamless unfolding of life's colors and movements. 彩(Chae) signifies each family member's diverse activities, 流(Ryu) the way they flow and connect, and 堂(Dang) their convergence into one home. A single mass is divided into two and rejoined through varied levels and circulation, creating intersections of inside and outside. This ensures individuality while maintaining continuity. The house also respects the site's flow: its orientation and openings embrace light and views, while the section fosters visual and spatial connections across floors. Inside, privacy and togetherness coexist. Personal rooms allow independence, while communal areas such as the living room bring the family together in a continuous flow, reinforcing the architectural idea of connection. Ultimately, Chaeryudang embodies diverse colors of life flowing organically within one dwelling.

ⓒ 김하늘, Haneul Kim

유현욱 | Studio A
겹정
The Layered House

이 주택은 "겹정"이라는 이름처럼 중정이 겹겹이 쌓이며 실내와 외부를 연결하는 구조를 특징으로 한다. 중심에는 수직적으로 이어지는 수공간이 놓여 있어, 집 전체가 하나의 축을 따라 호흡하듯 연결된다. 이 수직선은 단순한 장식이 아니라, 가족이 생활하는 공간들 사이를 매개하고, 공간의 흐름을 자연스럽게 이끄는 장치이다. 주택은 다섯 명의 가족을 위한 공간으로 설계되었으며, 각 실은 독립적이면서도 중정을 매개로 긴밀하게 연결된다. 중정은 단순히 외부 공간이 아니라, 내부 공간 사이의 소통을 가능하게 하고, 생활 동선을 순환 구조로 만들어 가족이 집 안 곳곳을 자연스럽게 경험할 수 있도록 한다. 특히 방과 방 사이에는 테라스를 두어, 가족들이 시각적으로나 물리적으로 교감할 수 있는 장을 마련했다. 2층의 브릿지 형태 테라스는 중정을 가로질러 이어지며, 동시에 1층 야외 테라스와도 연결된다. 이로써 상하부 공간이 끊기지 않고 하나의 유기적 흐름 속에 배치되며, 가족이 언제 어디서든 서로의 존재를 느낄 수 있는 구조가 완성된다. 결국 겹정은 단순한 주거 공간을 넘어, 중정과 수공간을 통해 가족 간의 관계, 실과 실의 관계, 내부와 외부의 관계를 겹겹이 이어주는 집이라 할 수 있다.

This house, named "Gyeopjeong" (meaning "layered courtyards"), is characterized by a series of courtyards that overlap and connect the spaces of the home. At its core lies a vertical water feature that runs through the house, serving not merely as an ornament but as an axis that links the interior spaces. Designed for a family of five, the house balances individuality and connection. Each room maintains its own identity while being interwoven through the courtyards. The courtyards are not simply voids but mediating spaces that foster communication among family members and generate a circulation loop. They also invite light, air, and nature deep into the home, enriching daily life. Terraces placed between the rooms allow for both visual and physical interaction. A bridge-like terrace on the second floor stretches across the courtyard and connects to the outdoor terrace on the ground floor, integrating the vertical layers of the home. Ultimately, Gyeopjeong is more than a dwelling; it is a home that weaves together relationships between family members, between rooms, and between interior and exterior, through layered courtyards and flowing water.

ⓒ 유현욱, Hyunwook Yu

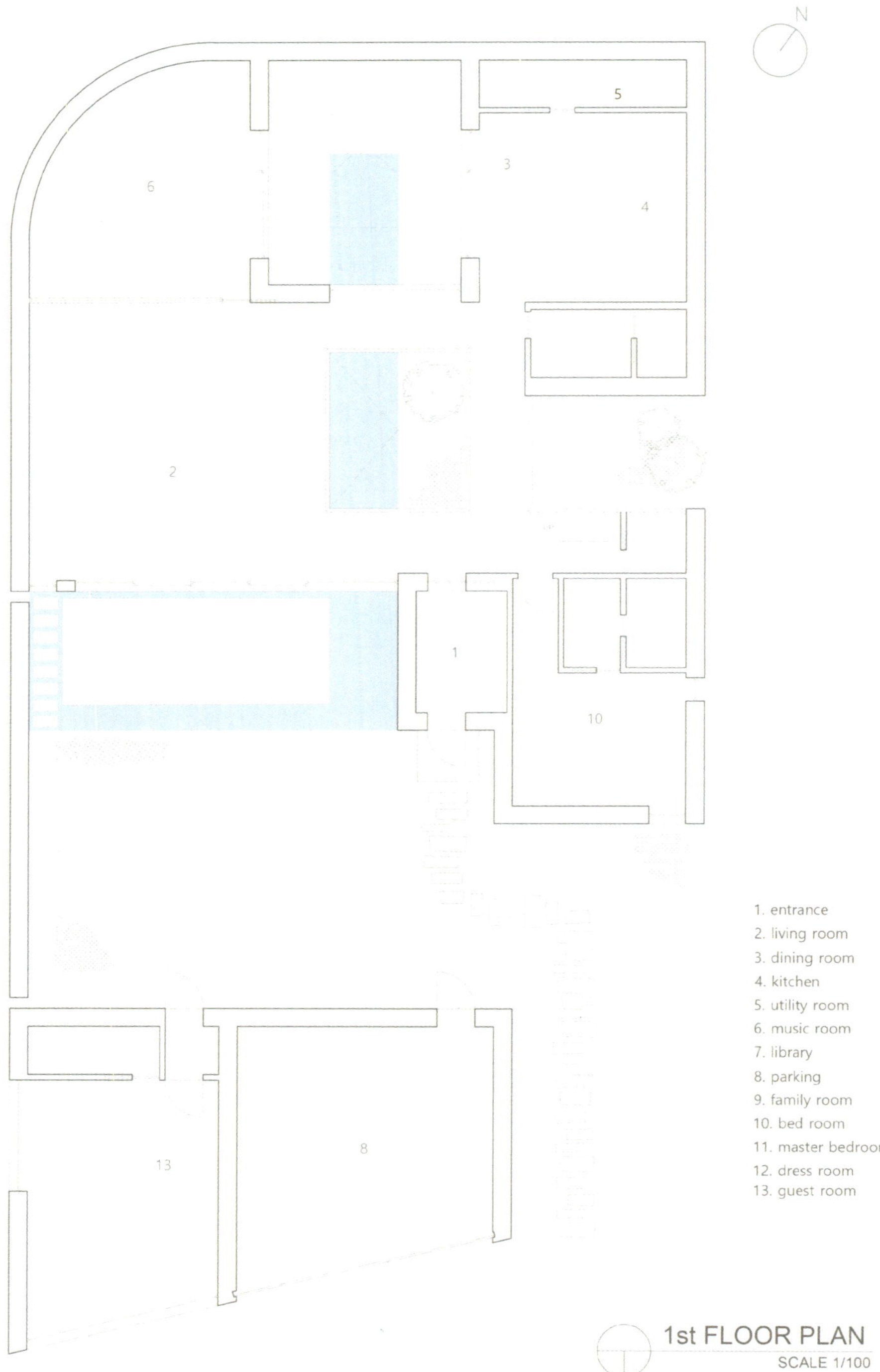

1. entrance
2. living room
3. dining room
4. kitchen
5. utility room
6. music room
7. library
8. parking
9. family room
10. bed room
11. master bedroom
12. dress room
13. guest room

이재용 | Studio C
망화재(望花齋)
The House of Flowing Gazes

서로 다른 성격의 매스와 중정을 통해 공간은 분리되어 있지만 시선을 연결시키고자 하였다. 세 개의 매스는 각각 공용 공간, 개인 공간, 그리고 작업실로 나뉘어 존재하지만, 그 사이사이에 놓인 중정들이 이들을 느슨하게 엮어낸다. 중정은 공간을 분리하는 동시에 시선을 열어주어, 수직과 수평의 방향으로 빛과 시선이 흘러가도록 한다. 바라보는 위치에 따라 각기 다른 성격을 드러내는 중정은, 매 순간 새로운 장면과 감각을 경험하게 만든다. 입구에 들어서는 순간, 시선은 매스 사이의 틈을 따라 부드럽게 확장되며 좌우로 펼쳐지는 풍경들을 차례로 마주한다. 그 흐름 속에서 공간은 단절되지 않고, 오히려 다채로운 장면들이 중첩되며 이야기를 써 내려간다. 특히 작업실 매스는 다른 영역들과 한층 더 독립적으로 배치되어, 전통 건축의 사랑채처럼 조용하고 내밀한 공간적 울림을 만들어낸다.

ⓒ 이재용, Jaeyong Lee

Although the spaces are separated by masses of distinct character and intervening courtyards, the intention was to connect visual axes throughout the composition. The three masses - each dedicated to communal areas, private quarters, and a studio - are loosely interwoven by a series of courtyards. These courtyards divide the space while simultaneously opening up sightlines, allowing light and views to flow vertically and horizontally. Depending on the observer's position, each courtyard reveals a unique atmosphere, offering new scenes and sensations with every moment. Upon entering, one's gaze naturally expands along the gaps between the masses, sequentially encountering diverse landscapes to the left and right. The studio mass, in particular, is arranged more independently from the others, echoing the tranquility and intimacy of the traditional Korean sarangchae.

김용진 | Studio A
화담헌(花潭軒)
The House of Flowered Wall

ⓒ 김용진, Yongjin Kim

화담헌 (花潭軒)은 꽃과 연못, 또는 담의 집이라는 뜻이다. 내부로 관통하는 꽃담과 한옥의 특성을 개념적으로 담아내어 집 내부에서의 한옥을 경험할 수 있다. 마당을 소유하며 반 외부 공간을 통해 전이되는 공간과, 건물의 켜, 내부와 외부의 경계를 허물어주는 꽃담을 통해 전통적인 감각을 되살린다. 한국 전통의 다도를 깊게 고찰하여 공간으로서 담아낸 다도 공간은 물 위에 부유하며 집에 차분함과 안정감을 더한다. 내부에서 시작되는 자연은 자연스럽게 현대화된 한옥의 공간 속에 녹아들며, 사계절이 변하는 한국에서의 자연의 아름다움을 매순간 다르게 인식한다.

Hwadamhun(花潭軒) means "a house of flowers and a pond" or "a house with a flower wall." Conceptually, it embodies the characteristics of a hanok through the traditional wall that extends through the interior, allowing the experience of hanok architecture from within the home. With its courtyard and semi-outdoor transitional spaces, it evokes the layered qualities of traditional architecture, where the traditional wall softens the boundary between inside and outside, reviving a sense of tradition. The tea room, deeply inspired by Korean traditional tea culture, is expressed as a floating space above water, adding serenity and stability to the home. In Korea's four distinct seasons, this design allows one to perceive the beauty of nature in new and ever-changing ways.

ⓒ 홍성혁, Sunghyuk Hong

ⓒ 홍성혁, Sunghyuk Hong

허수진 | Studio D

연화재(連化齋)

The House between Separation & Connection

연화재는 이름처럼 분리와 연결을 주제로 새로운 공간의 흐름을 피워내는 주택이다. 클라이언트는 프리랜서 PD 부부로, 거주 공간과 스튜디오의 분리가 필요하다. 유명인사가 많이 드나드는 스튜디오는 외부의 시선으로부터 분리되고, 어린 자녀가 생활하는 거주공간은 스튜디오에 머무는 외부인의 시선으로부터 또 한 번 분리된다. 그러나 부모의 동선 간소화를 위해 스튜디오와 부모가 주로 사용하는 2층 일부 공간이 연결되고, 이러한 매스와 연결부의 배치를 통해 각각의 공간은 개별적인 마당을 가지게 되며, 이를 통해 사용자는 하나의 주택 내부에서 두 가지의 완전히 다른 공간을 경험하게 된다. 또한, 두 공간의 연결부와 보이드를 통해 서로 다른 성격의 분리되어있던 공간들이 연결되고, 이 연결을 통해 사용자의 시선이 두 마당과 옆에 위치한 산으로까지 확장되어 넓은 공간감을 선사한다.

As the name suggests, Yeonhwajae(連化齋) is a house that emits a new flow of space under the theme of separation and connection. The client is a freelance PD couple, and the living space and the studio need to be separated. The studio, where many celebrities come and go, is separated from the external gaze, and the living space where young children live is once again separated from the gaze of the outsiders staying in the studio. However, in order to simplify the movement of parents, the studio and some spaces on the second floor mainly used by parents are connected, and each space has a separate yard through this massing and linkage, enabling the experience of two contrasting realms that are further tied by voids extending the gaze toward the yards and the adjacent mountain.

오지민 | Studio C
경계
Boundary

이 주택은 주인과 손님, 자연과 도시, 부모와 자녀의 경계를 건축적으로 풀어낸 주택이다. 경계라는 것은 분절될 수도, 동시에 이어질 수도 있는 가능성을 내포한다. 가장 먼저 주인과 손님은 대지의 양끝단을 점유하고 그 사이에 있는 온실, 주방 그리고 거실은 이 경계가 되어 평면으로 나타난다. 이때 점유의 공간은 주 생활공간인 만큼 실의 밀도를 높여 아늑한 느낌을 준다. 반면 분절, 동시의 연결의 공간들은 동선 축으로 연결되며 이 축을 기점으로 공간이 흘러나간다. 대지는 남동측으로는 자연, 북서측으로는 여러 주택과 마주하여 도시적 맥락을 공유한다고 할 수 있다. 이 두 맥락은 입면 축으로 구분된다. 또 그 주택의 주인인 부모와 자녀는 가족동 안에서 구분된 층에 머무르게 된다. 두 층의 연결은 또 다시 경계의 공간에서 일어난다. 이때 입면 축은 도시/자연, 부모/자녀의 경계를 형성할 때 무한한 가능성을 보여준다. 입면 축을 따라 온실로 연결된 축은 두 개의 사잇공간을 만들어내고 시선적 연결을 촉진한다. 크게 두 구분의 층고를 가짐에도 스킵플로어를 활용한 듯 곳곳에서 사선적 시선이 열리는데, 이는 다양한 천정고의 활용과 3개의 대공간을 연결하는 입면, 동선 축을 통해 가능케 한 것이다. 긴 대지와 긴 복도를 가진 주택이라는 비판이 있을 수 있다. 그렇지만 이 주택은 경계라는 대명제 하에 수많은 장면과 끊임없이 흐르는 공간들로 이루어져 따로 또 함께하는 여러 삶의 모습들을 만들어낸다.

This house is an architectural interpretation of the boundaries between host and guest, nature and city, and parents and children. First, the host and guests occupy the opposite ends of the site, while the greenhouse, kitchen, and living room in between form the boundary and reveal themselves on the plan. Here, the occupied zones, as the main living areas, are densified to evoke a sense of coziness. The site faces nature to the southeast and a cluster of houses to the northwest, thus engaging both natural and urban contexts. Likewise, the house's inhabitants—parents and children—reside on separate floors within the family wing, with their connection once again mediated through boundary spaces. Despite the house having two distinct levels of ceiling height, the use of skip-floor–like overlaps opens up diagonal sightlines, made possible by the interplay of varying ceiling heights and the integration of three grand spaces along both the vertical and circulation axes, creating layered visual depth. This layering not only blurs but also redefines the boundary, transforming it into a medium of exchange rather than mere division. While one might criticize the house for its elongated site and long corridor, under the overarching theme of boundary it instead creates countless scenes and continuous flows of space, generating diverse ways of living that are both separate and shared.

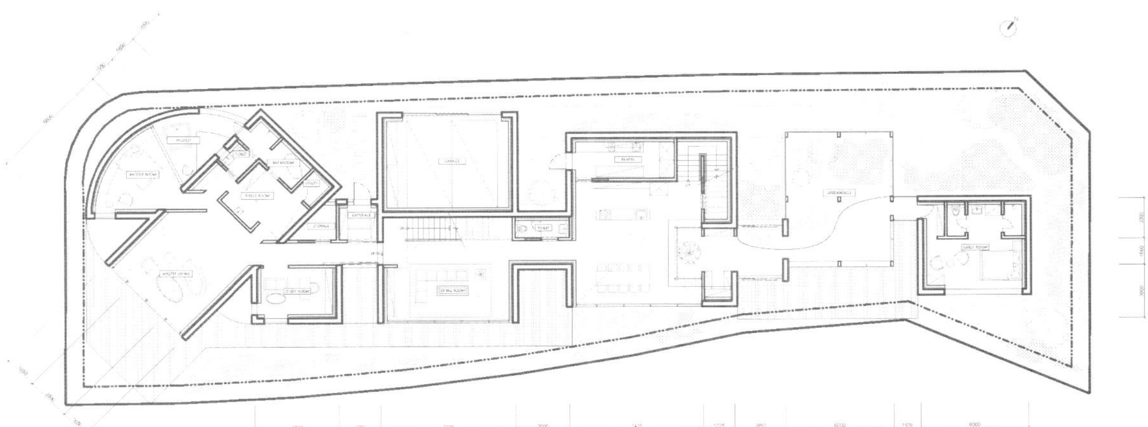

1st Floor Plan
scale: 1/100

이도윤 | Studio D
휘연재(輝連齋)
The House of Flowing Light

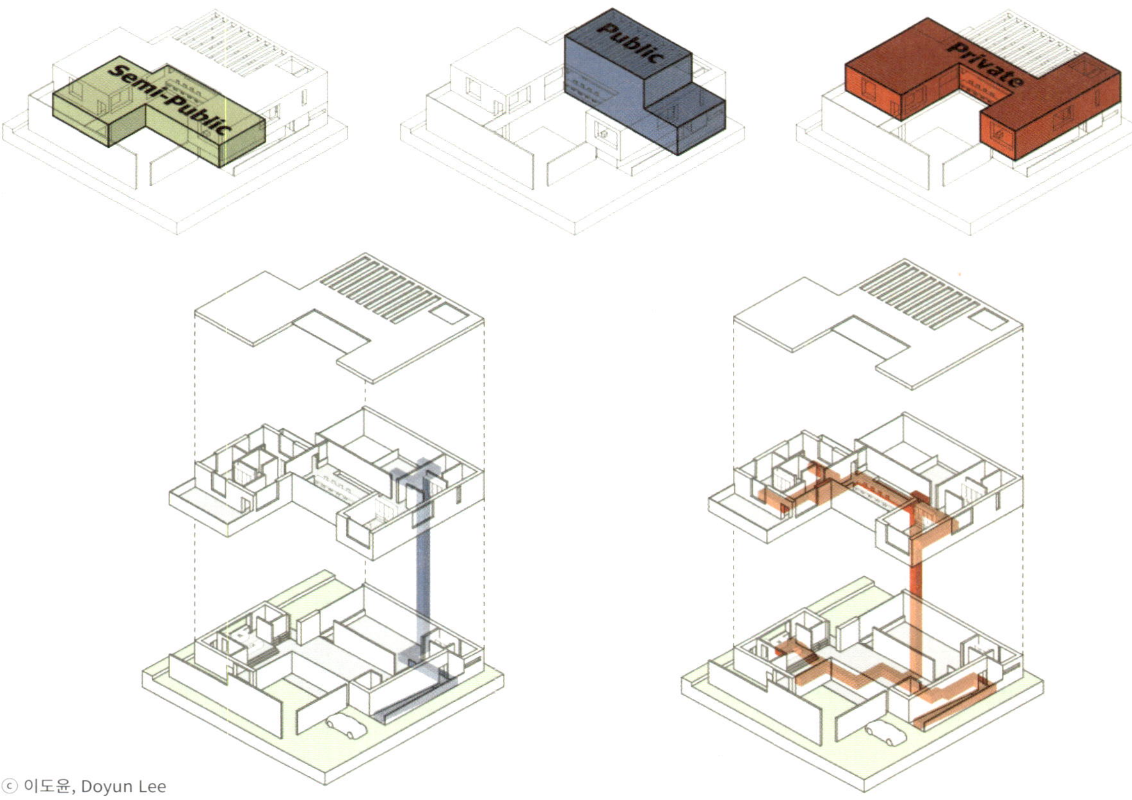

ⓒ 이도윤, Doyun Lee

휘연재(輝連齋)는 빛과 이어짐이 있는 주택이다. 공간들을 동선적으로, 시선적으로 이어주는 구심점이 되는 공간이 존재하고, 각 마당을 향해 높은 창이 있어 빛을 적극적으로 유입시킨다. 이는 알바 알토의 메종 루이 까레에서의 공간 연결 방식에서 시작했다. 모든 공간들을 이어주는 중심적 공간으로, 거실과 가족공간을 1층과 2층에 배치했다. 또 이 두 공간은 보이드를 통해 시선적으로 연결되어, 결국 이 주택의 모든 공간을 연결시킨다. 메종 루이 까레처럼 이 주택의 구성원은 각각 프라이빗한 외부공간을 갖고 있고, 각 공간의 매스는 고유한 크기와 높이를 가져 외부에서도 공간의 형태를 알 수 있다.

Huiyeonjae(輝連齋) is a house that has connection and light. There is a space that becomes a central point that connects the spaces in a linear and gaze manner, and there is a high window toward each yard to actively introduce light. It started with Alvar Aalto's method of connecting space in Maison Louis Carré. As a central space that connects all spaces, the living room and the family space are arranged on the first and second floors. In addition, these two spaces are visually connected through the void, eventually connecting all the spaces of this house. Like Maison Louis Carré, each member of this house has a private external space, and the mass of each space has its own size and height, so the shape of the space can be known from the outside.

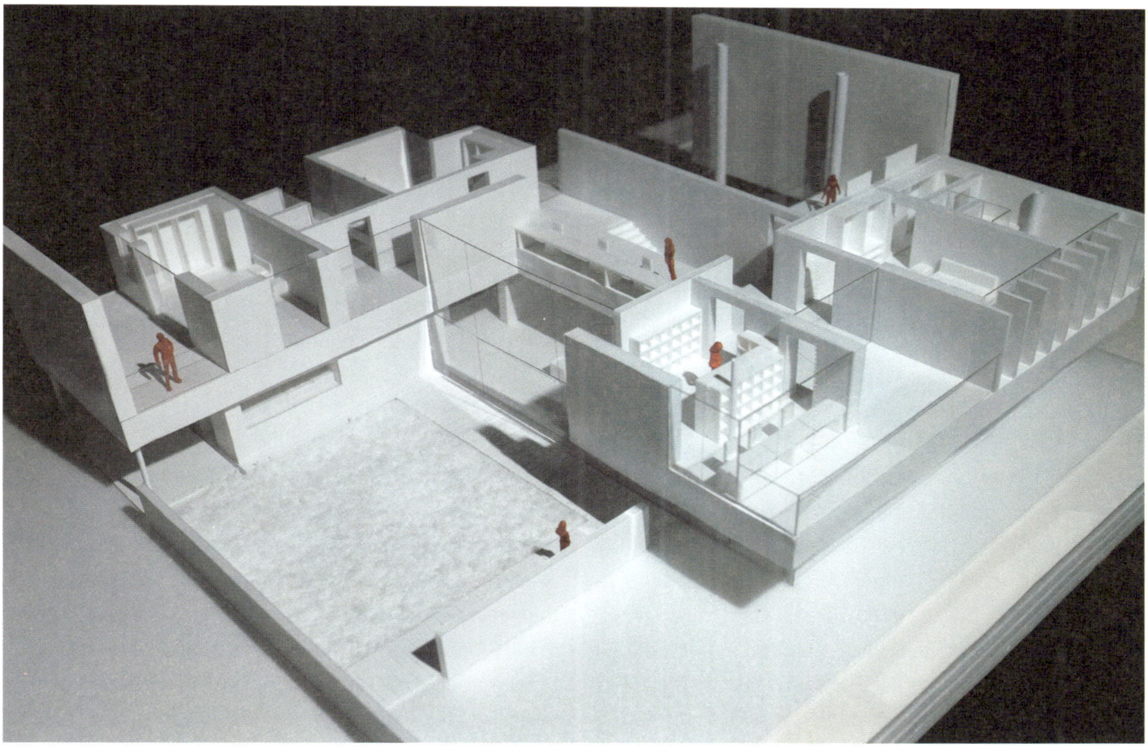

ⓒ 이도윤, Doyun Lee

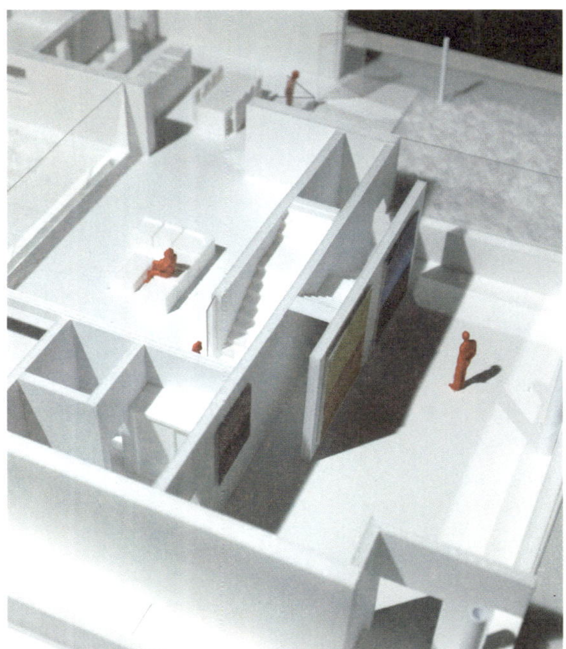

내부 공간성과 자연광을 탐구하는 소규모 미술관 설계

Studio A | 이관석, Gwanseok Lee
Studio B | 김조윤, Joyoon Kim
Studio C | 김도한, Dohan Kim
Studio D | 문희, Hee Moon

필요에 의해 기획되는 건축은 쓰임에 대응하는 내부공간과 그것을 감싸는 외부형태로 드러난다. <건축설계 2>는 동선과 자연광이라는 건축 구성의 핵심 인자를 훈련하는데 가장 적합한 전시공간을 지닌 소규모 작가 미술관을 탐구하는데, 앞서 주택을 계획하며 본격적으로 건축설계 학습을 시작한 학생들에게 자연광과 조화를 이루며 우수한 내부 공간성을 구현하는 건축에 대한 인식을 확고하게 심어주는 것을 목표로 한다. 이 프로그램은 전시공간에 요구되는 공간의 연속성, 융통성, 확장성 같은 근대적 공간 특성을 훈련하며, 단지 형태나 외관의 과시성에 치중하는 피상적인 건물에 만족하지 않고, 전시된 작품의 특성이 반영된 질 높은 내부공간과 적절한 형태를 동시에 지향한다.

이를 위해 학생들은 먼저 각자 선택한 화가의 가장 중요한 시기에 그려진 작품을 전시하기 위한 '이상적인 단위전시공간'을 구상한다. 1/50 축척의 모형에 그림을 붙여가며, 인간 행태를 고려해 작품 감상에 적합한 공간 규모와 성격, 빛의 도입 방식, 동선 흐름을 탐구하는 것이다. 이때 건축이 과도하게 부각되어 나타나는 지나친 공간성이 전시공간의 주인인 작품 감상에 방해가 되지 않도록 적절한 절제가 필요하다.

Architecture planned out of necessity is manifested through interior spaces corresponding to its use and the external forms that envelop them. 'Architectural Design 2' explores small-scale artist museums equipped with exhibition spaces that are most suitable for training in the two core elements of architectural composition—circulation and natural light. The aim is to instill in students, who have already designed a house and thus begun their full-fledged study of architectural design, a firm awareness of architecture that harmonizes with natural light while achieving excellent interior spatial quality. This program trains students in modern spatial characteristics required for exhibition spaces—continuity, flexibility, and dilatation— while rejecting superficial buildings that focus solely on form or visual display. Instead, it strives for both high-quality interior spaces that reflect the character of the exhibited works and forms that are appropriately matched.

To this end, students first conceive an 'ideal unit exhibition space' for displaying one or more works created during the most important period of a painter of their choice. At a 1:50 scale, they attach artworks to their models, exploring the spatial dimensions and qualities most suitable for viewing the works, the method of introducing light, and the flow of circulation with consideration of human behavior. At this stage, it is essential to avoid excessive spatial expression that draws undue attention to the architecture itself, as it can interfere with the viewing experience of the artworks, which are the true focus of the exhibition space.

ⓒ 강혜진, Hyejin Kang

이를 위해 평면과 단면에서 사선이나 임의적인 곡선은 자제하고 직각 체계로도 빛과 어우러지는 풍요로운 내부 공간성을 구현할 수 있음을 체험한다. '이상적인 단위 전시공간'이 확정되면, 학생들은 동일한 과정을 거쳐 인접 전시공간을 설계하고 이를 연결하여, 단위공간 간의 차별성을 통한 이야기성을 지닌 전시공간 시퀀스를 만든다. 소규모의 미술관 프로그램과 평이한 대지 조건은 그 후 학기 중반에야 학생들에게 제시되어 개인별로 전시공간과 연계된 필요한 부대시설을 조합하면서 완결된 미술관을 만들어나간다. 절제되어야 할 전시공간보다 공간성 구사에서 더 자유로운, 방문자를 받아들이고 각 구역으로의 동선을 분배하는 입구 홀의 내부 공간성은 이 단계에서 세밀하게 다뤄진다. 앞서 확정된 전시공간은 필수적 공간 관계를 유지한 채 필요에 따라 일부 조정될 수 있다. 그 결과, 처음부터 대지와 전체 프로그램이 주어지고 볼륨 스터디부터 시작하는 통상적인 진행 방식으로는 얻기 어려운, 미술관에서 가장 중요한 전시공간이 충실하게 구상된 소규모 작가 미술관을 완성할 수 있다.

Therefore, students refrain from using diagonals or arbitrary curves in plan or section, and instead experience how a rectilinear system alone can create rich interior spatiality when combined with light. Once the 'ideal unit exhibition space' is finalized, students follow the same process to design an adjacent exhibition space and connect them to create an exhibition sequence with narrative quality through differences between unit spaces. The program for the small-scale museum and the relatively simple site conditions are presented only in the middle of the semester. At that point, students combine the exhibition space with the necessary ancillary facilities to create a complete museum design. The entrance hall—freer in spatial expression than the restrained exhibition space, and responsible for welcoming visitors and distributing circulation to different zones—is carefully developed at this stage. The previously finalized exhibition spaces may be slightly adjusted as needed while maintaining essential spatial relationships. As a result, students complete a small-scale artist museum in which the most important exhibition spaces have been thoroughly conceived—something difficult to achieve in the conventional process where the site and full program are given from the start and the design begins with volumetric studies.

강혜진 | Studio A
보이는 것 너머로
COMPOSITION: Beyond the Visible

"Composition"은 칸딘스키가 음악에서 영감을 받아 그린 연작의 제목이다. 그는 음악의 비물질적이고 시간적인 특성을 시각 언어로 번역하려 했다. 음악이 감정을 환기시키듯, 그는 회화를 통해 보이지 않는 내면의 감정과 영적 세계를 표현하고자 했다. 건축 역시 단순한 물리적 형태를 넘어, 공간 속에서 인간의 감정, 움직임, 시간성을 다루는 예술이다. 따라서 이 프로젝트는 칸딘스키의 'Composition' 시리즈처럼, 공간을 작곡하는 방식으로 설계하고자 했다.

음악의 보이지 않는 리듬, 변주 등의 특징을 건축 공간에 적용함으로써, 관람자에게 감각적이고 서사적인 경험을 제공한다. 색채와 재료, 빛과 그림자, 동선의 변화는 하나의 악장처럼 구성되어, 전시 공간을 따라 이동하면서 마치 음악을 듣는 듯한 자연스러운 흐름을 유도한다. 결과적으로 이 미술관은 보이는 것 너머의 감각들을 건축적으로 해석하고 구현한 '공간적 추상화'라 할 수 있다.

Kandinsky tried to translate the immaterial and temporal characteristics of music into visual language. Just as music evokes emotions, he tried to express his invisible inner emotions and spiritual worlds through painting. Architecture is also an art that deals with human emotions, movements, and temporality in space, beyond simple physical forms. Therefore, this project attempted to design space in a way that composes like Kandinsky's 'Composition' series.

This museum project aims to provide a sensuous and narrative experience to viewers by applying characteristics such as invisible rhythms and variations of music to the architectural space. Changes in color and material, light and shadow, and movement lines are organized like a movement, inducing a natural flow as if listening to music while moving along the exhibition space. As a result, this art museum can be said to be a 'spatial abstraction' that architecturally interprets and embodies senses beyond what is seen.

ⓒ 강혜진, Hyejin Kang

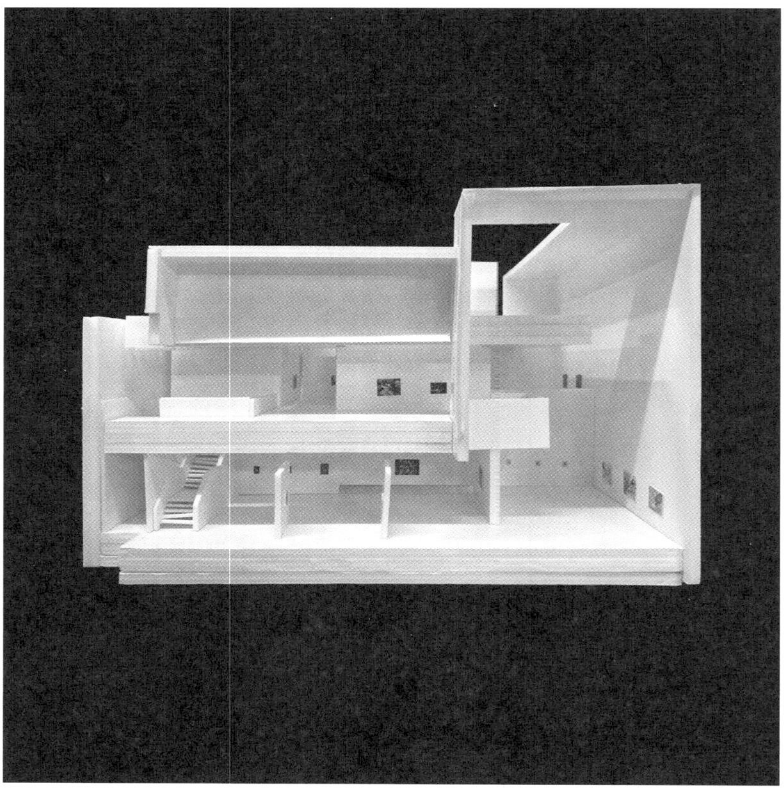

1. Entrance 2. Desk 3. Hall 4. Art shop 5. Storage Room 6. Permanent Exhibition
7. Special Exhibition 8. Vinyl Shop 9. Cafe 10. Office 11. Director's Room
12. Meeting Room 13.Archive 14. Resting room 15. Art Storage 16. Storage
17. Loading dock 18. Atelier 19. Cargo E/V 20. Garden 21. Water

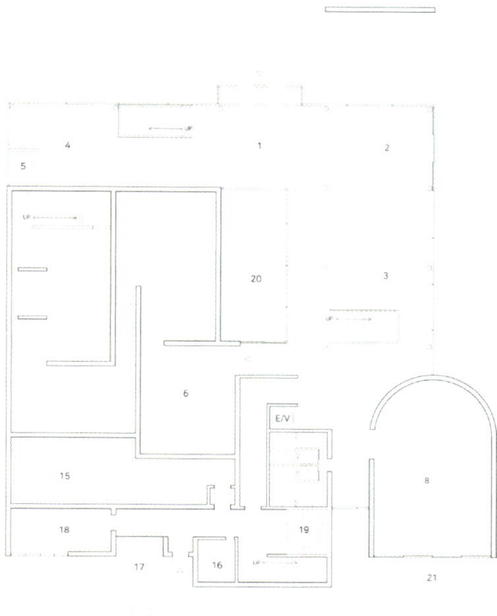

[First Floor Plan]

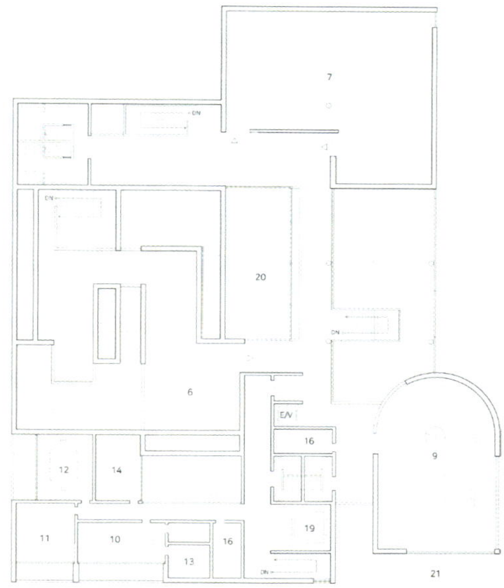

[Second Floor Plan]

ⓒ 강혜진, Hyejin Kang

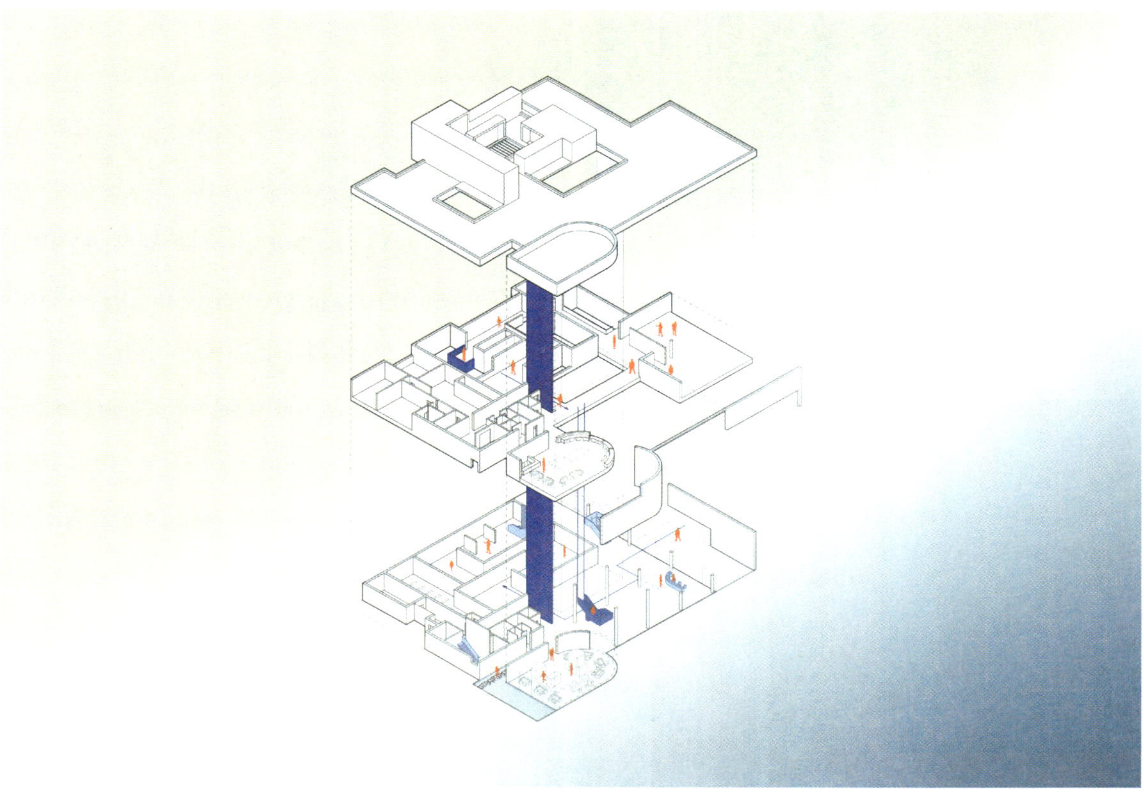

고수연 | Studio A

ⓒ 고수연, Suyeon Ko

비움으로 채우다: 존 에버렛 밀레이 미술관

Filling with Emptiness: John Everett Millais Museum

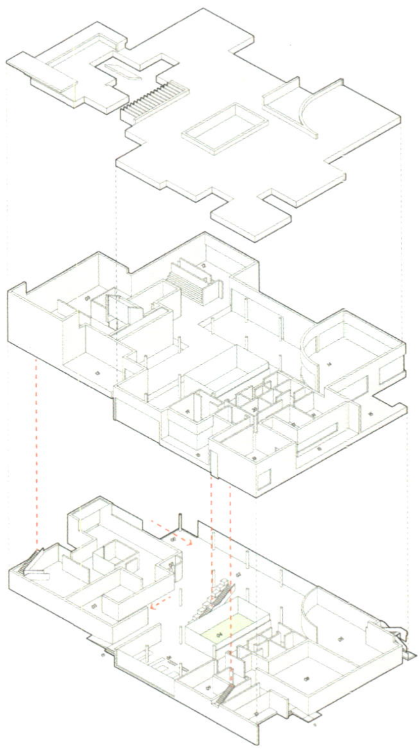

00 Main Entrance
01 Sub Entrance
02 Entrance Hall
03 Main Exhibition
04 Courtyard
05 Temporary Exhibition
06 Museum Shop
07 Reception & Coatroom
08 Museum Storage
09 Atelier
10 Loading Dock
11 Admin Entrance
12 Flowering Class
13 Landscaping Terrace
14 Cafeteria
15 Terrace
16 Staff Lounge
17 Office
18 Meeting Room
19 Director's Office
20 Document Storage

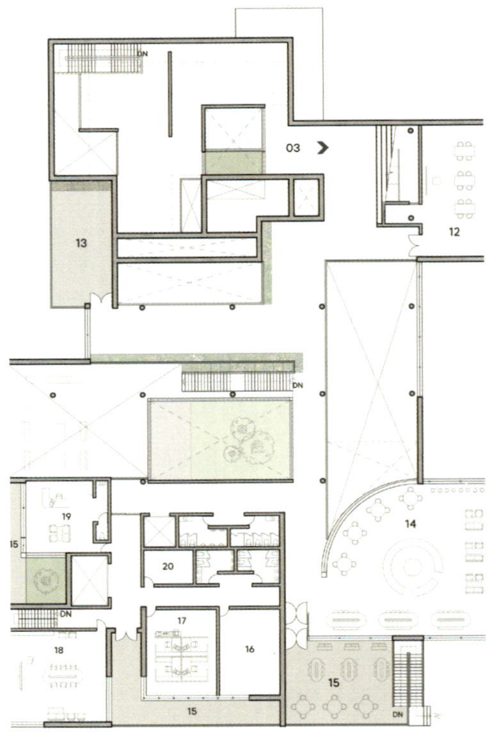

존 에버렛 밀레이의 그림에는 자연이 담겨 있다. 라파엘전파의 창시자로서 고전 예술로 돌아가 순수한 시각으로 자연을 관찰했다. 그의 캔버스가 자연으로 채워지듯이, 밀레이를 위한 미술관은 건물의 사이사이를 비워 냄으로써 주변의 자연이 스며들어 건축물을 채운다. 존 에버렛 밀레이 미술관은 진입하는 동선부터 건물 뒤쪽에 있는 수공간까지 시선이 이어질 수 있도록 중심을 비워내어 자연을 향하는 시선으로 채웠다.

관람객은 작품을 감상하며 이동하는 공간 사이로 계속 마주하게 되는 여러 자연 공간을, 밀레이의 순수한 시선으로 감상하며 잠시 휴식을 가지게 된다. 전이 공간의 짧은 휴식을 통해 그의 작품에 담긴 자연관과, 스스로 직접 마주하는 자연의 모습을 동시에 향유할 수 있는 공간을 경험할 수 있다.

"Nature" is the main theme in the paintings of John Everett Millais. As a founder of the Pre-Raphaelite Brotherhood, he returned to classical art with a pure, unclouded vision, observing and depicting nature. Just as his canvases are filled with nature, the Millais Museum allows the surrounding natural world to permeate the building by leaving open spaces throughout its structure. The design of the museum, from the entrance to the water feature in the back, centers on an empty core that draws the eye toward nature, filling the space with that very viewpoint.

As visitors move through the exhibition, they are continuously met with various natural spaces. These spaces offer a moment of rest, allowing them to appreciate the scenery with the same pure vision that Millais had. This brief pause in these transitional areas allows visitors to simultaneously enjoy his artistic view of nature and their own direct encounter with it.

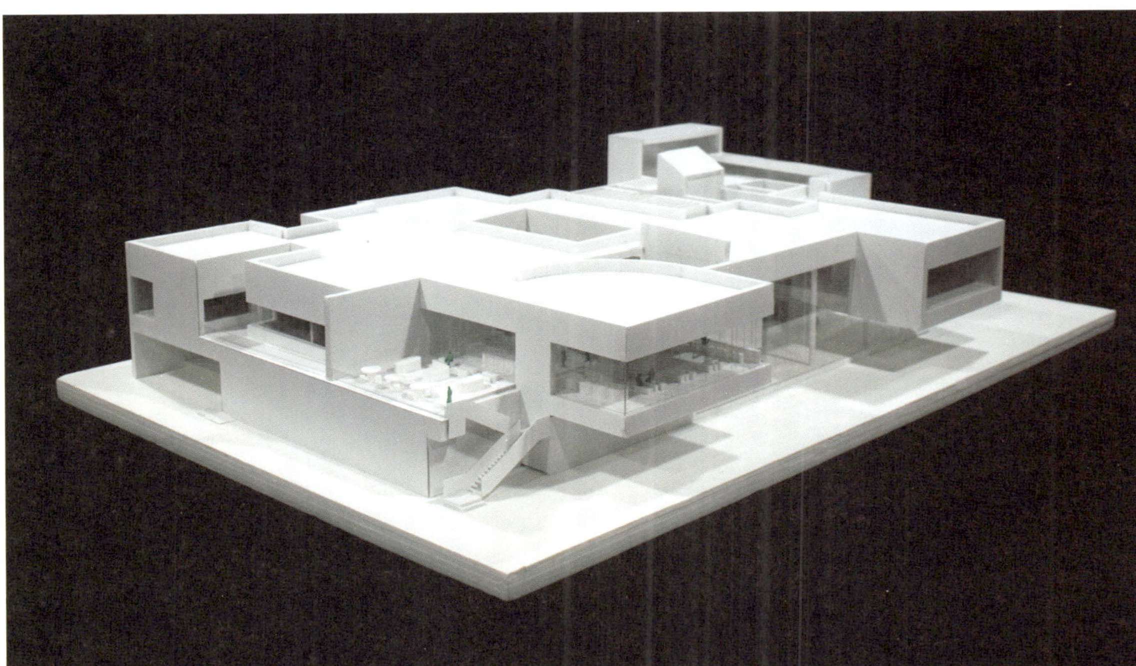

이동호 | Studio A

단순함 속 역동성: 키스 해링 미술관

Dynamism in Simplicity: Keith Haring Museum

키스 해링의 작품은 단순한 선과 형태 속에서도 활기와 움직임을 담고 있다. 그는 1980년대 뉴욕의 문화적 열기 속에서 활동하며, 마약과 에이즈 같은 사회적 문제를 직면했다. 그의 작품은 이러한 시대적 배경을 반영하며, 예술을 통해 사회와 끊임없이 소통하는 모습을 보여준다. 이 프로젝트는 키스 해링의 이러한 표현 방식을 건축적으로 옮겨 담고자 했다. 기본적인 사각기둥 매스를 서로 다른 각도와 비율로 변형하여 외부에서는 역동적인 형태를 드러내고, 전시공간을 포함한 내부에서는 높이와 너비가 다양한 공간을 경험할 수 있도록 구성했다.

입면 또한 역동성을 담고 있다. 홀에서 외부로 돌출된 여러 크기의 매스들은 단순하면서도 변화감 있는 구성을 이루어, 키스 해링 작품의 역동성을 간접적으로 드러낸다. 이를 통해 미술관이 단순히 전시를 담는 그릇을 넘어, 그의 작업이 지닌 의미와 에너지를 함께 전달하고자 한다.

Keith Haring's work contains vitality and dynamics even in simple lines and forms. He worked in the cultural heat of New York in the 1980s and faced social problems such as drugs and AIDS. His work reflects this background of the times and shows the constant communication with society through art. This project attempted to convey Keith Haring's expression method in an architectural way. By transforming the basic square column mass into different angles and ratios, it is designed to reveal a dynamic form from the outside, and to experience a space of various heights and widths inside, including the exhibition space.

The elevation also contains dynamics. Masses of various sizes protruding from the hall form a simple and transformative composition, indirectly revealing the dynamics of Keith Haring's work. Through this, the museum goes beyond simply a bowl for exhibitions and tries to convey the meaning and energy of his work together.

ⓒ 이동호, Dongho Lee

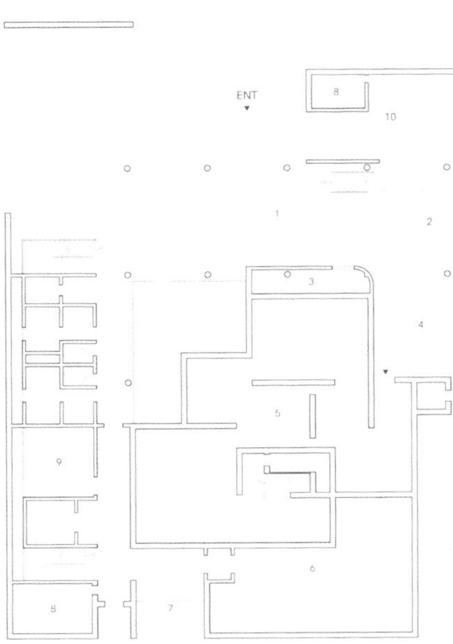

1. Hall
2. Information
3. Storage Room(for Visitors)
4. Rest Zone
5. Permanent Exhibition
6. Storage Room
7. Loading Dock
8. Storage
9. Atelier
10. Museum Shop

1F PLAN
SCALE 1/100

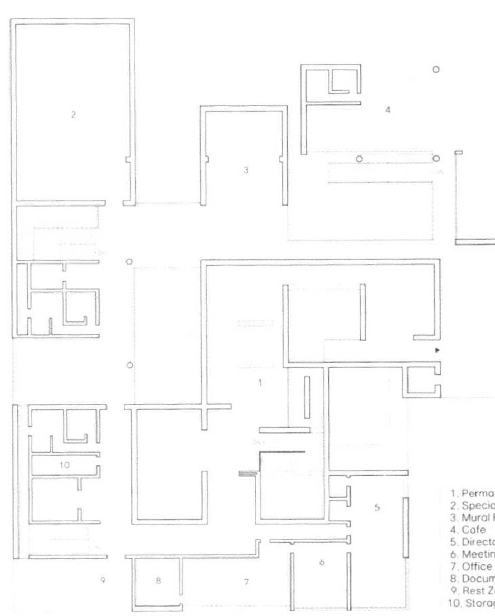

1. Permanent Exhibition
2. Special Exhibition
3. Mural Room
4. Cafe
5. Director's Room
6. Meeting Room
7. Office
8. Document Storage Room
9. Rest Zone(for Officers)
10. Storage

2F PLAN
SCALE 1/100

장준호 | Studio B

Planium: Claude Monet

자연은 입체다. 모네는 입체가 빛의 반사에 의해 호수 표면에서 반사되어 경계가 모호해지고, 산란에 의해 색이 바뀌는 현상을 화폭에 무한히 확장된 평면으로 담아낸다. 5m라는 수치의 배수와 약수로만 구성한 전시관이라는 화폭 안에서 벽과 바닥 그리고 천장이라는 입체적, 공간적 요소가 그림과 함께 인체 의 시야각에 의한 원근과 착시를 통해 평면적으로 읽힌다면 어떨까?

Nature is three-dimensional. Monet captures the phenomenon in which three-dimensional objects are reflected off the surface of a lake by the reflection of light, blurring the boundaries, and changing colors by scattering in an infinitely expanded plane on the canvas. What if the three-dimensional and spatial elements of the wall, floor, and ceiling can be read in a plan view through perspective and optical illusion by the human body's viewing angle?

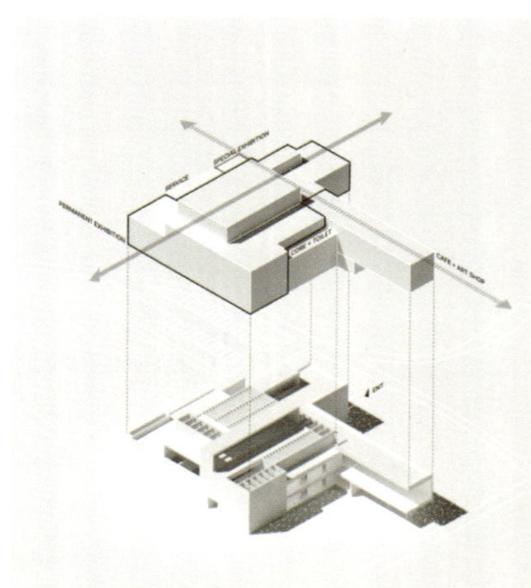

주영하, Studio D
Sight of Hockney

ⓒ 주영하, Yeongha Joo

홍정민 | Studio B
흐르는 순간 : 호아킨 소로야 미술관
Flowing Moments: Joaquín Sorolla Museum

호아킨 소로야는 햇빛과 바다, 정원 속에서 삶의 찰나를 포착하며 흐르는 시간 속에서 순간의 장면을 생동감 있게 담아낸다. 미술관은 그의 작품 속, 순간의 장면을 경험할 수 있는 공간으로 구성된다. 정사각형의 정적인 공간은 일렁이는 동선 속에서 새로운 시각을 열어내고 틈으로 스며드는 빛과 높아지는 천장고는 빛과 바람의 움직임과 흐름을 경험한다. 전시공간을 따라 소로야가 사랑한 발렌시아의 자연과 빛, 사람들의 순간을 새롭게 마주한다.

Joaquín Sorolla captures the moment of life in the sunlight, the sea, and the garden and vividly captures the scene of the moment in the flowing time. This art museum consists of a space where you can experience the scene of the moment in his work. The static space of the square opens up a new perspective in the moving line, the light permeating through the gap and the rising ceiling height experience the movement and flow of light and wind. Along the exhibition space, Soroya faces the nature, light, and people's moments of Valencia, which he loved.

ⓒ 홍정민, Jeongmin Hong

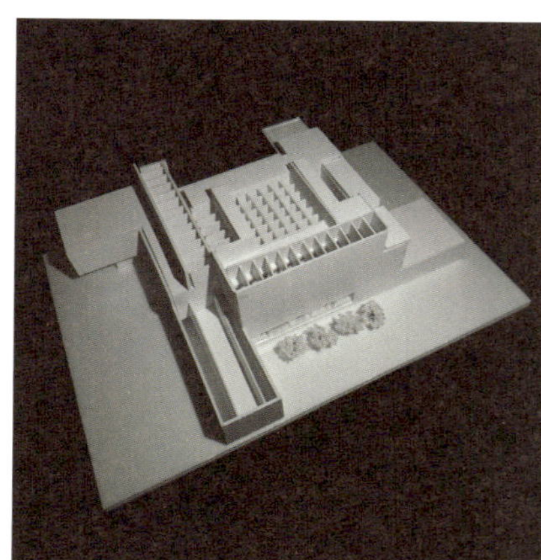

안소영 | Studio D
게르하르트 리히터 미술관
Gerhard Richter Museum

게르하르트 리히터는 사진과 회화, 추상과 구상의 경계를 넘나들며 현대미술의 지형을 확장한 독일 출신의 세계적인 현대미술 작가이다. 리히터의 작품 세계는 크게 두 시기로 구분할 수 있는데, 본 프로젝트는 이 두 시기를 건축적으로 분리하여 해석하고자 했다.

미술관의 전체 구성은 리히터의 차트 시리즈에서 영감을 얻은 기하학적 그리드를 기반으로 설계하였다. 이를 기반으로 벽과 기둥을 배열하고 곡선 형태의 홀을 삽입함으로써 직선적인 전시관과의 대비를 만들었다. 기능 공간은 보행자 동선과 분리된 위치에 설계하였으며, 자연과 호수 방향으로 열린 시선을 확보하여 미술관의 개방성과 경관을 고려하였다. 반원형 인포데스크와 수직으로 배치된 편의시설과 관리동은 전시 공간과의 동선과 기능을 분리하면서도 하나의 체계를 이루도록 설계하였다.

Gerhard Richter is a renowned contemporary German artist known for crossing boundaries between photography and painting, abstraction and figuration. This architectural project interprets Richter's two major artistic periods by spatially separating them.

The museum's overall layout uses a geometric grid inspired by Richter's Chart Series, with rectilinear walls and columns complemented by inserted curved halls. Functional zones, separated from exhibition paths, offer open views toward the landscape and lake, reinforcing connections to nature. Amenities and services, organized vertically and distinctly, form a cohesive yet separate system within the museum.

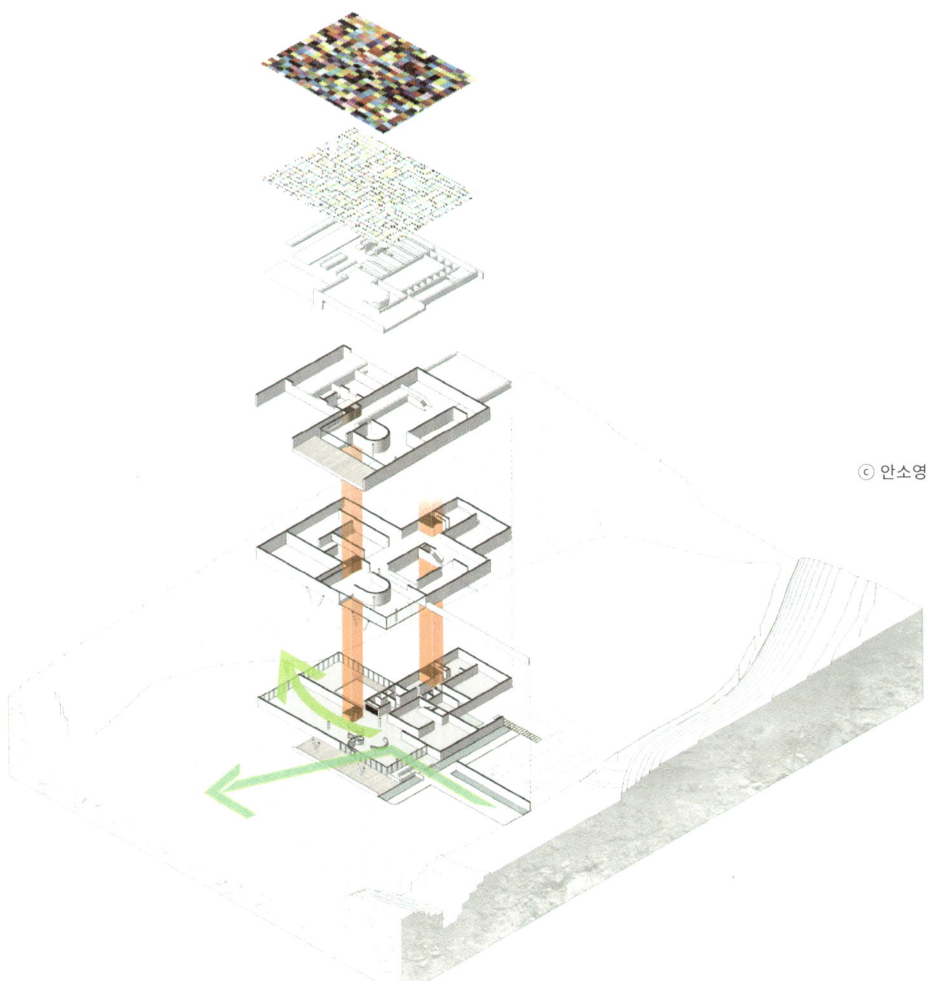

ⓒ 안소영, Soyeong Ahn

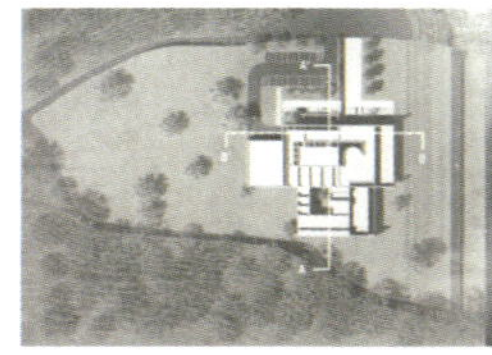

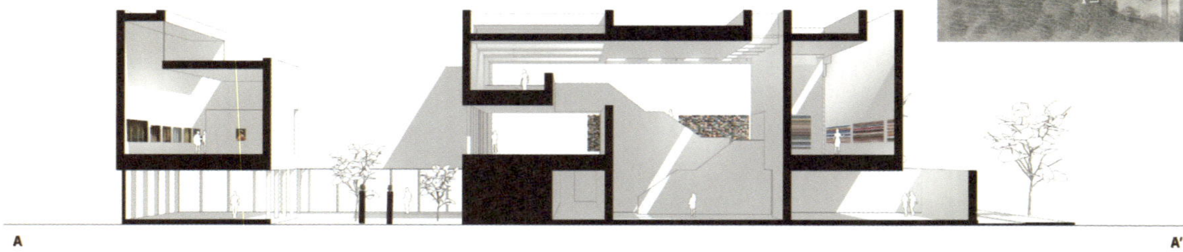
A
A'

B
B'
0
5
10
15
20

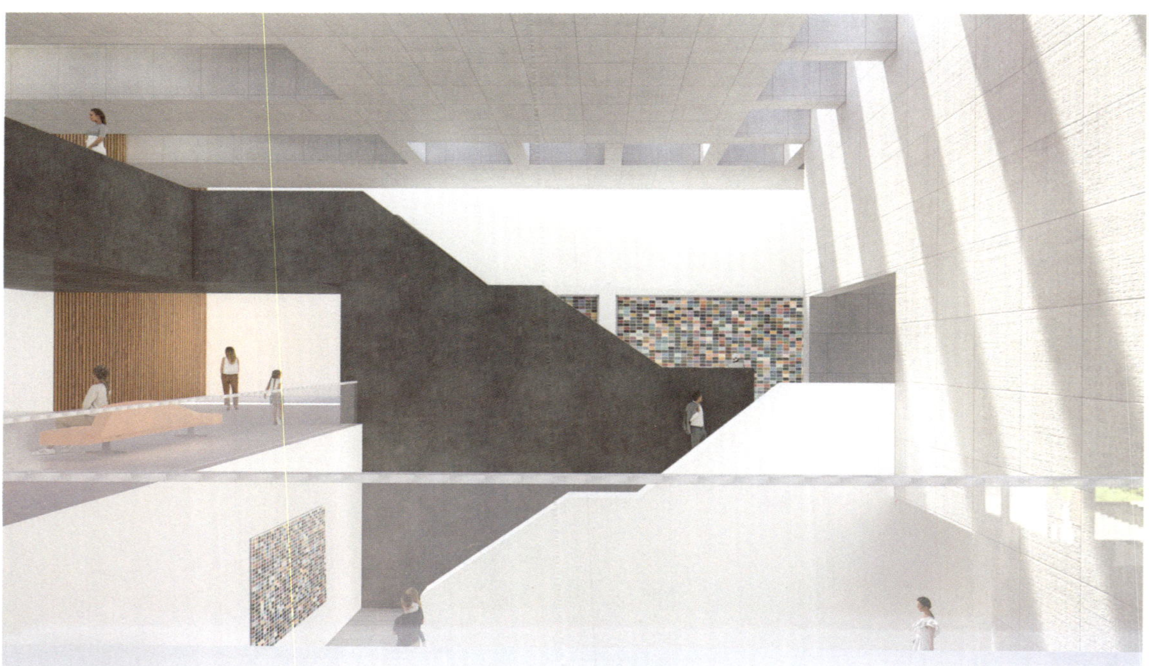

김예연 | Studio D
빛의 바다: 호아킨 소로야 미술관
Sea of Light: Joaquín Sorolla Museum

호아킨 소로야의 작품은 그의 일생과 함께한 눈부신 햇빛과 생생한 색채로 가득 차 있다. 그는 해변, 바다, 정원, 그리고 사람들 속에서 빛나는 순간을 포착해 화폭에 담았다. 단순한 풍경 재현을 넘어, 삶과 자연이 교차하는 찰나의 아름다움을 담은 소로야의 예술세계를 표현할 수 있는 미술관을 만들고자 했다. 소로야 미술관은 그의 작품이 그러하듯, 빛과 공간이 교차하며 깊이를 만들어낸다. 때로는 빛을 향해, 때로는 빛과 함께 나아가다 보면, 어느새 자연과 마주하며 소로야가 그려낸 바다와 정원의 순간에 몸을 담게 된다.

전시실 사이사이에 스며드는 빛은 작품에 만연한 바다의 반짝임과 같으며, 관람객은 작품을 감상하는 동시에 그가 사랑했던 발렌시아의 햇빛과 색채를 직접 마주하게 된다. 흐르는 듯한 동선과 서로 얽히는 공간들은 관람객으로 하여금 끊임없이 변화하는 자연광과 새로운 순간을 포착하도록 한다.

Joaquín Sorolla's works are filled with dazzling sunlight and vibrant colors that accompanied him throughout his life. He captured radiant moments along the shore, in the sea, in gardens, and among people, bringing them onto his canvas. This museum seeks to embody that very essence. Like his paintings, the Sorolla Museum weaves light and space together to create depth. At times moving toward the light, at times walking with it, visitors eventually find themselves immersed in the very moments of sea and garden that Sorolla once painted.

The light filtering between exhibition halls shimmers like the reflections of the sea that fill his works, allowing visitors to encounter the sunlight and colors of Valencia that he so dearly loved. Flowing paths and interwoven spaces guide visitors through ever-changing natural light, inviting them to perceive and capture new moments as Sorolla once did.

ⓒ 김예연, Yeyeon Kim

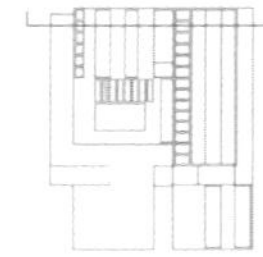

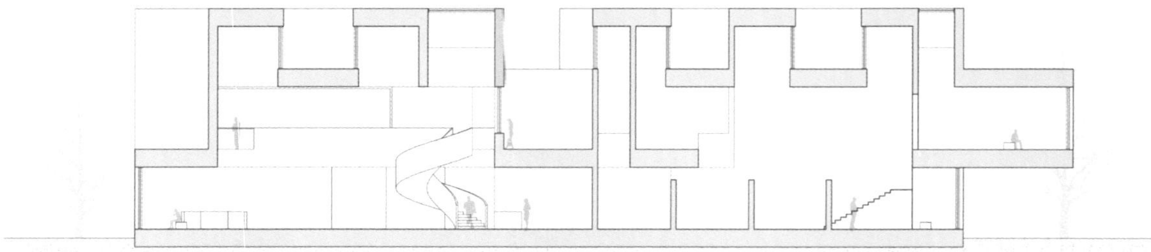

박정훈 | Studio B
이우환 미술관
Lee Ufan Museum

이우환의 작품은 만들어진 것과 만들어지지 않은 것, 존재하는 것과 살아가는 것, 채워진 것과 비워진 것 사이의 경계에 주목한다. 그는 이 모든 요소들을 단순히 조형적으로 표현하는 데 그치지 않고, 그것들을 바라보는 '관찰자'와의 관계 속에서 재해석한다. 미술관은 그의 작품 속에 내포된 '관계의 미학'을 전시 방식과 공간 구성 전체에 걸쳐 구현함으로써, 관람객이 작품과의 관계를 직접 체험할 수 있도록 설계되었다.

미술관의 주요 전시 공간은 크게 '조응'과 '바람'이라는 두 시리즈의 작품으로 구성된다. '조응' 전시실에서는 점과 여백의 관계를 건축적 스케일로 확장하여, 대공간 안에 박스를 설치함으로써 '점'이 공간 일부를 점유하는 방식으로 표현되었다. '바람' 전시실에서는 붓질의 흐름과 움직임을 벽과 공간의 흐름으로 치환하여, 움직임이 공간 전체로 확장되도록 했다. 결국 미술관은 그의 예술이 지닌 '관계의 철학'을 가장 근원적인 방식으로 경험할 수 있는 공간적 연장선이다.

Lee Ufan's work focuses on the boundaries between the made and the unmade, the existent and the lived, the filled and the empty. Rather than presenting these as mere forms, he reinterprets them through the relationship with the observer. The museum embodies this "aesthetics of relations" in its exhibition methods and spatial design, allowing visitors to directly experience the dialogue with his art.

The main galleries feature two series: Correspondence, where points and voids are expanded to architectural scale, and Wind, where brushstrokes transform into flows of walls and spaces. Ultimately, the museum extends his philosophy of relations into an experiential space.

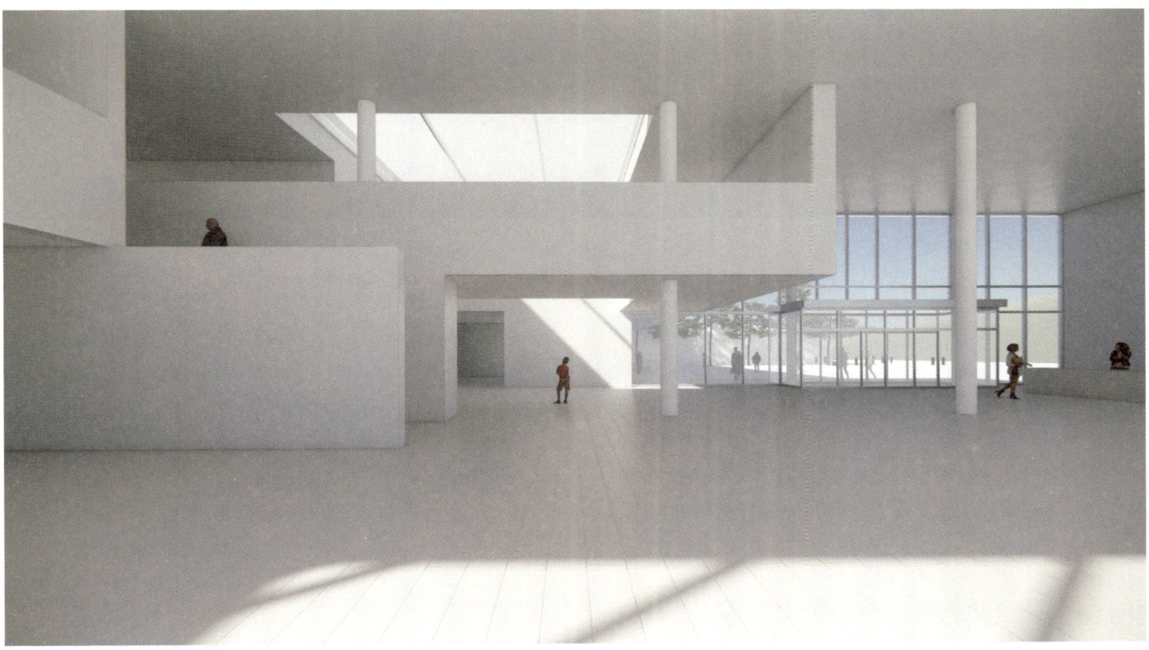

ⓒ 박정훈, Jeonghun Park

김대현 | Studio C

조화를 통한 아름다움: 존 싱어 사전트 미술관

Beauty Through Harmony: John Singer Sargent Museum

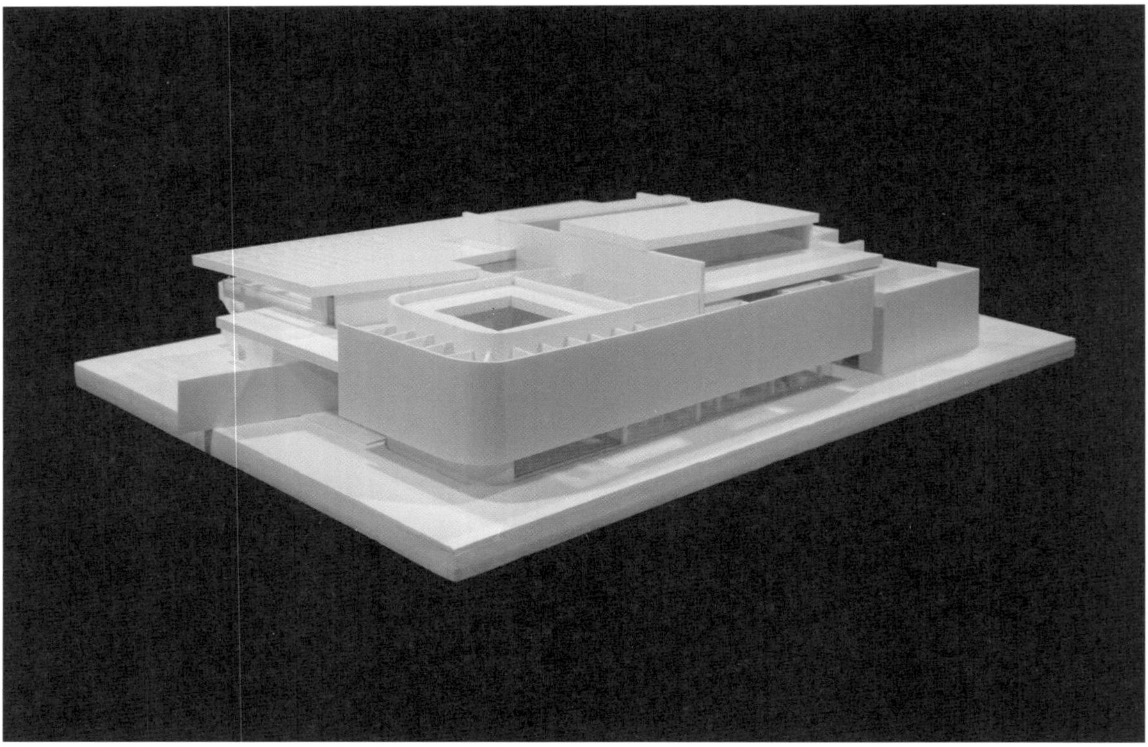

ⓒ 김대현, Daehyeon Kim

존 싱어 사전트는 사실주의 초상화로 명성을 얻었지만, 이후 자연의 아름다움에 매료되어 수많은 풍경화와 보다 자유로운 인물화를 남겼다. 본 미술관은 그의 생애와 회화 기법을 바탕으로 전시 시나리오를 구성하였다. 사전트는 알라프리마 기법을 통해 멀리서는 사실적으로 보이지만, 가까이에서는 거칠고 생동감 있는 붓터치를 구현했다. 이를 반영해 전시 공간 일부가 사선형 벽면으로 구성되어, 관람자가 작품을 멀리서 감상한 뒤 점차 가까이 다가가며 두 번의 감상 경험을 할 수 있도록 설계했다. 상설 전시는 인간의 아름다움, 자연의 아름다움, 인간과 자연의 조화라는 주제로 구성되며, 각 구간의 시작과 중간, 끝에는 외부 자연을 조망할 수 있는 공간을 마련해, 작품과 실제 자연 사이의 연계를 유도한다. 사전트가 인간과 자연의 조화를 통한 아름다움을 발견하였듯이, 관람자 또한 이 미술관에서 예술과 자연, 그리고 자신 사이의 조화를 통해 스스로의 아름다움을 발견하길 바란다.

John Singer Sargent, first celebrated for his realist portraits, later turned to landscapes and freer figure paintings. This museum's exhibition follows his life and techniques, highlighting his alla prima style—works realistic from afar yet vibrant with bold strokes up close. Reflecting this, diagonal walls lead visitors to shift from distant to near views. The permanent exhibition is structured around three themes—The Beauty of Humanity, The Beauty of Nature, and Harmony Between Humanity and Nature—with framed views of the landscape guiding connections between art and the outside world. Here, visitors can encounter beauty through the harmony of art, nature, and themselves.

ⓒ 김대현, Daehyeon Kim

김수하 | Studio C
피터 도이그 미술관
Peter Doig Museum

피터 도이그는 거주지의 변화 속에서 작품 세계를 형성해왔다. 캐나다의 광활한 자연은 그의 초기 작품에 깊은 영향을 주었고, 런던에서의 생활은 도시적 감각과 다양한 문화적 교류를 통해 그의 시각적 언어를 풍성하게 만들었다. 그의 작품은 거주지 변화 속에서 얻은 기억과 감정을 재해석하며, '과거와 현재를 오가는 방랑자'의 시선을 담아내고 있다. 반복적으로 등장하는 카누, 숲, 호수 등의 모티프는 그가 경험한 장소와 시간의 흔적을 암시하며, 기억과 상상의 경계를 허문다. 전시 공간은 그의 작품 세계를 체험할 수 있도록 설계된다. 홀 공간과 전시 공간의 레벨 차이를 두어 관람자가 물리적으로 경계를 넘나드는 경험을 하게 되며, 빛과 평면 구성을 통해 각 공간의 정서를 다양하게 연출한다. 박스 형태의 볼륨들이 서로 다른 높이로 맞물려 있으며, 교차되는 부분에서 공간의 전이를 수직이동을 통해 풀어냈다. 결국 피터 도이그의 작품 세계는 내면 세계를 탐구하는 여정을 통해 그의 기억과 감정의 재구성으로 완성되며, 전시는 그가 창조한 또다른 세계로 향하는 문이 된다.

Peter Doig's artistic world has been shaped by his changing residences. Canada's vast landscapes influenced his early works, while life in London enriched his visual language with urban and cultural experiences. His paintings reinterpret memories and emotions through the eyes of a "wanderer" moving between past and present, with recurring motifs like canoes, forests, and lakes blurring memory and imagination. The exhibition allows visitors to experience his world through shifting floor levels and varied lighting, creating different atmospheres in each space. Interlocking box-like volumes and vertical transitions enhance the sense of movement between spaces. Ultimately, Doig's work is a reconstruction of memory and emotion, and the exhibition acts as a gateway into the alternate world he has imagined.

ⓒ 김수하, Suha Kim

문세진 | Studio C
모네 미술관
Monet Museum

클로드 모네의 이름을 형상화한 이 미술관은 단순히 그림을 전시하는 공간을 넘어, 그의 삶 전체를 따라가는 건축적 서사다. 입구에 들어서는 순간 모네의 정원을 재현한 풍경이 낮게 깔린 녹음과 부드러운 동선으로 관람객을 감싸며 자연과 빛에 대한 화가의 깊은 애착을 첫 발걸음부터 느끼게 한다. 전시는 모네의 초기 생애와 인상주의의 태동을 간결하게 소개하며 시작되고, 이어 건초더미와 루앙 대성당 등 빛을 탐구한 대표작을 통해 자연의 찰나를 화폭에 담아낸 그의 시선을 공간으로 풀어 낸다. 천창으로 스며드는 빛은 시간대마다 미묘하게 달라지며, 관람객은 마치 한 점의 회화 속을 거니는 듯 빛과 색의 변주를 체험한다. '시력의 저하' 구간에서는 시야가 흐릿해진 모네가 남긴 작품들 이 은은한 조도와 몽환적 질감 속에 놓여, 불완전한 시선과 꺼지지 않는 집념을 동시에 전한다. 여정의 끝, '거대한 연못의 공간'은 그의 대표 연작 수련을 건축적으로 해석한 클라이맥스로, 곡면 천장과 부드럽게 확산되는 빛이 끝없는 수면을 드리우며 관람객을 화폭 속 자연으로 이끈다.

The museum that bears the name of Claude Monet is more than a venue for displaying paintings—it is an architectural narrative tracing the entire course of his life. Upon entering, visitors are greeted by a re-creation of Monet's garden, where soft greenery and gently curving pathways immediately convey the painter's profound devotion to nature and light. Daylight filtering through skylights subtly shifts throughout the day, allowing guests to feel as though they are strolling inside a living painting of light and color. In the "Decline of Vision" section, works created as Monet's eyesight failed are displayed under a muted glow and soft, hazy textures, evoking both his imperfect gaze and his unyielding determination. The journey culminates in the "Grand Water-Lily Space," a climactic interpretation of his celebrated Water Lilies series, where a curved ceiling and gently diffused light cast the sensation of endless water, drawing visitors into nature as if stepping directly into his canvas.

ⓒ 문세진, Sejin Moon

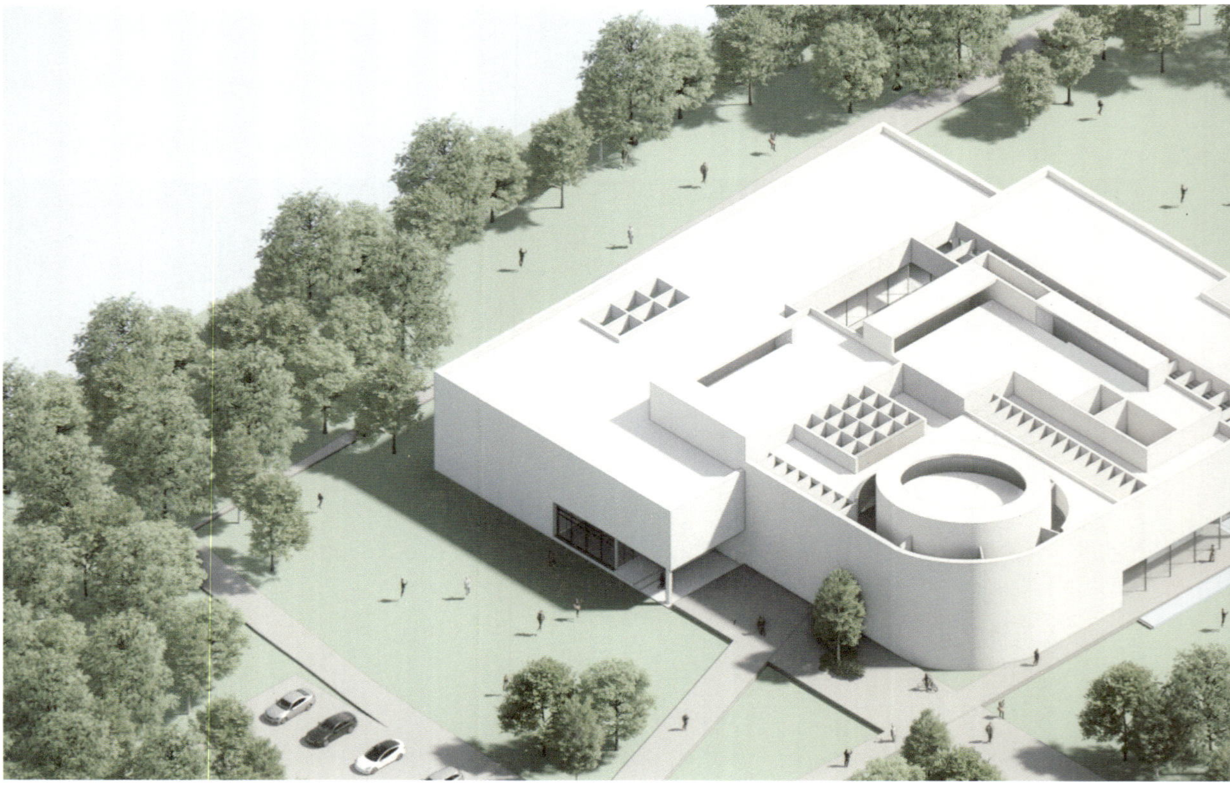

MASS

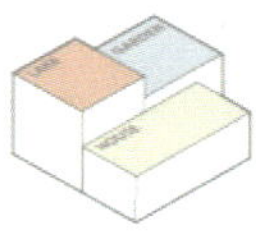

SPECIAL
SAPCE

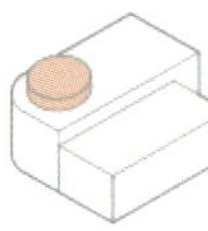

EXTRA

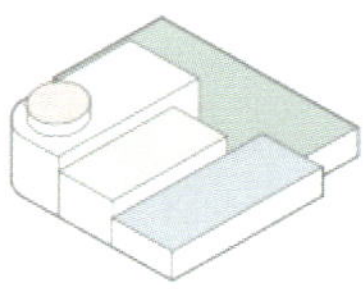

SPERATE

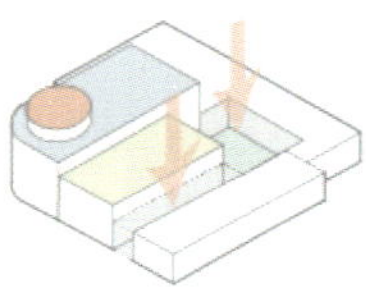

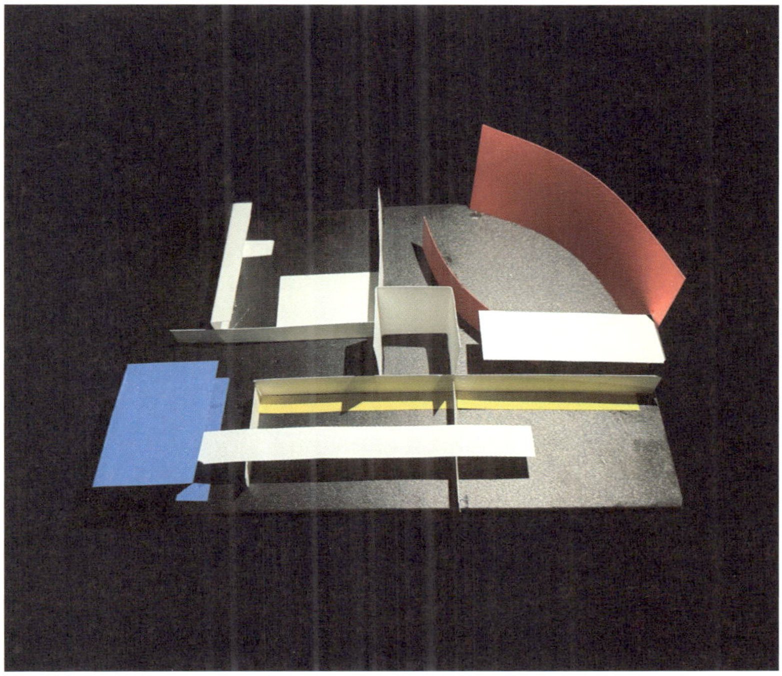

ⓒ 문세진, Sejin Moon

서양건축사 I

• 김일현, Ilhyun Kim

본 과목을 '서건사'라고 축약해서 친숙하게 부르기도 하지 만, 보다시피 <서양건축사>는 서양과 건축 그리고 역사라는 세 단어가 합쳐진 것이다. 여기에서 세 단어를 따로 떼어서 마주하게 되면, 합쳐졌을 때 명료했던 것과는 조금 생소하게 다가온다. 누군가가 이 세 단어를 각각 정의하고 합쳐졌을 때의 정의도 말하라고 한다면 그 답변이 생각보다 쉽지 않다. 이는 서양철학사나 인류학 혹은 자연사 등 다른 분야에서도 다를 바가 없을 것이다. 어쨌든 건축을 공부하고 실천하고 이허하려는 사람들이 어원을 이해하거나 단어의 정의의 시도를 하면서 깨닫게 되는 것은 그 의미가 고정되어 있지 않고 계속 변한다는 사실이다. 이는 새로운 발굴과 해석을 통해서 과거가 변화하기도 하고 역사를 대하는 사람의 태도도 고정되어 있지 않다.

동양의 '건축'에 해당하는 서양의 'Architecture'는 사업, 기반 혹은 가이드를 뜻하는 'Arch'와 창작, 창조, 구축을 뜻하는 'Tecton'이 결합된 단어이다. 이 합성어는 창조적 행위의 합리화와 규범화를 뜻한다. 주목할 부분은 'Architecton'이라는 단어가 엄격한 의미에서 주거나 건물을 짓는 것을 의미하기 보다는 인간의 모든 구축적인 창조적 행위를 뜻한다는 것이다. 음악이나 최근의 컴퓨터 공학에서 'Architecture'라는 단어를 사용하는 것도 이러한 기원과 뜻을 같이 한다. 이러한 맥락에서 비트루비우스는 건축을 정의하기는 "이론적 자의식에 기반하는 실질적인 능력"으로 정의하였다. 이러한 어원적인 유사성이 다양한 언어에서 건축을 정의하는 데에 있어서 남아있고— 영어와 불어의 'Architecture', 스페인어의 'Arquitectura', 흥미로운 것은 독일어에서 'Architektur'와 'Baukust'를 함께 사용한다는 점이다. 역시 후자도 문자 자체로는 '구축의 예술'을 뜻한다. 통용되는 건축이라는 단어는 일본에서 만든 단어가 번역된 것이고 현재는 한·중·일에서 일반적으로 통용된다. 혹자는 대상을 강조하는 이 의미에 반하여 조선시대에 사용되었던 영조라는 단어를 환기시키기도 한다.

The course, <Western Architectural History> is a combination of three words: Western, architecture, and history. When these three words are considered separately, they may seem unfamiliar compared to when they are combined. If someone were to ask you to define these words individually and then together, the answer might not be as easy as it seems. This is similar in other fields, such as Western Philosophy, Anthropology, or Natural History. Regardless, those who study, practice, and seek to understand architecture realize that the meaning is not fixed and constantly evolves. This is due to new discoveries and interpretations that can change the past, and the attitude towards history is not fixed either.

The Western term "architecture," equivalent to the Eastern concept of "건축", is a combination of "arch," meaning business, foundation, or guide, and "tecton," meaning creation, creativity, or construction. This compound word signifies the rationalization and normalization of creative acts. Notably, the word "architecton" does not strictly refer to building houses or structures but encompasses all constructive creative acts by humans. This origin and meaning align with the use of the term "architecture" in music or recent computer science. In this context, Vitruvius defined architecture as "a practical skill based on theoretical consciousness." This etymological similarity remains in various languages when defining architecture—such as "architecture" in English and French, "arquitectura" in Spanish, and interestingly, both "architektur" and "Baukust" in German, with the latter literally meaning "the art of construction." The commonly used word "건축" in Korean is a translation of a term created in Japan, now generally used in Korea, China, and Japan. Some oppose this object-focused meaning and recall the term "영조" used during the Joseon Dynasty.

우리가 과거에 대해서 아는 모든 것은 최근에 쓰여진 글들에 기반한다. 이에 대해 타푸리는 '역사적 공간'이라는 단어를 사용한 바가 있다. 역사적 공간은 우리가 통칭하는 역사 혹은 과거와는 성격을 달리한다. 공시성에 대해서 푸코나 벤야민 등의 철학자들의 '헤테로토피아', '별자리' 등을 거론할 수도 있겠고, 니체의 영원회귀를 인용할 수도 있을 것이다. 보다 예외적인 저자가 유쾌하게 시간에 관한 우리의 고정관념을 깨트려주는데, 그는 프랑스의 심리학자 피에르 바야르이다. 그 중에 세 권을 추천하자면, «읽지 않은 책에 대해서 말하는 법», «여행하지 않은 곳에 대해서 말하는 법», «예상표절»이 있다. 그는 일련의 책들에서 정신분석학과 문학비평을 접목하여 기묘한 방식으로 우리가 무의식적으로 수용하고 있는 고정관념에 성찰을 구한다. 문헌과 장소 그리고 저자에 대해서 각각 논하지만, 결국 세 권의 책 모두 우리가 시간에 대해서 갖고 있는 선입견을 지적하며 다른 방식의 사고가 얼마나 가능한지에 대해 흥미로운 논리를 전개한다. 많은 철학자들이 다양한 언어로 강조해왔지만, 요약하자면 시간은 선형적이지 않다. 그리고 시간의 마술적인 속성을 다시 깨닫게 되면, 우리를 둘러싸는 현실도 달리 보이기 시작한다. 굳이 친환경과 자연 온정주의가 아니더라도 인류의 역사를 자연사에 대입해보면 숙연한 마음으로 공존할 생각이 들 뿐이지 생육하고 번성할 문제가 아님을 알 수 있다. 아는 것만큼 보이지 않는다. 호기심을 갖는 것만큼, 보고자 하는 것만큼 보인다. 자기가 머릿속에 아는 것을 눈으로 확인한다면 얼마나 지루한가. 매번 볼 때마다 달리 보인다. 여기에서 적절하게 레몽 크노의 저서인 «문체 연습»을 떠올리게 된다. 유년기의 감탄 그리고 발견에 대한 경이로움은 사물을 접할 때 되찾아야 하는 본능과도 같고, 이는 매번 새롭게 역사를 여기 지금에 근거하여 바라보는 시선과도 동일하다. 이번 학기에는 학생들은 주변에 있는 고전주의적 건축물을 관찰하는 일환으로 학교 정문을 스케치하고, 같은 맥락에서 보고서의 주제는 고전주의적 요소가 존속하는 이유를 주제로 하였다. 또 다른 과제로는 조성룡 건축가 특강과 도시 로마에 대한 영상에 대한 감상문이 있었다.

Everything we know about the past is based on recent writings. Tafuri referred to this as "historical space." Historical space differs from what we commonly refer to as history or the past. In terms of synchronicity, philosophers like Foucault or Benjamin have discussed "heterotopias" and "constellations," and one could also cite Nietzsche's eternal recurrence. An exceptional author who breaks our fixed notions of time in a delightful manner is the French psychologist Pierre Bayard. Among his works, I recommend "How to Talk About Books You Haven't Read," "How to Talk About Places You Haven't Been," and "Anticipatory Plagiarism." In these books, he combines psychoanalysis and literary criticism in a peculiar way to reflect on the unconscious stereotypes we hold. While each book discusses literature, places, and authors respectively, they all ultimately point out our preconceived notions about time and explore how much alternative thinking is possible. Many philosophers have emphasized this in various languages, but to summarize, time is not linear. Once we realize the magical nature of time, the reality surrounding us begins to change. Even without the necessity of environmental friendliness or natural benevolence, when we apply human history to natural history, we realize with a solemn heart that coexistence is a necessity, not a matter of thriving and multiplying. We do not see as much as we know. We see as much as we are curious and want to see. How dull it would be to merely confirm with our eyes what we already know in our heads. Things appear differently each time we see them. This appropriately brings to mind Raymond Queneau's "Exercises in Style." The wonder of childhood amazement and discovery is an instinct we must reclaim when encountering objects, and it is the same perspective we need when viewing history anew, based on the here and now.

이현복
고대 로마 영상 감상문
Reflection on the Ancient Rome Video

가장 인상 깊었던 주제는 성찰적 폐기이다. 건축물은 다른 예술들과 달리 그리 긴 시간 남아있지 못한다. 문화적으로 의미가 있지 않은 건축이 아니라면 인간의 수명보다도 짧은 수십 년간 유지되다가 폐기되고 다시 새로운 건축이 지어진다. 조성룡 건축가는 선유도공원 프로젝트를 통해 어떻게 하면 건축을 성찰적으로 폐기하거나 재활용할 수 있을지 관심을 가졌다고 한다. 건설폐기물은 우리의 상상을 초월한다. 생활폐기물과 달리 건설폐기물은 서서히 썩거나 사라지지 않는다. 건축은 본래 오랫동안 지속되는 것을 상정하고 지어지기 때문에 철근, 콘크리트 등 우리가 현대에 들어 정말 많이 사용하는 재료들은 당연하게도 쉽게 자연으로 돌아갈 수 없다. 건축계에서도 여러 산업 분야에서 중요하게 논의되고 규제하고 있는 친환경에 대한 고민이 이루어지고 제로에너지 건물 등으로 구현되고 있으나 건설폐기물이나 건물 철거에 대한 고민도 이루어져야 할 시점이지 않을까.

The topic that impressed me the most was "reflective demolition." Unlike other art forms, buildings do not last for very long. Unless a building holds cultural significance, it typically exists for only a few decades—much shorter than a human lifespan—before being demolished and replaced by new construction. Architect Joh Sungryong expressed his interest in exploring how buildings could be demolished or recycled reflectively, as seen in the Seonyudo Park project. The scale of construction waste exceeds our imagination. Unlike everyday waste, construction debris does not decompose or disappear gradually. Since buildings are originally designed to last for a long time, materials widely used in modern construction, such as steel and concrete, naturally do not return easily to the environment. While the architectural field has increasingly considered eco-friendly practices—reflected in regulations and implementations like zero-energy buildings—attention should also be given to construction waste and building demolition.

신유정
고전주의와 건축사
Classicism and Architectural History
ⓒ 신유정, Yujeong Shin

김진형
조성룡 건축가 특강
Lecture by Architect Sungyong Joh

로마라고 한다면 가장 성공적이고 발전된 도시를 떠올리게 한다. 오죽하면 모든 길은 로마로 통한다는 말이 있을까. 해당 영상을 통해 로마의 도시 평면을 보며 로마의 황제 Sixtus가 어떻게 로마의 도시화를 진행했는지 간략히 알 수 있었다. 특히 해당 영상의 경우 Renaissance, Baroque Rome을 중점적으로 다루고 있는데 트레비 분수나 스페인 계단 같은 대부분의 한국인이 좋아할 만한 요소가 들어가 있다. 그렇다면 그는 어떻게 성공적으로 도시를 계획했을까? (중략) 내가 이탈리아로 여행 갈 때, 패키지였기에 자유 시간 후 집결을 항상 오벨리스크 앞에서 했었다. 당연히 우뚝 솟은 탑은 해당 도시에 익숙하지 않은 이방인인 나에게도 미적이고 거대한 첨탑은 명확한 상징성과 영역성을 주었다. 해당 도시가 처음이고 나라가 처음이라도 그 장소에 모이는 것이 당연하고 상대적으로 쉽다고 느껴졌던 것이다. 아마 도시 설계 과정에서 이런 오벨리스크를 그 포인트에 지정해서 설치한 것 역시 해당 방식이 영역성과 상징성을 해당 지역에 강화시키는 방식임을 황제는 알았던 것 같다는 생각이 들었다.

When thinking of Rome, one immediately imagines a highly successful and developed city. The saying "all roads lead to Rome" seems fitting. The video provided a brief overview of how Emperor Sixtus carried out urbanization in Rome, especially focusing on Renaissance and Baroque Rome, highlighting elements like the Trevi Fountain and the Spanish Steps, which are familiar and appealing to many Koreans. How, then, did he manage to plan the city so successfully? (omitted) During my trip to Italy, which was a package tour, we always gathered in front of an obelisk after free time. The towering spire, even to someone unfamiliar with the city, was visually impressive and provided a clear sense of symbolism and territorial presence. This made it intuitive and easy for first-time visitors to know where to gather. I realized that in the city's design, the placement of obelisks at these points likely reinforced both symbolism and territoriality, a strategy that the emperor must have intentionally used.

이영근
경희대학교 정문 스케치
Sketch of Kyung Hee University Main Gate
ⓒ 이영근, Younggeun Lee

건축디지털디자인응용

천장환, Janghwan Cheon

본 교과목의 주요 목적은 디자인과 건축의 활용에 관계된 디지털 기술의 적용과 개념 이론들을 소개하기 위한 것이다. 이 과정에서 3차원 모델링, 디지털 패브리케이션을 포함한 디지털디자인 기본, 디자인 프리젠테이션과 같은 다양한 결과물에 대한 이해와 습득이 이루어질 것으로 예상되어진다. 디지털 모델링의 영역은 다양하지만 이번 교과목에서는 스크립트, 시뮬레이션 평가, 파라메트릭 디자인을 중점으로 진행되며, 나아가 BIM으로의 확장을 위한 기초 지식도 습득하게 된다. 이를 통해 현대 디자인 기술의 매락에서 디지털 기술들을 적용하는 방법을 습득할 것이며, 앞선 디지털 기술의 환경으로부터 전문화된 기술을 습득할 수 있게 될 것이다.

The principal objective of this course is to introduce to second-year students the basic theories, concepts and applications of digital technology relevant to the design and practice of architecture. Through this course, students are expected to achieve advanced knowledge and comprehension about three-dimensional modeling (i.e. digital representation and simulation), digital design foundation, digital presentation strategies, and various output options including digital fabrication. This course offers a series of procedures that can function as building blocks for students to experiment, explore, or channel their thoughts, ideas and principles into a computational mind. Specific areas of emphasis vary, but include performance-based simulations and parametric modeling. The course provides for learning and applying a select set of digital skills within the context of contemporary design techniques. Students are to develop a small subset of specialized skills developed from a critical perspective of the overall milieu of advanced digital techniques.

전수연
Stationary Waves

ⓒ 전수연, Suyeon Jeon

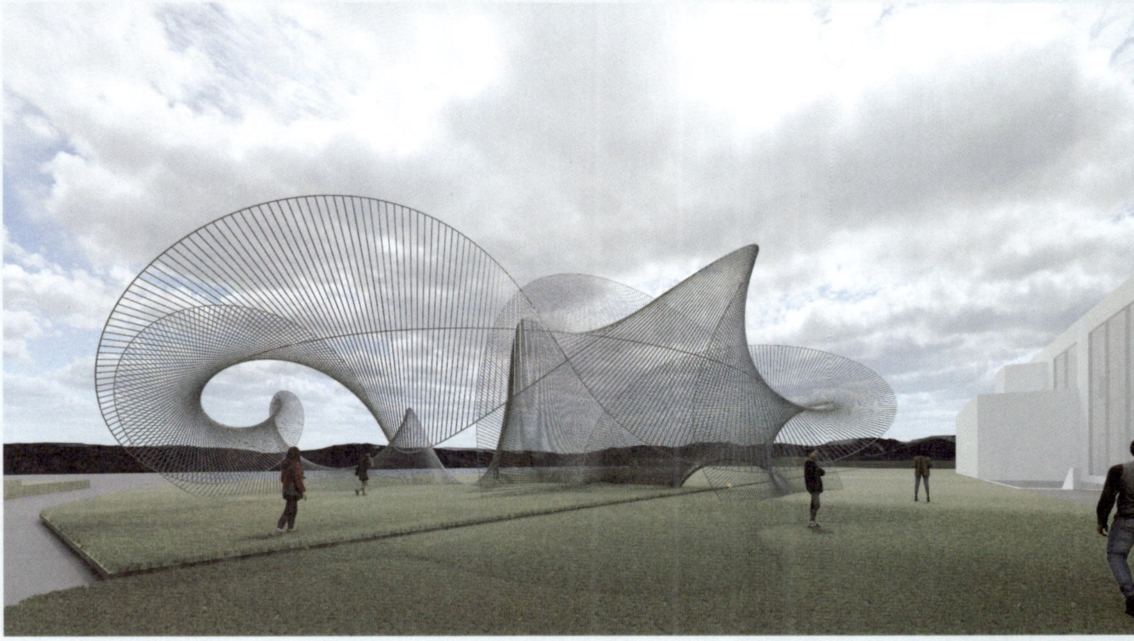

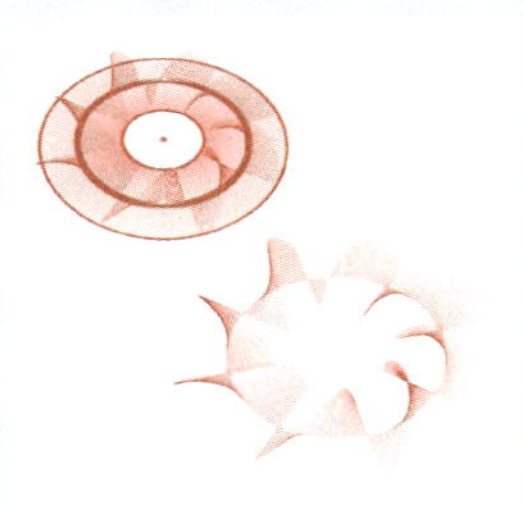

STEP 1.
Draw Circle and Curve Plane

1. Make a Circle with a Radius 50
2. Divide Curve into Equal Length Segments
3. Make a Line to Connect Two Curves
4. Rotate Plane
5. Unit Z Construct Plane
6. Using Length for Numbering the Length
7. Using Cull Index

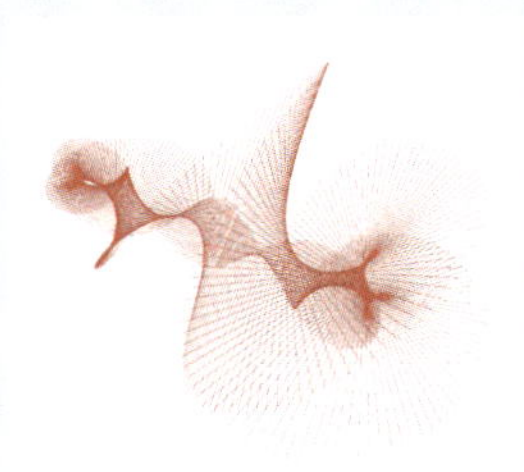

STEP 2.
Make 2nd Curve Plane

1. Compute the Sine for 400
2. Remap Numbers Domain 0.2 to 1.5 and Bounds
3. List Length and Sub 1
4. Create Range Numbers and Represents by Graph Mapper
5. Regulate Scale
6. Rotate XZ Plane

STEP 3.
Make 3rd Curve Plane

1. Loft Curves Ro Make Plane
2. Using Brep Plane to Join the Surface
3. Make Another Circle Surface
4. Divide Two Domain into 1000
5. Extract Isoparametric Subset Using Isotrim
6. Dispatch the Two Surface
7. Merge a Bunch of Data Streams
8. Offset Surface

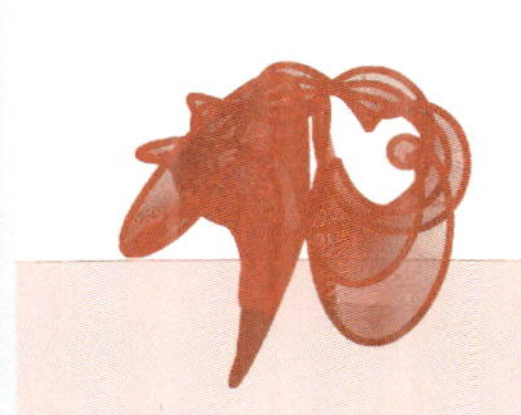

STEP 4.
Make Final Surface

1. Extract Surface Usif Deconstruct Brep
2. Remove the Suplicates
3. Merge a Bunch of Data Streams
4. Create a Pipe around the Surface Curve

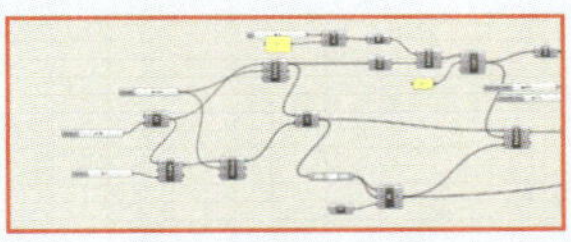

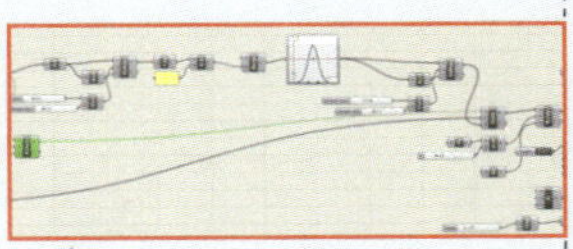

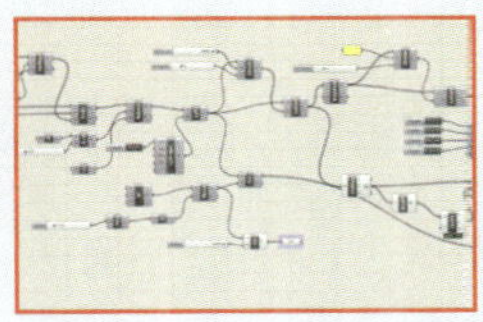

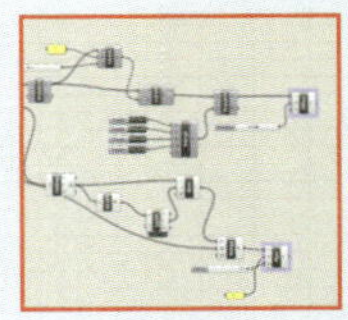

김한이
Plant Growing Porous Wall

ⓒ 김한이, Hani Kim

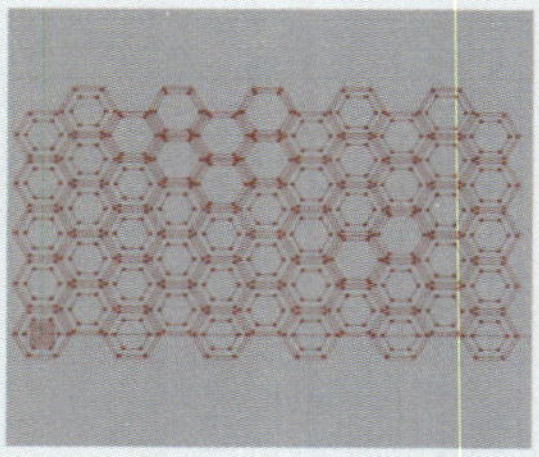

Step 1.
Specify the Hole Size of Unit

1. Hexagonal grid의 가로, 세로 수를 지정하고 Image sampler와 연결해주며 각 유닛에 대한 가변적인 구멍의 크기 정보를 만들어주었다. Evaluate를 이용해 안으로 Offset 할 적절한
2. 함수를 만들어주었다. 의도하는 모양은 수가 낮을수록 원형에 가깝고, 수가 높을수록 끝이 둥근 별모양에 가깝도록 하는 것이다. 이에 Hexagonal Grid의 한 점을 기준으로 수가 높을수록 멀어지고, 낮을수록 가까운 점을 지정하고자 했다. 마찬가지로 Hexagonal Grid의 한 변의 중점을 기준으로 같은 시퀀스를 갖지만 조금 덜 움직이도록 하는 함수를 설정해주었다. 함수는 각각 (x+0.2)*3, 0.5x + 0.5으로 설정하주었다.

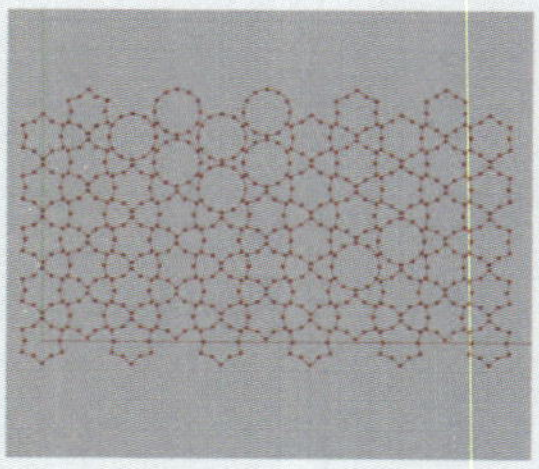

Step 2.
Connect the Specified Points

1. 원하는 모양이 나오도록 Offset 된 선들 중 더 큰 육각형은 Explode 시켜 6개 선들의 양 끝 점을 잡아주었고, 작은 육각형 또한 Explode 시켜 각 변들의 Midpoint를 지정해주었다.
2. List Item으로 각 점들의 번호를 지정헀다.
3. 지정된 점들을 이웃한 것끼리 Interpolate 하여 원하는 패턴의 평면을 만들었다. 이 때 Interpolate의 Periodic의 Set Boolean은 True로 설정하여 닫힌 커브로 만들어주었다.

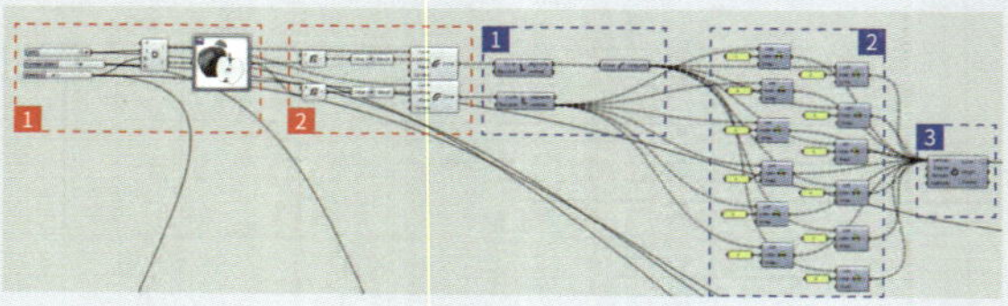

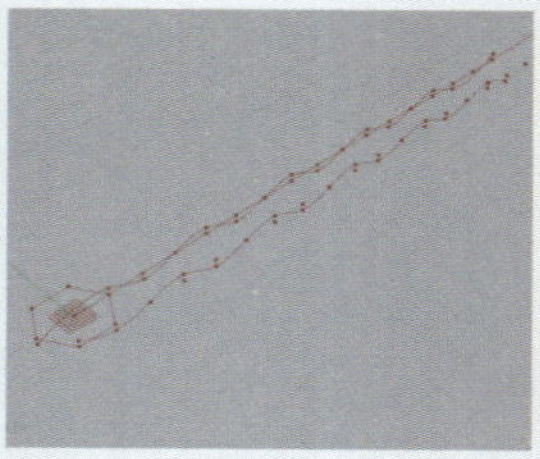

Step 3.
Create Basic Lines of Base Surface

1. 1번 라인 – List item을 이용해 Hexagonal Grid의 4번 점을 곡선의 시작점으로 지정
2. Linear Array로 X축 방향으로 나열하되, 앞선 패턴의 범위에 맞는 평면을 만들기 위해 X축으로 나열되었던 수를 끌어와 1.5개를 Multiplication, 1을 Addition 했다.
3. 나열된 점을 Cull Pattern을 이용해 TFF, FTF, FFT 되는 패턴을 만들었고, Z축으로 각각 2, -2, 0으로 Move 시켰다.
4. 이를 Weave로 엮어주고 Interpolate했다.
5. 2번 라인은 5번 점을 시작으로 같은 과정.

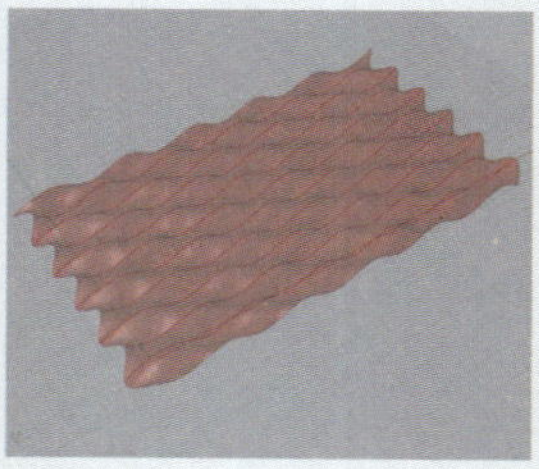

Step 4.
Create a Base Surface

1. 만들어진 Curve들을 Y축 방향으로 Linear-Array 시키되, Number에는 앞선 패턴에서의 Hexagonal grid Y축으로 나열된 수에 1을 Addition했다.
2. Direction에는 Vector를 이용해 Hexagonal Grid의 Y축으로 길게 떨어진 두 점을 잡았다.
3. 나열된 선들을 Weave 하여 Loft 하였다.

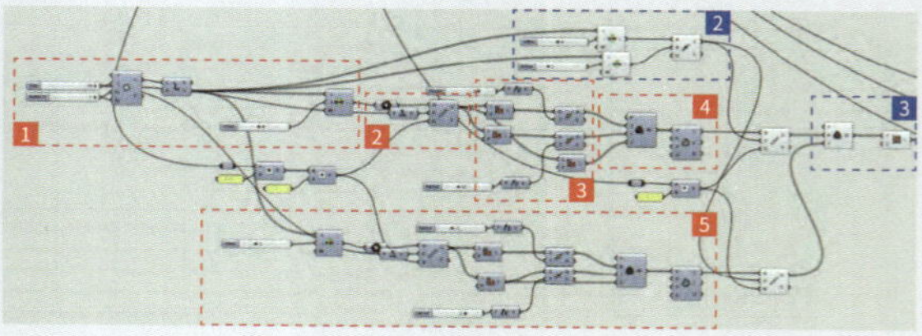

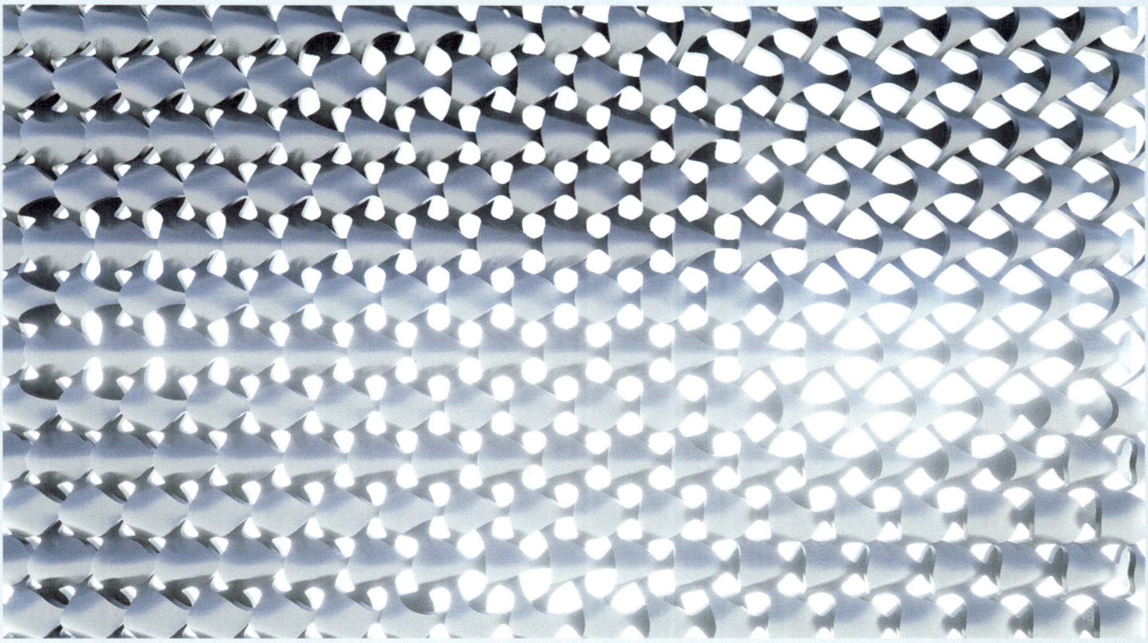

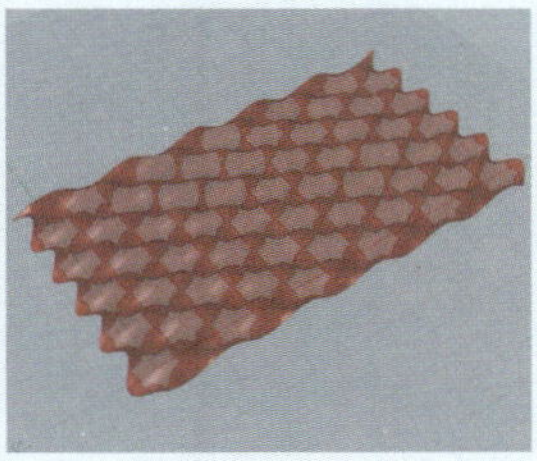

Step 5.
Project Patterns to Surface

1. Step 2에서 만든 패턴 선을 Flatten 시키고 Step 4에서 만든 서피스에 Project 시켰다.
2. Project시킨 후 Flatten을 하고, Surface-Split으로 면을 분할했다.
3. List Item의 0번 면(원하는 패턴) 추출했다.

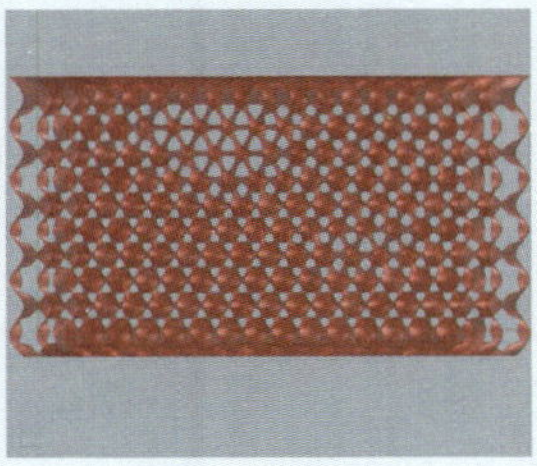

Step 6.
Crossing Patterns

1. 추출한 면을 Z방향으로 1만큼 Extrude 했다.
2. 만들어진 메쉬를 X방향으로 10만큼 두 번 Move 했다.
3. 세 개의 메쉬를 Merge 시켰다.

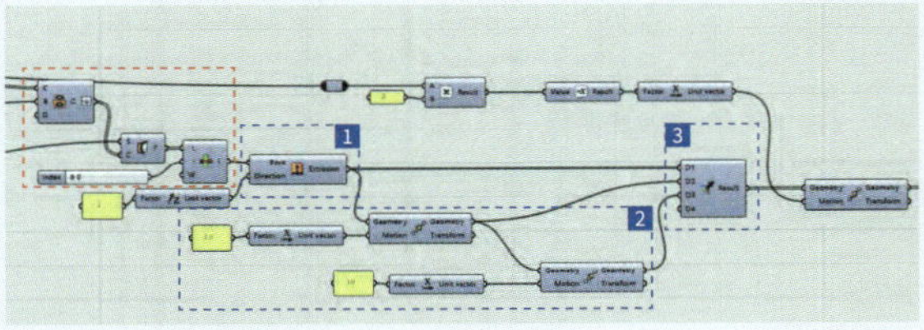

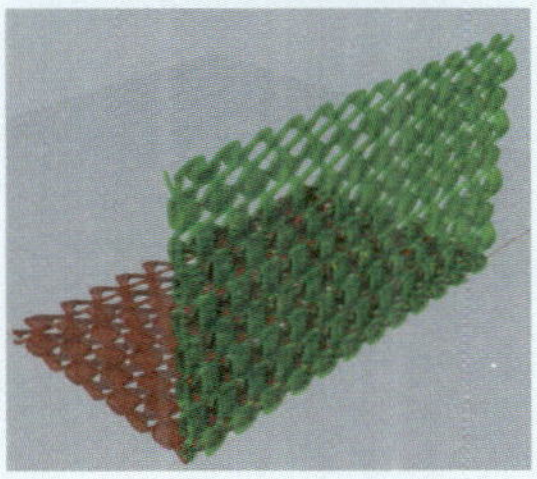

Step 7.
Trim & Straighten Shapes

1. 맨 처음 생성한 Hexagonal Grid의 면적에 맞추어 Rectangle의 가로, 세로 길이를 정한다.
2. Boundary Surface 해 면으로 만든 사각형을 Z로 8만큼 Extrude시킨 후 Z로 -4만큼 Move
3. Step 6에서 만든 메쉬와 Solid Intersection 시켜 형태를 깔끔하게 정리한 후, X축을 기준으로 90도 3D Rotate 시켜 바로세웠다.

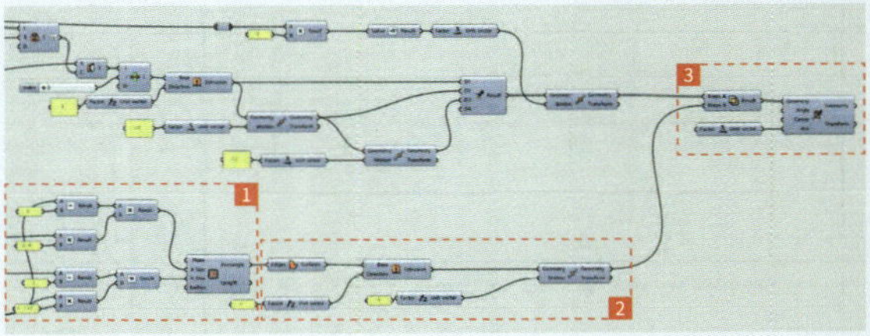

서양건축사 II

김일현, Ilhyun Kim

아름다움을 탐닉하기에도 인생이 부족하지만, 현대인들은 많은 시간을 지루함을 떨쳐내며 성찰의 깊이를 무효화한다. 보들레르가 말한 현대인의 가장 큰 적은 권태라는 생각이 떠오른다. 니체는 쇼펜하우어에 대한 애증 어린 생각을 표명하며 «도덕의 계보학»에 이렇게 기록했다. "미혹 아름다움은 본성적으로 해방의 자극이었다. 이는 성찰의 힘이자 응시의 깊이였으며, 결과적으로 즉각적으로 자각하는 의식의 주인이 되게 한다." 흥미로운 점은 심미성이 의식의 해방으로 이어진다는 지적이다. 역사 탐구와 그 태도에 대한 시사점도 크다. 짐멜이 자본주의 태동 시기 말한 새로운 본능의 탄생은 디지털 환경에서도 유사하게 의식에 작용할 것이다. AI의 혁신적 진화가 일상화되면 예상치 못한 국면이 펼쳐질 것이다. 모두가 처음 경험하는 상황에서 어떻게 하면 이를 더 많은 경험과 성찰의 수단으로 활용할 수 있을까?

시간을 초월하는 진리를 추구하기보다는, 다양한 시간 속에서 '진리'라 부르는 무엇인가의 의미를 사유하는 것이 더 의미 있다. 역사적 현상의 부유하는 의미를 탐구한다고 해서 그 실체를 확실히 파악할 수 있는 것은 아니다. 마야의 비밀을 양파 껍질에 비유하듯, 한 겹씩 벗겨내는 작업이 무의미하다고 단정할 수도 있다. 하지만 덩어리로 남은 양파와 쌓인 껍질의 차이는 과정과 체험에서 무시할 수 없는 간극, 때로는 심연이라고 부를 수 있는 거리를 만든다. 보르헤스의 단편처럼 현실을 파고들면 진실성보다는 의도와 조합 방식에 관심이 쏠린다. 우리가 '건축사'라고 부르는 학문도 예외가 아니다. 한 시간을 구성하는 사건을 필연적 실체로 보는 대신, 한 발 물러서 다양한 의도가 결집된 복합체로 이해할 수 있다.

역사에도 수 세기 변화를 요약하는 입장이 존재한다. 긴 시간에 대해서는 양식론을, 상대적으로 짧은 시간에는 '-주의'나 '-론'으로 이름 붙이는 방식이다. 하지만 이로는 역동적이고 모순투성이인 일상과 인생에 위안을 얻기 어렵다. 계속 뇌리를 스치는 것은 '어… 설명이 되지 않는데'라는 회의이다. 바로 이 시점이 중요하다. 지식과 삶의 가운데 균열과 모순, 대립이 생기고 '왜'와 '어떻게'를 묻는 순간 진정한 사유가 시작된다. 세상은 우리와 별개로 존재하지 않으며, 사물과 건축, 도시도 동일하다. 중요한 것은 관계를 인식하는 것이다. 비판의 대상이라도, 데카르트의 명제 "사고한다, 고로 나는 존재한다(Cogito Ergo Sum)"는 여전히 빛을 발한다. 이는 지식의 문제가 아니라, 현재 존재하는 주체로서 개인의 의식이다.

While life is too short to indulge in beauty, modern people often invalidate reflection by shaking off boredom. I am reminded of Baudelaire's statement that the greatest enemy of modern people is ennui. Nietzsche, expressing his ambivalence toward Schopenhauer in «On the Genealogy of Morality», wrote: "Beauty acts as a stimulus for liberation by nature. It is the power of reflection, the depth of gaze, and consequently results in consciousness becoming its own master." The interesting point is that aesthetics can lead to the liberation of consciousness. Simmel's idea of a new instinct emerging during the rise of capitalism similarly applies to consciousness in the digital environment. As AI's revolutionary evolution becomes commonplace, unforeseen developments will unfold. How can we use these first-time experiences as means for greater reflection?

Rather than pursuing timeless truth, it is more meaningful to contemplate the significance of what we call truth within existing temporalities. Exploring the floating meanings of historical phenomena does not guarantee firm comprehension of their essence. As with the Maya secrets likened to layers of an onion, peeling each layer may seem ultimately meaningless. Yet the difference between an intact onion and its peeled layers can signify an unignorable distance—or even an abyss—within the process and experience. Architectural history is no exception. Viewing events not as inevitable or unique, but as complex intentions that can be recombined, offers a broader perspective.

Historical analysis often summarizes centuries of change and recent culture by key points, naming long periods with stylistic terms and shorter ones with "-ism" or "-ology." However, this provides little comfort for dynamic, contradictory, and inconsistent daily life. A lingering skepticism remains: "This doesn't explain everything…" This is crucial. When gaps, contradictions, and conflicts emerge between knowledge and life, and we ask "why" and "how," genuine contemplation begins. The world does not exist separately from us. The same applies to objects, including architecture and cities. Recognizing relationships is what matters. Even when subject to criticism, Descartes's proposition, Cogito, ergo sum ("I think, therefore I am"), remains significant, concerning the consciousness of an individual existing in the present.

강경민, Kyungmin Kang
DR: 건강한 공간
Daily Reflection: Healthy Spaces

공간은 사람의 몸과 같다. 건강한 몸에 입은 옷이 아름다운 것처럼 공간도 건강해야 한다. 그렇다면 건강한 공간이라는 것은 어떤 것일까? 일단 편안함이 있어야 한다. 사람은 안락함을 본능적으로 추구하기 때문이다. 편안한 공간은 사람을 감싸안고 보호한다. 시각적으로 화려한 공간임에도 편안함이 있을 수 있다. 또는 표현이 절제된 공간에서도 그러하다. 하지만 표현이 과도하게 넘치거나 절제되어 균형이 깨진 공간에서는 사람이 무시되거나 사람을 긴장하게 만들어 편안함을 거부한다. 공간이 사람을 제압해서는 안된다.

필요한 기능이 충만한 공간 역시 건강하다고 할 수 있다. 건강한 기능들은 나대지 않고 겸손하며 담백하다. 그리고 확고하다. 사용자를 자극하지 않고 정제됨으로 신뢰의 감동을 준다. 그러한 감동은 결국 편안함으로 승화된다. 건강한 심미적인 표현은 면밀한 관찰을 통한 개념의 해석 아래 있어야 한다. 개념이 부재한 아름다움은 그저 달기만 한 사탕처럼 녹아 없어진다. 농밀한 아름다움은 시간을 초월하는 법이다.

Space is like the human body. Just as beautiful clothes enhance a healthy body, a space must be healthy. A healthy space is first and foremost comfortable, as humans instinctively seek comfort. Comforting spaces embrace and protect people. Even visually striking or restrained spaces can be comfortable, but when expression is excessive or overly restrained, balance is lost, and the space can neglect or tension its users. A space should never dominate people.

A space with well-realized functions is also healthy. Healthy functions are humble, restrained, and reliable. They inspire trust through refinement, which ultimately translates into comfort. Aesthetic expression must be grounded in observation and conceptual interpretation. Beauty without concept is fleeting, like candy that melts away. Thoughtful, dense beauty, however, transcends time.

김민정, Minjeong Kim
DR: 미완의 영원성
Daily Reflection: The Eternity of Incompleteness

완성되지 않은 것이 영원을 의미한다는 말이 처음에는 와닿지 않았다. 미켈란젤로의 <론 다니니 피에타>에 대해 알아본 후에 이 말의 의미를 다시 생각하게 되었다. 미켈란젤로의 피에타라고 하면 가장 먼저 떠오르는 것은 바티칸의 완벽에 가까운 피에타였다. 그가 조각한 피에타는 전부 완벽할 것이라 생각했다. 이러한 미완의 피에타가 있을 줄은 상상하지 못했다. 주목할 만한 점은 바티칸의 피에타는 그가 20대 때, <론다니니 피에타>는 그의 인생의 마지막에 조각된 것이라는 부분이다. 작가의 삶의 궤적, 혹은 변화를 간접적으로 알 수 있다.

젊었을 때 그는 피에타(이탈리아어로 슬픔, 비탄)를 완벽하게 표현할 수 있다고 생각하지 않았을까. 그 모습을 재현하는 것은 도전적이면서도 응당 할 수 있는 일로 느껴졌을 것이다. 그래서 오늘날에도 걸작으로 불리는 바티칸의 피에타를 완성시킨 것이다. 정말 성모 마리아와 예수가 눈앞에 있는 듯한 생생하면서도 섬세한 묘사로 보인다. 그랬던 그가 죽음을 앞둔 7-80의 나이에 상상한 피에타는 달랐다. 어렸을 때 보았던 영화가 지금 보면 전혀 다른 느낌이듯이, 같은 작품이지만 다른 '나'가 된다. 어쩌면 그는 피에타의 본질은 그가 표현할 수 없으며, 보는 사람에게 나머지를 맡긴 채 미완성의 완성을 한 것이다.

At first, the idea that incompleteness signifies eternity did not resonate with me. After learning about Michelangelo's <Rondanini Pietà>, I reconsidered. While the Vatican Pietà, sculpted in his twenties, is almost perfect, the Rondanini Pietà was created at the end of his life. This shows the trajectory and evolution of the artist's life.

In youth, he may have believed he could perfectly express grief, making the Vatican Pietà a masterpiece of vivid, delicate depiction. In contrast, the <Rondanini Pietà>, conceived in his seventies or eighties, reflects a different perspective. Just as a film seen in youth feels different later, the same work embodies a different "self." Perhaps in the Rondanini Pietà, he embraced incompleteness, leaving interpretation to the viewer, achieving a completed incompleteness.

건축기획

김관수, Kwansoo Kim

<건축기획> 과목은 건축 프로세스의 초반 단계에 해당하는 프로그래밍, 타당성 검토, 개발 계획 수립 등 건축 사전기획의 핵심 내용을 이해하고 이를 실제 프로젝트에 적용하는 능력을 기르는 것을 목표로 한다. 학생들은 사전기획 단계에서 요구되는 기초적인 분석 능력과 문제 해결 능력을 습득하며, 팀 단위로 진행되는 프로젝트를 통해 협업의 경험을 쌓는다. 특히, 프로그래밍 과정에서 대지 분석, 용도 및 프로그램 설정, 시장성 조사, 개발 개념의 설립, 개발 계획 수립, 현금 흐름표 작성 및 내부수익률 분석과 같은 실질적인 개발 프로세스를 체계적으로 수행하게 된다.

이를 통해 학생들은 단순한 설계 기술을 넘어서, 건축 프로젝트의 경제적, 사회적 타당성을 평가하고 합리적인 의사결정을 내릴 수 있는 능력을 갖추게 된다. 또한, 건축 기획 단계에서 설계의 바탕이 되는 다양한 건축 유형과 그 의디를 이해함으로써, 설계 과정에서 보다 폭넓고 창의적인 접근이 가능해진다.

이번 팀 프로젝트에서는 서울특별시 송정동을 대상으로 시장 조사를 수행하고, 상대적으로 저평가된 두 개의 사이트를 선정하여 개발 계획을 수립하였다. 선정된 각각의 부지에 적합한 패션 관련 프로그램을 설정하고, 이에 대한 타당성 검토와 수익률 분석을 수행하였다. 분석 결과를 바탕으로 각 부지에 가장 적합한 개발 전략을 도출하고, 경제적 효율성과 실현 가능성을 고려한 우수한 개발 계획을 완성하였다. 이를 통해 학생들은 실제 건축 개발 과정에서 요구되는 기획적 사고와 실무적 역량을 경험할 수 있었으며, 프로젝트를 수행하면서 팀워크와 문제 해결 능력도 함께 향상시킬 수 있었다.

The Architectural Planning course focuses on the early stages of the architectural process, including programming, feasibility analysis, and the development of architectural plans. Its aim is to help students understand the essential elements of pre-design planning and apply them to practical projects. Students acquire fundamental analytical and problem-solving skills required in the pre-planning phase and gain experience in teamwork through collaborative projects.

During the programming process, students systematically carry out essential development tasks, including site analysis, program and land-use determination, market research, establishment of development concepts, creation of development plans, cash flow statement preparation, and internal rate of return calculations. Through these exercises, students develop the ability to evaluate the economic and social feasibility of architectural projects and make informed, rational decisions. In addition, by understanding the types and significance of architectural forms that serve as the foundation for design in the planning stage, students can approach the design process with broader and more creative perspectives.

For this team project, the team conducted market research on Songjeong-dong in Seoul and selected two relatively undervalued sites to develop comprehensive plans. They established fashion-related programs appropriate for each site and conducted feasibility studies and profitability analyses. Based on these analyses, the team formulated the most suitable development strategies for each site, considering economic efficiency and practical feasibility, resulting in robust development plans. Through this project, students gained firsthand experience in the planning aspects of architectural development while enhancing their teamwork and problem-solving skills.

ALT.1

Program of the Project

3-4F 리메이크 작업장, 소규모 생산공장, 작업실

2F 워크숍 공간, 회의실, 스튜디오

1F 상점, 커뮤니티 공간, 쇼룸

ALT.3

Profitability(수익성)

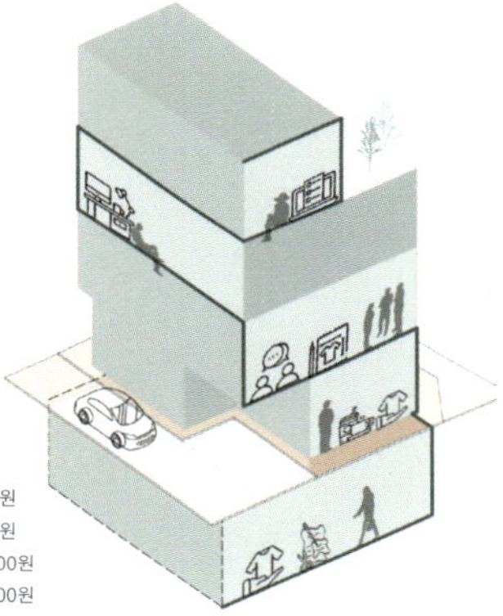

4F 오피스 임대료: 평당 200,000원
3F 오피스 임대료: 평당 200,000원
2F 문화공간 임대료: 평당 200,000원
1F 빈티지샵 임대료: 평당 150,000원
카페 임대료: 평당 150,000원
B1F 빈티지샵 임대료: 평당 120,000원

A동

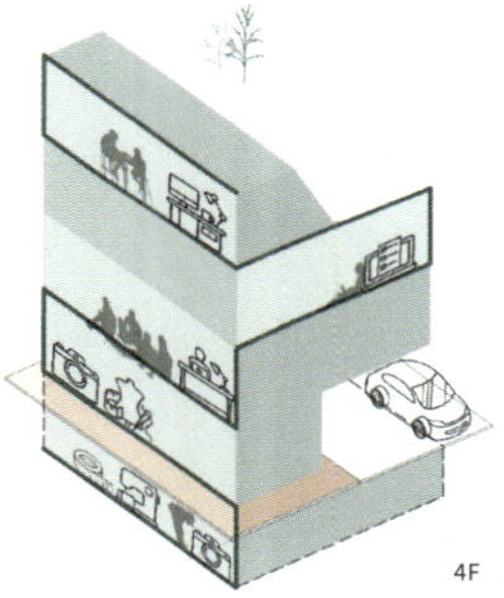

B동

4F 오피스 임대료: 평당 150,000원
3F 오피스 임대료: 평당 150,000원
2F 문화공간 임대료: 평당 150,000원
1F 공방 및 스튜디오 임대료: 평당 100,000원
B1F 공방 및 스튜디오 임대료: 평당 100,000원

TABLE 5 : CALCULATION OF DISCOUNTED CASH FLOW, NET PRESENT VALUE (NPV) (A+B)

	Year 1	Year 2	Year 3	Year 4	Year 5
1. Calculate the Total Cash Flow for each year					
Cash Flow After Taxes (CFAT), from Table 3	-₩313,619,290	₩84,345,156	₩92,667,566	₩101,239,648	₩110,068,893
Add: Net Cash from Sale, from Table 4					₩1,949,822,390
Effective Gross Income	**-₩313,619,290**	**₩84,345,156**	**₩92,667,566**	**₩101,239,648**	**₩2,059,891,283**
2. Calculate the Discount Factor (=1/(1+i)^n), where the discount rate, or the investor's hurdle rate, is assumed to be 4.9%					
Discount Factor Formula for each year	1/(1+0.049)^1	1/(1+0.049)^2	1/(1+0.(49)^3	1/(1+0.049)^4	1/(1+0.049)^5
= Discount Factor	0.9533	0.9088	).8663	0.8258	0.7873
3. Present Value (PV) of Each Cash Flow					
= Total Cash Flow for each year multiplied by the year's discount factor	-₩298,969,772	₩76,649,472	₩80,278,878	₩83,608,162	₩1,621,686,341
4. Net Present Value (NPV)					
Present Value of All Total Cash Flows (Years 1 to 5)	₩1,563,253,082				
Less: Equity invested (Year 0, therefore the discount factor = 1)	₩1,563,052,150				
= NPV	₩200,932				

IRR 4.90% 일 때, NPV = ₩200,932

The NPV of the project using a discount or hurdle rate of 4.9% equals ₩200,932

Thus, the project yields ₩200,932 over and above the investor's desired or minimum acceptable rate of reture (in this case 4.9%)

Hajoon Kwon, Sukhee Lee, Minyoung Lee, Youngwoo Lee, SangYee Lee, Seoyoung Hong

미래 교육공동체를 위한 새로운 중학교 유형 제안

[건축설계 3]

Studio A | 김관수, Kwansoo Kim
Studio B | 이은석, Eunseok Lee
Studio C | 남동호, Dongho Nam
Studio D | 김도한, Dohan Kim

이 과목에서 학생들은 미래 교육에 적합한 새로운 중학교 유형을 제안하고 배치계획 및 단위 모듈의 구성을 통한 건축의 내/외부 공간을 계획하는 능력을 배우게 된다. 학생들은 현재 진행되고 있는 그린스마트 미래학교의 목표를 이해하고 교과교실제와 자유학년제로 대변되는 변화하는 중학교의 교육 방법의 진화를 분석한다. 이를 바탕으로 미래교육방식에 부응하는 학습공간의 개념을 도출하고 이를 구현하는 미래 교육공동체를 위한 새로운 학습공간을 제안한다.

설계과정에서 공간모듈의 개념을 이해하고 단위 공간의 반복, 클러스터 및 동선 계획을 통해 건축공간을 구성한다. 도시적 맥락 및 대지를 분석하고 이를 바탕으로 대지의 외부 공간계획과 건축계획을 유기적으로 연계하고 건축의 실/내외 공간을 통합적으로 설계한다. 또한 무장애설계 및 안전 및 방재 설계를 이해하고 이를 설계에 적용한다.

In this course, students learn to propose new middle school types for future education, planning architectural interior/exterior via site layout and unit module configuration. They will understand Green Smart Future School goals and analyze evolving middle school methods (subject classrooms, free-semester systems). Based on this, they'll conceptualize learning spaces and propose new environments for future educational communities.

The design process involves spatial modules, constructing spaces through unit repetition, clustering, and circulation. Students also apply principles of urban context, site analysis, barrier-free design, safety, and disaster prevention, integrating these into their architectural planning.

ⓒ 서민준, Minjun Seo

ⓒ 이영우, Yeongwoo Lee

ⓒ 이현수, Hyunsu Lee

장준호 | Studio A
Learning Constellations

미래에 학교공간은 어떤 요소가 필요할까? 보광동은 다문화적 특징을 가지고 있는 곳이다. 보통의 학교에서는 교실에 학생들이 가만히 있고, 과목(교사)이 움직이며 수업을 듣는 방식이었다면, 새로운 교육과정은 학생들이 직접 과목을 선택하고 과목별 교실이 정해져 있고 교실을 찾아다니며 수업을 듣는 방식이기에 이동할 복도가 필요하다. 가장 중요한 것은 학생들이 가진 꿈과 목표도 더욱 다양해지고 있다는 것이다. 그래서 나는 'Multiculture', 'Multidream', 'Multisubject'라는 세 가지 특성을 미래 학교공간의 핵심 요소라고 생각했다. 이를 모두 담고 있으면서도, 그 문제는 완화시키는 학교 공간의 키워드로 'Network'를 제시한다. 각각의 학년이 가진 영역들이 존재하고 개별적인 홈베이스들을 부여하여 각 학년 내의 유대와 교류를 증대시켜 다문화 학생들이 겪을 수 있는 문제를 완화하면서도, 각 학년이 섞이며 발생하는 문제를 예방할 수 있다. 이 영역들을 엮는 순환하는 길은 마을에서 골목길을 걷는 경험과 같이 길을 걸으며 경험하는 우연한 마주침들을 통해 다른 층과, 다른 학년과, 다른 과목을 선택한 학우와도 관계를 형성할 수 있도록 한다.

What elements will future school spaces need? Bogwang-dong has multicultural characteristics. Unlike traditional schools where students stay in one classroom and subjects (teachers) move, the new curriculum requires students to choose subjects, find dedicated classrooms, and move between them, necessitating corridors. Crucially, students' dreams and goals are also diversifying. Thus, I identified 'Multiculture,' 'Multidream,' and 'Multisubject' as key characteristics for future school spaces. To encompass these while mitigating potential issues, I propose 'Network' as the keyword for school design. Each grade level will have designated zones and individual home bases, fostering intra-grade bonds and interaction. This can alleviate issues for multicultural students and prevent problems from inter-grade mixing. A circulatory path connecting these zones, akin to walking alleyways in a village, will facilitate accidental encounters, allowing students to form relationships across floors, grades, and with peers in different subjects.

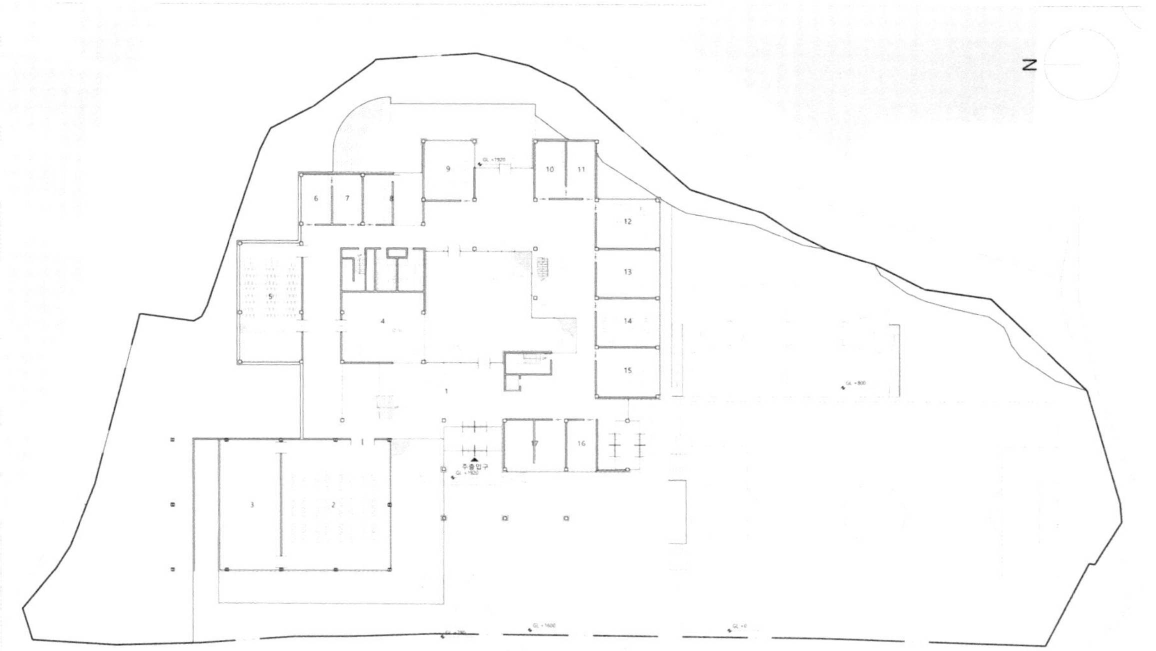

1. Hall
2. Cafeteria
3. Kitchen
4. Library
5. Auditorium
6. Management office
7. Printing
8. Broadcasting
9. Teacher Office
10. Document
11. Digital Room
12. Principal Office
13. Wee class
14. Admin. Office
15. Special Education
16. Security
17. Infirmary
18. Homebase
19. Gym
20. Teacher Room
21. Teacher Lounge
22. T.H. class
23. Makerspace
24. Mathematics
25. Science
26. Science Lab
27. Smart High-Tech
28. Home Subject Lab
29. Korean Language
30. Common classroom S1
31. Tech Center
32. Music
33. Art
34. English
35. Social/moral
36. Conference

0 20 40M
Scale : 1/400

1F PLAN

ⓒ 장준호, Junho Jang

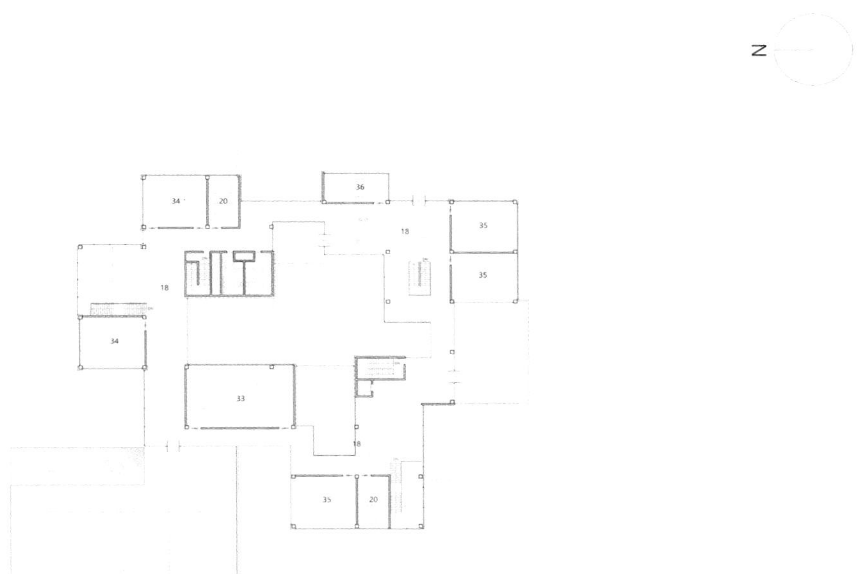

1. Hall
2. Cafeteria
3. Kitchen
4. Library
5. Auditorium
6. Management office
7. Printing
8. Broadcasting
9. Teacher Office
10. Document
11. Digital Room
12. Principal Office
13. Wee class
14. Admin. Office
15. Special Education
16. Security
17. Infirmary
18. Homebase
19. Gym
20. Teacher Room
21. Teacher Lounge
22. T.H. class
23. Makerspace
24. Mathematics
25. Science
26. Science Lab
27. Smart High-Tech
28. Home Subject Lab
29. Korean Language
30. Common classroom S1
31. Tech Center
32. Music
33. Art
34. English
35. Social/moral
36. Conference

0 20 40M
Scale : 1/400

4F PLAN

이영우 | Studio C
조화의 클러스터
Cluster of Harmony

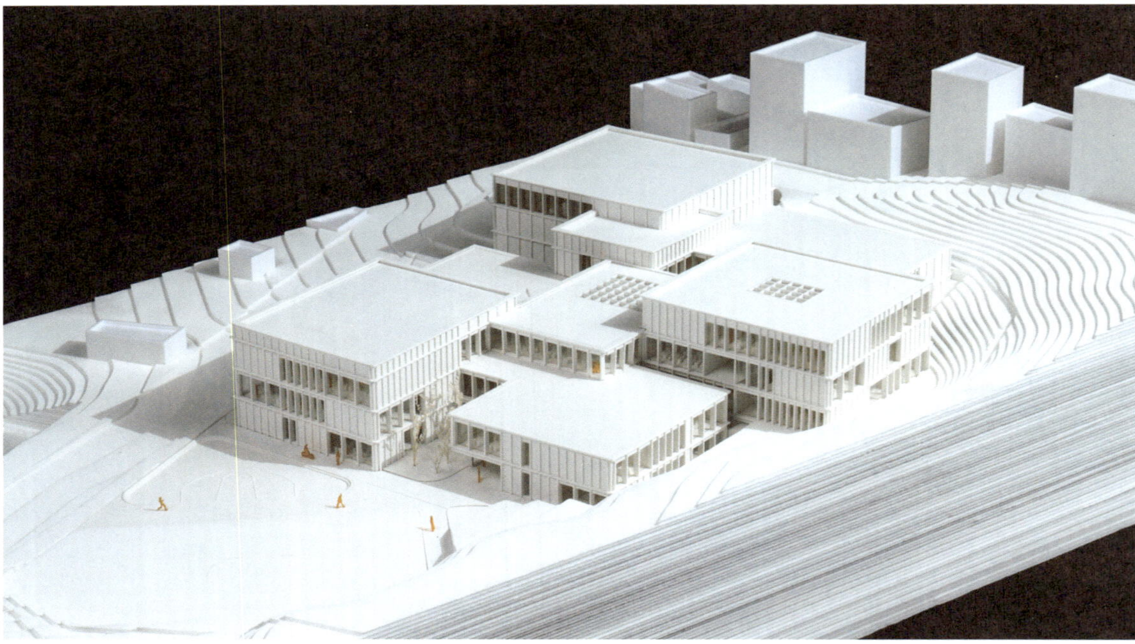

ⓒ 이영우, Yeongwoo Lee

보광중학교는 한남재개발 2구역의 다양한 공간과 자연스럽게 조화를 이루도록 설계된다. 앞으로 들어설 고층 주거지, 상업 및 공공시설 등과의 유기적인 연결을 위해 건물 '매스(Mass)'와 '클러스터(Cluster)' 개념을 적용했다. 이는 과거 개발 지연으로 약화되었던 장소성을 회복하고, 최근 젊은 예술가들의 유입으로 활기를 되찾은 한남동의 지역적 특성을 반영한 것이다. 학교가 단순히 교육 시설에 머무는 것이 아니라, 다양한 배경의 사람들이 각자의 개성을 유지하며 어우러지는 지역 사회의 일부로 기능하도록 계획되었다.

이러한 연결의 개념은 건물의 전체적인 설계뿐만 아니라 내부 공간 구성에도 구체적으로 적용된다. 거시적으로는 분할된 여러 건물(Mass)들이 복도를 통해 하나로 이어지며 주변 공간의 흐름을 방해하지 않고 자연스럽게 연결된다. 미시적으로는 각각의 교실이 '홈베이스'라는 중심 공간을 축으로 모이는 클러스터 형태를 이루어, 학교 내부에서도 긴밀한 소통과 연결이 이루어지도록 했다.

Bogwang Middle School is designed to naturally harmonize with the diverse spaces of Hannam Redevelopment Zone 2. The concepts of building 'mass' and 'cluster' are applied to organically connect with future high-rise residences, commercial, and public facilities. This aims to restore the weakened sense of place due to past development delays and reflect Hannam-dong's revitalized character, fueled by an influx of young artists. The school is planned not just as an educational facility, but as an integral part of a community where diverse people maintain their individuality and blend together.

This concept of connection is specifically applied to both the overall building design and internal space configuration. Macroscopically, several divided building 'masses' are linked by corridors, ensuring natural flow without disrupting the surrounding area. Microscopically, individual classrooms form clusters around a central 'home base' space, facilitating close communication and connection within the school itself.

ⓒ 이영우, Yeongwoo Lee

ⓒ 이영우, Yeongwoo Lee

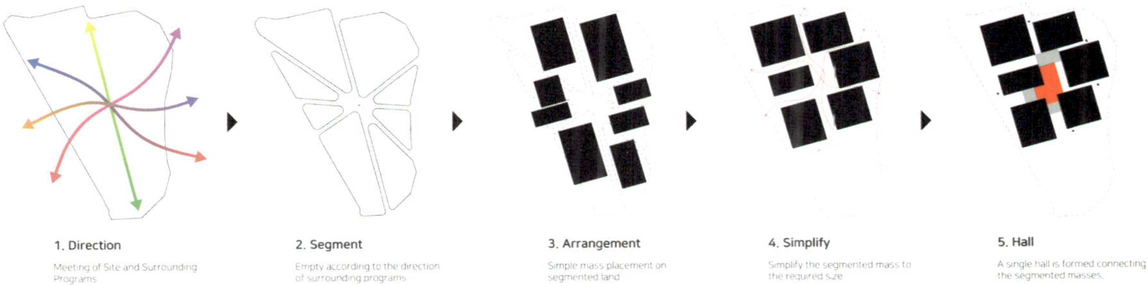

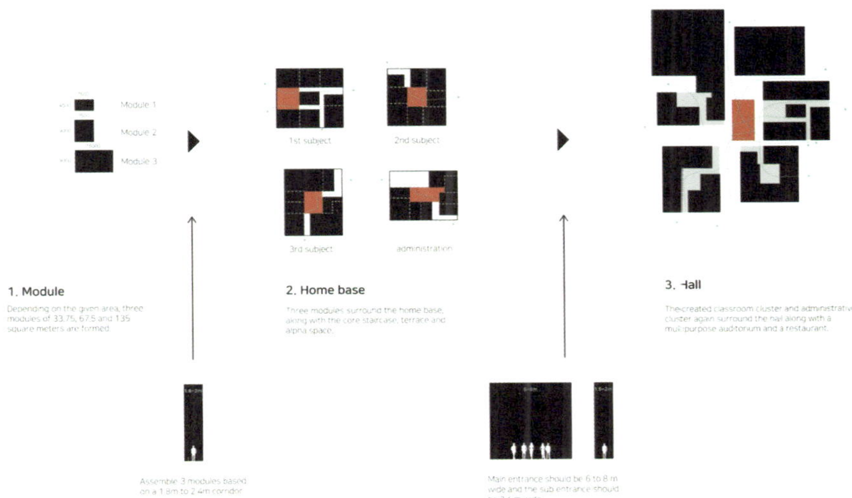

ⓒ 이영우, Yeongwoo Lee

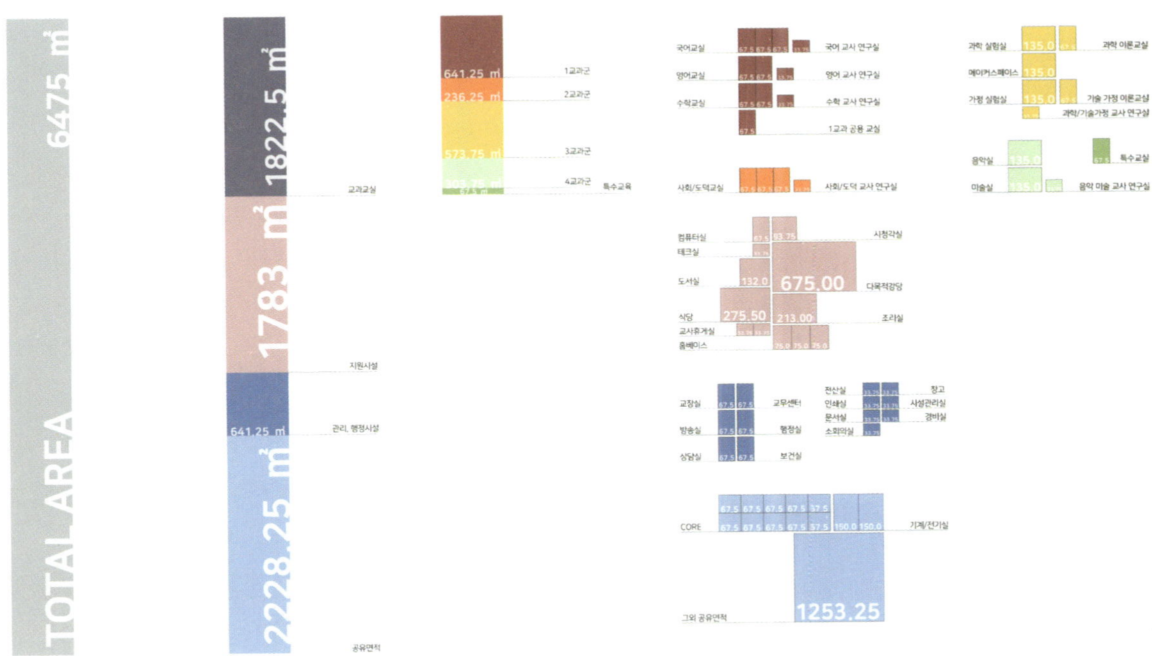

서보경 | Studio D
Corridor(Weaving) the School, (Corridor)Weaving (the Town)

기존의 도시조직은 작은 프로그램이 일대일로 대응하며 골목을 만들고, 골목이 모여 마을을 만든다. 그러나 재개발 후 들어서는 건물들은 여러 프로그램이 하나의 건물에 구성되는, 거대한 스케일의 건물이다. 지금의 학교 또한 마을과 호응을 이루기보단 거대한 도시 스케일에 가까운 모습이었다. 새로운 학교는 대지가 가지고 있는 큰 단차와 함께 이러한 스케일의 차이까지, 이 차이들을 한곳에 아우를 수 있는 연결의 학교가 되어야 할 것이다.

대지가 면하고 있는 네 가지의 위계는 서로 다른 네 개의 레벨을 가지고 있다. 학교는 이 네 개의 레벨 모두와 호응하며 사이를 연결하고, 그 사이에서 다양한 프로그램들이 엮이고 확장된다. 그 과정에서 이동 동선은 단순한 이동 그 자체가 아니라, 공간 사이의 관계를 체험하게 하는 과정이 되며 코리더는 그 흐름 속에서 공간 간 전이와 프로그램의 확장을 가능하게 하는 매개 장치로 기능한다.

Previous urban fabric features small programs in a one-to-one relationship, creating alleyways that form villages. However, post-redevelopment buildings are largescale, housing multiple programs within a single structure. Existing schools often reflected this larger urban scale rather than harmonizing with the village. The new school must be a "school of connection," bridging not only the significant elevation changes of the site but also these differences in scale.

The site interfaces with four distinct hierarchical levels, each possessing a different elevation. The school will engage with all four levels, connecting them and allowing diverse programs to interweave and expand within these connections. In this process, movement paths become more than mere transit; they offer an experience of spatial relationships. Corridors function as mediating devices, enabling transitions between spaces and the expansion of programs within this flow.

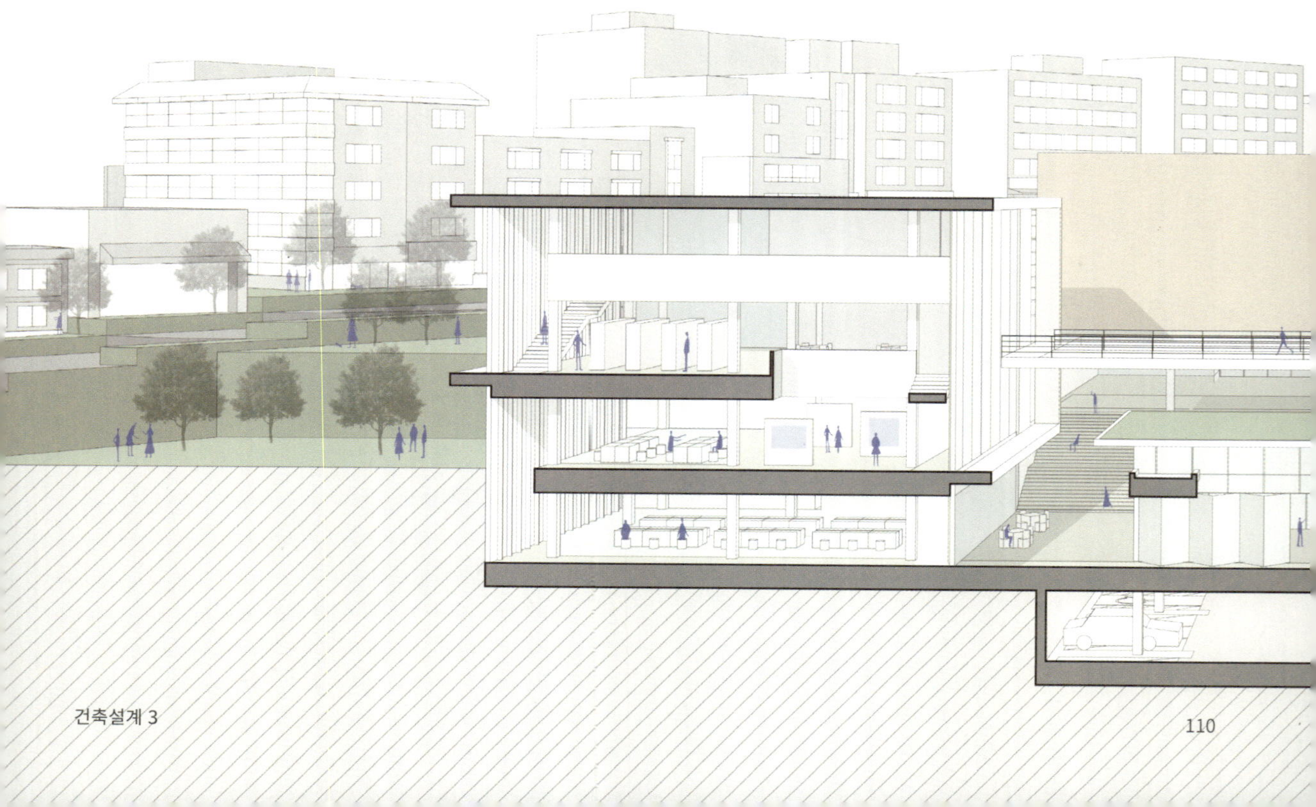

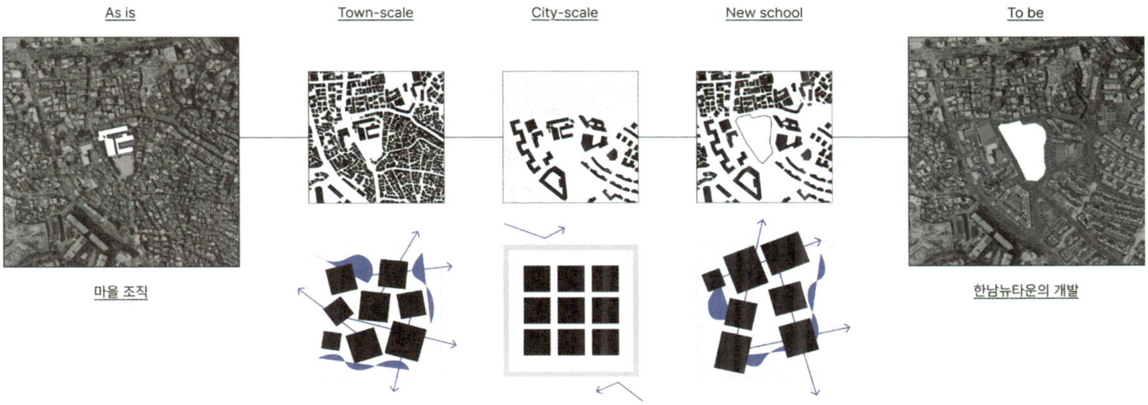

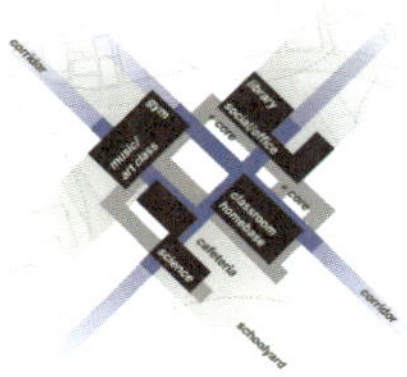

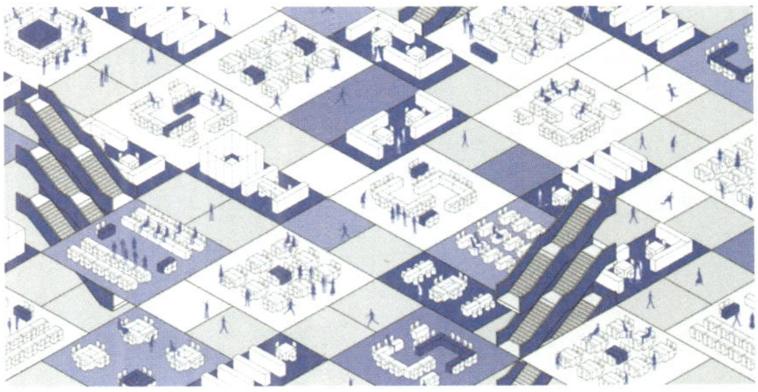

ⓒ 서보경, Bogyeong Seo

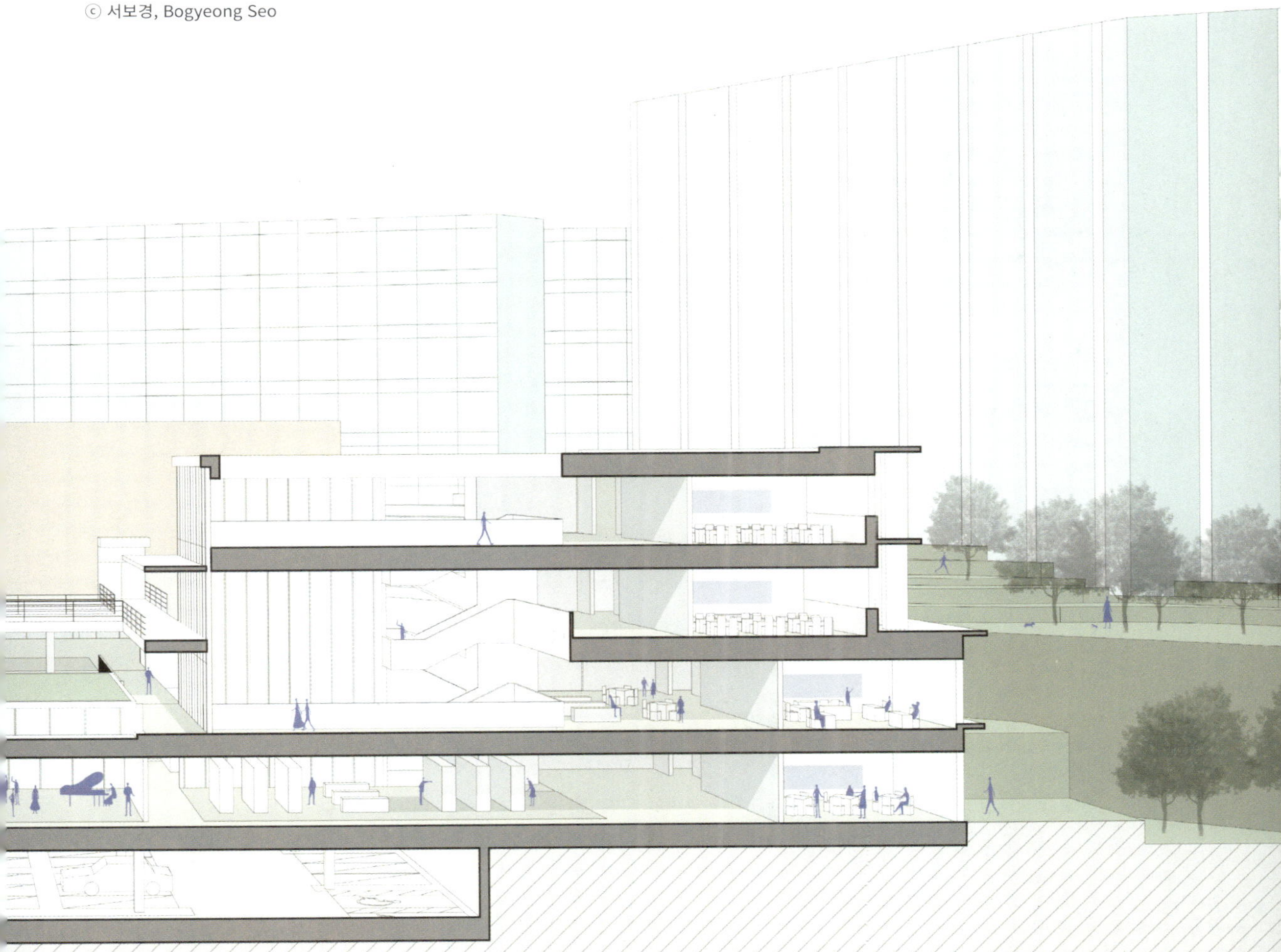

ⓒ 서보경, Bogyeong Seo

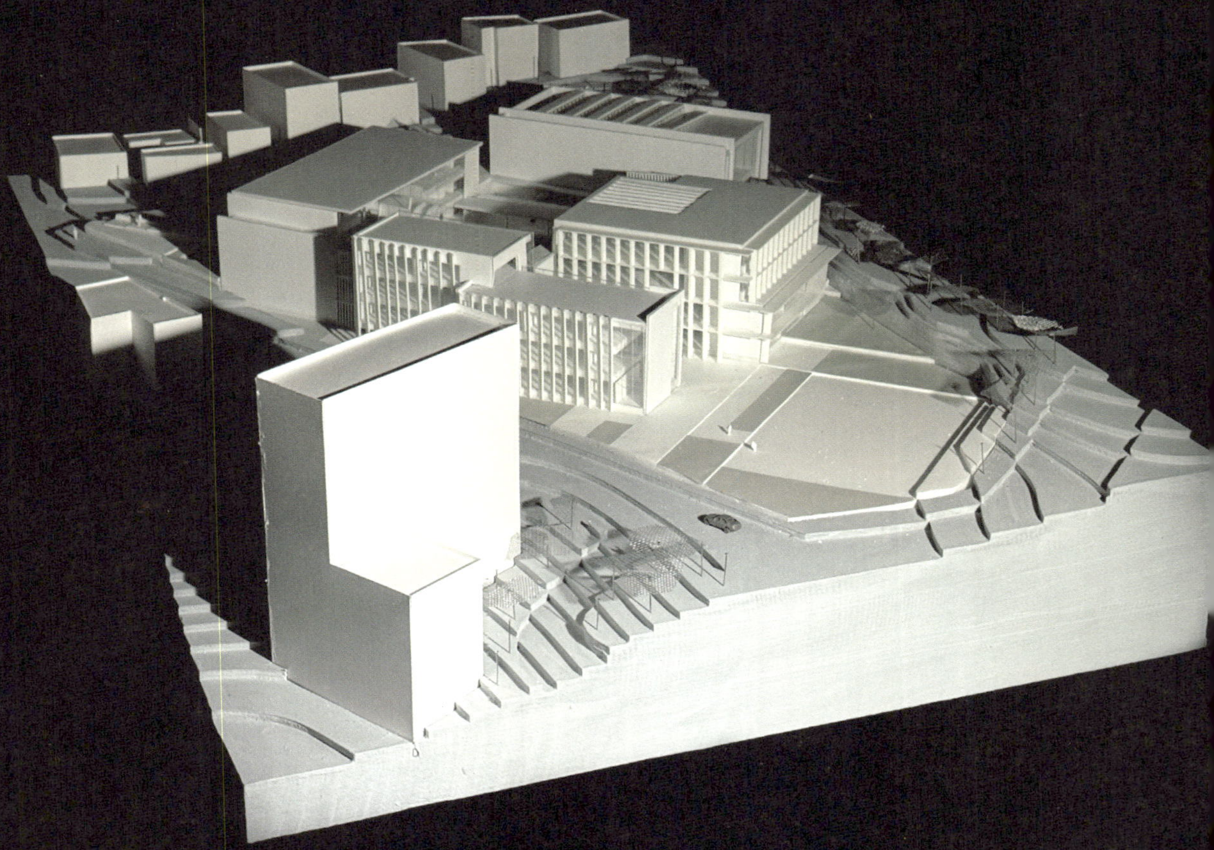

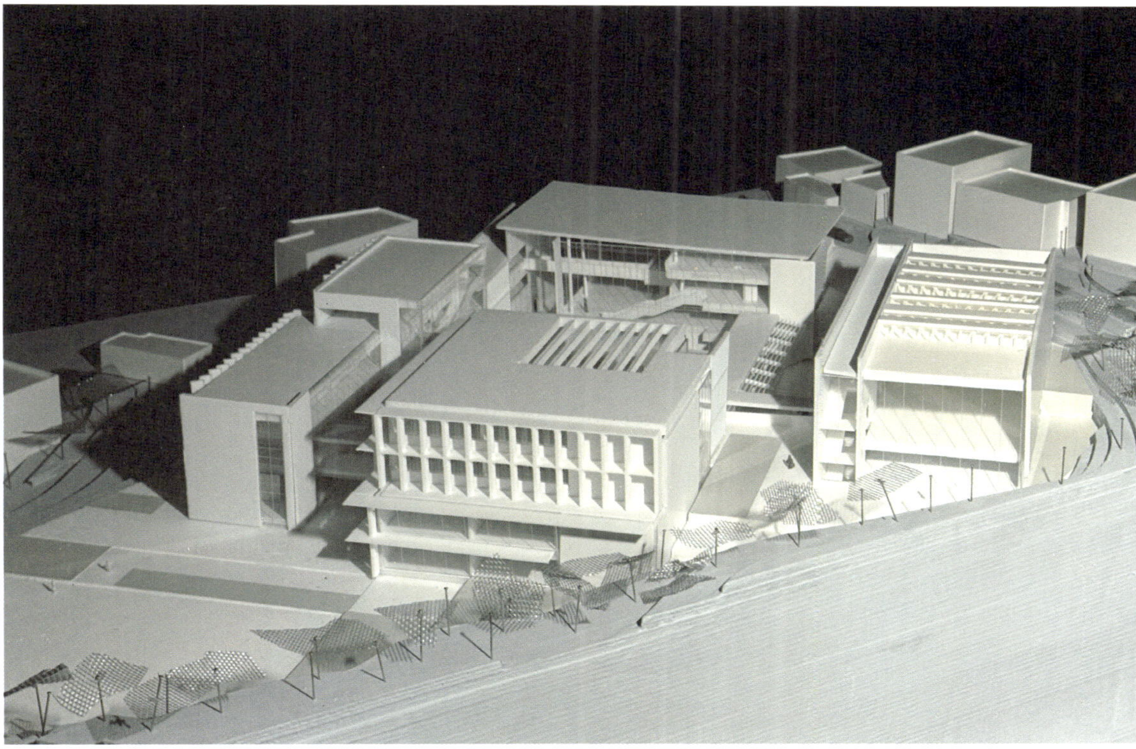

ⓒ 서보경, Bogyeong Seo

김대현 | Studio A
연결 속의 배움
Learning in Connection

학생은 각기 다른 성격을 지니고 있으며, 학교는 이러한 다양성을 반영해야 한다. 따라서 학생·학생, 학생·자연, 학생·주변과의 연결 통하여 다양성의 발현되는 학교를 만들고자 하였다. 자연은 수많은 모습을 가진 존재이며 그 안에서 많은 배움을 얻을 수 있는 공간이다. 이를 바탕으로 사이트 북동쪽의 완충 녹지를 적극적으로 활용하여, 건물이 자연에 둘러싸여 있으면서도 손쉽게 자연으로 나아갈 수 있는 구조를 계획하였다.

클러스터의 1층에는 미술실·과학실과 같은 공용 교실을 두어 외부 자연과 직접 연결될 수 있도록 하였고, 2층에는 교과 교실과 모임 마당을 배치하여 각 학년마다 소유할 수 있는 공간을 제공하였다. 이렇게 형성된 각 클러스터의 마당은 서로 다른 방향으로 열려 있어 각기 다른 녹지를 바라볼 수 있다. 남쪽으로 열린 테라스는 모든 학생, 교직원들이 자유롭게 휴식할 수 있는 공간이며, 학교 부지 남쪽의 소공원까지 시선이 확장되어 먼 녹지와도 시각적으로 연결된다. 내부의 홀 공간은 대지의 경사를 따라 사선으로 이어져 학년 간의 연결성을 강화하고, 위치에 따라 달라지는 천장의 높이를 통해 다채로운 공간적 경험을 제공한다.

Students have diverse personalities, and schools should reflect this. Therefore, the goal was to create a school where diversity emerges through connections: student-to-student, student-to-nature, and student-to surroundings. Recognizing nature as a multifaceted source of learning, the design actively utilizes the northeast buffer greenbelt, planning a structure where buildings are immersed in nature yet easily accessible.

The first floor of each cluster features shared classrooms, like art and science rooms, directly connected to the outdoors. The second floor provides subject classrooms and meeting courtyards, offering dedicated spaces for each grade. The courtyards of these clusters open in different directions, providing varied green views. A south-facing terrace offers a communal resting space for all students and staff, extending views to a small park and visually linking to distant green areas. The internal hall space diagonally follows the site's slope, strengthening inter-grade connections and offering diverse spatial experiences through varying ceiling heights.

ⓒ 김대현, Daehyun Kim

ⓒ 김대현, Daehyun Kim

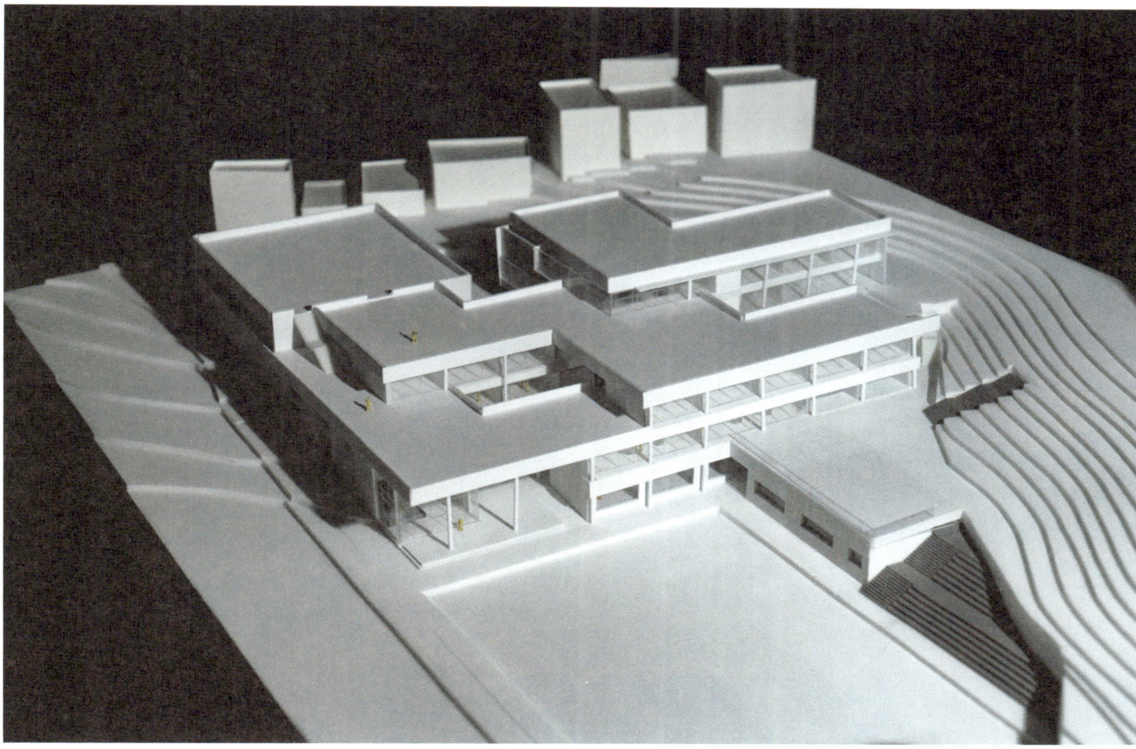

서민준 | Studio A
Learning Knoll

중학교 시절 가장 기억에 남는 순간들은 교실 안이 아니라 밖에서 뛰어놀던 시간이었다. 그 경험을 바탕으로, 학생들에게 가장 좋은 공간은 교육 공간이 아니라 언제든지 자연과 접할 수 있는 야외 활동 공간이라고 생각했다. 따라서 1, 2, 3층 어디에서든 몇 걸음만 나가면 곧바로 자연에 닿을 수 있는 학교를 설계하고자 하였다. 학교는 학생들이 층에 구애받지 않고 자연과 함께하는 '동산'의 역할을 한다.

행정실과 교사 공간은 서쪽 도로변에 배치하여 외부와의 배리어를 형성하도록 하고, 동쪽의 자연은 경사지붕을 통해 건물 곳곳과 연결했다. 실험실을 제외한 모든 교과교실들은 남향에 위치하여 밝은 교육 공간을 연출한다. 몇몇 교과교실에서는 다이렉트로 외부로 나갈 수 있도록 하여 야외수업을 유도하였다. 교실 매스 사이에 위치한 기다란 공용 공간은 경사지붕이 만들어내는 다채로운 복층 구조 안에서 자유롭게 소통할 수 있는 장이 된다. 또한 각 지붕을 일정 길이만큼 겹치게 하여 기둥을 공유함으로써 구조적인 안정성을 확보했다.

My most memorable middle school moments were playing outdoors, not in classrooms. Based on this, I believe the best space for students isn't just educational, but outdoor areas where they can connect with nature at any time. Therefore, I aimed to design a school where students can reach nature directly from any floor (1st, 2nd, or 3rd) within a few steps, functioning as a "hill" that connects them to nature regardless of level.

Administrative and teacher spaces are placed along the western road, forming a barrier to the outside, while the eastern natural environment connects to various parts of the building via pitched roofs. All subject classrooms, except labs, face south for bright educational spaces. Some classrooms offer direct outdoor access to encourage open-air lessons. Long common areas between classroom masses become vibrant, multi-level communication hubs created by the pitched roofs. Structural stability is ensured by overlapping roofs at certain lengths to share columns.

ⓒ 서민준, Minjun Seo

이현수 | Studio B
틈, 結(결)
Gap, Connection

본 프로젝트의 제목인 '틈, 結(결)'은 여섯 개의 매스를 배치하여 형성된 틈과, 그 틈들을 연결하는 결(結)의 개념에서 비롯되었다. 건물은 단순히 분리된 매스들의 집합이 아니라, 각 매스 사이의 틈과 이를 관통하는 코리도를 통해 관계 맺음을 유도하는 구조로 계획되었다.

동측 매스들은 학생들이 학교 안에서 자연을 경험하고 누릴 수 있도록 틈을 열어두었으며, 서측 매스들은 진입부와 주차장, 즉 도시적 맥락과의 연결을 고려하여 틈을 구성하였다. 이와 같은 동·서측의 틈들은 서로 다른 성격을 지니면서도, 중앙을 가로지르는 코리도(Corridor)에 의해 하나의 결(結)로 이어진다. 코리도는 단순한 동선의 축을 넘어, 북측의 이슬람 거리와 남측의 재개발 주거지역을 시각적으로 연결하는 장치로 작동한다. 이는 학교 건축이 단지 내부적 기능에 국한되지 않고, 주변 도시 및 사회적 맥락과도 긴밀히 관계 맺을 수 있음을 보여준다.

'틈'을 통해 자연과 도시의 컨텍스트를 '결(結)'을 통해 학교건축의 본질을 구현한 본 건축은 이러한 틈과 결을 통해 학생들이 자연과 도시, 학교와 지역사회 속에서 균형 있게 성장할 수 있는 교육 환경을 구현하고자 하였다.

ⓒ 이현수, Hyunsu Lee

The project title, 'Gap, Connection (結),' stems from the concept of gaps formed by six masses and the 'connection' that links them. The building isn't just a collection of separate masses but is designed to foster relationships through the gaps between them and the corridors that penetrate these spaces.

The eastern masses have open gaps, allowing students to experience nature within the school, while the western masses form gaps considering connection with the urban context, specifically the entrance and parking. These east and west gaps, though distinct, are unified by a central corridor, forming a single 'connection.' This corridor acts beyond a mere circulation path, visually linking the Islamic Street to the north and the redeveloped residential area to the south.

By using 'gaps' for natural and urban context and 'connection' for the essence of school architecture, this project aims to create an educational environment where students can grow balanced within nature, the city, and the broader community.

강혜진 | Studio B

CON – Relationship: 관계를 엮다

ⓒ 강혜진, Hyejin Kang

각 성격이 있는 내밀한 4개의 레이어를 1개의 레이어로 이어준다. 연결된 공간에서 나오는 "사이공간"에서 학생들이 외부와 소통하며 다양한 경험을 하게 한다. 이러한 레이어들을 통해 대지의 관계를 "연결"한다.

이 프로젝트는 잦은 교실 이동으로 학업 성취도는 높아졌지만, 학생 간 사회적 유대감은 약화된 현대 교육 환경의 한계를 보완하고자 한다. 전통적인 홈룸에 의존하는 대신, 이 학교는 학습과 상호작용을 동시에 촉진하는 다층적 공간 구조를 중심으로 설계하였다.

This project connects four distinct, intimate layers into one. In the resulting "in-between spaces," students interact with the outside and gain diverse experiences. These layers "connect" the site's relationships.

This project aims to address limitations in modern education where frequent classroom changes boost academic achievement but weaken student social bonds. Instead of traditional homerooms, this school is designed around a multi-layered spatial structure that promotes both learning and interaction.

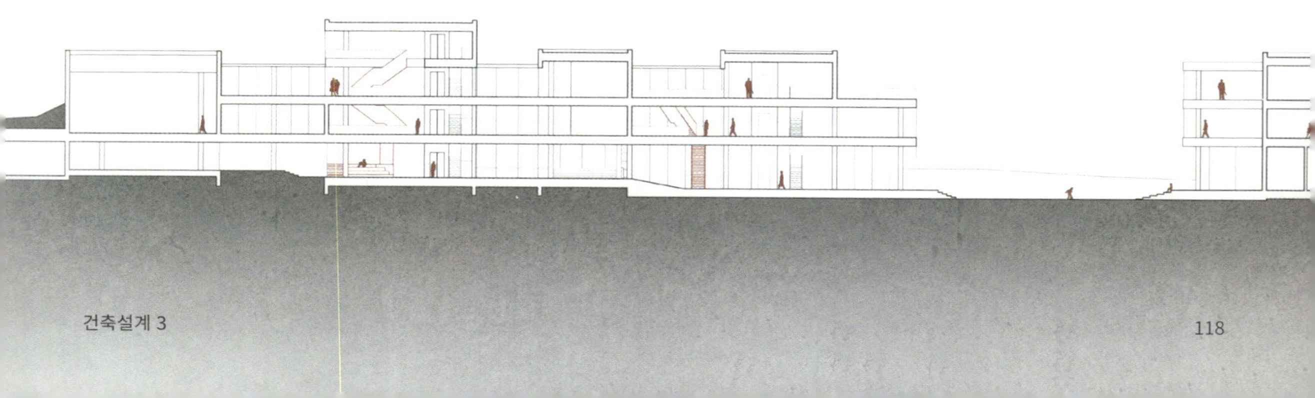

ⓒ 강혜진, Hyejin Kang

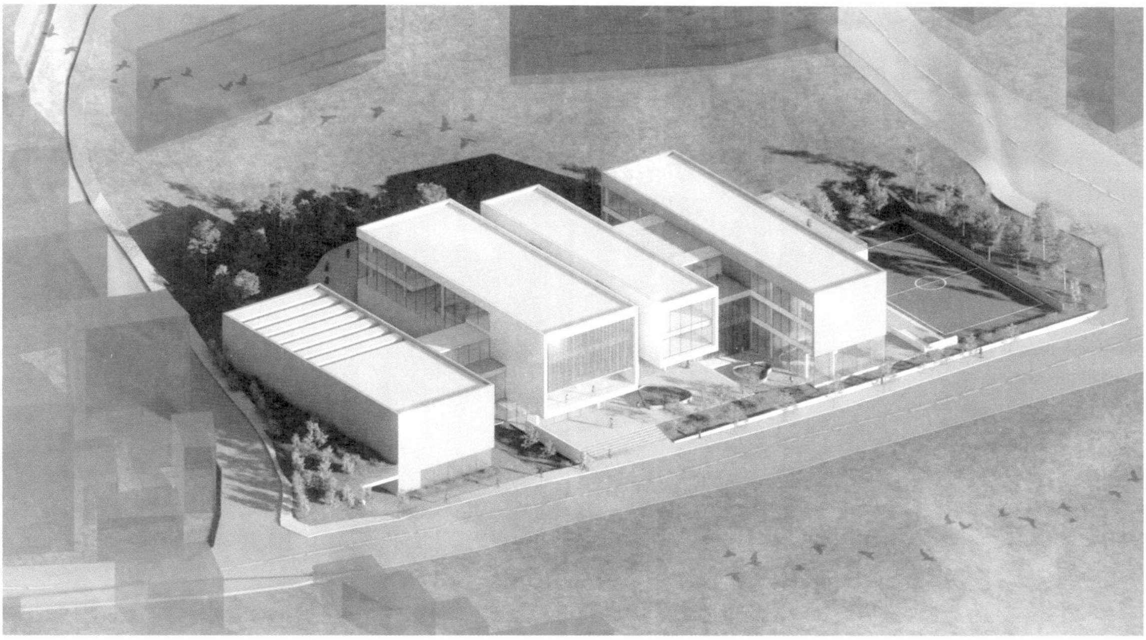

이 프로젝트의 중심에는 두 개의 주요 공간이 있다. 하나는 자연광장으로 열린 메인 홀, 다른 하나는 학생들을 위한 서브 홀이다. 두 공간은 각각의 레이어에 의해 시각적으로는 구분되지만, 연결 레이어를 통해 이어져 있어 사람, 프로그램, 그리고 공동체를 아우르는 '연결'의 개념을 상징한다. 메인 홀은 입구와 자연광장과 맞닿아 학교의 중심 허브 역할을 하며, 서브홀은 온전한 학생들의 공간, 남측 광장은 옥상 정원, 야외 데크, 학생들이 자유롭게 머무는 열린 홈베이스 공간과 연결되어 있다. 학생들은 열린 공간과 내밀한 내부 공간을 넘나들며 자연스럽게 다양한 환경을 경험하게 된다.

At the heart of this project are two main spaces: a Main Hall open to a natural plaza, and a Sub Hall for students. Visually separated by their respective layers, they are linked by a connecting layer, symbolizing "connection" that encompasses people, programs, and community. The Main Hall, adjacent to the entrance and natural plaza, serves as the school's central hub. The Sub Hall is a dedicated student space. The south plaza connects to a rooftop garden, outdoor deck, and open home base areas where students freely gather. Students naturally experience diverse environments, moving between open and intimate interior spaces.

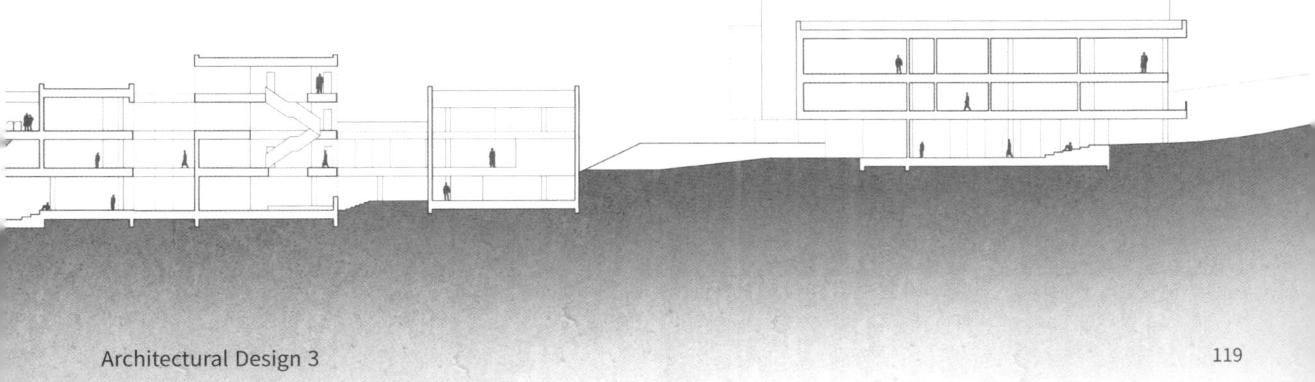

김민정 | Studio B
'틈'으로 연결하다
Connecting with 'Gaps'

도시적 맥락에서 프로젝트의 대상지에는 세 개의 상반된 특징들이 공존한다. 바로 재개발 지역과 기존 지역, 고소득층과 저소득층, 내국인과 외국인의 공존이다. 은연 중에 사회 속에 뿌리박힌 이들 간의 갈등을 해소하기 위해서 이 지역의 문화적 맥락인 다문화적 요소를 활용했다. 문화는 차이를 존중하고 수용하는 요소로 작용하므로 '다름'의 거리감을 완화하기에 좋은 요인이 된다.

차이는 거리감을 만든다. 그러나 만들어진 거리감이 무조건 부정적인 것은 아니다. 이 거리감 곧, 형성된 '틈'은 연결의 요소로도, 경계의 요소로도 작용한다. 틈의 크기와 상관없이 어떠한 틈은 만남의 공간이 되고 어떠한 틈은 영역의 분리가 된다. 표면적인 공존이 아닌 진정한 소통과 조화를 위하여 '틈'의 공간을 활용한 학교를 상상했다.

거대한 입구와 홀부터 교실, 홈베이스, 식당 등은 안에서 바깥으로 나가기 쉽도록 크고 작은 테라스와 접해있다. 교실의 한쪽 벽은 슬라이딩 도어로 복도 또는 주변 공간과의 연결성을 높였으며, 여기서 복도는 학습의 공간으로도 기능하여 어디서나 이루어지는 일상의 학습을 가능하게 한다. 이렇게 슬라이딩 도어, 테라스, 복도를 중심으로 공간이 나누어지기도 하며 전체적인 하나가 되기도 한다.

The project site, within its urban context, exhibits three coexisting contrasts: redeveloped and existing areas, high-income and low-income residents, and locals and foreigners. To mitigate underlying social conflicts, the area's cultural context of multiculturalism was leveraged. Culture, fostering respect and acceptance of differences, helps reduce distance created by 'otherness.'

Difference creates distance, but this isn't always negative. This distance, or 'gap,' can act as both a connector and a boundary. Regardless of size, some gaps become meeting places, others define separate zones. To achieve genuine communication and harmony, a school utilizing 'gap' spaces was envisioned.

From the grand entrance and hall to classrooms, home bases, and the cafeteria, spaces are adjacent to various terraces, making it easy to move outdoors. One wall of classrooms uses a sliding door, enhancing connection to corridors or surrounding areas, with corridors also functioning as learning spaces for ubiquitous everyday learning. Thus, spaces are both divided and unified by sliding doors, terraces, and corridors.

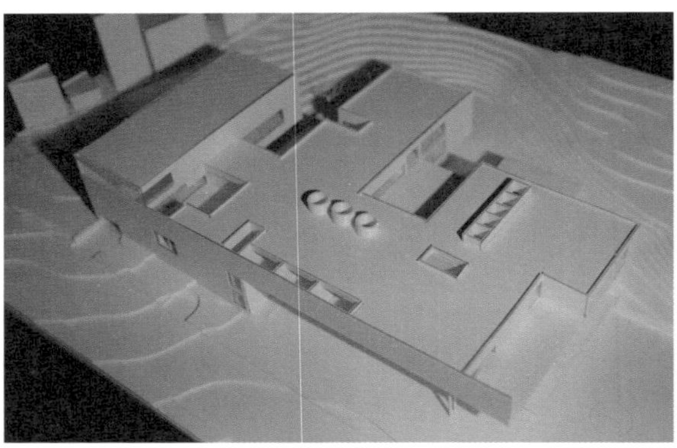

현서영 | Studio C
Nok Eum School

이 프로젝트는 학교 대지와 인접한 소공원의 형태적 유사성에서 출발하였다. 학교대지는 녹지와 맞닿아 있으며, 소공원으로 시계방향으로 흘러내리듯 이어지는 흐름을 지닌다. 이러한 자연스러운 흐름을 따라 세 개의 매스를 배치하고, 그 사이사이에 녹지의 연속성과 학생 활동이 교차하는 공간을 계획하였다.

세 개의 동 사이에는 자연이 스며드는 열린 공간과, 학생들이 직접 요리나 스포츠 등을 체험할 수 있는 다목적 체험 공간이 배치되며, 다양한 층 구성과 외부 데크를 통해 교실에서 곧장 생태 학습으로 이어지는 구조를 마련하였다. 상층부는 옥상 녹화를 통해 외부 환경과의 연계를 확장하였다. 중심에는 도서관을 두어 각 동을 연결하고, 학생들 간의 소통과 휴식을 유도하였다. 교육 공간은 유사 과목끼리 인접하게 구성하고, 폴딩도어 등 가변형 요소를 도입하여 유연한 학습 환경을 조성하였다. 또한, 체육관은 지역사회에 개방하고 층별 동선을 분리하여 이용자 간의 프라이버시를 확보함으로써, 학교와 지역이 공존할 수 있는 열린 교육 플랫폼을 제안하고자 하였다. 이 학교는 자연, 소통, 배움, 지역이 유기적으로 연결된 열린 교육 환경을 지향한다.

This project originated from the formal similarity between the school site and an adjacent small park. The school site, bordering greenery, flows clockwise towards the park. Three building masses are arranged along this natural flow, with spaces between them designed for continuous greenery and intersecting student activities.

Between the three wings, open spaces where nature permeates and multi-purpose experiential areas for activities like cooking or sports are arranged. Diverse floor configurations and external decks create a structure where classrooms lead directly to ecological learning. Upper levels extend connection to the external environment through green roofs. A central library links the wings, encouraging student communication and relaxation. Educational spaces group similar subjects and incorporate flexible elements like folding doors for adaptable learning. The gymnasium is open to the community with separated circulation paths to ensure user privacy, proposing an open educational platform for school and community coexistence.

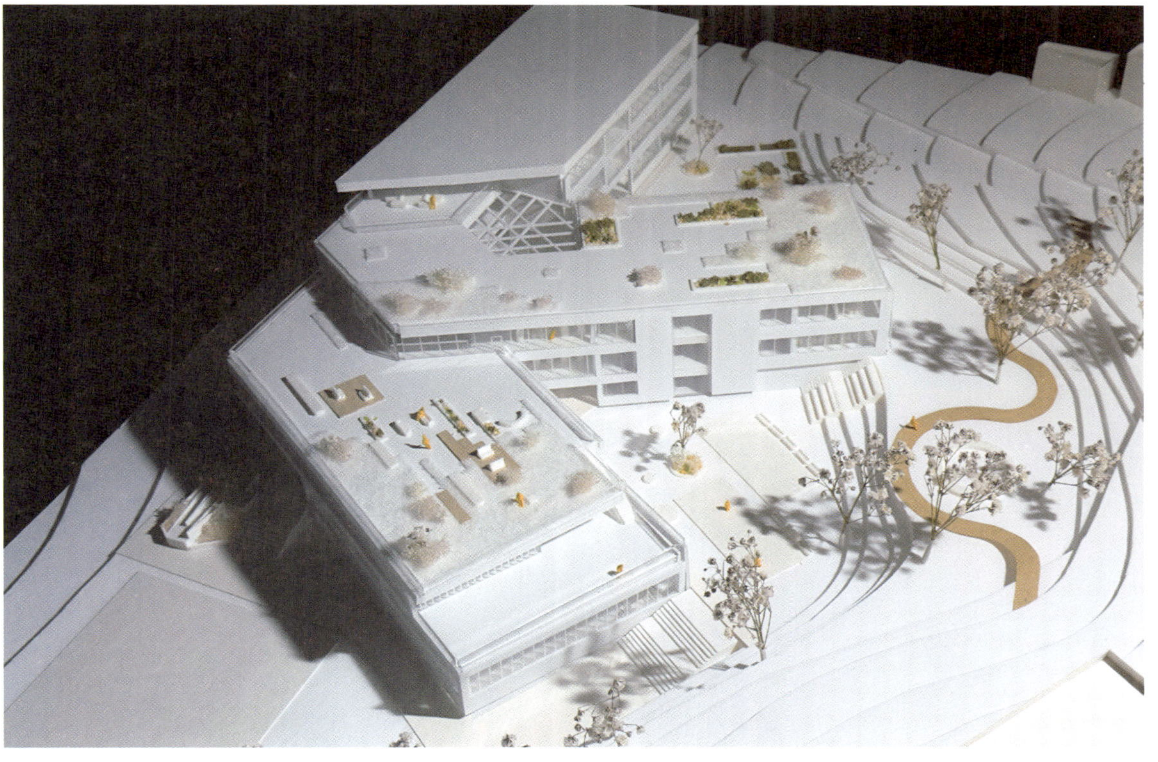

ⓒ 현서영, Seoyeong Hyun

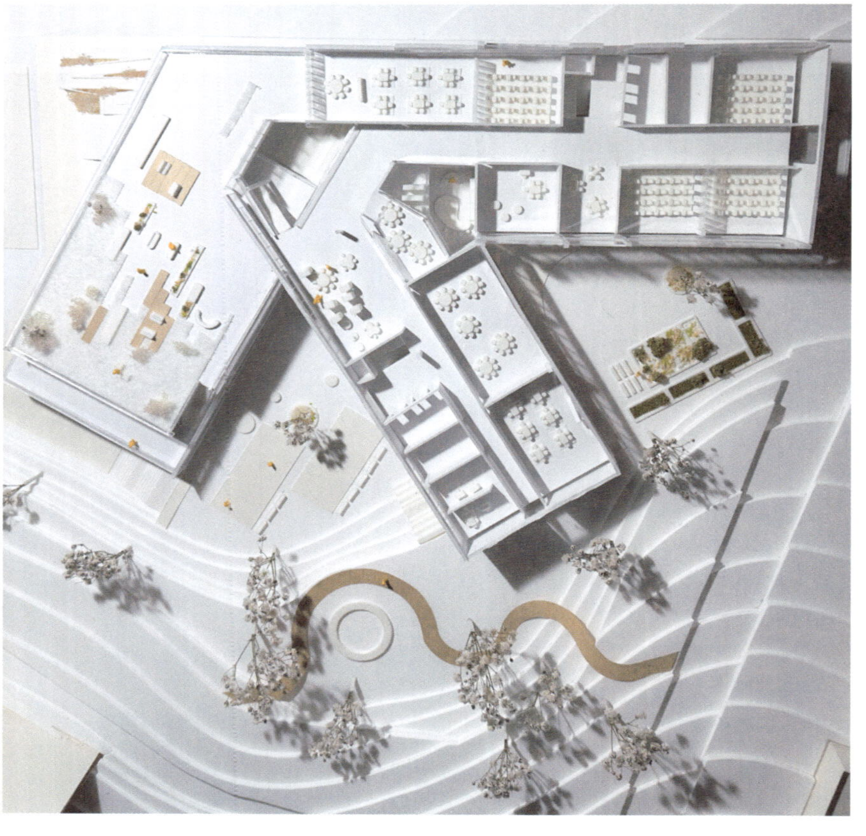

오지우 | Studio C
이음 중학교
Ieum(Connection) Middle School

ⓒ 오지우, Jiwoo Oh

학교 공간은 학생들에게 어떤 공간이 되어야 할까? 단순히 수업을 듣고 시험을 치르는 장소를 넘어, 학교는 학생들이 자라나는 일상의 무대이며, 성장의 시간을 담아내는 가장 중요한 사회적 공간이다. 그러나 지금까지의 많은 학교들은 긴 복도와 획일적인 교실 배치, 높은 담장과 폐쇄적인 구성속에서 학생들은 주체가 아닌 수용자의 위치에 머물러야 했다. 뛰어 놀 공간은 부족했고, 타인과 관계 맺고 서로를 이해할 수 있는 기회조차 공간이 허락하지 않았다.

이번 프로젝트를 진행하면서 제일 중요하게 생각했던 것이 기존 학교의 틀을 깨보는 것이었다. 학생들에게 다양한 공간을 만들어 체험하게 하고 소통하게 하며, 그 안에서 자신만의 방식으로 배우고 성장할 수 있는 환경을 만들어 주는 것이 내가 설계에 담고 싶었던 가장 큰 목표였다. 그래서 하나의 건물에 모든 기능을 집약하는 방식에서 벗어나, 마치 마을처럼 열린 구조를 구성했다. 교실과 복도 사이에 여유를 만들어 공유 공간을 만들고, 다양한 테라스를 통해 실내와 실외가 자연스럽게 연결되며 친구를 만나거나 혼자 머무를 수 있는 공간들을 계획했다. 모든 공간은 단지 기능만을 위한 것이 아닌, 학생과 감정과 경험을 고려한 장소가 되어야 한다. 이러한 설계를 통해 학교는 함께 살아가는 공동체의 일부이자 창의성과 관계 맺음이 자라는 장으로 변할 수 있을 것이다.

What kind of space should a school be for students? Beyond just classes and exams, school is the daily stage where students grow, a crucial social space for their development. Yet, many schools have confined students to a passive role with long corridors, uniform classrooms, high walls, and closed designs. Play space was scarce, and opportunities for interaction and understanding others were limited by the layout.

Breaking from traditional school molds was paramount for this project. My primary goal was to create diverse spaces for students to experience and communicate, fostering an environment where they could learn and grow in their own ways. Thus, I moved away from concentrating all functions into one building, instead creating an open, village-like structure. By adding buffer spaces between classrooms and corridors, shared areas were formed. Diverse terraces naturally connect indoors and outdoors, planning spaces for meeting friends or quiet solitude. Every space should consider students' emotions and experiences, not just function. Through this design, the school can transform into a vibrant community hub where creativity and relationships flourish.

ⓒ 오지우, Jiwoo Oh

고수연 | Studio D
순환으로 엮다
Woven by Circulation

대상지로 선정된 이태원동 15-13은 재개발이라는 특수한 상황을 앞두고 있는 지역이다. 본 설계 프로젝트는 새로 개발되고 있는 대상지를 중심으로, 빠르게 개편되는 교육과정에 맞추어 어쩌면 미래의 교육의 장의 모습이 될 수도 있는 새로운 공간, 새로운 학교를 구성하는 것을 목표로 하고 있다.

"순환으로 엮은 학교"는 대상지에서부터 읽어낸 '순환'이라는 행태를 학교 공간과 같이 특수성과 목적성을 가진 공간의 내부로 끌어들이고자 하였다. 이를 위해 학교라는 공간에서 생활하는 사람들의 행태와 동선에 키워드인 순환을 접목시켰다. 나아가 행태와 동선의 순환이 공간적으로 느껴질 수 있도록 학교라는 프로그램만이 가지는 특수한 장소들을 순환의 줄기로 사용하여 공간을 연결하였다. 학생들은 학교에 머무르는 시간 동안 다양한 방법으로 학교 내부를 돌아다니게 되는데, 그 행태의 중심에는 순환의 공간이 있을 것이며, 그 공간에서 서로 만나고 시선을 주고받으며 자연스러운 소통으로 이어지게 될 것이다.

The chosen site, Itaewon-dong 15-13, faces a unique redevelopment situation. This project aims to design a new school, a potential model for future education, by adapting to rapidly evolving curricula within this newly developing area.

My project, "School Woven by Circulation" seeks to integrate the behavioral pattern of 'circulation' observed in the site into the specialized and purposeful space of a school. To achieve this, I applied the keyword 'circulation' to the behaviors and circulation paths of people within the school. Furthermore, to spatially manifest this circulation of behavior and movement, I used unique school places as 'circulatory stems' to connect spaces. During their time at school, students will move through the interior in various ways, centered around a circulatory space where they will meet, exchange glances, and naturally engage in communication.

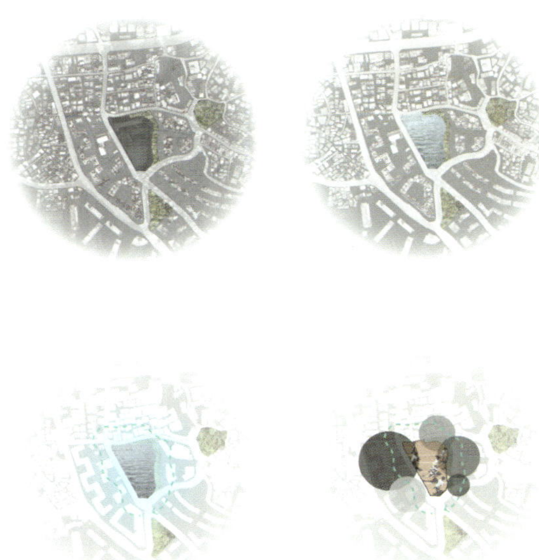

김예연 | Studio D
소요[逍遙]: 거닐며 배우다
Soyo[逍遙]: Learning through wandering

다양한 행태와 만남, 겹침의 가능성을 중심으로 한 이 프로젝트는 '학생들의 학교'라는 발제를 통해 학교를 단순한 교육의 장소가 아닌, 관계와 경험이 축적되는 삶의 공간으로 만들기를 제안한다. 대지의 고저차에 순응하되, 동선이 자연스럽게 교차하는 중심부에 매스를 배치하여 건물 자체가 공간을 만들어낼 수 있는 구조를 구성했다. 이로 인해 학생들은 대지를 평면 뿐만 아니라 단면적으로도 경험하게 된다.

동선을 따라 얽히고 겹치는 꼬임 구조는 외부 공간을 자연스럽게 분할하며, 각 외부 공간의 위계에 따라 학생들의 다양한 활동이 자유롭게 퍼져나갈 수 있는 열린 장을 제공한다. 건물과 건물 사이, 혹은 매스 하부로 형성된 외부 광장들은 도시와 학교를 연결하는 접점이 되며, 이는 '학교 플랫폼'으로서의 개방성과 커뮤니티의 공공성을 동시에 충족시킨다. 내부 공간은 열을 짓고 있는 학습 공간이 꼬여서 형성된 노드점에 휴식 및 교류의 공간이 위치하도록 구성했다. 학생들이 일상을 살아가며 걸어 다니고, 마주치고, 기억하는 모든 동선과 공간의 경험이 학교의 풍경이 되는, 유의미한 공간을 지향한다.

This project, centered on diverse behaviors, encounters, and possibilities of overlapping, proposes a "school for students," transforming it from a mere educational venue into a living space where relationships and experiences accumulate. Adapting to the site's elevation differences, masses are strategically placed at a central point where circulation paths naturally intersect, allowing the building itself to generate space. Consequently, students experience the site not just in plan but also in section.

The twisted, overlapping structure along circulation paths naturally divides exterior spaces, providing open arenas for various student activities to spread freely. Exterior plazas formed between buildings or beneath masses become interfaces connecting the city and school, fulfilling both the openness of a "school platform" and community publicness. Inside, rest and interaction areas are located at nodes formed by the twisted arrangement of learning spaces. The project aims for meaningful spaces where all student circulation and spatial experiences become part of the school's landscape.

ⓒ 김예연, Yeyeon Kim

코어 시스템과 조직, 환경, 도시 맥락의 통합적 탐구 설계

Studio A | 김동일, Dongil Kim
Studio B | 이은석, Eunseok Lee
Studio C | 김원준, Wonjun Kim
Studio D | 임승모, Seungmo Lim

<설계스튜디오 4>는 경희대학교 건축학과 학부 3학년 과정의 핵심(Core) 스튜디오로, 중·대규모 건축 설계에 필요한 종합적인 설계 능력을 훈련하는 과목이다. 건축의 기능, 공간 조직, 구조, 환경, 도시 맥락 등을 통합적으로 고려하여 설계안을 개발하며, 이론적 지식과 실무적 사고를 연결하는 것을 목표로 한다.

이번 학기에는 AI 산업연구소와 IT 사무공간을 주제로 진행되었다. 최근 AI 산업의 급성장과 국내 IT 기업의 확대는 업무·연구 공간을 단순한 기능 수행의 장을 넘어 도시 경쟁력을 높이는 핵심 인프라로 부상시켰다. 이에 따라 설계 과제는 도시 중심부라는 입지 조건 속에서 공공성과 독립성을 동시에 확보하는 건축물을 제안하는 것이었다. 학생들은 도시 맥락 분석과 기능·기술 요구를 토대로, 공공영역과 사무영역이 균형 있게 공존하는 복합 건축 프로그램을 구상하였다.

수업에서는 복합 프로그램의 공간 조직, 효율적인 코어 시스템, 새로운 구조 개념, 기계·공조·소방 등 설비 계획의 기초 개념까지 다루었다. 이를 통해 학생들은 다양한 기능과 규모를 갖춘 건축물의 설계 절차를 경험하고, 도시와 조화되면서도 독창적인 해법을 제시하는 역량을 길렀다. 또한 다이어그램, 모형, 3D 시뮬레이션 등 다양한 프레젠테이션 도구를 활용하여 설계 의도를 명확히 전달하는 능력을 강화하였다.

<설계스튜디오 4>는 기술적·도시적·공공적 측면을 종합적으로 고려하는 훈련을 제공하며, 중규모 이상의 복합 건축을 다루는 과정 속에서 상위 학년 및 실무 진입을 위한 중요한 전환점 역할을 한다. 이를 통해 학생들은 복잡한 건축 문제를 분석·해결하는 능력과 더불어, 변화하는 도시 환경 속에서 건축의 새로운 가능성을 탐구하는 태도를 함양하게 된다.

<Design Studio 4> is a core course in the thirdyear undergraduate curriculum of the Department of Architecture at Kyung Hee University. It focuses on developing comprehensive design skills for medium-to large-scale architectural projects by integrating functional requirements, spatial organization, structural systems, environmental strategies, and urban context into cohesive proposals. The course aims to bridge theoretical knowledge with practical design thinking.

This semester, the studio explored the theme of AI Research Institutes and IT Office Spaces. The rapid expansion of the AI industry and the growth of domestic IT enterprises have transformed workplaces into essential infrastructure for enhancing urban competitiveness. The design challenge was to propose buildings in the urban core that balance public accessibility with the independence required for research and office operations. Students conducted urban context analyses and programmatic planning to create architectural schemes in which public and workspaces coexist harmoniously.

The course addressed complex program organization, efficient core systems, innovative structural concepts, and the fundamentals of mechanical, HVAC, and fire protection planning. These exercises allowed students to design buildings with diverse functions and scales while producing solutions that are contextually sensitive and conceptually distinct. Presentation tools such as diagrams, models, and 3D simulations were used to effectively communicate design intent.

By engaging with complex, mid- to large-scale building types, Design Studio 4provides students with a platform to integrate technical, urban, and public considerations in design. It also serves as a pivotal stage in preparing them for advanced academic work and professional practice, fostering the capacity to address architectural challenges within rapidly evolving urban environments.

ⓒ 김부건, Bugeon Kim

ⓒ 강영우, Youngwoo Kang

ⓒ 배지우, Jiwoo Bae

ⓒ 홍서영, Seoyeong Hong

강이삭 | Studio A
Cross & Loop

오늘날 4차 산업혁명 시대에는 다양한 분야의 융합과 협업이 강조되지만, 여전히 많은 연구소와 업무시설은 폐쇄적이고 고정된 공간 구조에 머물러 있다. 그러나 연구소와 업무시설은 이제 더 이상 분리된 채로 존재할 수 없으며, 서로 연결되고 열리며 가변적이고 유기적인 관계를 형성해야 한다. 기존의 방식은 빠르게 변화하는 산업 환경 속에서 창의적 연구오-교류를 담아내기에 한계가 있다. 특히 판교 제2테크노밸리처럼 고밀도의 업무 단지가 집적된 환경에서는 기존의 연구소 모델을 넘어, 도시와 호흡하며 교류를 확장할 수 있는 새로운 공간 전략이 필요하다.

In the era of the Fourth Industrial Revolution, interdisciplinary convergence and collaboration are increasingly emphasized, yet many research and office facilities still remain confined to closed and fixed spatial structures. However, research and office spaces can no longer exist as separate entities; they must be connected, open, adaptable, and form organic relationships. Conventional models face clear limitations in accommodating the rapidly changing industrial environment and fostering creative research and

ⓒ 강이삭, Isaac Kang

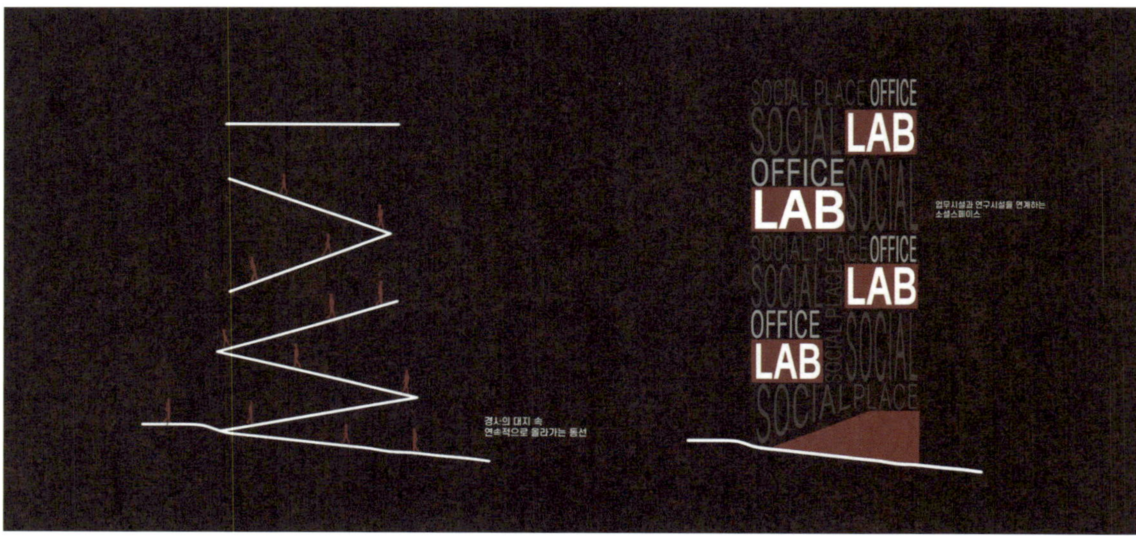

본 프로젝트는 업무시설과 연구실을 단면에서 교차 배치하고, 그 사이를 소셜 스페이스로 연속적으로 연결하였다. 소셜 스페이스는 대지의 흐름을 이어받아 저층부에서 최상층까지 이어지며, 건축물이 땅과 긴밀히 관계를 맺으면서 외부로 열리도록 한다. 이러한 배치는 공간 간의 단절을 최소화하고 상호 소통을 적극적으로 유도한다.

평면은 외곽을 따라 순환하는 복도로 계획되어 내부 공간 전체가 유연하게 변화할 수 있으며, 사용자의 해석과 행위에 따라 다양한 방식으로 활용될 수 있다. 또한 화장실과 엘리베이터 등 코어는 얇게 압축해 한쪽으로 배치함으로써 내부 공간을 단절시키지 않고 효율적으로 사용할 수 있도록 했다. 이 교차·순환·콤팩트 코어 전략은 판교라는 도시적 맥락 속에서 연구와 업무, 집중과 교류가 맞물리는 새로운 업무 생태계를 구축한다.

결국 본 프로젝트가 제안하는 연구소는 단절된 기능을 단순히 병렬 배치하는 연구소가 아니라, 연구와 협업, 집중과 소통이 유기적으로 이어지는 유연한 플랫폼형 연구시설이다. 이는 판교라는 첨단 산업 환경 속에서 창의적 협업을 촉진하는 차세대 연구소의 모델을 제시한다.

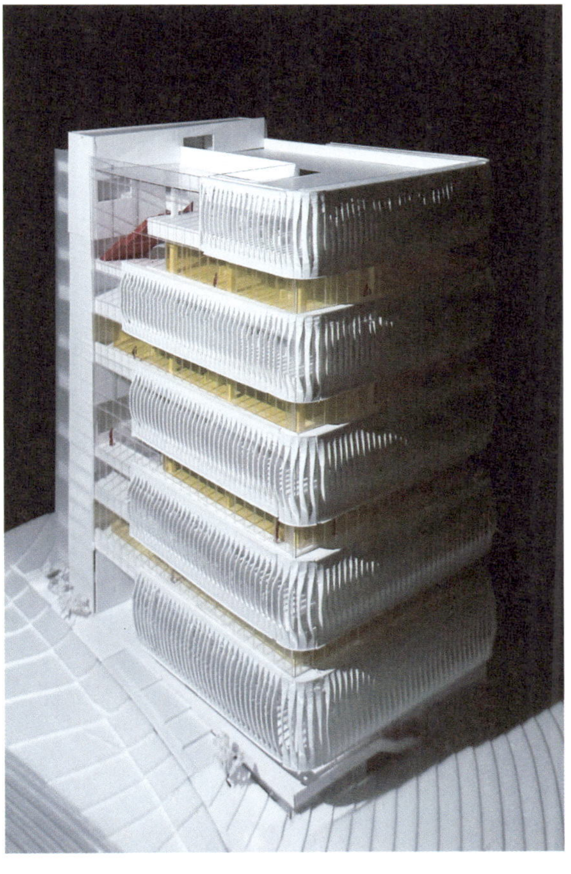

exchange. In particular, in Pangyo Techno Valley, where dense clusters of business complexes dominate, there is a need for a new spatial strategy that goes beyond the traditional research facility and actively engages with the city while expanding opportunities for interaction.

This project addresses such needs by crossplacing offices and laboratories in section and continuously linking them through social spaces. These social spaces extend the flow of the site, rising from the lower levels to the uppermost floor, allowing the building to establish a close relationship with the ground while opening itself outward. This spatial arrangement minimizes separation and actively encourages communication and exchange between different programs.

On the plan, a peripheral circulation corridor organizes the layout, enabling the entire interior to remain flexible and open to multiple interpretations and uses depending on user activity. In addition, service cores such as toilets and elevators are compacted and positioned to one side, ensuring that they do not divide the space but instead allow for more efficient use of the interior. Together, these strategies of crossing, circulation, and compact core design establish a new work ecosystem in which research, administration, focused work, and social interaction intersect within Pangyo's urban context.

Ultimately, this project proposes not a research facility that merely juxtaposes fragmented functions, but a flexible, platform-type workplace where research, collaboration, concentration, and communication are organically integrated. In doing so, it presents a next-generation research model that fosters creative collaboration at the heart of Pangyo's high-tech industrial environment.

ⓒ 강이삭, Isaac Kang

고채원 | Studio A
Private Box × Social Flow

오늘날 판교 제2테크노밸리의 밀집된 업무 환경에서 끊임없는 성장을 이루고 있지만, 전형적인 오피스 구성은 새로운 시대의 창의성과 협업을 담아내기에는 한계를 드러낸다. 이에 본 프로젝트는 도시와 유기적으로 연결되며 교류를 확장하는 새로운 코워킹 플랫폼을 제안한다. 건물은 독립된 오브제가 아닌, 주변 업무 단지와 관계를 맺으며 열린 플랫폼으로 기능한다.

디자인의 핵심은 공간의 위계와 기능을 재정의하는 'Private Box – Social Flow' 개념에 있다. 이는 단순히 프로그램을 분리하는 것이 아니라, 업무의 성격과 사용자의 행위에 따라 유동적으로 변화하는 공간 시스템을 구축하는 것이다. 집중과 탐구를 위한 내밀한 영역인 Private Box에는 개별 연구실과 전용 사무실을 배치했으며, 교류와 협업을 촉진하는 Social Flow는 회의실, 소셜 스페이스, 공용 휴게 공간으로 구성되어 흐름을 따라 배치된다. 두 영역의 중심에 위치한 메인 오피스는 프라이빗 한 집중과 사회적 교류를 이어주는 허브로 기능하며, 건물 내부의 모든 프로그램을 유기적으로 연결한다.

Today, it is constantly growing in the dense working environment of Pangyo 2nd Techno Valley, but the typical office structure shows limitations in incorporating creativity and collaboration in a new era. Therefore, organically connects to cities and expands exchanges. The building functions as an open platform in connection with the surrounding business complex, not as an independent object.

The core of the design lies in the concept of Private Box – Social Flow, which redefines the rank and function of space. This is not just to separate programs, but to build a spatial system that changes fluidly depending on the nature of the job and the actions of the user. PrivateBox, a secret area for concentration and exploration, has individual laboratories and exclusive offices, and Social Flow, which promotes exchange and collaboration, consists of conference rooms, social spaces, and shared rest areas, and is arranged according to the flow. Located in the center of the two areas, the main office serves as a hub that connects private concentration and social interaction, organically connecting all programs inside the building.

ⓒ 고채원, Chaewon Go

ⓒ 고채원, Chaewon Go

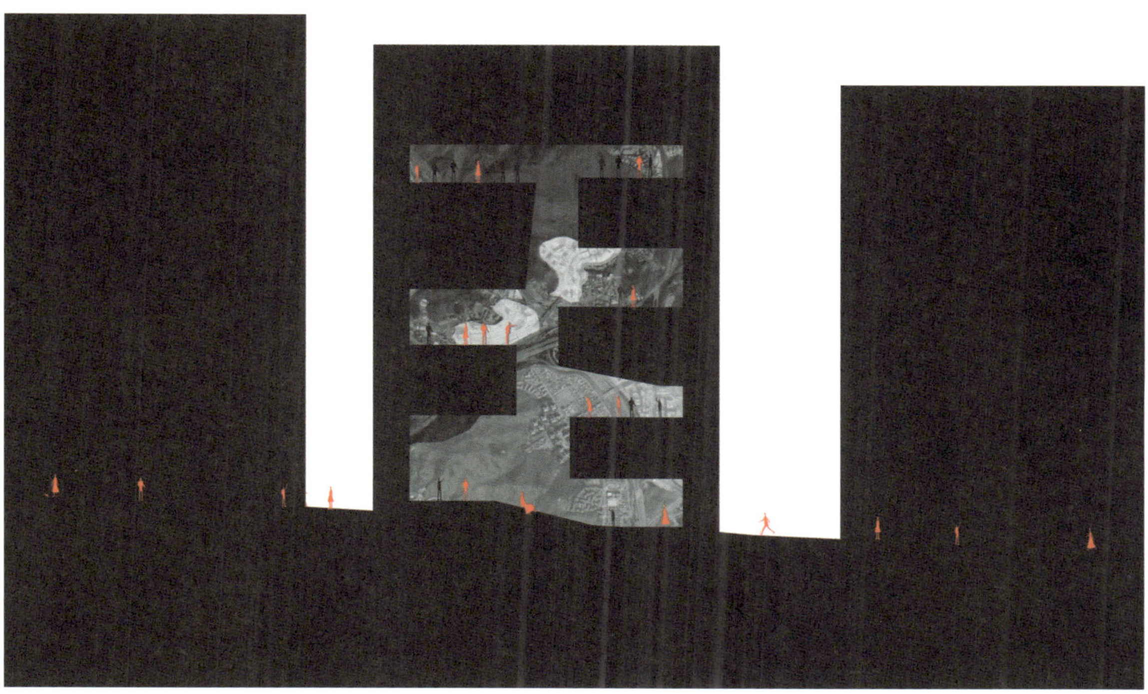

© 고채원, Chaewon Go

내부 프로그램의 역동성은 건물의 입면을 통해 외부로 확장된다. 물결 형태의 알루미늄 타공 패널은 Private Space와 Social Space의 성격에 따라 각기 다른 리듬과 밀도로 적용되어 프로그램의 위계 차이를 시각적으로 드러낸다. 동시에 채광과 일사를 효과적으로 조절해 쾌적한 실내 환경을 유지하며, 시간에 따라 변화하는 빛과 그림자는 건물에 생명력을 불어넣고 도시 풍경에 새로운 인상을 더한다.

이에 따라 본 프로젝트는 기능적 효율성을 넘어, 판교라는 도시 환경에서 사람들의 교류를 이끌어내는 새로운 업무 환경을 제시한다.

The dynamism of the internal program is extended externally through the building's elevation. The wavy aluminum drilling panel is applied in different rhythms and densities depending on the characteristics of Private Space and Social Space, respectively, to visually represent the difference in the program's rank. At the same time, it effectively adjusts lighting and solar radiation to maintain a pleasant indoor environment, and the light and shadow that change over time breathe vitality into the building and add a new impression to the city's scenery.

As a result, this project presents a new working environment that transcends functional efficiency and draws people's interaction in an urban environment called Pangyo.

ⓒ 고채원, Chaewon Go

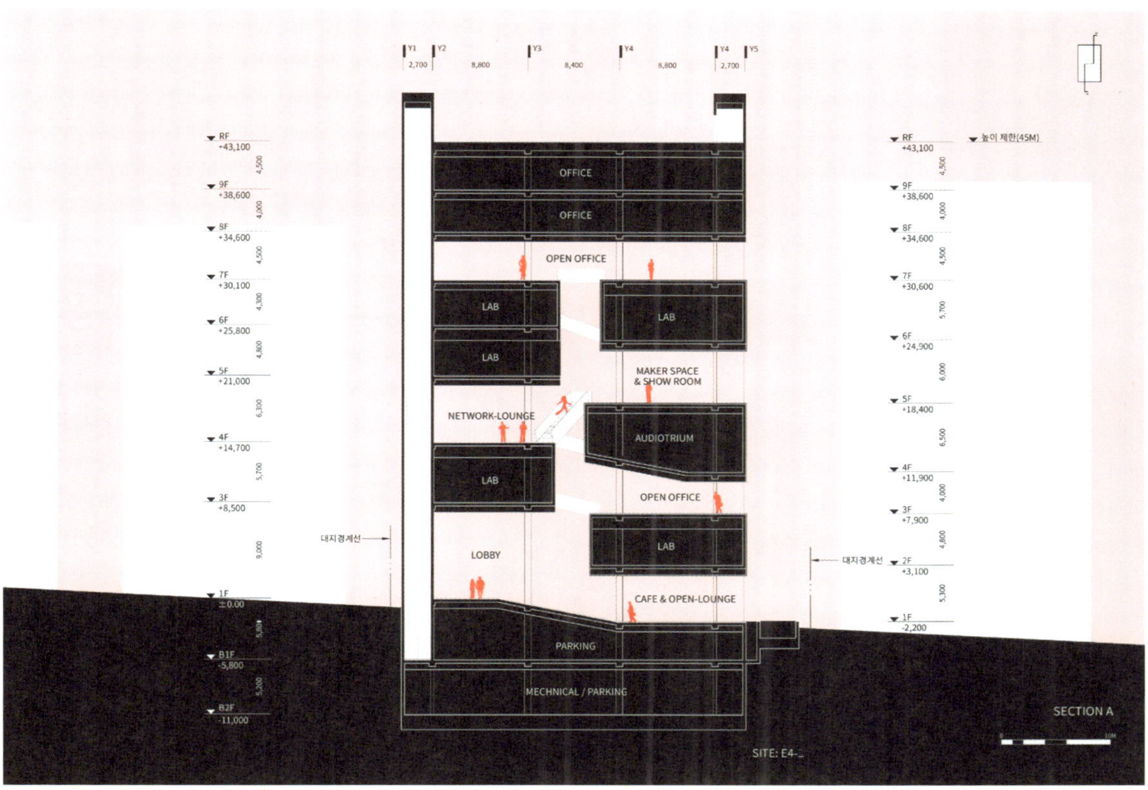

김부건 | Studio A
The Flexible System

4차 산업혁명 시대, AI 중심 산업의 부상으로 기존의 고정형 연구소는 유연성, 창의성이 요구되는 새로운 연구 환경에 더 이상 적합하지 않다. 이에 본 프로젝트는 AI와 AR 기술의 융합 연구를 위한 유연한 차세대 R&D 오피스를 제안한다. 이를 위해 본 연구소는 공유 오피스(Share Office) 와 공유 랩(Share Lab) 개념을 도입하여 기존 공간을 재해석하고, 다양한 Social Space를 통해 건물 전체의 시각적, 물리적 연결성을 강화하고자 한다.

Space System은 사용자의 해석에 따라 성격이 변하는 '유동적 공간(Ambiguous Program)'과 기능이 명확한 '고정적 공간(Definite Program)'으로 분류된다. 두 프로그램은 건물 내에서 의도적으로 충돌하고 중첩되도록 하여 단순한 공간 분할을 넘어선다. 이는 유동적 공간의 특성을 활용해 건물 전체의 소셜 스페이스(Social Space)를 활성화하고, 연구원 간의 유기적인 교류 및 자발적인 협업을 촉진하는 핵심 전략이다. 예를 들어, 특정 장비와 목적을 갖는 'Normal Lab'은 '고정적 공간'으로 기능적 효율성을 극대화하고, 'Share Office'는 다양한 융합 업무, 회의, 휴식 등으로 활용될 수 있는 '유동적 공간'으로 분류된다. 특히 Share Lab, Share Office, Social Space는 두 핵심 공간 유형의 경계를 허물며 창의적 시너지를 극대화하는 매개 공간으로 작동한다.

In the era of the Fourth Industrial Revolution, with the rise of AI-centric industries, conventional, static research facilities are no longer suitable for the new research environment that demands flexibility and creativity. In response, this project proposes a flexible, next-generation R&D office for convergent research in AI and AR technologies, reinterpreting conventional spaces by introducing 'Share Office,' 'Share Lab,' and various 'Social Spaces' to enhance connectivity.

The spatial system is categorized into two core types: the 'Ambiguous Program,' a fluid space that changes based on user interpretation, and the 'Definite Program,' a fixed space with clearly defined functions. These two programs are designed to intentionally collide and overlap, moving beyond simple spatial division to activate Social Spaces and foster organic interaction and spontaneous collaboration among researchers.

ⓒ 김부건, Bugeon Kim

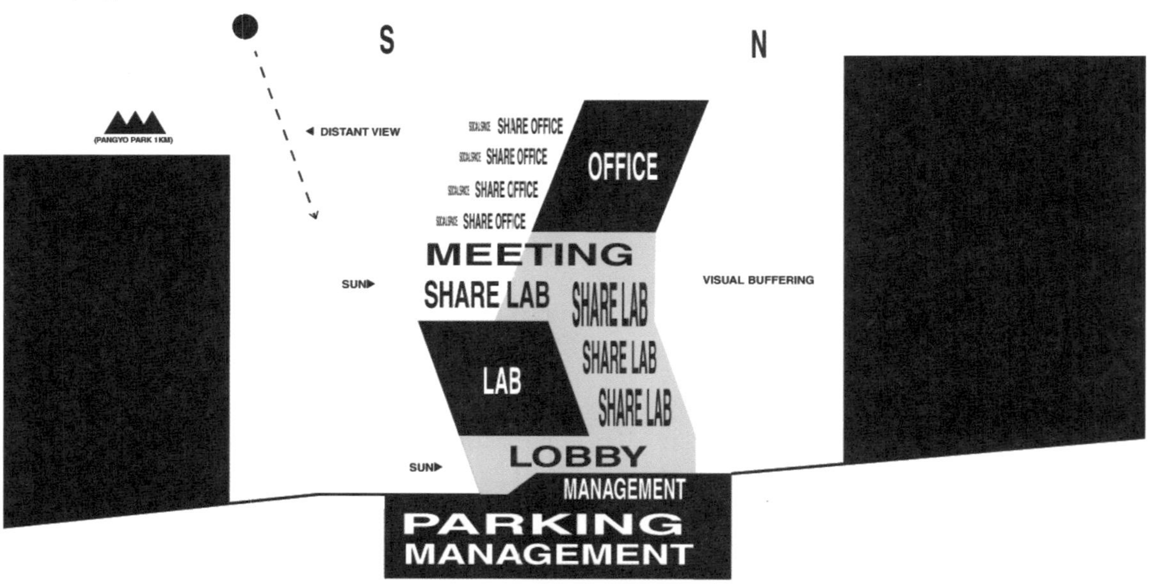

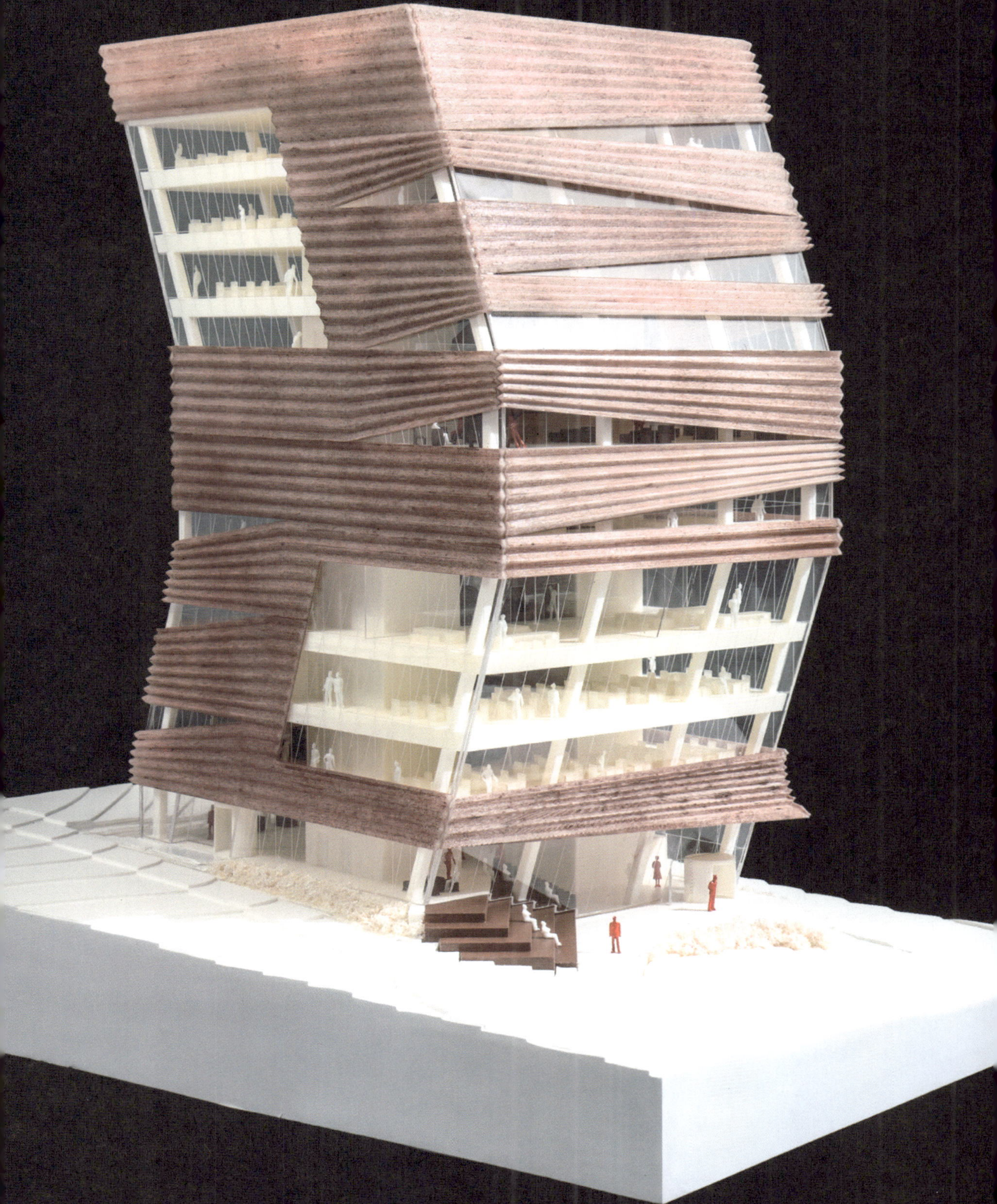
© 김부건, Bugeon Kim

ⓒ 김부건, Bugeon Kim

'Core System'은 코어를 기준으로 양방향 확장이 가능한 평면을 구성하여 공간의 유연성을 확보하고, 다양한 프로그램 간의 유기적인 연결의 토대를 마련한다. 'Section System'은 전면 보행도로에서의 개방감을 위해 건물을 대지 안쪽으로 물리고 상층부를 후퇴시켜, 도시와 건물의 연계 및 다채로운 시퀀스를 만들어낸다.

'Elevation System'은 내부의 '유동적/고정적 공간' 프로그램과 직접적으로 연계되어 건물의 정체성을 드러낸다. 주재료인 알루미늄 타공 골강판은 향과 내부 기능의 특성에 따라 접거나 펼쳐지는 등 약 4가지 모듈로 구성되어 차양 효과와 개방감을 동시에 확보한다. 이처럼 코어, 단면, 입면의 세 가지 시스템은 '유연성(Flexibility)'이라는 일관된 디자인 언어 아래 유기적으로 통합된다.

The Core System establishes a floor plan that allows for bidirectional expansion from a central core, ensuring spatial flexibility. The Section System is designed with consideration for the relationship between the city and the building; the building is set back from the property line and upper floors are recessed to enhance openness and create diverse spatial sequences.

The Elevation System is directly linked to the internal programs, expressing the building's identity. The primary material, perforated and corrugated aluminum panels, is composed of four modules that adapt to the function, activity, and orientation of the space, controlling shade and openness. In conclusion, the three systems— Core, Section, and Elevation—are organically integrated under the consistent design language of 'Flexibility.'

ⓒ 김부건, Bugeon Kim

강영우 | Studio B
CONNECT: OFFICE

'오피스에 중정이 있으면 안되는 걸까?'라는 생각에서 출발한 이 프로젝트는, 대지 주변에 향유할 만한 녹지가 마땅히 없기에 오피스 내부로 녹지의 축을 끌어올리고자 하는 의도가 담겼다. 이 녹지는 업무 스트레스 경감과, 창의성 증진을 위한 사색, 그리고 업무 협업의 공간으로 작동하길 바랐다.

이를 위해 중앙의 코어를 중심으로 평면을 9분할하고, 코어를 중심으로 시계방향으로 계단식으로 감아 올라가는 녹지는 각 층에 중정을 제공하며 휴식과 소통의 공간으로 기능한다. 계속해서 바뀌는 각 층의 평면에 대응하기 위해 코어에는 '十' 자의 복도를 디자인했고, 이 덕분에 사용자는 모든 층에서 업무공간과 휴식공간에 접근이 용이하다. 또한, 조도와 온도 분석을 통해 입면 루버를 디자인함으로써 에너지 효율을 최대화하고, 조형성을 더했다.

'Why can't an office have a courtyard?' This project began with a simple question. Located on a site lacking surrounding green space, the design brings a green axis into the office's interior, creating an environment where nature becomes part of the workspace. This greenery is intended to relieve workrelated stress and function as a place for reflection to foster creativity and collaboration.

To achieve this, a spiraling green terrace winds upward from the central core, forming a courtyard on each level. In response to the constantly changing floor configurations, a cross-shaped (十-shaped) corridor was designed within the core to ensure easy access to both workspaces and relaxation areas. Additionally, sunlight and temperature analysis informed the design of the façade louvers, which enhance energy efficiency while adding a sculptural quality to the exterior.

ⓒ 강영우, Youngwoo Kang

ⓒ 강영우, Youngwoo Kang

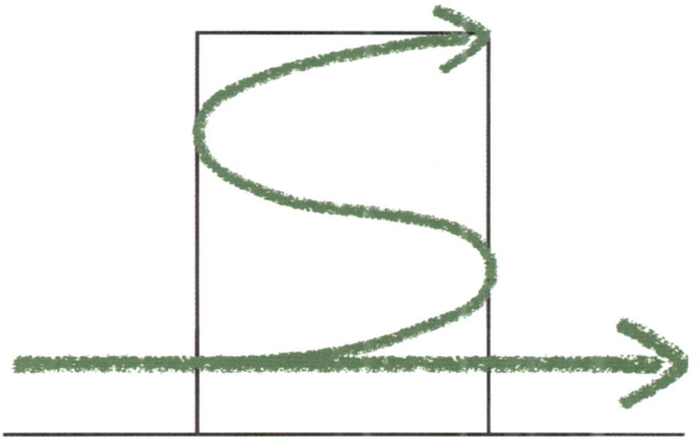

보행로 축을 **자연**으로 보존하며 건물 위로 끌어 올린다

김채연 | Studio B
EUREKA!: Creative Spatial Trip

크고 작은 공간의 크기를 자유롭게 누리며 일하는 공간은 창조의 근원이다. 새로운 발견은 좁은 욕조로 이동해서야 아이디어를 떠올린 아르키메데스나, 대륙에서 섬으로 관점을 바꾸어 진화론을 발표한 다윈처럼 크고 작은 다양한 공간을 경험하는 것에서 온다. 미래를 만들고 새로움을 제안하는 이상적 업무 공간은 이런 모습이길 바란다.

다양한 공간감을 제공하는 오피스를 디자인하기 위해, 첫째로는 업무 공간의 크기를 큰 공간과 작은 공간으로 나누고, 공간의 크기에 따라 적절한 용도를 부여했다. 소음 분석과 대화 용이성에 따라, 큰 크기의 공간은 집중 업무의 공간, 작은 크기의 공간은 소통 업무 공간으로 사용하도록 계획하였다. 업무 공간은 볼륨(방)으로 만들고, 볼륨 사이에는 휴식과 자유 업무가 이루어지는 열린 공간을 두어 볼륨과 보이드가 만드는 다채로운 외관이 만들어졌다. 둘째로는 적극적으로 다양한 공간을 경험하며 일하도록 볼륨(방)을 연결하는 열린 공간을 걷고 싶고, 나와보고 싶은 공간으로 계획했다. 보이드와 브릿지를 적극적으로 사용하여 해당 공간에서 높이와 폭의 재미를 디자인했다.

마지막으로는 평면과 단면 프로그램을 조정하여 일터에서의 움직임을 유도하였다. 같은 층에는 의도적으로 다른 용도의 업무공간(단순 업무/연구)을 배치하여 동일한 층에서도 업무-연구 공간으로 이동하면 다른 층고를 경험하게 했다. 단면적으로는 한 층 차이로 같은 용도의 다른 크기 방을 배치하여 사용자의 필요에 따라 아래-위층으로 이동함으로써 집중-소통의 업무가 선택되도록 의도하였다.

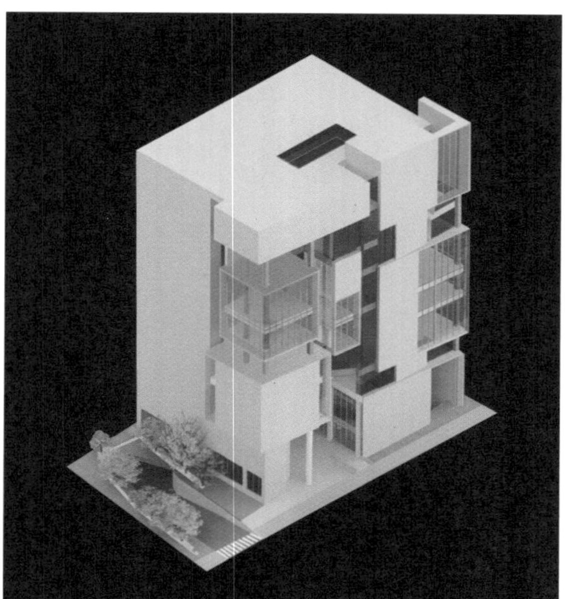

A workplace that allows free movement between large and small spaces is the very source of creativity. New discoveries arise from experiencing spaces of different scales—just as Archimedes conceived his idea only after moving into the narrow confines of a bathtub, or Darwin announced the theory of evolution after shifting his perspective from the continent to the island. An ideal workplace, one that creates the future and proposes novelty, should take such a form.

To design an office that offers a sense of spatial variety, first, the work areas were divided into large and small spaces, with appropriate functions assigned according to their size. Based on noise analysis and ease of conversation, larger spaces were planned as zones for focused work, while smaller ones were designated for communicative work. The workspaces were designed as volumes (rooms), and between these volumes, open areas for rest and free work were placed, resulting in a dynamic façade created by the interplay of volumes and voids. Second, the open spaces connecting the volumes were intentionally designed as places that one would want to walk through and step into, encouraging active engagement with different spatial experiences. Voids and bridges were used to design playful variations of height and breadth within these areas.

Lastly, both the plan and the section were adjusted to guide movement within the workplace. On the same floor, different types of workspaces (routine work/research) were deliberately placed side by side, so that even within one level, moving from work to research would bring about a change in ceiling height. Sectionally, rooms of varying sizes but same functions were arranged with a one-level offset, so that according to the user's needs, one could move up or down to freely choose between focused and communicative modes of work.

ⓒ 김채연, Chaeyeon Kim

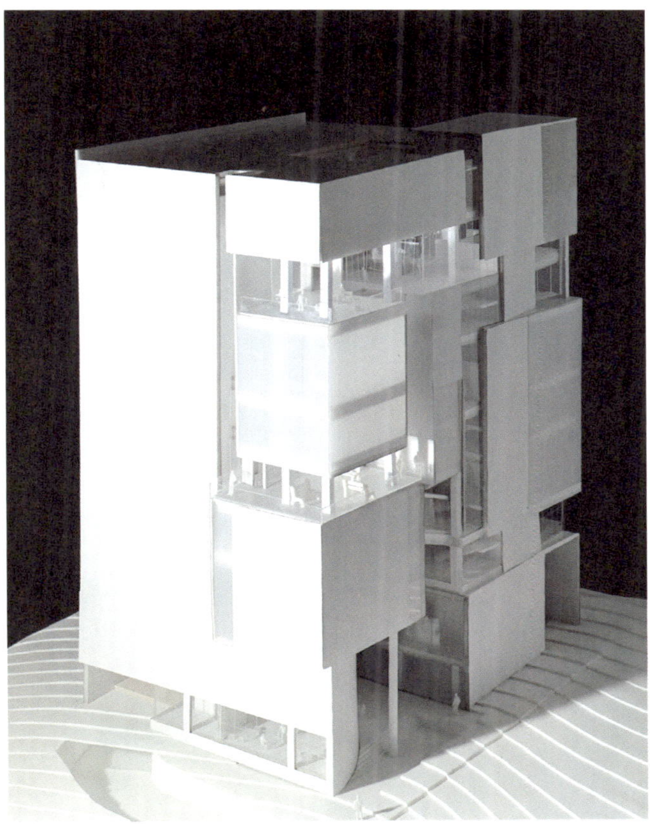

ⓒ 김채연, Chaeyeon Kim

ⓒ 김채연, Chaeyeon Kim

황윤주 | Studio B
골목길 오피스
Alleyway Office

자칫 삭막할 수 있는 오피스 공간에 "골목길"이라는 요소를 수직적인 동선으로 해석하여 도입하면서 소통과 교류의 장으로 만들고자 하였다. 코어와 별도로 시야가 좋은 전면에 오픈된 수직 동선이 들어서면서 보이드와 휴식의 공간이 생기게되고 커다란 커뮤니티의 장이 된다. 평면에서 코어-기능적 프로그램의 공간-커뮤니티 공간이 차례대로 펼쳐지면서 "놀때는 놀고 할 때는 하는" 공간을 만들고자 하였다. 수직적으로는 랩과 오피스가 번갈아 들어오게 되는데 이를 커뮤니티 공간이 지나가면서 다른 성격의 공간들이 연결된다.

커뮤니티 공간은 층마다 각기 다른 보이드를 가지면서 시각적 다양성과 소통의 장이 되기도 한다. 서로 다른 보이드가 중첩되면서 테라스가 생기기도 하고 야외정원이 생기기도 하면서 다양한 공간감이 형성된다. 골목길 오피스는 이러한 공간을 통해 협업과 적절한 휴식, 효율적인 일터를 제안하고 있다.

This project was intended to become a place for communication and exchange by interpreting and introducing the element of "Alley Road" as a vertical movement in an office space that could be desolate. Apart from the core, a large community space is created as a vertical line with an open view enters the front with a good view, creating a space for void and rest. On the plane, the space of the core-functional program and the community space were unfolded in sequence, trying to create a space "Hard playing, Hard working". vertically, lap and office enter alternately, and spaces of different characteristics are connected as the community space passes.

Community spaces have different voids on each floor and are also a place for visual diversity and communication. As different voids overlap, a terrace and an outdoor garden are formed, forming a diverse sense of space. Through this space, the alleyway office proposes collaboration, proper rest, and an efficient workplace.

김자인 | Studio C
Symphonic Core

ⓒ 김자인, Jain Kim

이 프로젝트는 음악과 인공지능이 함께 작곡하고 협업하는 미래의 창작 환경을 상상하며 설계한 오피스 빌딩이다. 단순히 사무공간을 담는 건물이 아니라, 사람과 기술, 감각과 지성이 유기적으로 얽혀 새로운 창작 문화를 만들어내는 플랫폼을 목표로 한다.

프로그램은 수직적으로 커뮤니티-오피스-랩이라는 세 가지 구역으로 나뉜다. 지하 1층에서 지상 1층까지는 누구나 모이는 커뮤니티 공간, 2층부터 5층까지는 협업과 집중을 위한 오피스 공간, 6층부터 8층까지는 음악 창작을 위한 랩으로 구성되며, 이는 '만남-집중-실험'이라는 점진적 창작의 흐름을 보여준다.

각 구역의 동일한 위치에 자리한 보이드는 층마다 다른 의미로 확장된다. 커뮤니티의 열린 소통의 장에서 오피스의 여백으로, 그리고 랩의 새로운 가능성을 담는 공간으로 변모하며 하나의 수직적 공명 공간을 형성하고 건물 내부의 다양한 활동을 유기적으로 연결한다.

입면의 외부 프레임들은 모두 중앙 보이드를 향해 기울어져 도시의 시선을 자연스럽게 내부로 끌어들인다. 이로써 건물 전체가 마치 하나의 거대한 악기처럼 도시에 울림을 전하며, 심포닉 오브제(Symphonic Object)로서 존재감을 드러낸다.

This project envisions an office building for a future where music and artificial intelligence compose and collaborate. It is not merely a container for workspaces, but a platform where people, technology, sensibility, and intellect interweave to foster a new culture of creation.

The program is vertically organized into three zones—a Community zone for gathering, an Office zone for collaboration, and a Lab for musical creation. This vertical sequence reflects a progression from encounter to focus to experimentation, deepening the creative process.

A central void changes its role on each level: in the Community zone it becomes a place for open interaction, in the Office it serves as a pause for concentration, and in the Lab it offers space for new possibilities. These layered meanings ultimately form a vertical resonance space that organically connects the building's diverse activities. The façade functions as a device to express the character of the building. All frames are angled toward the central void, guiding the gaze of the city inward. In this way, the building itself resonates like a musical instrument, establishing its presence in the city as a Symphonic Object.

ⓒ 김자인, Jain Kim

ⓒ 김자인, Jain Kim

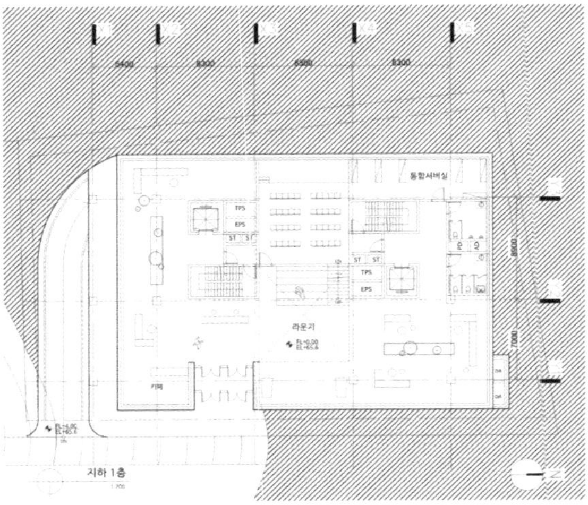
5400
8300
8300
8300
통합서버실
라운지
8900
7000
지하 1층

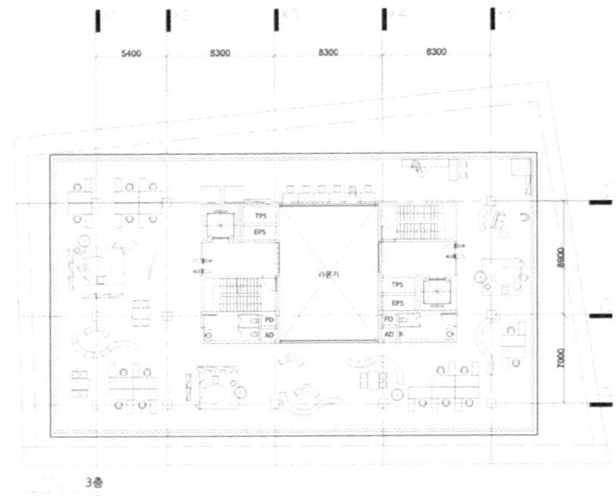
5400
8300
8300
8300
라운지
8900
7000
3층

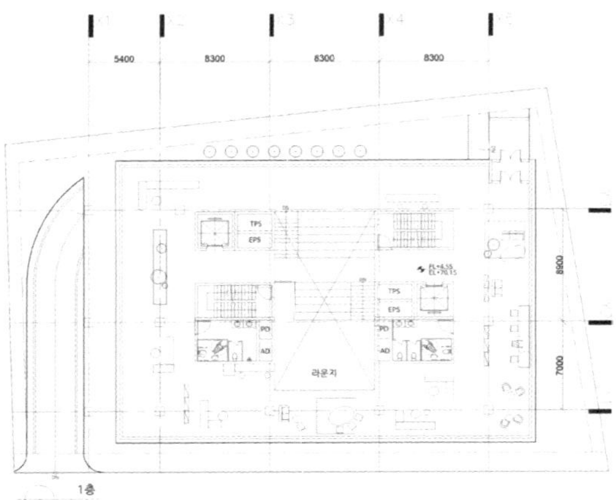
5400
8300
8300
8300
라운지
8900
7000
1층

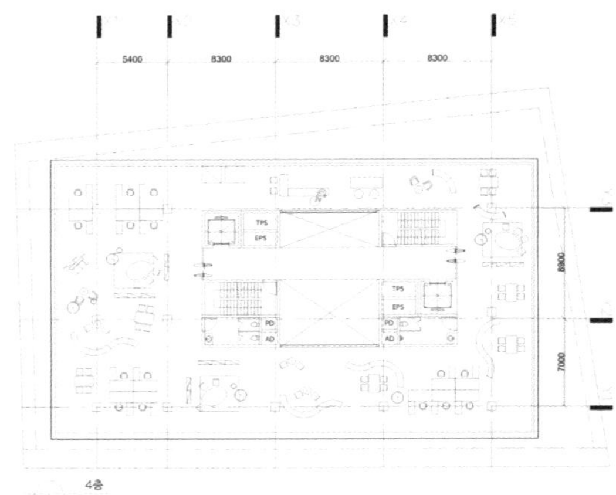
5400
8300
8300
8300
8900
7000
4층

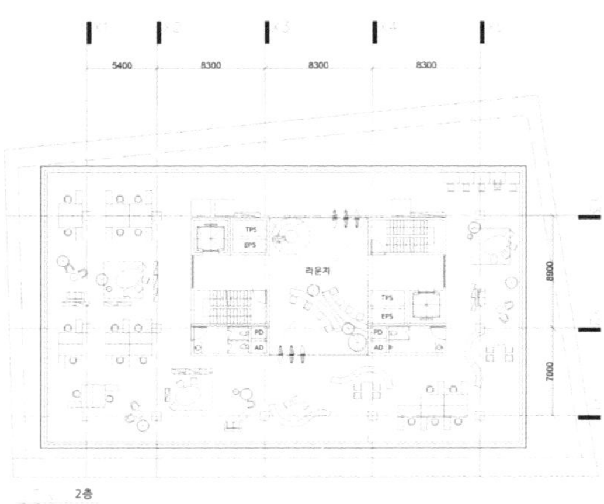
5400
8300
8300
8300
라운지
8900
7000
2층

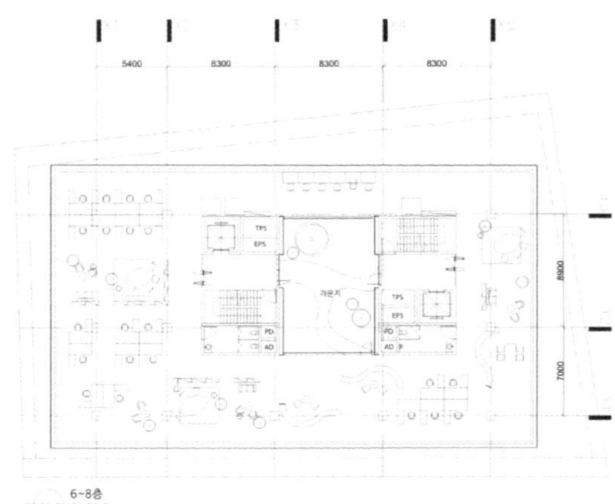
5400
8300
8300
8300
라운지
8900
7000
6~8층

이주영 | Studio C

FLOW&STAY

현대 연구소 오피스 사옥은 다양한 분야 간 긴밀한 협업과 소통이 필수적이며, 특히 문화 콘텐츠 사업에서 그 중요성이 크다. 본 엔터테인먼트 AI 연구 오피스는 채팅, 게임, 음악, 영화 등 여러 분야를 연구하며, 내부 구성원 간 소통뿐 아니라 창작물을 접하는 외부 이용자와도 밀접한 관계를 형성한다. 따라서 프로젝트는 내부와 외부 간 장벽 없는 소통을 증진하고, 다양한 사람들이 자유롭게 교류하며 상호 보완적으로 성장할 수 있는 환경을 제공한다.

건물은 두 개의 수직 구조체와 양 끝단의 코어로 지지되며, 내부는 기둥 없이 자유로운 공간으로 구성된다. 두 개의 큰 보이드를 중심으로 설계되어 다양한 크기와 용도의 공간을 분할하고, 보이드 사이 브릿지를 통해 상호 이동이 가능하다. 지하 1층 보행로를 제외한 모든 공간을 성큰(Sunken) 형태로 조성해 외부인들을 자연스럽게 유도하며, 내부인과 외부인이 공간의 제약 없이 자유롭게 소통하고 다양한 활동을 창출할 수 있다. 이러한 설계를 통해 엔터테인먼트 AI 연구 오피스는 미래 지향적 협업과 소통의 장을 제시한다.

Modern research offices demand close collaboration across diverse fields, especially in cultural content industries. This Entertainment AI office studies chat, gaming, music, and film, fostering internal communication among staff and interaction with external users. The project promotes seamless engagement between insiders and visitors, enabling free exchange and mutual growth.

Supported by two vertical structures and end cores, the column-free interior allows flexible spaces. Two large voids subdivide areas for various functions and are connected by bridges for easy circulation. Most spaces are sunken, naturally guiding visitors and allowing staff and guests to interact freely. These design features create a forward-looking environment for collaboration and communication.

ⓒ 이주영, Juyeong Lee

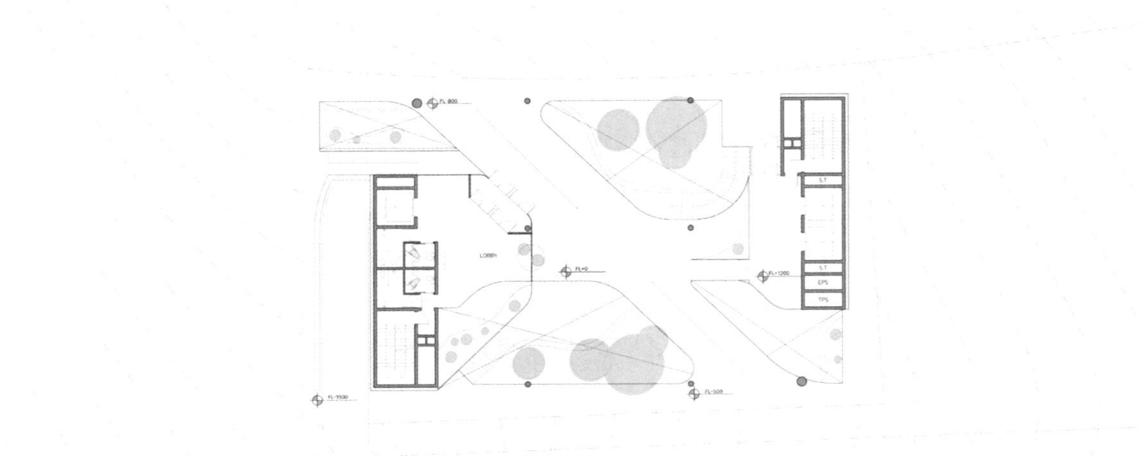

1F PLAN
SCALE 1:200

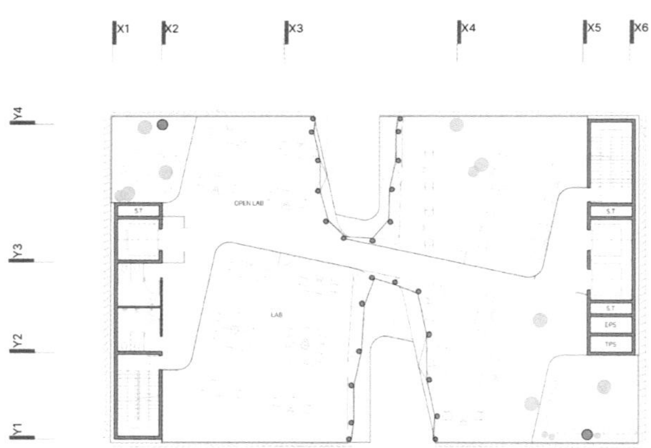

7F PLAN
SCALE 1:200

© 이주영, Juyeong Lee

조현진 | Studio C
Watercolor Office – AI Diffusion

AI 기술은 제한적으로 활용되던 시기를 지나 오늘날 검색 엔진과 음성 비서, 생성형 AI 등 다양한 방식으로 우리의 생활 곳곳에 자리 잡고 있다. 이러한 AI의 자연스러운 스며듦을 수채화 기법에 빗대어 'Watercolor Office'를 제안한다. 이 오피스는 하나의 스펀지처럼 새로운 아이디어를 머금고 확산시키는 중심이 되며, 주요 프로그램인 업무 공간, 연구 공간, 공용 공간은 수채화 물감처럼 서로 번지고 겹치며 경계를 흐린다. 수채화 물감이 서로 스며들어 새로운 색을 만들어내듯, 이 오피스는 기술과 사람, 공간이 만나 창의적인 일상성을 확장하는 미래의 오피스 문화를 형성한다.

접견 공간 중심의 지상 2층과 업무 공간인 지상 3-5층은 동쪽으로, 연구 공간인 6-8층은 남쪽으로 열려 있으며 이는 외벽의 형태에서도 드러난다. 외피는 불투명한 석재, 투명한 복층유리, 반투명한 U-GLASS 세 가지로 나뉘어 수채화의 번짐을 건축적으로 구현한다. 이처럼 외피와 내부 조닝 또한 서로 연결되며 외부와 내부, 개인과 집단, 프로그램과 프로그램이 자연스럽게 이어지는 흐름을 완성한다.

AI technology has moved beyond its early stage of limited use and now permeates everyday life through diverse forms such as search engines, voice assistants, and generative AI. This natural diffusion of AI is expressed through the metaphor of watercolor, which inspired the proposal of the Watercolor Office. The office functions like a sponge, absorbing and diffusing new ideas, while its main programs—work, research, and common areas—blend and overlap like watercolor pigments, softening boundaries. Just as watercolor pigments blend into one another to create new colors, this office shapes a future workplace culture where technology, people, and space converge to expand creative everyday life.

The spatial composition opens the second floor, dedicated to reception, and the third to fifth floors, dedicated to work, toward the east, while the research spaces on the sixth to eighth floors open toward the south—a flow that is also reflected in the building's façade. The exterior is expressed through three materials— opaque stone, transparent double glazing, and translucent U-GLASS—architecturally embodying the diffusion and layering of watercolor. In this way, the facade and interior zoning are organically connected, creating a seamless flow that unites exterior and interior, individual and collective, program and program.

1. Basic Form

2. Core

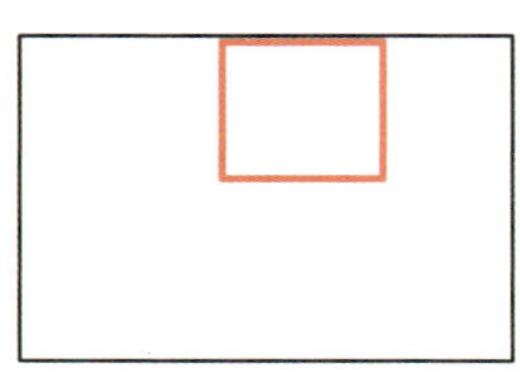

3. Rounded Form

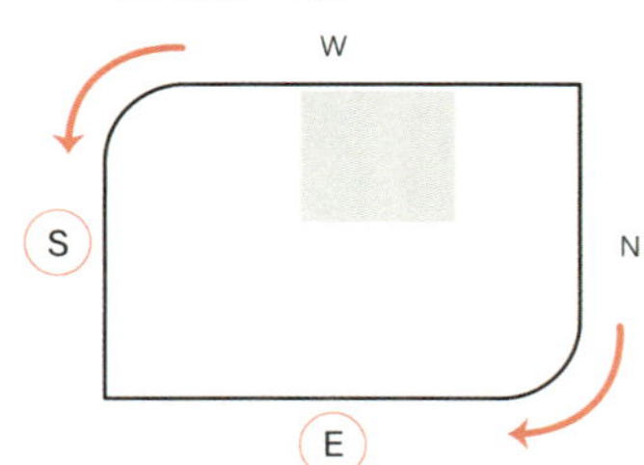

4. Column

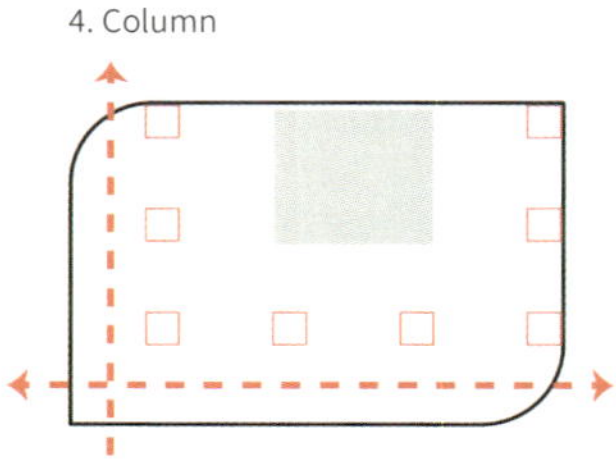

5. Office Floor

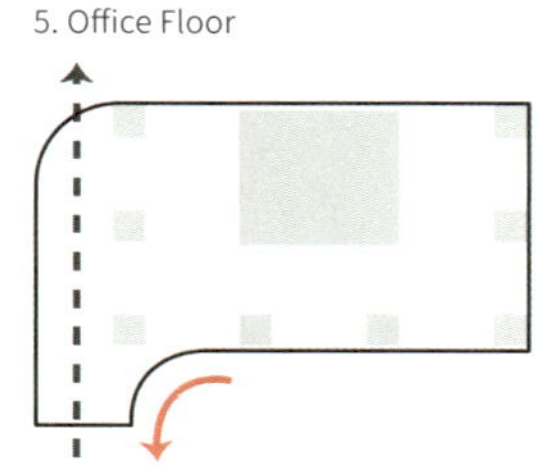

6. Research Floor

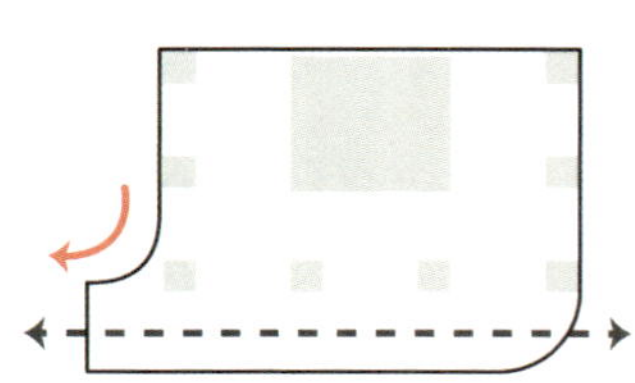

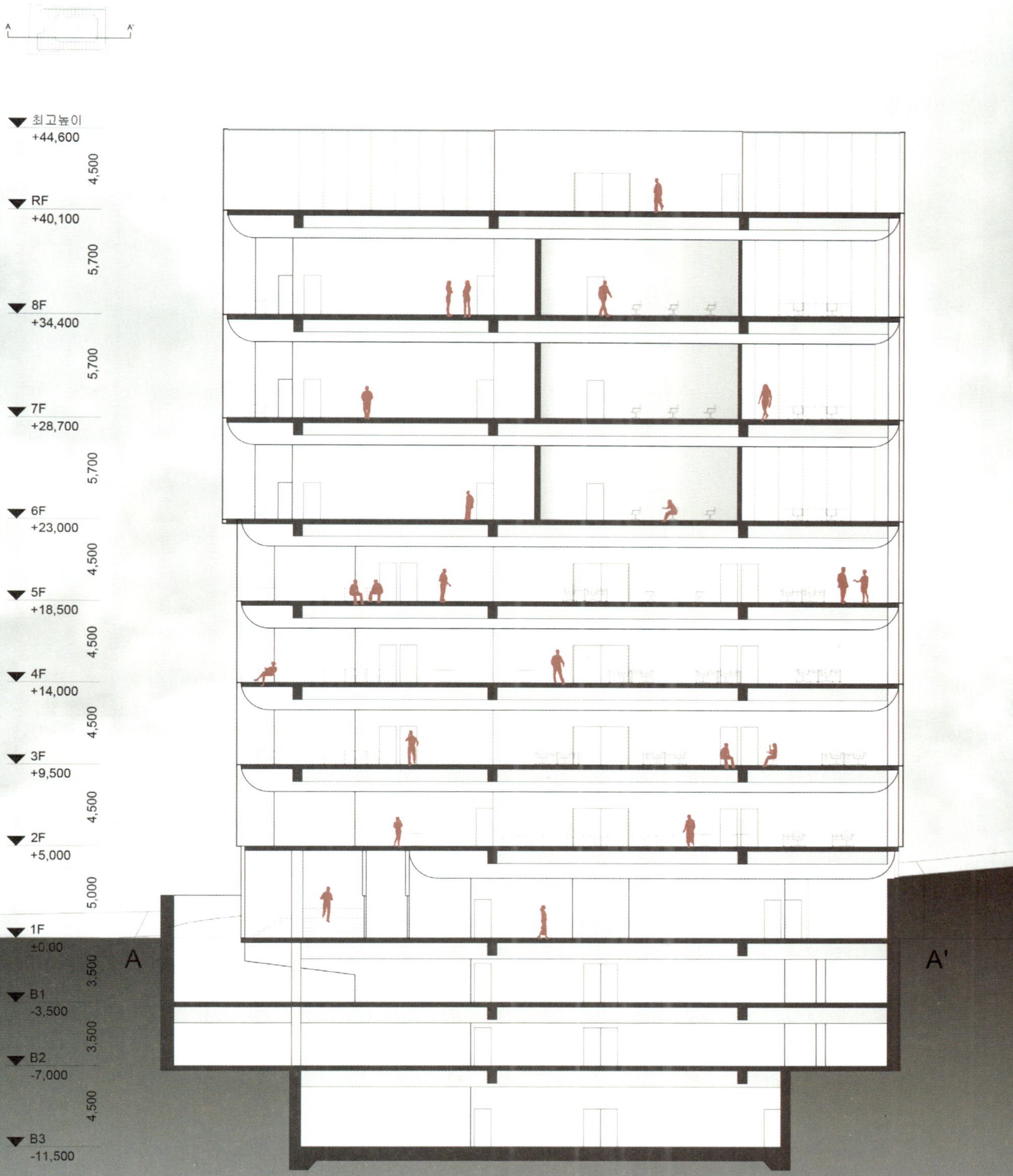

A-A' 단면도
SCALE 1:200 (A3)

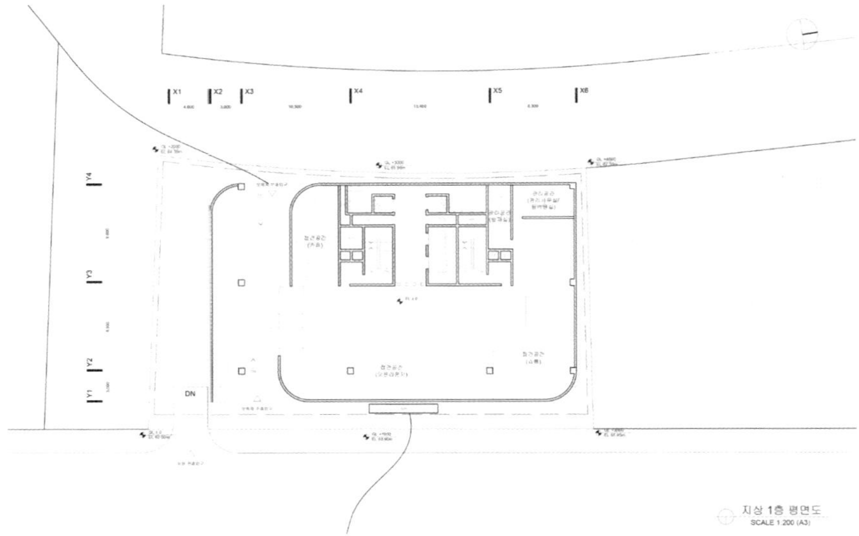

지상 1층 평면도
SCALE 1:200 (A3)

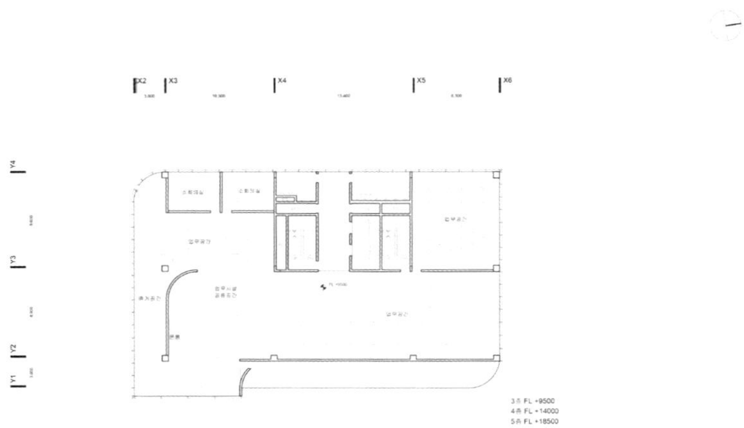

지상 3~5층 평면도
SCALE 1:200 (A3)

ⓒ 조현진, Hyeonjin Cho

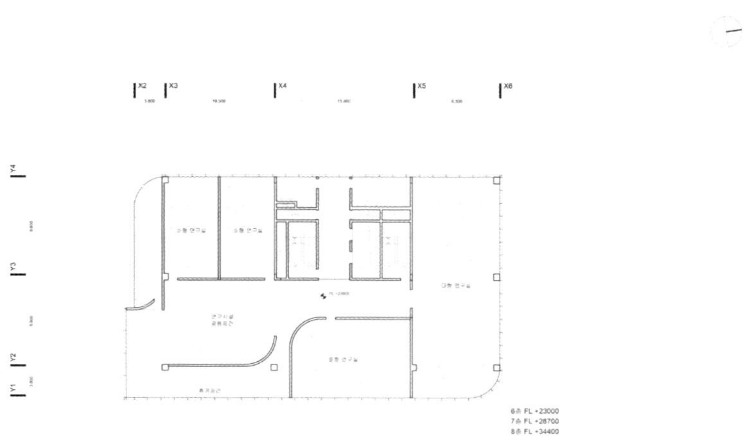

지상 6~8층 평면도
SCALE 1:200 (A3)

배지우 | Studio D
VARISCOPE OFFICE

오늘날 디지털미디어아트는 기술과 예술의 경계를 허물며 진화하고 있지만, 전형적인 오피스는 이를 담기 부족하다. 본 프로젝트는 미디어아트의 '끊임없는 변주와 연속성'을 공간화하여, 이동과 체류의 순간마다 변화와 전환을 경험할 수 있는 업무 환경을 제시한다.

디자인의 핵심은 '변화하는 화면 – 연속되는 공간' 개념으로, 사용자의 행위와 흐름에 따라 공간이 다르게 인식되도록 구성한다. 하나의 큰 직육면체 매스를 기반으로 다양한 크기의 매스를 점진적으로 덧붙여, 다채로운 공간 경험을 생성한다. 이 볼륨들은 보이드, 창가 동선, 아트리움 등을 통해 상호 연결되어 공간 전환을 극대화한다. 또한 내부에서 외부 테라스로 시선이 확장되며 공간의 경계를 허물고, 오피스를 단순한 일터가 아닌 끊임없이 변주되는 미디어적 경험으로 인식하도록 한다.

Digital media art constantly evolves, blurring the line between technology and art, yet typical offices fail to capture this rhythm. This project translates the essence of media art—continuous variation and flow—into a workspace where movement and presence reveal constant change.

The design centers on the concept of "changing screens – continuous space," where spaces are perceived differently according to user movement. A large cuboid mass forms the base, with smaller masses added gradually to create diverse spatial experiences. Volumes are connected through voids, window-lined pathways, and an atrium, maximizing spatial transitions. Visual links to exterior terraces further blur boundaries, turning the office into a continuously unfolding media experience rather than a simple workplace.

ⓒ 배지우, Jiwoo Bae

ⓒ 배지우, Jiwoo Bae

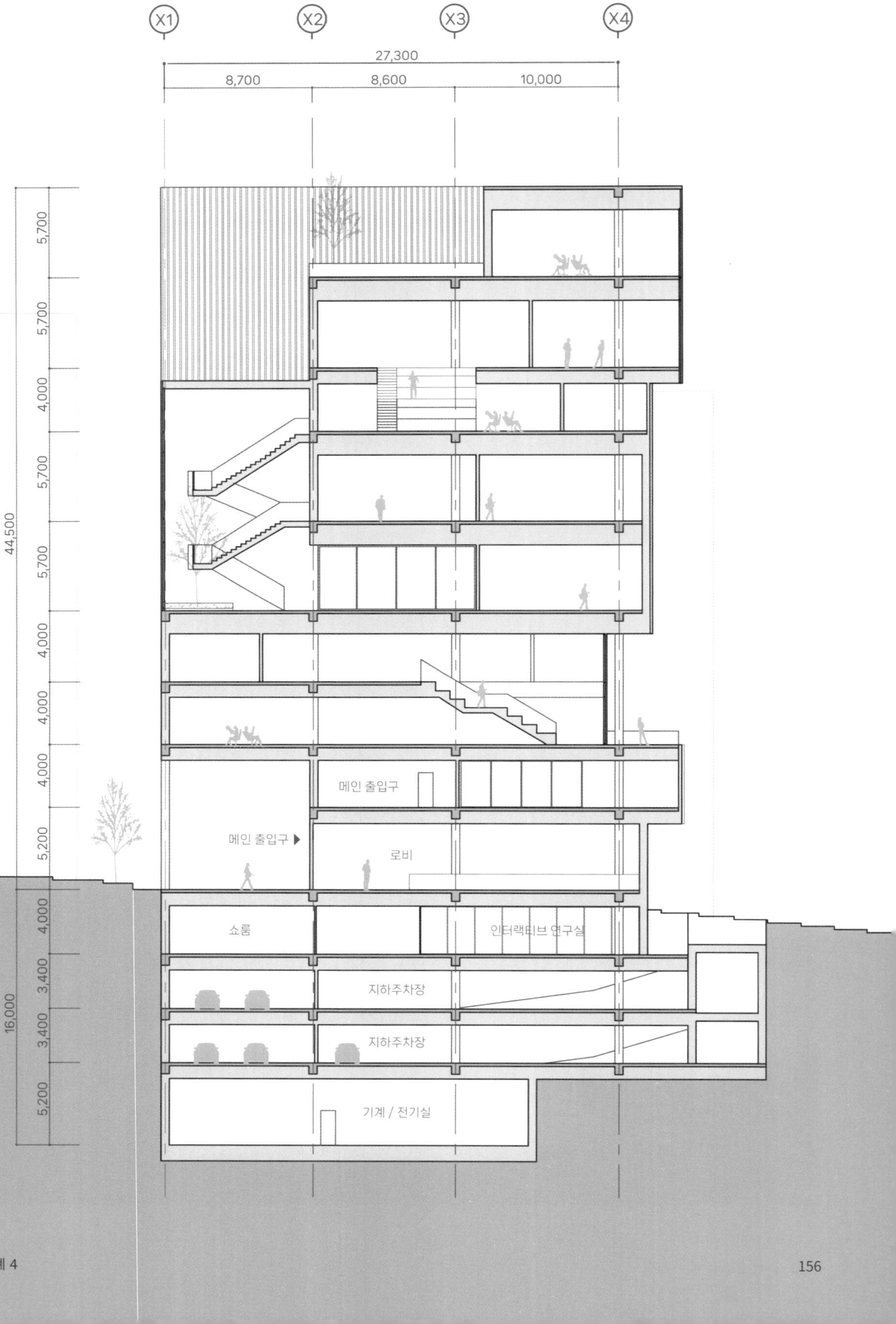

ⓒ 배지우, Jiwoo Bae

윤상이 | Studio D

SCENAREA: 장면이 열어가는 시대
SCENAREA: An Era Opened by Scenes

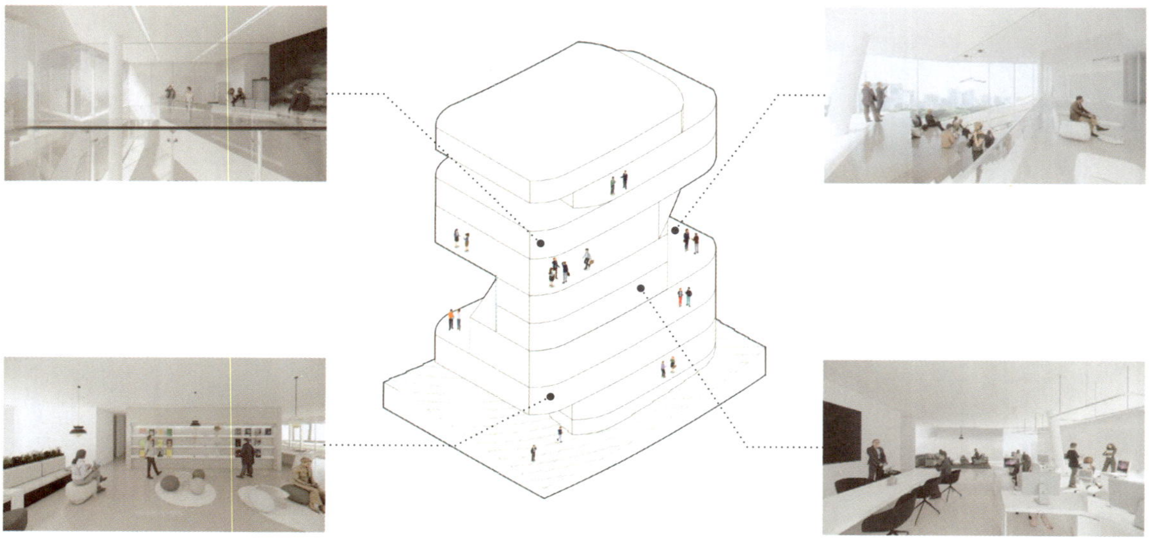

현대는 AI 산업이 발전하고 영화·광고 산업이 역동적으로 진화하는 시대이다. 이는 기술이 창의성을 대체하는 것이 아니라, 새로운 협업을 가능하게 함을 의미한다. 이에 AI 기술과 영화·광고 산업의 창의성이 결합되는 오피스를 제안한다.

각 층은 중심 코어를 기반으로 반복적 구조를 가지면서도 디자인과 기능의 변화를 통해 '다양한 장면'을 연출한다. 층마다 고유한 분위기를 지니며, 방문 시마다 다른 환경을 경험할 수 있다. 평범한 직사각형이 아닌 대지 라인을 반영한 슬라브가 겹치고 회전하며 수평·수직 연결을 강화한다. 층고 변화를 활용해 업무 공간과 연구실을 연결하고, 틈과 여백에는 테라스와 휴게 공간을 배치해 협업과 개인 휴식을 동시에 제공한다.

슬라브 모서리는 GFRC로 구현되어 부드러운 곡선을 보여주며, 대지와 조화를 이룬다. 전면의 Fritted Glass는 건물의 가벼움을 극대화하고, 견고한 콘크리트와 대비되어 경계를 모호하게 만든다. <SCENAREA>는 단순한 업무 공간이 아닌, 끊임없이 변화하는 시대와 호흡하며 창의성과 교류를 유도하는 살아있는 무대가 된다.

Today, AI is rapidly advancing, and the film and advertising industries are evolving dynamically. This does not replace human creativity but enables new forms of collaboration. This project proposes an office where AI technology integrates with the creative processes of film and advertising.

Each floor, structured around a central core, creates "different scenes" through design and functional variations. Slabs follow the site's lines rather than simple rectangles, overlapping, rotating, and connecting horizontally and vertically to link workspaces and labs. Terraces and shared areas provide spaces for collaboration or quiet rest.

Slab edges are formed with GFRC to create smooth curves that harmonize with the site, while Fritted Glass enhances the building's lightness and blurs boundaries against solid concrete slabs. <SCENAREA> becomes a living stage that reflects a constantly changing era, fostering creativity and interaction.

ⓒ 윤상이, Sangi Yoon

홍서영 | Studio D
URBAN SCREEN: 체험자와 관찰자의 소통
URBAN SCREEN: Interaction between Participants and Observers

최근 코로나19와 팬데믹, 고령화된 사회로 의학 및 약학에 대한 관심은 높아졌고, 사이트인 제2판교테크노밸리에는 많은 제약 회사 및 관련 R&D 센터가 분포해 있다. 기존의 높은 비용과 긴 시간이 투자되는 신약 개발 사업에 AI 기술을 활용해 과정을 단순화하고, 개발 과정 프로세스에 따라 공간을 구성함으로써 생산적인 신약 개발이 가능한 바이오 팜을 제안한다.

건물 하부를 비워냄으로써 도시와 소통하고 내외부의 창을 통해 사람, 자연과 소통한다. 법규에 맞는 볼륨에 실들의 성격에 따라 구획화하고, 비움을 통해 여러 창을 형성하며 이를 외부 도시 풍경으로 채워 도시와 소통하는 유기적인 공간을 디자인하였다.

지하 1층부터 2층까지는 외부인이 접근할 수 있는 접견 공간으로, 3층부터 7층까지는 사무, 연구, 휴게공간이 서로 유기적으로 배치하여 협업이 가능한 업무 구조를 제공한다. 최상위 2개의 층은 연결된 대형 연구 공간으로 바이오 팜을 사람과 도시에 인식시키고자 한다. 내부 유리창과 외부 U-Glass 층 사이에 수직 전동루버를 통해 차양 시스템을 구축하고 내부 공기층을 순환시키는 공조 시스템과 내부 아트리움을 통한 자연환기가 가능하게 하여 지속 가능한 오피스를 제안한다.

In response to increased public interest in medicine and pharmaceuticals following the COVID-19 pandemic and aging populations, this project proposes a BioPharm facility in Second Pangyo Techno Valley-a center for pharmaceutical and AI-driven research. The facility integrates AI technology to streamline drug development, traditionally a costly and lengthy process. Its spatial organization reflects the sequential drug development stages, creating an efficient environment.

The building design opens the lower levels to enhance urban interaction and connectivity with nature through strategically placed openings. Its volume conforms to zoning regulations and is segmented based on functional use. Voids introduce diverse windows, framing urban views and fostering dynamic interactions with the city.

Basement Level 1 to Level 2 feature reception and public areas. Levels 3 to 7 contain interconnected office, research, and break spaces to encourage collaboration. The top two floors offer extensive research zones that visually express the facility's Bio-Pharm identity internally and externally. Sustainable elements, such as an integrated sunshading system, are also incorporated into the building design.

Mass Process

ⓒ 홍서영, Seoyeong Hong

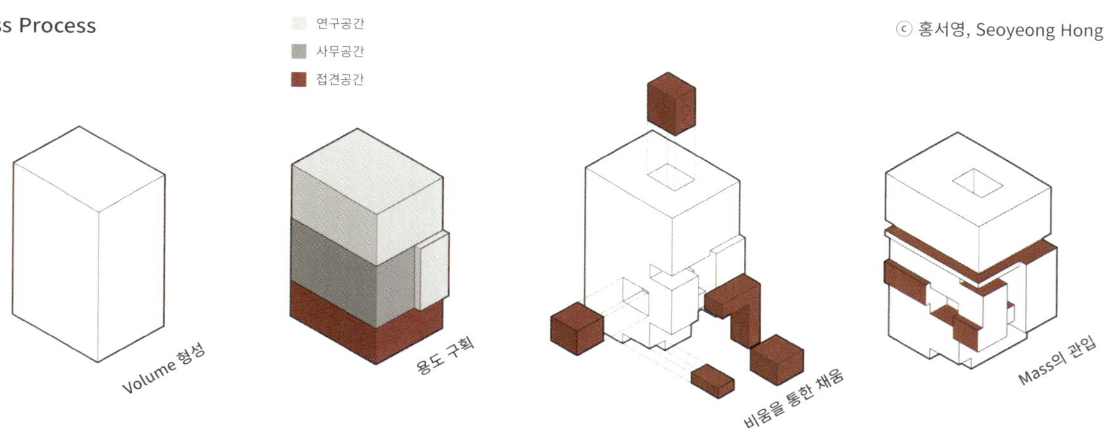

1. 법규에 맞는 Volume 형성

2. 접견 사무, 연구공간에 따른 조닝 계획

3. 비움을 통해 여러 창을 형성 외부 도시 풍경으로 채움

4. Mass의 관입을 통한 다양한 성격의 내외부 공간 형성

© 홍서영, Seoyeong Hong

단지계획

용승찬, Seungchan Yong

<단지계획>은 일정 규모의 토지 위에 건축물, 부속시설, 외부 공간 등을 체계적으로 배치하고 종합적으로 계획하는 과정에 대한 이론과 실무를 학습하는 과목이다. 단지계획은 자연환경, 사회적 요구, 도시 맥락, 사용자 경험을 통합하는 복합적 계획 행위로, 건축설계와 도시계획을 연결하는 중요한 역할을 한다.

본 강의는 주거단지계획을 중심으로 시대적·사회적 맥락 속에서 단지계획의 형성과 변화를 이해하는 데 중점을 둔다. 산업화 이후 대규모 주택 공급, 신도시 개발, 도시재생과 지속가능성 논의에 이르기까지 각 시대의 사회적·환경적 여건은 단지 설계에 결정적 영향을 끼쳤다. 20세기 후반의 무분별한 교외화는 저밀도 확산, 자동차 중심 설계, 공공 인프라 부족 등 문제를 야기하며 주거의 질을 저하시켰다. 현대 주거단지계획은 공동체성 회복, 보행 친화성, 혼합용도, 공공 공간 활성화, 지속가능성, 포용성을 핵심 가치로 삼아 설계된다.

학생들은 부지의 지형, 기후, 조망, 접근성 등 물리적 조건과 사회·환경적 요구를 분석하고, 사용자 중심 프로그램, 동선 계획, 밀도 조절, 토지 이용 전략, 공공 공간 설계 등 실무적 기법을 이해한다. 이와 함께 국내외 사례 분석과 팀 프로젝트를 수행하며, 생활권 분석을 통해 주민의 일상 활동과 공간적 특성을 이해하고 문제를 발견하며 해결안을 모색한다.

팀 프로젝트

팀 프로젝트는 강남 개발, 신도시 조성, 도시재개발, 저건축 등으로 형성된 주거단지를 사례로, 중·소생활권 단위에서 공간 구조와 이용 실태를 분석하고 개선안을 도출한다. 생활권 분석은 단지 차원을 넘어 사람 중심의 환경 구성과 사회적 연결 구조를 이해하는 데 초점을 둔다. Clarence Perry의 근린주구론과 뉴어바니즘 개념을 참고해, 시설 구성, 이동 동선, 공공 공간, 커뮤니티 작동 방식 등을 조사하고 필요 시 설문과 인터뷰를 통해 사용자 경험을 분석한다. 문제 영역에는 단순 개선을 넘어 현대적 근린 재구성 방향을 제시하며, 설계와 정책적 제안이 결합된 통합적 개선안을 마련한다. 결과물은 조별 발표와 자료 제출을 통해 공유하며, 사람 중심 생활 환경과 도시정책-설계 연결 구조 이해 능력 향상을 목표로 한다.

<Site Planning> teaches the theory and practice of systematically arranging buildings, facilities, and open spaces on a given land area. It integrates natural environment, social needs, urban context, and user experience, serving as a key link between architectural design and urban planning.

This course focuses on residential site planning within historical and social contexts. From post-industrial mass housing and new town developments to urban regeneration and sustainability discussions, social and environmental conditions have shaped site planning. Uncontrolled suburbanization in the late 20th century led to low-density sprawl, car-oriented design, and lack of public infrastructure, reducing housing quality. Modern residential planning emphasizes community, walkability, mixed-use, active public spaces, sustainability, and inclusivity.

Students analyze physical conditions such as topography, climate, views, and accessibility, and learn practical skills including user-centered programming, circulation, density control, land-use strategy, and public space design. The course combines case studies with team projects, where students examine daily activity patterns and spatial characteristics, identify problems, and propose solutions.

Team Project

The team project analyzes residential sites formed through urban development, new towns, redevelopment, or reconstruction at the neighborhood scale. It focuses on people-centered environments and social connections. Using Clarence Perry's Neighborhood Unit Theory and New Urbanism as references, students investigate facilities, circulation, public spaces, and community operation, incorporating surveys and interviews as needed. Solutions go beyond simple improvements, proposing modernized neighborhood strategies that combine design and policy. Deliverables include team presentations and reports, aiming to develop critical understanding of residential environments and the link between urban policy and design.

도시계획

용승찬, Seungchan Yong

현대 사회는 빠른 도시화와 도시 인구 증가로 전 세계적으로 도시가 확장되고 있다. 특히 한국은 도시화 비율이 80%를 넘어 곧 90%에 도달할 것으로 예측된다. 도시는 단순한 물리적 공간이 아닌, 사람들의 삶과 모든 사회적·인문학적 현상이 이루어지는 사회적 공간이다. 이에 도시계획은 도시 공간을 풍요롭고 지속가능하게 만드는 사회적 실천으로 이해할 수 있다. 본 강의는 "도시의 본질은 사람"이라는 관점에서 출발하여, 주거, 교통, 공공공간, 환경, 경제, 문화 등 도시 요소가 사람들의 삶의 질에 미치는 영향을 학습한다.

수업은 도시계획의 이론과 역사적 흐름을 다루면서, 현대 도시의 문제(주거 불균형, 교통 혼잡, 사회적 분절, 기후위기, 지역 소외 등)를 사람 중심 시각에서 분석하고 해결책을 모색한다. 이론 강의와 사례 분석, 현장 조사, 팀 프로젝트를 병행하며, 학생들은 도시 차원에서 건축적 기획과 전략을 통합적으로 사고하고, 다학제적 접근과 시민 참여적 계획기법의 중요성을 인식하며, 지속가능하고 공공성이 강화된 도시를 설계하는 능력을 기른다.

Rapid urbanization and population growth are driving global city expansion. In South Korea, the urbanization rate has exceeded 80% and is approaching 90%. Cities are not just physical spaces but social arenas where people's lives and cultural, social phenomena unfold. Urban planning, therefore, is a social practice aimed at making cities more sustainable and livable. This course approaches cities from the perspective that "the essence of a city is its people," examining how housing, transportation, public spaces, environment, economy, and culture influence quality of life.

The course covers urban planning theory and history while analyzing modern challenges—housing imbalance, traffic congestion, social fragmentation, climate crises, and spatial inequality—from a human-centered perspective. Through lectures, case studies, fieldwork, and team projects, students develop skills in integrated architectural and urban strategies, interdisciplinary approaches, citizen-participatory planning, and sustainable, public-oriented urban design.

팀 프로젝트

팀 프로젝트는 도시 공간의 구조와 인간 인식을 종합적으로 이해하기 위해 수행된다. 먼저 피규어-그라운드(Figure-Ground) 분석으로 대상 지역의 물리적 구조를 조사하며, 건축물과 열린 공간의 배치, 밀도, 연결성을 파악한다. 역사적·사회적 배경과 도시정책 변화를 반영하여 공간 변화 과정을 단계별로 분석한다. 또한, 현장 조사, 설문, 인터뷰를 통해 도시민의 인식과 경험을 반영한 멘탈맵(Mental Map)을 작성한다. 본 프로젝트는 도시의 물리적 구조와 인간 중심 공간 인식을 동시에 분석하여, 도시 공간을 다층적·통합적으로 이해하도록 돕는다. 이를 통해 단순한 건축물과 도로의 집합이 아닌, 시간과 경험이 축적된 살아있는 공간으로서 도시를 이해하고, 미래 도시계획과 건축설계에 필요한 시각과 인문학적 감수성을 기르는 기회가 된다.

Team Project

The team project combines analysis of urban structure with human spatial perception. Students conduct Figure-Ground analysis to study the physical layout, density, and connectivity of buildings and open spaces, considering historical and policy-driven changes. Field surveys, interviews, and observations are used to create Mental Maps, reflecting residents' perceptions and experiences. This dual analysis of physical structure and human-centered perception helps students understand cities as layered, dynamic spaces shaped by time and experience. The project fosters critical thinking and humanistic sensitivity necessary for future urban planning and architectural design.

현대건축사

김일현, Ilhyun Kim

본 과목은 계몽주의 이후에 전개된 건축과 관련된 주요한 인물, 주제, 사물을 중심에 놓고 그 시대적 그리고 역사적 의미를 파악하는 것을 목적으로 한다.

'계몽의 명암'에서는 칸트에서 푸코에 이르는 그 정의의 변화를 기반으로, 건축학에서 카우프만에서 비들러에 이르는 이성과 사물에 대한 상이한 태도를 참조하여 불레, 르두, 르퀘를 비롯한 혁명시기 전후의 신고전주의 언어의 모험을 살펴본다. 이어서 유럽의 시민사회와 근대 국가의 성립을 배경으로 등장하는 주요한 인물들을 집중적으로 탐구하는데, 이탈리아의 경우 피라네시, 영국의 존 소안 그리고 독일의 경우 쉉켈과 폰 클렌제의 주요 작품을 해석하고 이러한 일련의 작업들이 현대건축에 미친 영향도 살펴본다. 물리적인 광역의 변화와 산업망을 통해 변화한 지구적 패권을 기반으로 백화점, 박람회, 파노라마 등의 의의를 최근의 연구들을 인용하여 고찰하고, 나아가서 변화에 대한 반대급부로 등장한 공상적 사회주의의 다양한 시도들 그리고 실용적인 차원에서 적용된 도시미화운동과 정원도시운동도 주요한 사례를 통해 고찰한다. 또한 이 시기에 공업적 혁신을 비판적으로 수용했던 수공예운동을 비롯해 새로운 장식과 디자인의 영역에 집중했던 여러 운동들 그리고 구조와 재료의 혁신을 적극적으로 활용한 사례들을 인물들의 문제작을 중심으로 살펴보게 된다. 서로 다르지만 근대주의의 탄생에 기여한 베를라헤, 베렌스, 페레와 바그너가 이 시점에서 주요한 위상을 차지한다.

This course aims to understand the historical and contextual significance of key figures, themes, and objects related to architecture developed after the Enlightenment.

In "The Light and Shadow of Enlightenment," we examine the adventures of neoclassical language during and around the revolutionary period, referencing the changing definitions from Kant to Foucault and different attitudes towards reason and objects from Kaufmann to Vidler in architecture, including Boullée, Ledoux, and Lequeu. Next, we focus on major figures emerging against the backdrop of European civil society and the modern nation-state, interpreting the key works of Piranesi in Italy, John Soane in England, and Schinkel and von Klenze in Germany, as well as examining their influence on modern architecture. We consider the significance of department stores, expositions, and panoramas based on global dominance shifts due to physical and industrial changes, referencing recent studies. Additionally, we explore various attempts of utopian socialism, the City Beautiful movement, and the Garden City movement as responses to these changes through key examples. We also critically examine movements like the Arts and Crafts movement, which critically embraced industrial innovation, and other movements focused on new decoration and design, as well as examples that actively utilized structural and material innovations, focusing on problem works by key figures. Though different, Berlage, Behrens, Perret, and Wagner, who contributed to the birth of modernism, hold significant positions at this point.

30년 간 우리 사회를 변화시킨 10가지의 특징
10 Social Changes in the Past 30 Years

문세진, Sejin Moon

글로벌 금융위기와 젠트리피케이션	Global Financial Crisis and Gentrification
인터넷 대중화 시작	Rise of the Internet and Mass Online Access
고령화 사회 노인인구 증가	Aging Society and Increasing Elderly Population
난민 증가와 이주 문제의 확산	Growth of Refugee Populations and Migration Issues
공공성 재논의	Reconsideration of Publicness in Society
포스트모더니즘의 확장	Expansion of Postmodernism
테러리즘의 확산과 9·11 이후 세계 질서 재편	Spread of Terrorism and Global Order Reorganization After 9/11
메타버스 가상현실(VR)의 사회적 활용 확대	Expansion of Social Applications of Metaverse and Virtual Reality(VR)
장애인 접근성 중심 공간 설계	Disability-accessible Spatial Design
기후위기 대응형 도시계획	Climate Crisis-responsive Urban Planning

신채원, Chaewon Shin

비혼과 비출산으로 인한 1인 가구의 증가	More Single-person Households as Marriage and Birth Rates Fall
보이는 통제의 증가와 보이지 않는 연대의 해체	Rise of Visible Control and Breakdown of Invisible Social Solidarity
기후위기에 대한 체감과 인식	Growing Awareness and Perception of the Climate Crisis
코로나19	COVID-19 Pandemic
새로운 소유의 방식: 점유에서 접근으로의 전환	New Modes of Ownership: Shift from Possession to Access
성평등 의식의 변화	Changes in Gender Equality Awareness
고령화 사회	Aging Society
스마트폰의 대중화와 정보 과잉	Widespread Smartphone Adoption and Information Overload
청년세대의 가치변화	Value Shifts in the Younger Generation
배달의 변화	Changes in Delivery Systems

팀 프로젝트를 통한 도시공간 설계

Studio A | 황경은 Kyungeun Hwang
Studio B | 천장환 Janghwan Cheon
Studio C | 이석 Suk Lee
Studio D | 민세홍 Sehong Min

<도시설계 스튜디오>는 경희대학교 건축학과 4학년 1학기 전공 설계 교과목으로, 도시개발 규모의 대상지를 다층적으로 분석하고 미래지향적인 도시공간을 설계하는 것을 목표로 한다. 이번 학기의 주제는 'Compact & Network City'로, 흑석역 한강변 또는 강남역 롯데칠성 부지를 선택해 팀별 프로젝트를 진행했다. 수업은 ① 현황 분석 및 사례 조사, ② 이슈 도출, ③ 비전 및 개발 방향 설정, ④ 공간 전략 및 프로그램 기획, ⑤ 디자인 콘셉트 및 마스터플랜, ⑥ 건축적 디자인 구체화의 여섯 단계로 구성되며, 실제 도시문제에 대한 비판적 사고와 설계적 해법을 유도했다. 도시를 유기적이고 유동적인 구조로 이해하고 설계하는 것이 수업의 핵심 철학이다.

Creative LOOP, Naturescape, Layers to the River는 흑석역 한강변을, 또 다른 하나는 강남역 롯데칠성부지를 대상으로 한다. 흑석역 한강변 프로젝트에서는 학생들이 한강을 다채롭게 해석하였다. 조각난 한강변 도시를 수변과 도시, 기반시설과 커뮤니티, 지상과 공중을 입체적으로 연결하는 순환구조로 재구성하거나, 병풍처럼 한강을 가로막던 기존 경관을 재해석해 아파트로 단절된 녹지축을 열어 한강과 연결함으로써 모두에게 열린, 모두가 즐길 수 있는 도시를 제안하였다. 다층적인 레이어를 통해 공간을 세분화하고, 한강변으로 뻗어나가는 수변공원을 조성해 경관과 접근성을 동시에 강화하였다. 강남역 롯데칠성부지 설계안은 경부고속도로 지하화를 전제로 열린 녹지공간을 형성하고, 중앙광장을 중심으로 브리지로 연결된 중·저층 복합매스를 배치해 보행 연결성과 공공성을 높인 대규모 복합개발로 계획되었다. 프로젝트 모두 장소의 맥락을 입체적으로 해석하고 공공성과 연결성을 강조한 점에서 도시·건축적으로 완성도가 높다.

The Urban Design Studio is a fourth-year, firstsemester core design course in the Department of Architecture at Kyung Hee University. Its goal is to conduct multi-layered analyses of large-scale urban development sites and to design future-oriented urban spaces. This semester's theme, "Compact & Network City," involved team projects on either the Heukseok Station waterfront along the Han River or the Lotte Chilsung site near Gangnam Station.The course was structured in six stages: ① Current condition analysis and precedent study ② Issue identification ③ Vision and development direction ④ Spatial strategies and program planning ⑤ Design concept and master plan ⑥ Architectural design development. It encouraged critical thinking and design-based solutions to real urban problems, with a core philosophy of understanding and designing the city as an organic, fluid system.

Creative LOOP, Naturescape, and Layers to the River focus on the Heukseok Station Han River waterfront, while the other project targets the Gangnam Station Lotte Chilsung site. In the Heukseok waterfront projects, students offered diverse interpretations of the Han River: some reconfigured the fragmented riverside city into a circulatory structure that three-dimensionally connects the waterfront and the city, infrastructure and community, and ground and elevated spaces; others reinterpreted the existing landscape that had blocked the river like a folding screen, opening the green axis severed by apartment complexes and reconnecting it to the river, thereby creating a city open and enjoyable to all.

ⓒ 배지우, 윤상이, 홍서영, Jiwoo Bae, Sangi Yoon, Seoyeong Hong

ⓒ 김예영, 김자인, 전지원, Yeyoung Kim, Jain Kim, Jiwon Jeon

ⓒ 김연희, 이주영, 윤동운, Yeonhee Kim, Juyoung Lee, Dongwoon Yoon

김예영, 김자인, 전지원 | Studio C
Layers to the River

ⓒ 김예영, 김자인, 전지원, Yeyoung Kim, Jain Kim, Jiwon Jung

한강변은 지금까지 '한강공원'이라는 이름으로 단순히 열린 여가 공간으로만 활용되어 왔다. 또한 흑석동 한강변처럼 아파트와 옹벽으로 가로막혀 시민들의 접근이 쉽지 않아 단순한 산책로로 이용되었다. 우리는 이곳을 한강을 가장 가까이에서 즐길 수 있는 문화 복합 단지로 새롭게 제안한다. 고도 차를 활용한 레벨 디자인과 선큰 광장을 통해 수변 접근성을 높이고, 다리 하부와 수변 너머까지 확장된 공간에서 물 중심의 문화 생활을 시민에게 제공한다. 쇼핑·공원·전시·문화센터가 결합된 이 복합 단지는 머무르고 즐기는 새로운 한강 라이프스타일을 만들어 간다.

The Han River waterfront has so far been used simply as an open leisure space under the name "Hangang Park." In areas like Heukseok-dong, access has been limited by apartment buildings and retaining walls, restricting use mostly to simple walking paths. We propose transforming this area into a cultural complex where people can experience the Han River up close. By employing level changes in the landscape design and a sunken plaza, we enhance waterfront accessibility and offer water-centered cultural activities across spaces extending beneath the bridge and beyond the riverbank. This mixed-use complex, combining shopping, parks, exhibitions, and cultural centers, introduces a new Han River lifestyle focused on staying, enjoying, and interacting with the river.

ⓒ 김예영, 김자인, 전지원, Yeyoung Kim, Jain Kim, Jiwon Jung

Layer Process

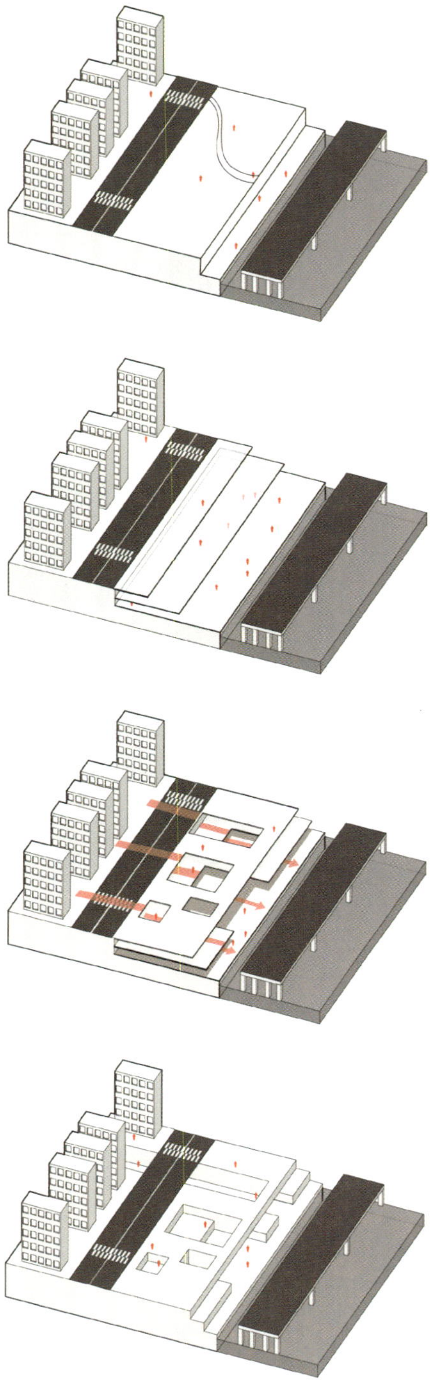

Waterfront Diagram

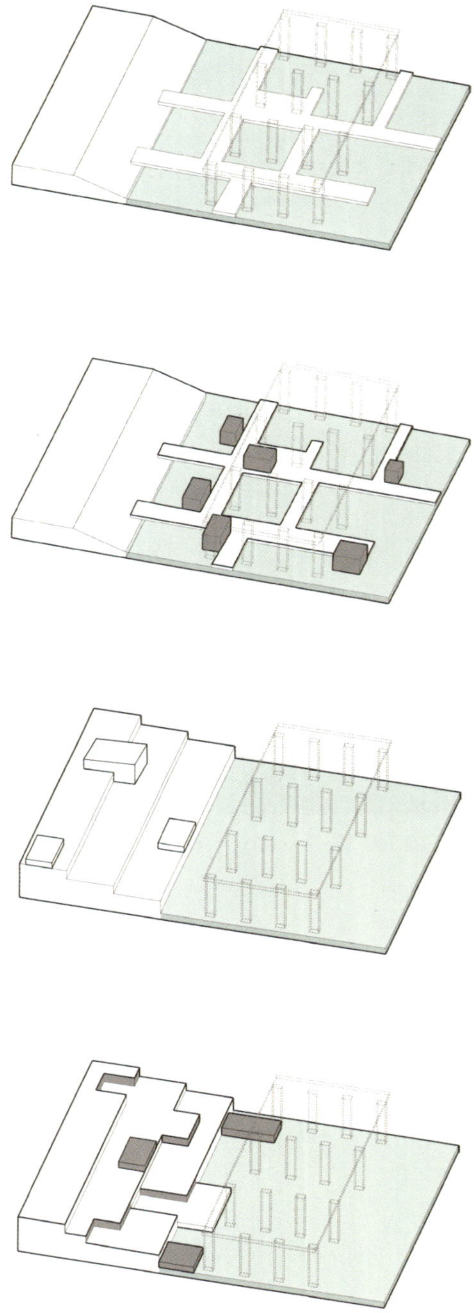

ⓒ 김예영, 김자인, 전지원, Yeyoung Kim, Jain Kim, Jiwon Jung

윤지원, 최준명, 최준영 | Studio B
Entangled City

대상지는 강남역 인근으로, 서측의 선형공원과 동측의 상업·업무 밀집지 사이에 위치한다. 현재 강남은 과도한 상업화와 고밀도로 인해 공공 공간이 부족하고 보행 흐름이 단절되어 머무르고 교류할 수 있는 장소가 거의 없다. 또한 지상과 지하가 분절된 채 교통 기능만 수행하며 도시의 흐름이 자연스럽게 이어지지 못하고 있다.

이에 본 프로젝트는 '얽힘'의 개념을 통해 수직·수평, 상부·하부 공간이 교차하며 Diagonal Line으로 연결되는 새로운 흐름을 제안한다. 흩어진 매스는 입체적 통로와 아트리움으로 하나의 지형처럼 묶이며, 외부 공간은 이 틈을 따라 확장된다. 프로그램은 선큰 광장을 중심으로 하부에 상업·문화·전시, 중층에 업무·회의, 상부에 숙박과 옥상 정원을 배치해 다양한 경험을 제공한다. 이 복합체는 공원과 도시 흐름을 자연스럽게 이어주는 매개체로 작동하며, 머무름·교류·업무·숙박이 공존하는 열린 도시 플랫폼이 된다.

The site lies near Gangnam Station, between a linear park to the west and a dense commercial district to the east. Today, Gangnam lacks public space, suffers from fragmented pedestrian flow, and offers few places for pause or interaction. The separation of ground and underground as mere transit areas further disrupts the city's continuity.

This project introduces a new spatial flow based on "intertwinement," where vertical and horizontal layers intersect and connect through diagonal movement. Seemingly scattered masses are tied together by three-dimensional passages and atriums, forming a continuous terrain that extends outward into the city. Centered around a sunken plaza, the lower levels host retail, cultural, and exhibition programs; the middle levels contain work and meeting spaces; and the upper levels provide lodging and a rooftop garden. The complex becomes an open urban platform that reconnects park and city, supporting coexistence of rest, exchange, work, and stay—ultimately acting as a mediator that weaves together people, programs, and urban flow.

ⓒ 윤지원, 최준명, 최준영, Jiwon Yoon, Junmyeong Choi, Junyoung Choi

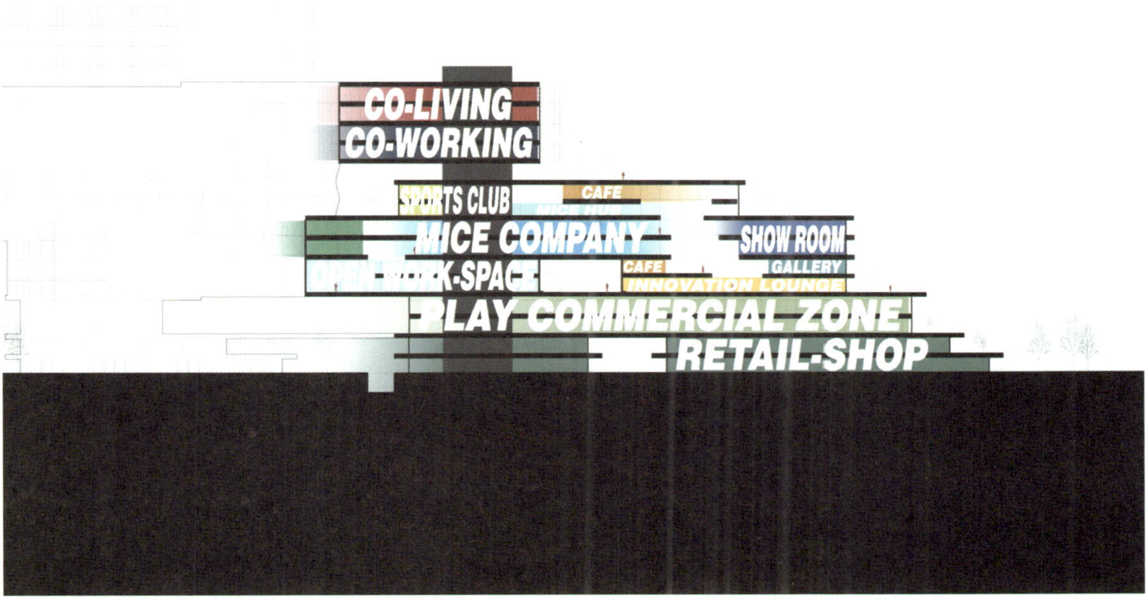
CO-LIVING
CO-WORKING
SPORTS CLUB
CAFE
MICE COMPANY
SHOW ROOM
CAFE
GALLERY
INNOVATION LOUNGE
PLAY COMMERCIAL ZONE
RETAIL-SHOP

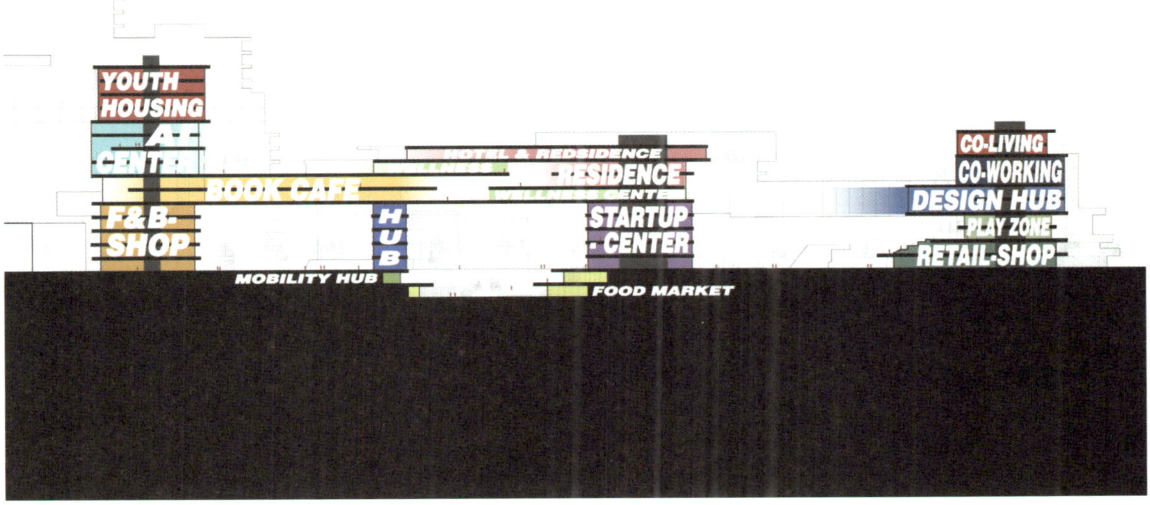
YOUTH
HOUSING
HOTEL & REDSIDENCE
RESIDENCE
BOOK CAFE
F&B-
SHOP
HUB
STARTUP
- CENTER
MOBILITY HUB
FOOD MARKET
CO-LIVING
CO-WORKING
DESIGN HUB
PLAY ZONE
RETAIL-SHOP

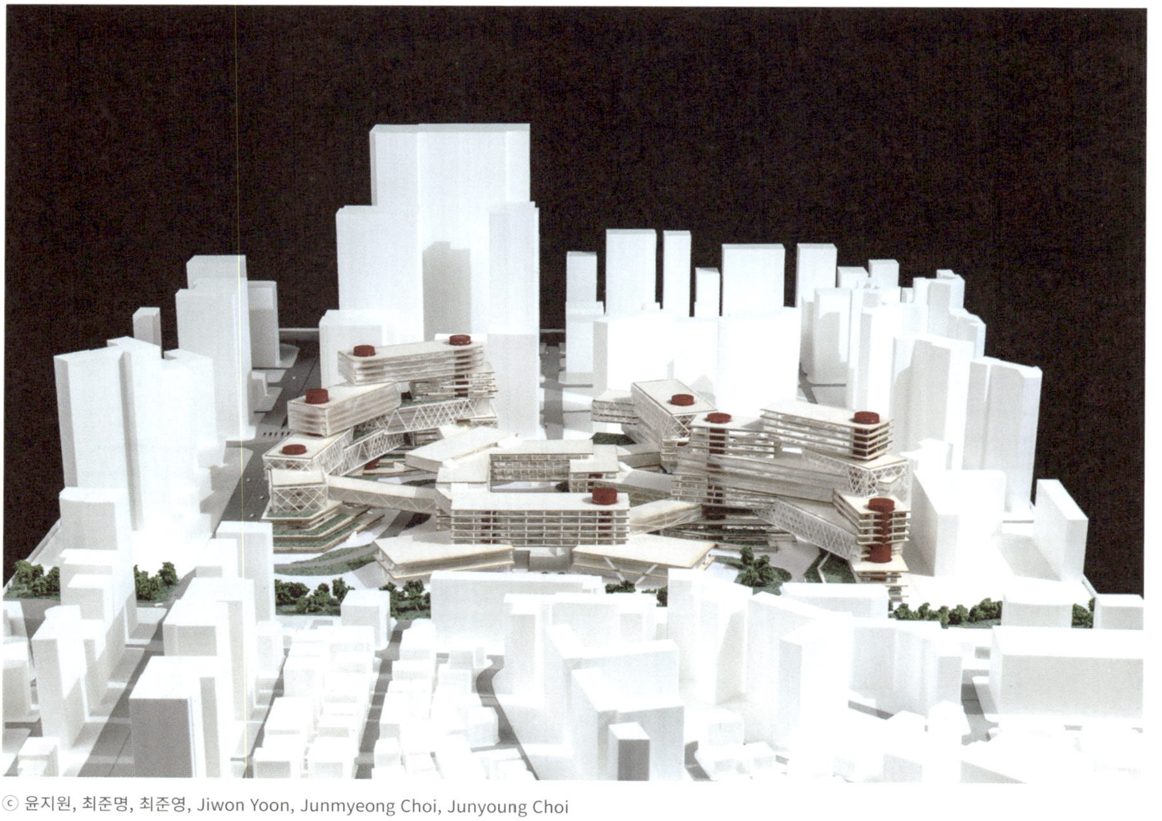

배지우, 윤상이, 홍서영 | Studio A
Creative Loop

서울의 중심과 주변, 한강과 도시의 경계에 놓인 흑석동은 오랫동안 단절과 배제의 공간이었다. 기반시설과 주거, 수변과 일상이 뒤엉켜 있으면서도 서로를 이어주지 못한 채 조각난 상태로 남아 있었다. 우리는 이 단절된 도시 위에 새로운 크리에이티브 루프(Creative Loop)를 제안한다. 수변과 도시, 기반시설과 커뮤니티, 지상과 공중을 입체적으로 연결하는 네 개의 순환 구조를 통해 흑석은 다시 묶이고, 다시 흐르며, 다시 창조된다. 이 프로젝트는 단순한 도시 재생을 넘어, 경계의 땅 흑석을 창조와 연결의 실험장으로 전환하는 시도이다. 도시의 미래는 경계에 머무르지 않고, 그 경계를 넘나드는 루프 위에서 존재한다. 외면받고 방치되었던 장소들, 잊혀졌던 도시의 공간들 속 잠재된 가능성은 루프의 고리로 되살아난다. 네 개의 루프는 단순한 보행 순환로를 넘어 수변과 대지, 프로그램을 입체적으로 관통하며 새로운 도시의 구조체로 작동한다.

Heukseok-dong, located at the center and periphery of Seoul, on the border between the Han River and the city, has long been a space of disconnection and exclusion. Despite the intertwined infrastructure and housing, waterfront and daily life, it remained fragmented without being able to connect each other. We propose a new Creative Loop on top of this disconnected city. Through four circular structures that three-dimensionally connect waterfront and city, infrastructure and community, and ground and air, the blackstone is regrouped, flowed again, and recreated. This project goes beyond simple urban regeneration, and is an attempt to transform the land of boundaries, the blackstone, into a laboratory of creation and connection. The potential in neglected places, forgotten urban spaces, is revived as a loop in the loop. The four loops go beyond a simple walking loop and threedimensionally penetrate waterways, land, and programs, acting as new city structures.

ⓒ 배지우, 윤상이, 홍서영 Jiwoo Bae, Sangi Yoon, Seoyeong Hong

© 배지우, 윤상이, 홍서영 Jiwoo Bae, Sangi Yoon, Seoyeong Hong

ⓒ 배지우, 윤상이, 홍서영 Jiwoo Bae, Sangi Yoon, Seoyeong Hong

크리에이티브 루프는 기존의 배제된 기반시설(펌프장, 쓰레기 집하장 등)을 도시 콘텐츠로 재해석하고 재생시킴으로써 도시 경계의 인식을 전환한다. 이 변화의 중심에는 입체적 루프 시스템이 존재한다. 이는 단순한 보행로를 넘어, 층위별로 다채로운 도시 경험을 선사하며 도시의 물리적, 사회적 연결을 강화한다. 이러한 공간은 창작 중심 커뮤니티 플랫폼으로 변모하여, 지역 주민부터 예술가, 스타트업까지 모두가 함께 어울리는 창작과 교류의 장을 선사한다. 동시에 수변 공간은 단절된 경계가 아닌 일상과 맞닿은 소통의 공간으로 계획되어, 도시의 열린 경계를 실현한다. 흑석동의 크리에이티브 루프는 잃어버린 공간들을 다시 이어주고, 경계에 가려졌던 가능성을 드러내며, 도시를 새로운 흐름 속에서 살아 움직이게 한다.

Creative Loop transforms the perception of urban boundaries by reinterpreting and reproducing existing excluded infrastructure (pumpyards, dumps, etc.) into urban content. At the heart of this change is a threedimensional loop system. Beyond simple walking paths, it provides a variety of urban experiences at different levels and strengthens the physical and social connections of the city. This space transforms into a creative community platform, where everyone from local residents to artists and startups can mingle together. Heukseok-dong's creative loop reconnects lost spaces, reveals the possibility of being overshadowed by boundaries, and brings the city to life in a new trend.

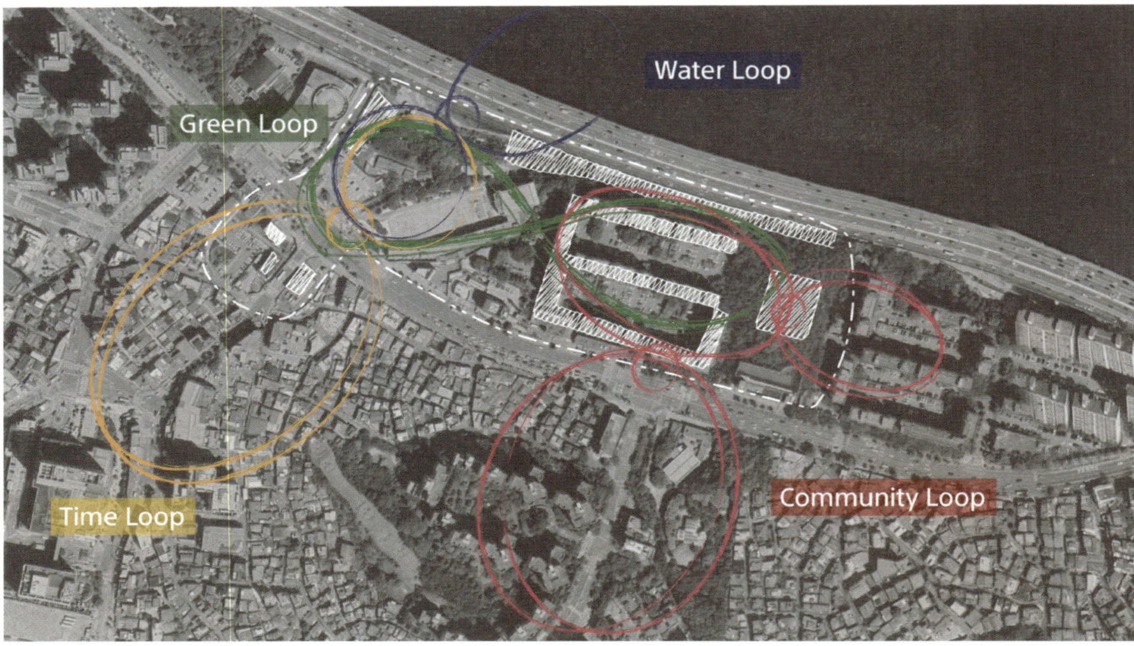

ⓒ 배지우, 윤상이, 홍서영 Jiwoo Bae, Sangi Yoon, Seoyeong Hong

ⓒ 배지우, 윤상이, 홍서영 Jiwoo Bae, Sangi Yoon, Seoyeong Hong

김연희, 이주영, 윤동운 | Studio D
Naturescape

ⓒ 김연희, 이주영, 윤동운, Yeonhee Kim, Juyoung Lee, Dongwoon Yoon

1960년대부터 한강변을 따라 빼곡히 들어선 아파트들로 인해, 우리에게 가장 친근하고 또한 우리가 가장 많이 찾는 자연환경인 한강과 시각적, 물리적으로 단절된 상황이다. 우리는 이러한 기존의 틀에서 벗어나 한강과의 경계를 흐리고 한강과 연결되는, 빼곡한 스카이라인 사이에서 틈을 만드는 새로운 형태의 도시를 제안한다. <2040 서울도시기본계획>과 유동인구의 잠재성을 고려하여, 모두에게 열린, 모두가 즐길 수 있는 자연친화 도시를 만들고자 했다. 높은 스카이라인 사이에서 중앙부를 낮추고 비웠으며, 땅이 그대로 솟아올라 만들어진 듯한 곡선을 활용하여 다양한 타입의 OPEN SPACE와 건물을 디자인했다.

From the 1960s, the Han River has been visually and physically cut off from us, its most familiar and frequently visited natural environment, due to the apartments densely built along its banks. We propose a new urban form that breaks away from this framework, blurring the boundaries with the Han River and creating openings within the dense skyline. Considering <Seoul's 2040 urban master plan> and the potential of floating populations, we aimed to create an eco-friendly city open and enjoyable to all. We lowered and emptied the central part amidst the high skyline, and designed various types of open spaces and buildings using organic curves that appear as if the land itself has risen.

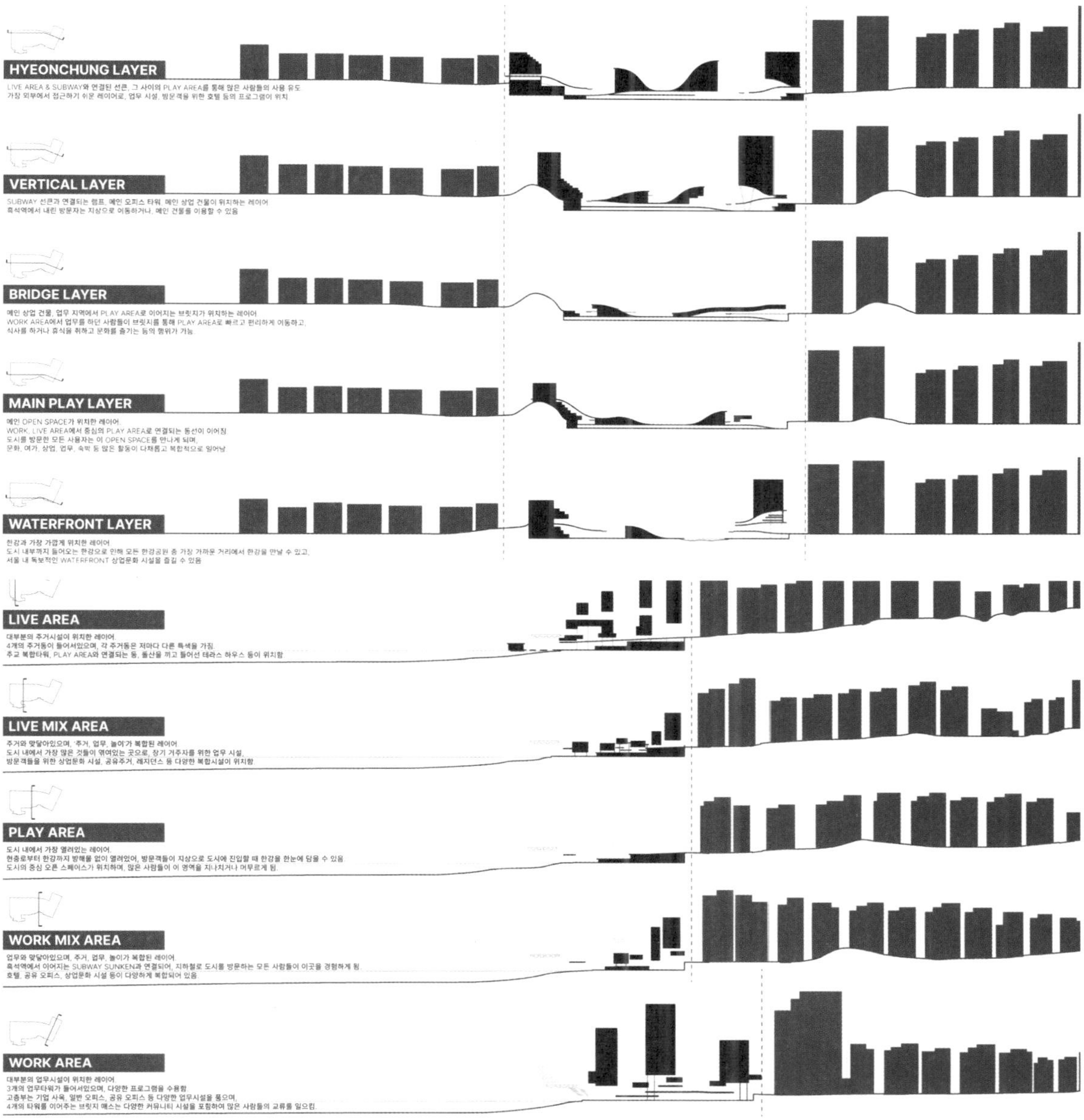
HYEONCHUNG LAYER
LIVE AREA & SUBWAY와 연결된 선큰, 그 사이의 PLAY AREA를 통해 많은 사람들의 사용 유도
가장 외부에서 접근하기 쉬운 레이어로, 업무 시설, 방문객을 위한 호텔 등의 프로그램이 위치
VERTICAL LAYER
SUBWAY 선큰과 연결되는 램프, 메인 오피스 타워, 메인 상업 건물이 위치하는 레이어
흑석역에서 내린 방문자는 지상으로 이동하거나, 메인 건물을 이용할 수 있음
BRIDGE LAYER
메인 상업 건물, 업무 지역에서 PLAY AREA로 이어지는 브릿지가 위치하는 레이어
WORK AREA에서 업무를 하던 사람들이 브릿지를 통해 PLAY AREA로 빠르고 편리하게 이동하고,
식사를 하거나 휴식을 취하고 문화를 즐기는 등의 행위가 가능.
MAIN PLAY LAYER
메인 OPEN SPACE가 위치한 레이어.
WORK, LIVE AREA에서 중심의 PLAY AREA로 연결되는 동선이 이어짐
도시를 방문한 모든 사용자는 이 OPEN SPACE를 만나게 되며,
문화, 여가, 상업, 업무, 숙박 등 많은 활동이 다채롭고 복합적으로 일어남
WATERFRONT LAYER
한강과 가장 가깝게 위치한 레이어.
도시 내부까지 들어오는 한강으로 인해 모든 한강공원 중 가장 가까운 거리에서 한강을 만날 수 있고,
서울 내 독보적인 WATERFRONT 상업문화 시설을 즐길 수 있음
LIVE AREA
대부분의 주거시설이 위치한 레이어.
4개의 주거동이 들어서있으며, 각 주거동은 저마다 다른 특색을 가짐.
주교 복합타워, PLAY AREA와 연결되는 동, 돌산을 끼고 들어선 테라스 하우스 등이 위치함
LIVE MIX AREA
주거와 맞닿아있으며, '주거, 업무, 놀이'가 복합된 레이어
도시 내에서 가장 많은 것들이 엮여있는 곳으로, 장기 거주자를 위한 업무 시설,
방문객들을 위한 상업문화 시설, 공유주거, 레지던스 등 다양한 복합시설이 위치함
PLAY AREA
도시 내에서 가장 열려있는 레이어.
현충로부터 한강까지 방해물 없이 열려있어, 방문객들이 지상으로 도시에 진입할 때 한강을 한눈에 담을 수 있음
도시의 중심 오픈 스페이스가 위치하며, 많은 사람들이 이 영역을 지나치거나 머무르게 됨.
WORK MIX AREA
업무와 맞닿아있으며, 주거, 업무, 놀이가 복합된 레이어.
흑석역에서 이어지는 SUBWAY SUNKEN과 연결되어, 지하철로 도시를 방문하는 모든 사람들이 이곳을 경험하게 됨.
호텔, 공유 오피스, 상업문화 시설 등이 다양하게 복합되어 있음.
WORK AREA
대부분의 업무시설이 위치한 레이어.
3개의 업무타워가 들어서있으며, 다양한 프로그램을 수용함.
고층부는 기업 사옥, 일반 오피스, 공유 오피스 등 다양한 업무시설을 품으며,
4개의 타워를 이어주는 브릿지 매스는 다양한 커뮤니티 시설을 포함하여 많은 사람들의 교류를 일으킴.

ⓒ 김연희, 이주영, 윤동운, Yeonhee Kim, Juyoung Lee, Dongwoon Yoon

또, 한강과 가까우나 수직적 단차로 인해 한강과 단절되어 있던 현 사이트에서 한강을 향할수록 낮아지는 레벨을 형성하였으며, 한강을 향해 뻗고 동시에 한강을 들이는 형태로 발전시켜 한강과의 연결성을 회복하고자 했다. 프로그램은 주변 환경의 특성에 따라 구역별로 배치되었으며, 중앙부로 향할수록 다양한 프로그램들이 섞이게 하여 사용자가 중앙부를 중심으로 도시 모두를 향유할 수 있게 하였다. 열린 자연친화 도시를 위해 각각 다른 성격의 네 개의 오픈 스페이스를 만들어 다양하고 입체적인 동선을 만들어내고, 물과 도시를 연결한다.

Furthermore, in the current site, which is close to the Han River but disconnected by a vertical difference in elevation, we created levels that gradually lower towards the Han River. By extending towards the Han River and simultaneously embracing it, we sought to restore connectivity. Programs were arranged by zone according to the characteristics of the surrounding environment, with diverse programs intermingling towards the central area, allowing users to enjoy the entire city centered around it. To create an open, eco-friendly city, we designed four open spaces, each with a different character, to create diverse and three-dimensional circulation paths, connecting water and the city.

ⓒ 김연희, 이주영, 윤동운, Yeonhee Kim, Juyoung Lee, Dongwoon Yoon

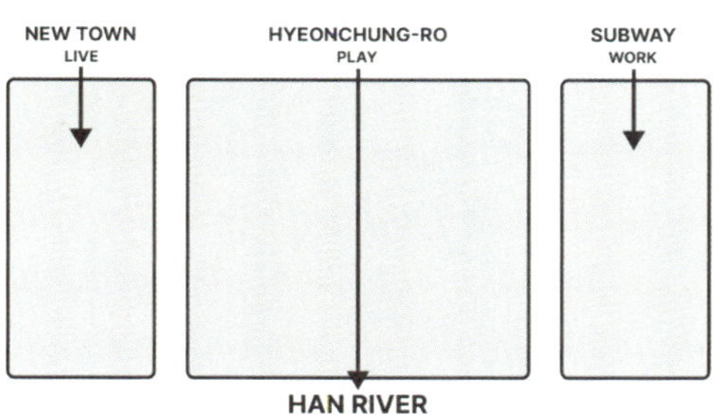

각각 흑석뉴타운, 현충로, 9호선과 가까운 세 개의 구역

주변 환경의 특성에 따라 대지의 구역에 주거, 상업, 업무의 기능 배치

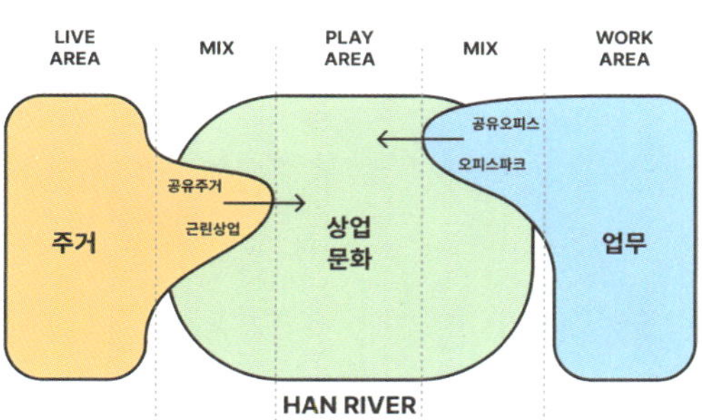

기능별로 분리된 프로그램을 중앙 오픈 공간으로 확장시켜 복합 프로그램을 형성

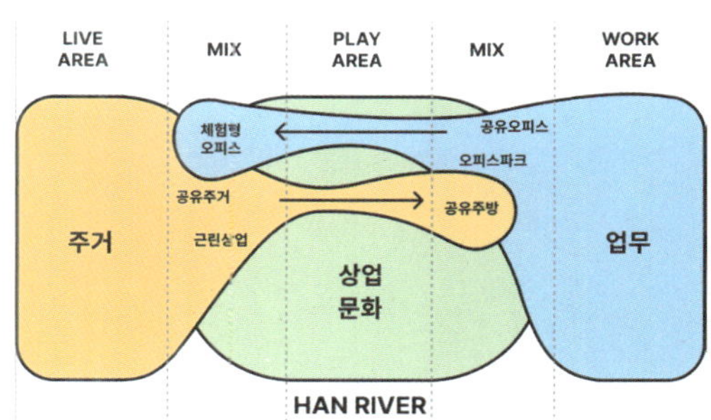

나아가 대지 전체에서 프로그램이 섞여 도시를 모두 향유할 수 있게 함

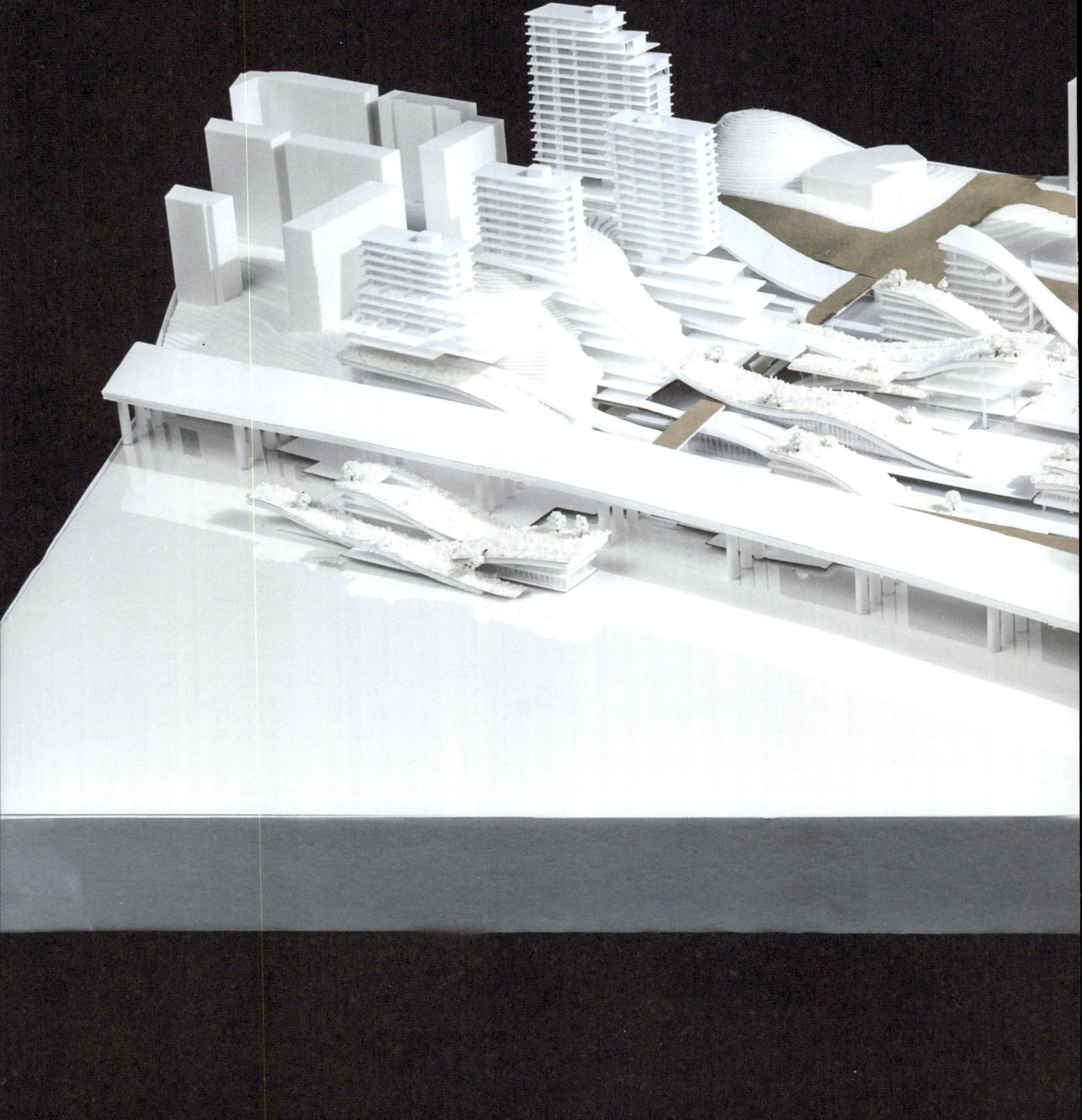

기존 건물의 새로운 요구를 수용하기 위한 건물 리노베이션

[건축설계 6]

Studio A | 천장환, Janghwan Cheon
Studio B | 이석, Suk Lee
Studio C | 최여진, Yeojin Choi
Studio D | 이두열, Dooyeol Lee
Studio E | 석상용, Sangyong Seok

<건축설계 6>은 기존 건물을 분석하고, 변화하는 시대와 사회적 수요를 반영한 대수선·증개축 등 리노베이션 방안을 제안하는 디자인 스튜디오이다. 설계 전 리모델링의 기본 지식과 우수 사례를 학습하여, 신축 위주의 기존 스튜디오와의 차이를 인식하고 이번 학기 집중해야 할 방향을 설정한다.

학생들은 리모델링 사례에서 구조와 외피의 디테일을 중심으로 효과적인 표현 방식을 탐구한다. 이후 설계 과정에서는 증·개축, 보수 등을 통해 기존 건물의 보전과 재활용의 의미를 이해하고, 대상의 역사성·상징성·구조적 안정성을 분석한다. 구조·재료 등의 기술적 판단과 시공성·경제성을 고려하여 새로운 기능과 공간을 제안하며, 보존과 조화를 이루는 리모델링 안을 완성하는 것이 수업의 목표이다.

2024학기 대상지는 경기상상캠퍼스의 조경학관(1957)과 학생회관(1972)으로, 서울대학교 농업생명과학대학 이전(2003) 이후 유휴공간으로 남은 건물들이다. 이곳은 경기도와 경기문화재단의 리모델링을 통해 2016년 문화예술 복합공간으로 재탄생했으며, 학생들은 남은 유휴건물의 재사용 방안을 고민한다.

본 설계를 통해 학생들은 기존 건축물의 가치와 공간 구성, 프로그램 분석을 바탕으로 용도 변경과 공간 확장 등의 설계 능력을 기른다. 아이디어를 다양한 미디어와 모형 스터디로 발전시키며, 구조와 외피 디테일을 구체화하기 위해 1/30 단면 모형을 제작한다. 수도권 과밀과 건설경기 침체로 리모델링의 중요성이 커진 현 시점에서, 본 수업은 학생들이 도시와 건축환경을 새롭게 인식하는 계기가 되기를 기대한다.

Architectural Design 6 is a design studio that analyzes existing buildings and proposes renovation strategies—such as major repairs, extensions, and reconstructions—that respond to changing times and social needs. Before beginning design work, students study the fundamentals of remodeling and review precedents to distinguish this studio from those focused on new construction and to establish the semester's design direction.

Students explore effective ways to express structural and envelope details found in remodeling projects. Through the design process, they learn the value of preservation and reuse by engaging in additions, reconstructions, and repairs, while analyzing each building's historical, symbolic, and structural aspects. Considering technical, material, and economic factors, they propose new functions and spaces that harmonize with existing contexts.

The 2024 project sites are the Department of Landscape Architecture Building (1957) and the Student Union Building (1972) at Gyeonggi Sangsang Campus. Formerly part of Seoul National University's College of Agriculture and Life Sciences, the buildings were left vacant after relocation to the Gwanak Campus in 2003. In 2016, Gyeonggi Province and the Gyeonggi Cultural Foundation renovated part of the campus into a cultural and artistic complex, and students now propose reuse strategies for the remaining unused buildings.

Through this studio, students develop design abilities for functional transformation and spatial expansion, grounded in analyses of architectural value, spatial organization, and program composition. Ideas are refined through media and model studies, culminating in a 1:30 sectional model that articulates structural and envelope details.

Amid growing urban density and a slowing construction industry, the course encourages students to broaden their perspectives on the urban and architectural environment surrounding everyday life.

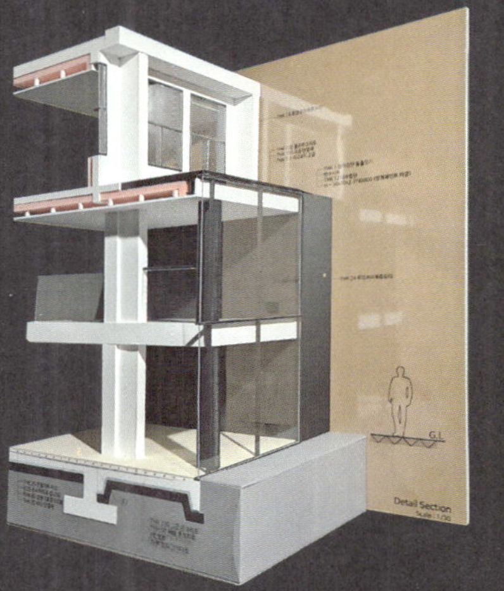
G.L.
Detail Section

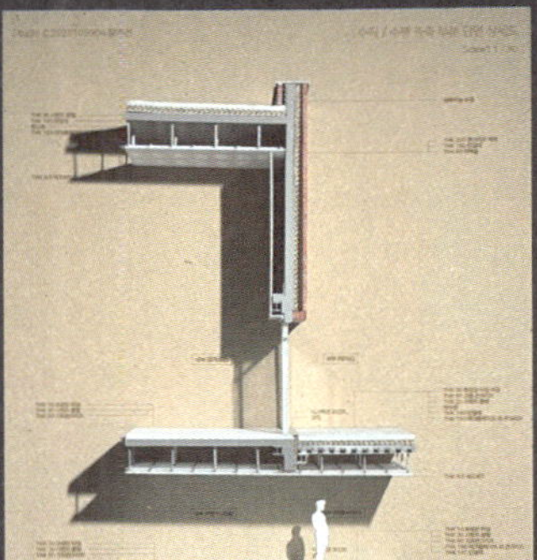

송규석 | Studio A
Multi-central

ⓒ 송규석, Gyuseok Song

경기 상상캠퍼스는 기존의 공간 구성 방식으로 인해 주거지와 복합문화센터 사이에 뚜렷한 경계를 형성하고 있었다. 이 경계는 두 공간의 흐름을 단절시키고, 서로 다른 이용자 집단이 만날 수 있는 가능성을 제한하는 결과를 낳았다. 그러나 사이트 주변은 다양한 연령층이 공존하며 생활하는 지역으로, 서로의 일상과 활동이 자연스럽게 스며드는 열린 공간에 대한 잠재력이 충분하다.

프로젝트는 이러한 잠재력을 활성화하기 위해 '다중심화' 개념을 도입하였다. 특정 주체가 일방적으로 공간을 규정하는 방식이 아니라, 여러 중심과 다양한 관점이 공존하며 함께 만들어가는 장소성을 지향한다. 즉, 공간을 사용하는 모두가 공간 생산의 주체가 되는 구조를 목표로 하였으며, 세대 간의 교류와 활동이 자연스럽게 확장될 수 있는 열린 플랫폼을 만들어가는 데 중점을 두었다.

이를 통해 본 프로젝트는 단순한 리노베이션을 넘어, 지역사회 구성원 모두를 위한 공유 공간이자 참여적 문화 환경을 조성하는 새로운 공간 모델을 제안한다.

The renovation project site, Gyeonggi Sangsang Campus, has long created a clear boundary between the surrounding residential area and the cultural complex within the campus. This boundary resulted in a spatial disconnect, limiting interaction between different groups of users. However, the surrounding neighborhood is home to a wide range of age groups, suggesting significant potential for a shared space where diverse people can gather and participate.

To address this, the project adopts the concept of polycentricity. Instead of a single dominant actor defining the space, the goal is to create an environment shaped collectively by all users. The space is envisioned as an open platform where multiple centers, viewpoints, and activities coexist—allowing users of all ages to become active contributors rather than passive occupants.

In this way, the project aims not only to renovate the physical site but also to establish a new spatial model that fosters community participation, encourages intergenerational interaction, and supports a shared cultural environment for everyone.

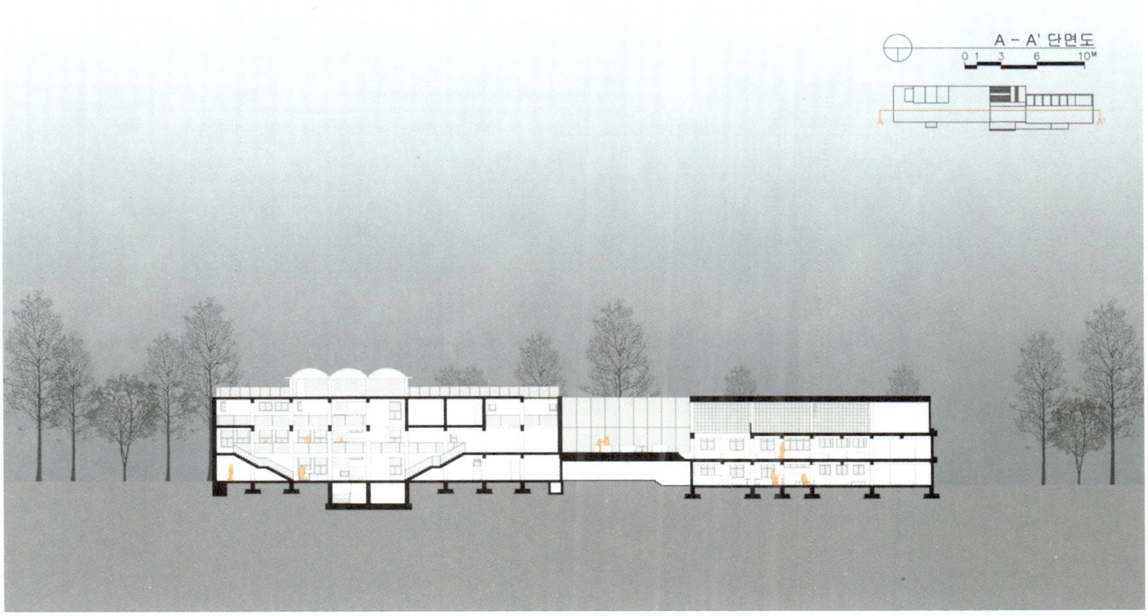

ⓒ 송규석, Gyuseok Song

이상엽 | Studio A
Trans Pose

본 프로젝트에서는 경기상상캠퍼스의 기존 조경학관 및 학생회관을 새롭게 재탄생 시키고자 하였고, Transpose라는 키워드를 통해 디자인을 진행하였다. 기존 건물의 모습을 간직한 채 어떻게 새로운 공간을 이어 붙일 수 있을지, 리노베이션이라는 주제와 걸맞게 옛 것과 새 것이 어떻게 대비를 이룰 수 있을지 고민하였다.

하나의 중심축을 형성하고, 이를 기준으로 공간을 회전시키며 표현해낼 수 있었다. 비틀어진 공간은 서로 다른 방향성과 성격, 용도 등을 지니게 되었고, 이는 곧 다채로운 공간과 동선을 형성해냈다. 두 건물 사이에 위치한 홀을 통해 서로 다른 두 건물이 하나의 흐름을 형성할 수 있도록 의도하였고, 동선을 따라 걷다 보면 옛 공간과 새 공간이 계속해서 교차되는 장면을 연출하였다. 기존 그리드 속 공간에서는 기존의 프로그램을, 새로운 그리드 속 공간에서는 새로운 프로그램을 적용시켜, 방문객들은 대비되는 공간에서의 Transpose를 직접 느껴볼 수 있다.

In this project, the existing landscape architecture and student hall of the Gyeonggi Sangsang Campus were newly reborn, and the design was carried out through the keyword Transpose. I thought about how to connect new spaces while preserving the appearance of the existing building, and how to contrast the old and the new in line with the theme of renovation.

This formed a central axis and could be expressed by rotating the space based on it. The twisted space had different directions, personalities, and uses, which soon formed a variety of spaces and movements. It was intended that two different buildings could form a flow through the hole between the two buildings, and as you walk along the flow, the old space and the new space continued to intersect. By applying the existing program in the space in the existing grid and the new program in the space in the new grid, visitors can directly feel the Transpose in the contrasting space.

ⓒ 이상엽, Sangyeop Lee

ⓒ 이상엽, Sangyeop Lee

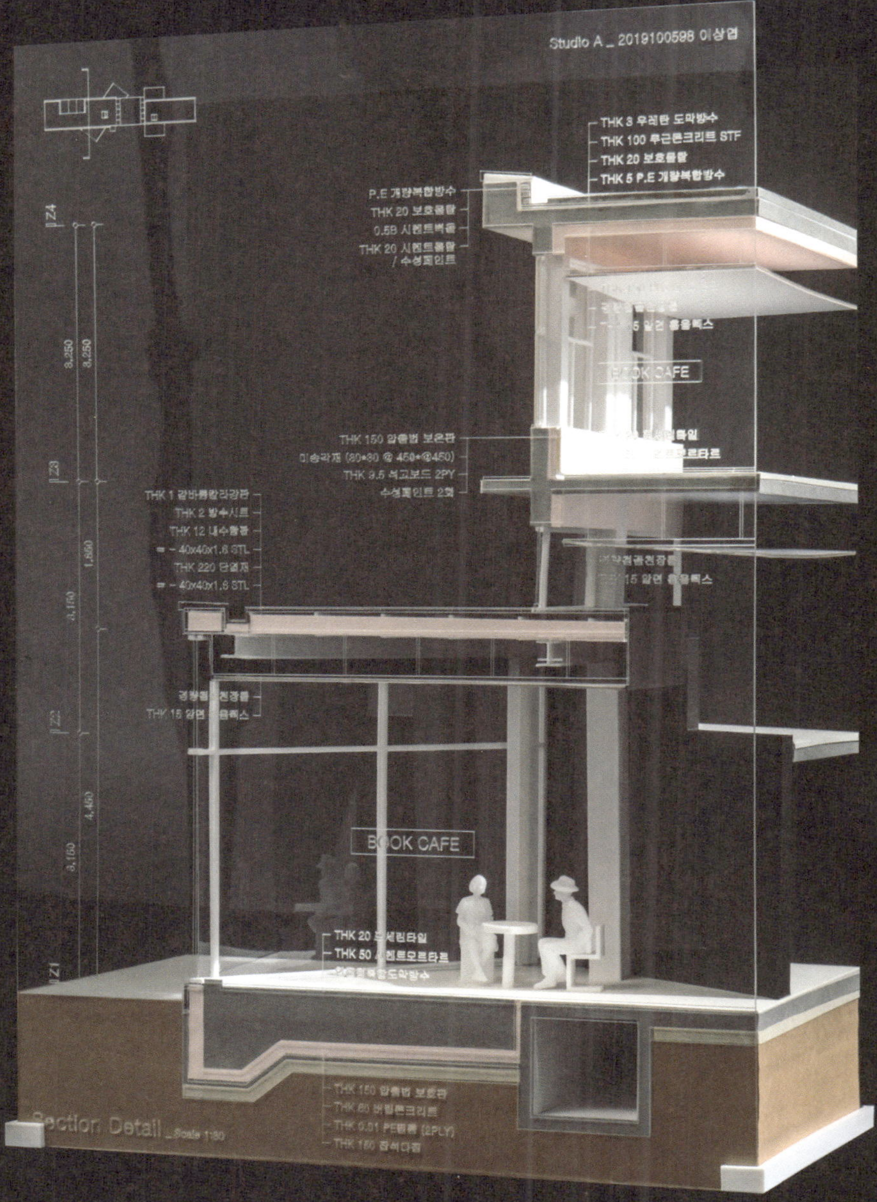

장우창 | Studio A
경계없는 도서관
Borderless Library

옛 서울대학교 농업생명과학대학의 조경학관과 학생회관은 경기상상캠퍼스 조성 이후에도 오랫동안 쓰이지 않아 의미를 잃어버린 건물이다. 본 프로젝트는 "건축은 사람들의 다양한 움직임을 담을 때 의미를 갖는다."는 생각에서 시작하여, 누구에게나 열려 있는 도서관으로 프로그램을 설정하였다.

이를 실현하기 위해, 건물의 벽을 재구성하였다. 벽으로 공간을 분리하여 특정한 프로그램을 가진 방을 구획하면 사람의 움직임이 제한된다고 보았기 때문이다. 따라서, 벽을 방이 아닌 '영역'을 만드는 장치로 접근하였으며, 가구·수직 동선·설비 등의 기능적 요소를 통합하여 공간의 제약을 완화하고, 이용자의 행위를 자연스럽게 유도할 수 있도록 하였다.

The Landscape Architecture Building and the Student Center at Seoul National University's former College of Agriculture and Life Sciences remained unused long after the site became the Gyeonggi Sangsang Campus and consequently lost their significance. The project proceeds from the premise that architecture gains meaning when it accommodates human behavior, and set the program as a library open to anyone.

To realize this, the design reconfigures the building's walls. Partitioning space into rooms with fixed functions was judged to restrict behavior; therefore, walls are conceived not as room-making boundaries but as zone making devices. Functional elements—furniture, vertical circulation, and building services—are integrated into the wall system to reduce spatial constraints and to gently guide users' actions.

ⓒ 장우창, Woochang Jang

ⓒ 장우창, Woochang Jang

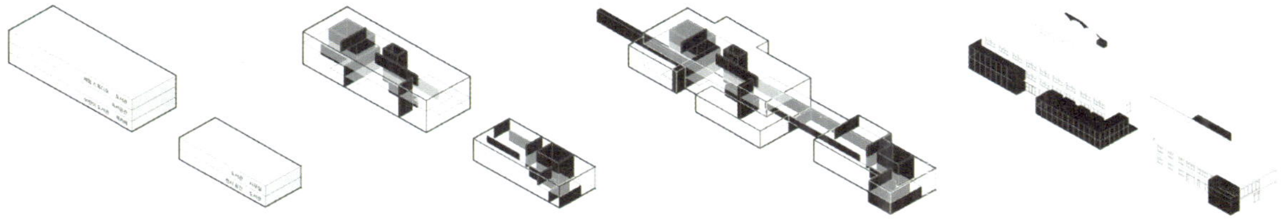

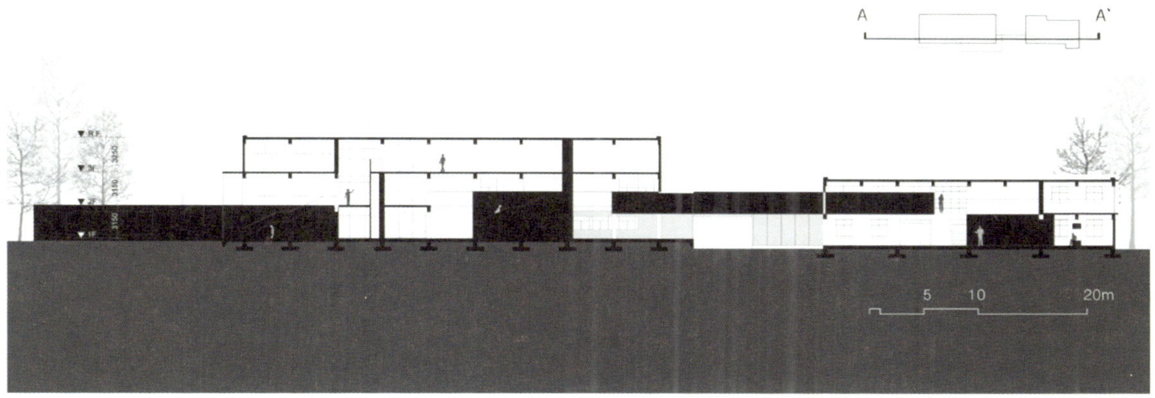

김형태 | Studio B
상상슬로프
SangSang Slope

ⓒ 김형태, Hyeongtae Kim

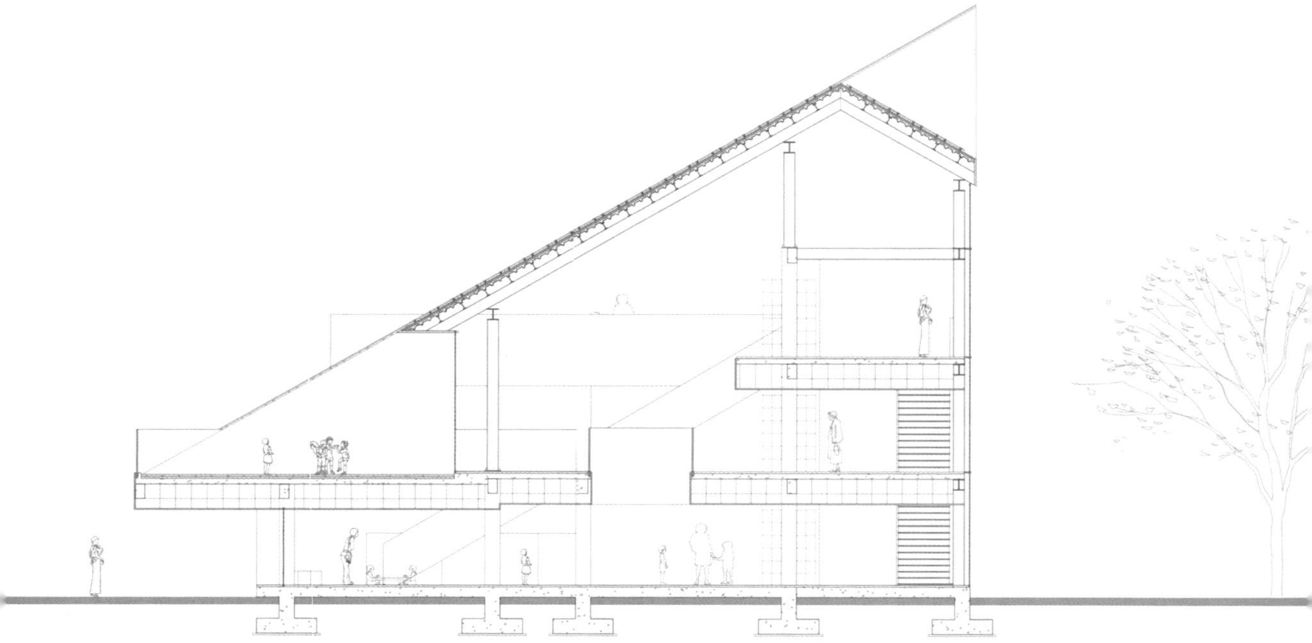

발길이 끊겨가던 건물에 사람들이 방문하게 하여 단절된 주거 지역과 캠퍼스를 연결해주고 건물의 기억을 간직하게 하면서 에너지가 지속가능한 서점을 제안한다.

기존 기숙사에서 서점과 식당으로 용도를 변경하여 주민과 학생들을 위한 곳으로 만들어 주어 건물의 새 수명을 부여하고 쓰임을 지속시킨다. 건물은 기존의 입면을 보존하여 건물의 기억을 지속시킨다. 또한 건물에 태양광 패널을 활용한 지붕을 통해 건물의 에너지를 지속시킨다.

I propose a bookstore that is energy-sustainable by allowing people to visit the building, connecting the disconnected residential area with the campus, and keeping the memory of the building.

The building is repurposed from the existing dormitories to a bookstore and a restaurant to make them places for residents and students to give the building a new lifespan and maintain its use. The building preserves the existing elevation and preserves the building's memory. It also sustains the building's energy through a roof that uses solar panels.

김민서 | Studio B
Rootence

농업은 오랫동안 사람과 자연을 잇는 중요한 매개였지만, 오늘날 그 가치는 일상에서 점점 멀어지고 있다. 'Rootence'는 단절된 농업의 전통과 미래를 다시 연결하며, 잊혀가던 감각과 경험을 도시 속으로 되돌려놓는다. 트러스 기둥은 나무처럼 뿌리에서 가지로 뻗어 나가며 과거와 첨단의 대비를 하나의 흐름으로 묶는다. 곡선의 동선과 스며든 녹지는 건축 속에서 숲을 거니는 경험을 만들어내고, 각 층은 쇼룸·전시장·도서관·옥상정원으로 이어지며 농업의 다층적 얼굴을 드러낸다. 나아가 이 흐름은 사람들이 농업을 새로운 방식으로 배우고 체험하는 열린 플랫폼으로 확장된다. 'Rootence'는 보존을 넘어, 농업을 다시 경험하고 확장하는 문화 플랫폼이다.

Agriculture has long been a meaningful bridge between people and nature, yet its value has gradually drifted away from everyday life. Rootence reconnects the broken link between agricultural tradition and the future, bringing forgotten sensibilities back into the urban environment. Its truss columns branch upward like trees, weaving the contrast between the past and the technologically advanced into a single continuous flow. Curved circulation paths and permeating greenery create the sensation of walking through a forest within architecture, while each floor—showroom, exhibition hall, library, and rooftop garden—reveals a different layer of agriculture. This spatial flow expands into an open platform where visitors can learn and experience agriculture in new ways. Rootence goes beyond preservation to become a cultural hub for rediscovering and expanding the experience of agriculture.

ROOTENCE

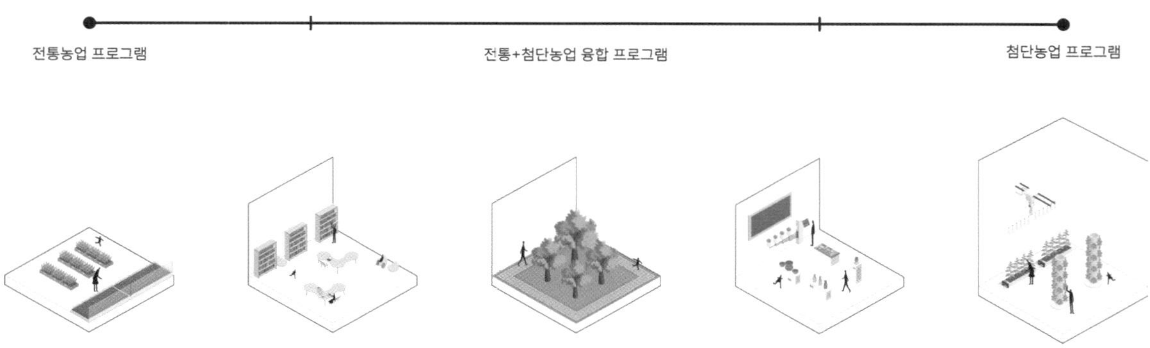

ⓒ 김민서, Minseo Kim

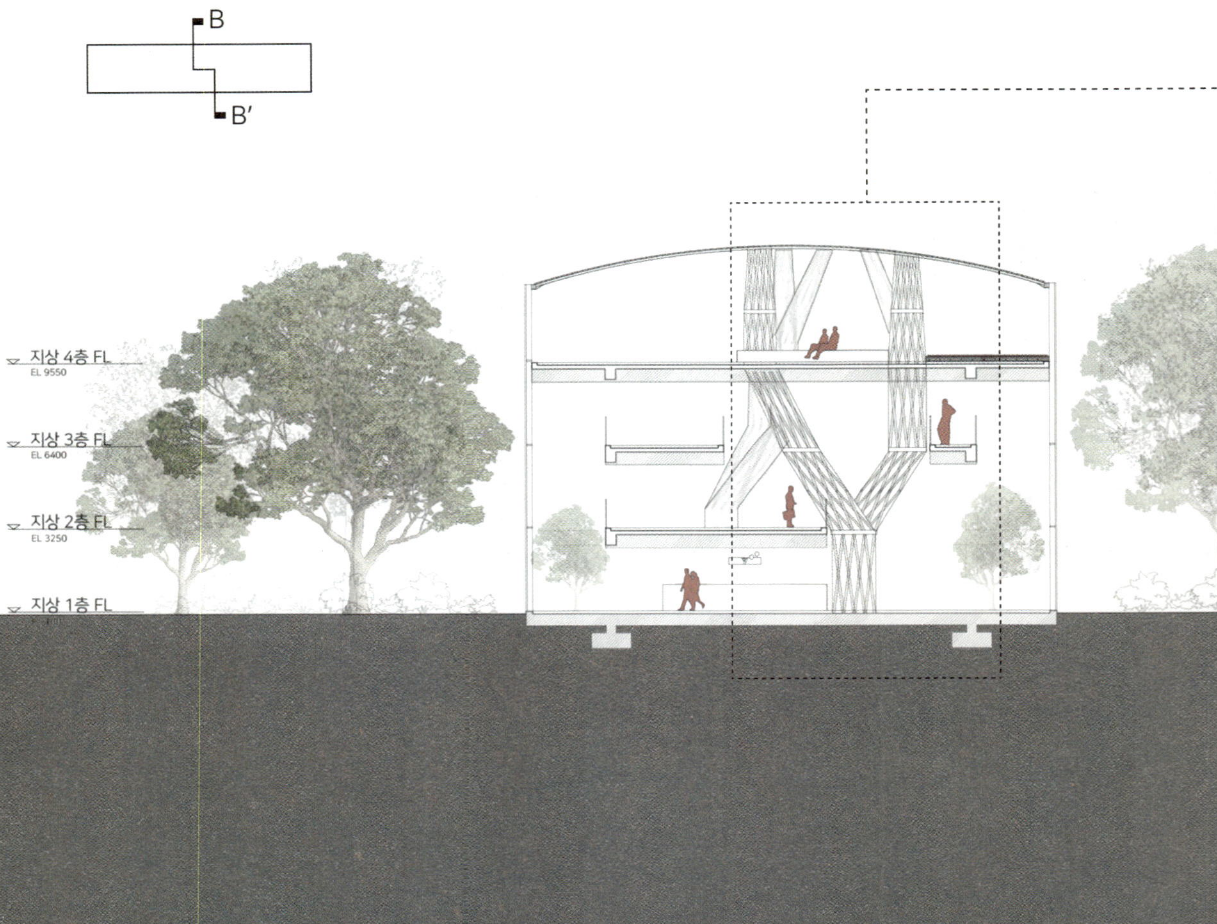
B
B′
지상 4층 FL
EL 9550
지상 3층 FL
EL 6400
지상 2층 FL
EL 3250
지상 1층 FL

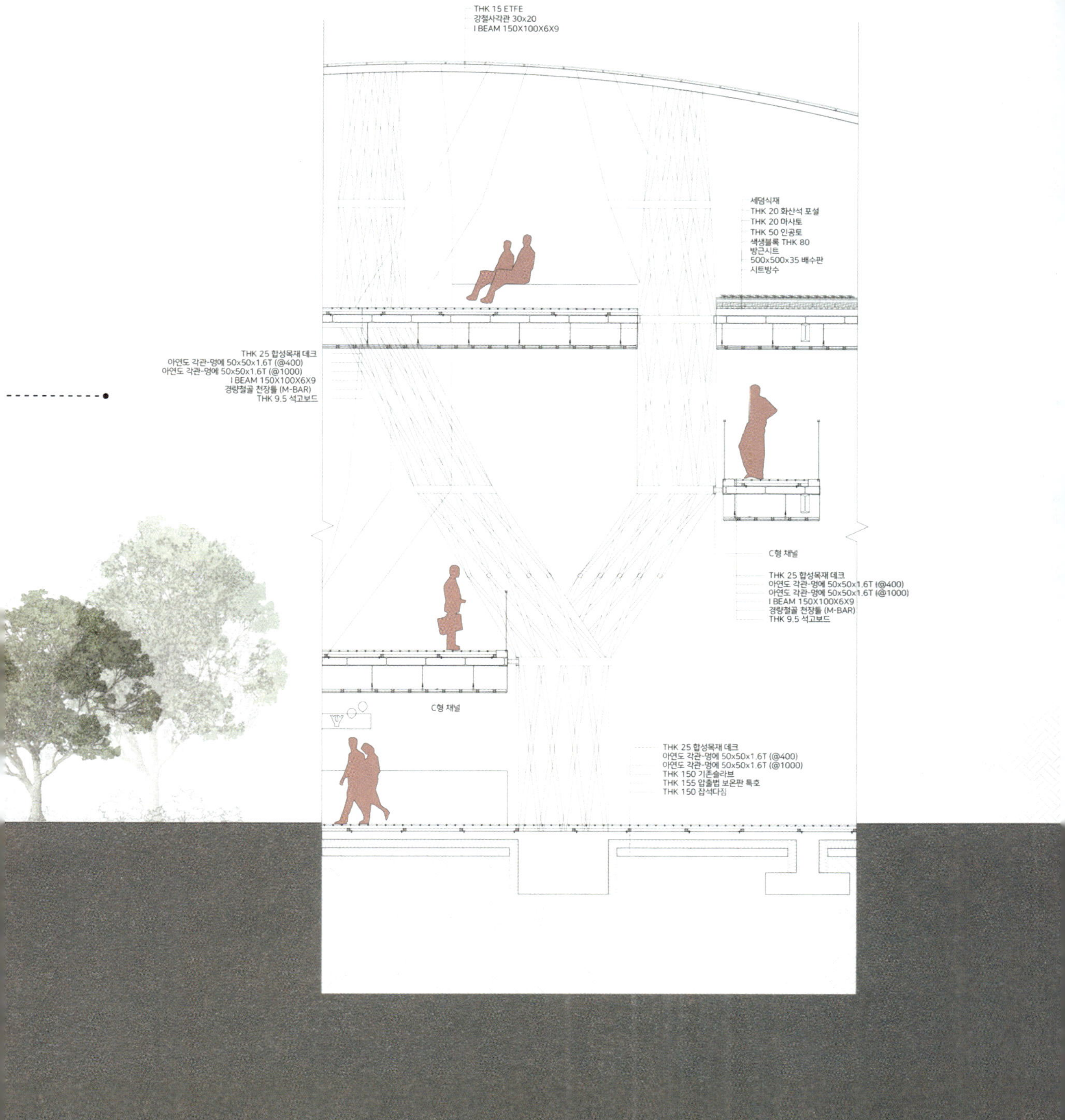
THK 15 ETFE
강철사각관 30x20
I BEAM 150X100X6X9
세덤식재
THK 20 화산석 포설
THK 20 마사토
THK 50 인공토
색생블록 THK 80
방근시트
500x500x35 배수판
시트방수
THK 25 합성목재 데크
아연도 각관-멍에 50x50x1.6T (@400)
아연도 각관-멍에 50x50x1.6T (@1000)
I BEAM 150X100X6X9
경량철골 천장틀 (M-BAR)
THK 9.5 석고보드
C형 채널
THK 25 합성목재 데크
아연도 각관-멍에 50x50x1.6T (@400)
아연도 각관-멍에 50x50x1.6T (@1000)
I BEAM 150X100X6X9
경량철골 천장틀 (M-BAR)
THK 9.5 석고보드
C형 채널
THK 25 합성목재 데크
아연도 각관-멍에 50x50x1.6T (@400)
아연도 각관-멍에 50x50x1.6T (@1000)
THK 150 기존슬라브
THK 155 압출법 보온판 특호
THK 150 잡석다짐

김현조 | Studio B
식품연구통로
Food Corridor

해당 건물은 문화공간인 경기상상캠퍼스 내에 위치해 있지만, 동시에 과거 서울대학교 농업대학 부지였던 만큼 주변에 농식품 관련 인프라가 잘 갖추어져 있다. 따라서 음식을 조리하고 먹고 구매할 수 있는 활동적인 푸드테크 스타트업 시설을 계획했다. 기존 건물의 좁은 복도 폭을 개선하며 구조를 보강했으며, 해당 건물로의 접근 방식을 고려하여 주민과 방문객 모두가 흘러 들어갈 수 있는 하나의 통로를 만들었다. 대공간으로 탈바꿈하여 유연해진 이 건물은 미래에도 효과적으로 작동할 것이다.

The building is located within the Gyeonggi Sangsang Campus, a cultural space, but at the same time, as it was the site of Seoul National University's agricultural university in the past, the infrastructure related to agrifood is well established around it. Therefore, we planned an active food technology start-up facility where you can cook, eat, and purchase food. The structure was reinforced by improving the narrow corridor width of the existing building, and in consideration of the approach to the building, a passage was created for both residents and visitors to flow in. This building, which has been transformed into a large space and has been flexible, will work effectively in the future.

© 김현조, Hyeonjo Kim

손문기 | Studio C
Inside Out Renewal

경기 상상캠퍼스 부지의 학생회관, 조경학관의 리노베이션 프로젝트는 시간의 흐름이 만들어내는 가치를 재발견하는 것에서 시작한다. 경기도 수원시에 위치한 이 캠퍼스 부지는 2003년 서울대 농생대가 관악캠퍼스로 이전한 이후 완전히 버려진 장소로 남게되었다. 시간이 흐르다 멈춘 듯한 이 장소에 새로운 활력을 불어넣어 주고 과거의 모습과 현재의 모습이 융화되어 새로운 정체성을 만들어 주고자 한다. 과거와 현재가 공존하게 한다는 목표를 바탕으로 리노베이션이 진행되었다.

시간은 계속해서 흐른다. 시간이 흐름에 따라 주변의 것들은 변화한다. 도시, 건물, 사람, 자연 모두가 변한다. 하지만 시간이 흐르며 변해간 주변과는 달리, 마치 2003년에 멈춰있는 듯 보이는 두 채의 건물은 그 나름대로의 가치를 지니고 있다. 역사적으로 대단히 중요한 건물이거나 장소냐 묻는다면 그렇다고 말하기는 어렵지만 수많은 사람들의 기억을 담고 시간을 건너 세월의 풍파에 아직까지도 버티고 있는 모습은 그 자체로 아름답다.

The renovation project of the Students' Center and Landscape Architecture Center on the site of the Gyeonggi Sangsang Campus begins with rediscovering the value created by the passage of time. Located in Suwon City, Gyeonggi Province, the campus site has remained a completely abandoned place since Seoul National University's Nongsaeng University moved to Gwanak Campus in 2003. It is intended to revitalize this place, which seems to have stopped after the passage of time, and to create a new identity by harmonizing the past and present. Renovation was carried out with the goal of allowing the past and the present to coexist.

Time continues to flow. Over time, things around change. Cities, buildings, people, and nature all change. However, unlike the surrounding areas that have changed over time, the two buildings that seem to have stopped in 2003 have their own values. It is difficult to say that if you ask if it s a building or place that is historically very important, but it is beautiful in itself that it contains the memories of many people and is still enduring the wind and waves of time.

ⓒ 손문기, Mungi Son

여재동 | Studio C
Healing Cube

ⓒ 여재동, Jaedong Yeo

대상지인 경기 상상캠퍼스 부지는 제10전투비행단에서 발생하는 비행기 소음의 직접적인 영향을 받는 지역이다. 정부 차원에서도 이를 인지하여 금전적 보상을 이어오고 있지만, 인근 주민들은 여전히 일상 속에서 지속적인 소음으로 고통을 겪고 있다. 이러한 맥락에서 나는 소음으로부터 상처받은 시민들의 삶을 회복할 수 있는 공간의 필요성을 고민하게 되었다. 상상캠퍼스에는 이미 다양한 교육공간과 작업공간이 마련되어 있으므로, 이와 차별화된 여유와 휴식을 제공하는 치유의 공간을 제안하고자 한다. 이에 따라 기존의 학생회관과 조경학관을 리노베이션하여, 지역 주민과 치유가 필요한 사람들을 위한 공공적 공간으로 재탄생시키려 한다.

The project site, Gyeonggi Sangsang Campus lies within the area affected by aircraft noise from the 10th Fighter Wing. Although the government has recognized this issue and provided financial compensation, local residents still suffer daily from constant noise. From this context arose the idea of creating a space that restores the lives of citizens harmed by noise. Since Sangsang Campus already offers various educational and work facilities, I propose a space for healing that provides relaxation and relief. By renovating the existing Student Hall and Landscape Architecture Hall, the project seeks to transform them into public-oriented spaces for local residents and those in need of healing.

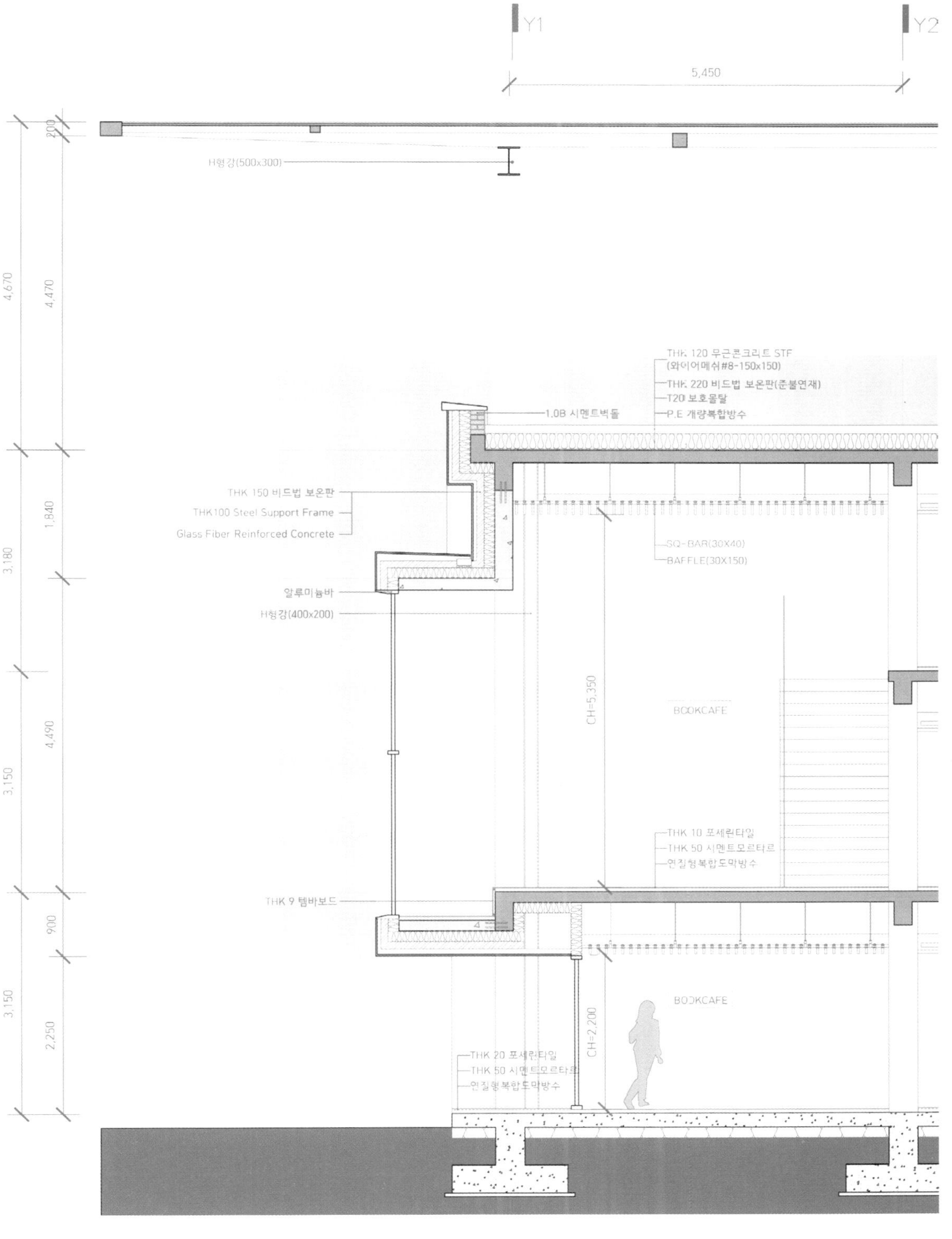
Y1
Y2
5,450
200
H형강(500x300)
4,670
4,470
THK 120 무근콘크리트 STF
(와이어메쉬#8-150x150)
THK 220 비드법 보온판(준불연재)
T20 보호몰탈
P.E 개량복합방수
1.0B 시멘트벽돌
THK 150 비드법 보온판
THK100 Steel Support Frame
Glass Fiber Reinforced Concrete
3,180
1,840
SQ-BAR(30X40)
BAFFLE(30X150)
알루미늄바
H형강(400x200)
CH=5,350
BOOKCAFE
3,150
4,490
THK 10 포세린타일
THK 50 시멘트모르타르
연질형복합도막방수
THK 9 템바보드
900
BOOKCAFE
3,150
2,250
CH=2,200
THK 20 포세린타일
THK 50 시멘트모르타르
연질형복합도막방수

HEALING BOX

ⓒ 여재동, Jaedong Yeo

이로운 | Studio C
Tree House

1907년 수원농림전문학교로 시작해 오랜 시간 교육과 연구의 터전이었던 이곳은, 2008년 이후 출입이 제한되면서 방치된 듯 보였다. 그러나 그 사이 수많은 나무들이 자라며 숲으로 되살아났고, 현재는 새들이 주인으로 살아가고 있다.

'Tree House' 프로젝트는 이러한 '되살아난 자연'을 존중하며, 자연 훼손을 최소화하는 동시에 사람들이 그 속에서 머무르고 관찰할 수 있는 탐조 공간을 제안한다. 현존하는 나무들의 위치를 면밀히 조사하고, 기존 숲을 보존하기 위해 나무 사이사이로 산책로를 배치했다. 박스 형태의 관찰 공간은 2·3층에 띄워 배치되어 있다. 이 공간들은 기둥 구조에 개달린 듯 숲 위에 걸쳐져, 마치 트리하우스처럼 자연 속에 떠 있는 경험을 제공한다.

Beginning as the Suwon Agricultural and Forestry School in 1907, this site long served as a center for education and research. After access was restricted in 2008, it seemed abandoned, yet over time countless trees grew, and the land revived itself as a forest where birds are now the true inhabitants.

The Tree House Project respects this "revived nature," proposing a bird-watching space that minimizes ecological disturbance while allowing people to dwell within and observe it. The design began with a careful survey of existing trees, placing walkways between them to preserve the forest. Box-shaped observation spaces are suspended on the second and third levels, supported by the remaining column structure. These spaces appear to hang above the forest like treehouses, offering visitors the experience of floating within nature itself.

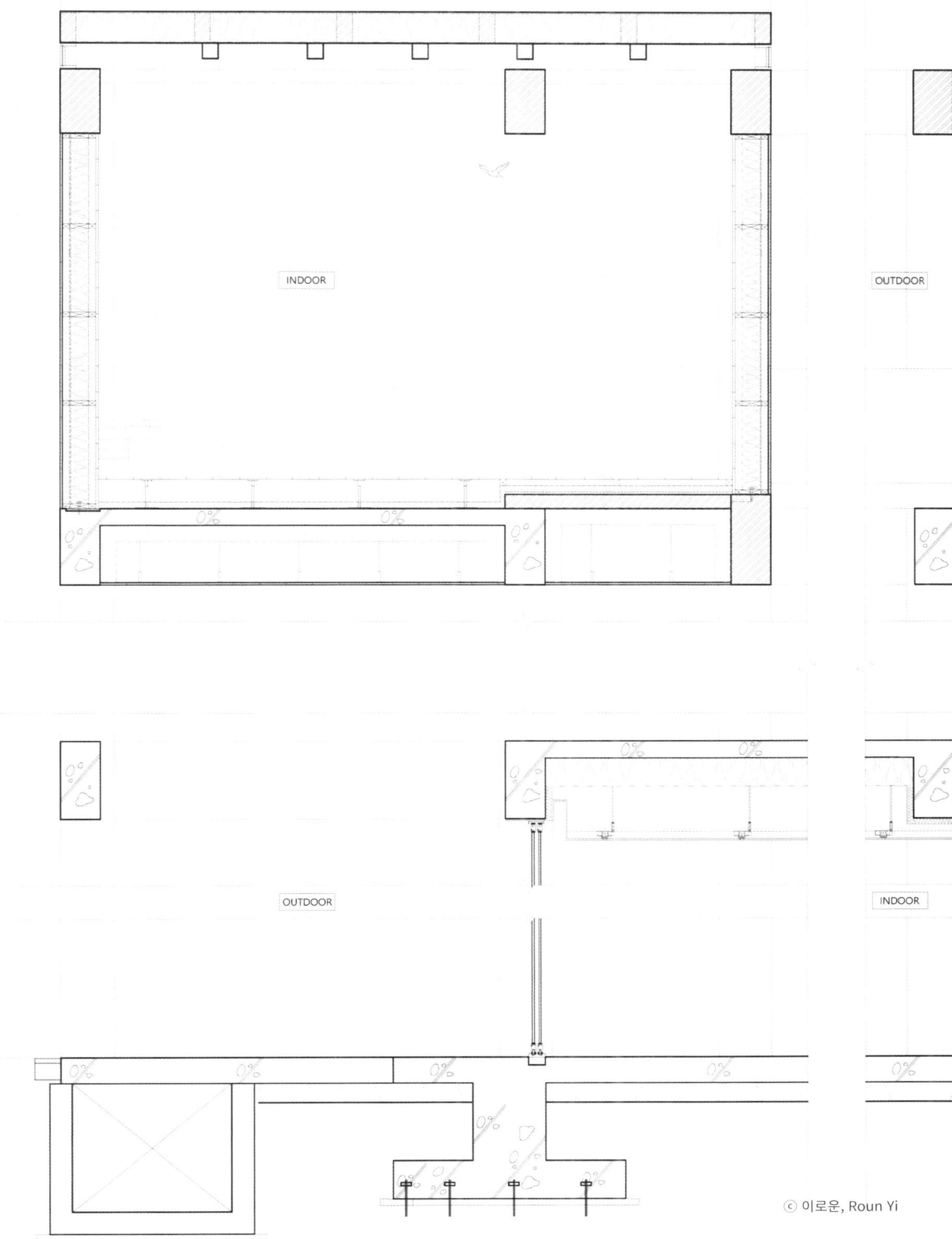

ⓒ 이로운, Roun Yi

김채은 | Studio D
과거와 미래를 잇는 길
The Road that Links the Past and the Future

사이트 내 오랜 시간 있었던 담장으로 인해 단절되었던 공간을 리노베이션함으로써, 열린 흐름을 회복한다. 기존 건물의 뼈대는 그대로 존중하면서도, 주민들이 쉽게 들어와 공간을 경험할 수 있는 새로운 통로들을 구상했다. 이 통로들은 단순히 이동을 위한 길을 넘어, 휴식과 사유를 유기적으로 연결한다. 방문객들은 자연스러운 동선을 따라 이동하며, 점진적으로 개방되는 경험을 하게 된다. 이는 마치 숲속을 거닐듯, 주변 환경과 점차적으로 교감하며 공간의 깊이를 느끼는 여정이다.

특히, 이 통로를 따라 최상층에 다다르면 모든 경계가 허물어진 탁 트인 전망을 만나게 된다. 이는 물리적 제약을 넘어선 공간적 해방감을 제공하며, 주민들이 온전히 조용히 사유하고 경관을 즐길 수 있는 특별한 장소가 된다. 이처럼 우리는 건축을 통해 단절을 극복하고, 새로운 시각과 경험을 제공함으로써 장소의 가치를 극대화하고자 했다.

A site's long-standing wall created a disconnected space, but through renovation, we've restored an open flow. While respecting the existing building's framework, we designed new pathways that make it easy for residents to enter and experience the space. These pathways are more than just routes for getting around; they organically connect areas for rest and contemplation. Visitors follow a natural flow, gradually experiencing the opening of the space. This journey is like a stroll through a forest, allowing them to progressively engage with their surroundings and feel the depth of the space.

In particular, as you follow these paths to the top floor, you'll find an unobstructed panoramic view where all boundaries have been removed. This provides a sense of spatial liberation beyond physical constraints, creating a special place where residents can quietly contemplate and enjoy the scenery. In this way, we've aimed to overcome disconnection through architecture and maximize the value of the place by offering a new perspective and experience.

ⓒ 김채은, Chaeeun Kim

ⓒ 김채은, Chaeeun Kim

노유정 | Studio D
For-Rest

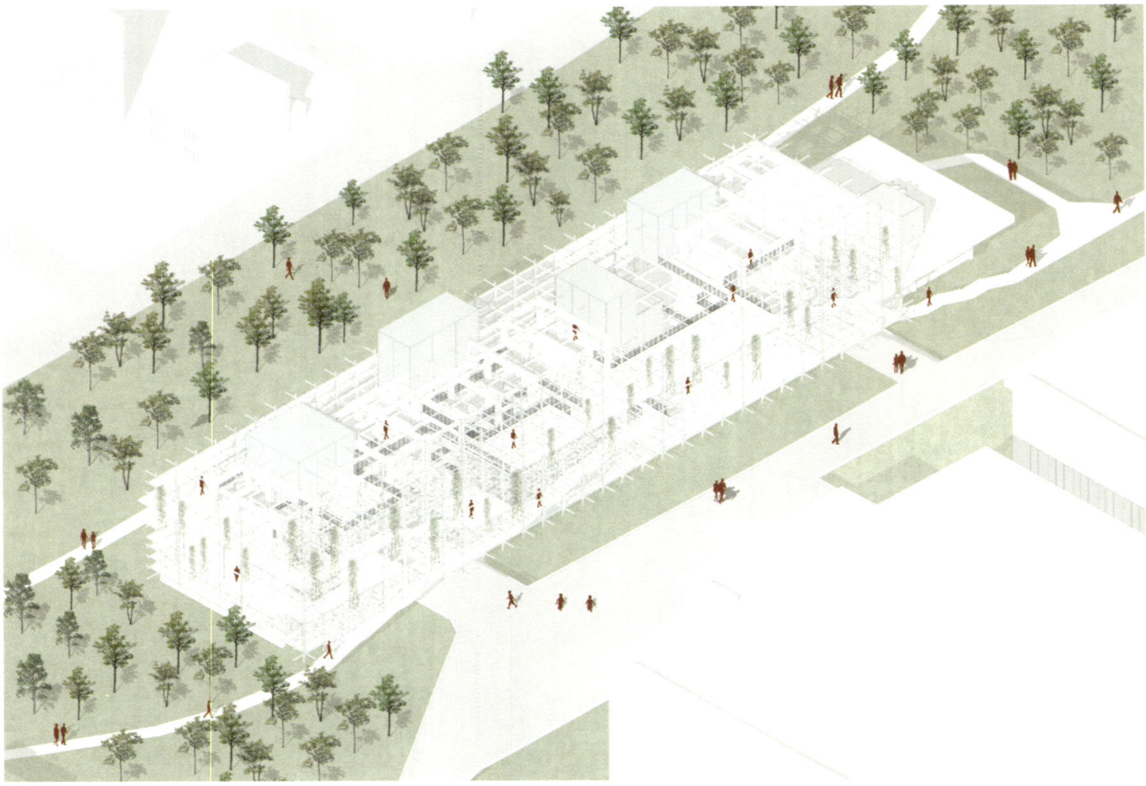

ⓒ 노유정, Yujeong No

프로젝트의 대상지는 오랫동안 방치된 학생회관과 조경학관 건물로, 우거진 숲에 둘러싸인 채 지역 주민들의 일상 동선 사이에 위치해있다. 사이트 좌측에는 주민들이 자주 이용하는 산책로가, 우측에는 자연 상태의 숲과 공터가 이어지며, 더 멀리에는 서호천이 흐른다. 북측은 주거 밀집 지역으로, 건물을 단절된 상업시설이 아닌 연결과 치유의 경로로 작동하는 산책길의 일부로 받아들이는 것이 타당하다고 판단했다. 이에 따라 프로젝트는 기존 건물의 구조를 보존하면서 자연스럽게 관통하는 치유의 동선과 프로그램을 삽입하는 리노베이션 방식으로 진행되었다.

The project site consists of the long-abandoned Student Union and Landscape Architecture buildings, surrounded by dense forest and situated within the everyday circulation paths of local residents. On the left side of the site lies a frequently used walking trail, while on the right, natural woodland and an open field extend further toward the flowing Seohocheon stream. To the north is a dense residential area, making it reasonable to reinterpret the buildings not as isolated commercial facilities but as part of a continuous walking path that functions as a route of connection and healing. Accordingly, the project adopts a renovation approach: preserving the existing structures while inserting naturally integrated healing pathways and programs that flow through the site.

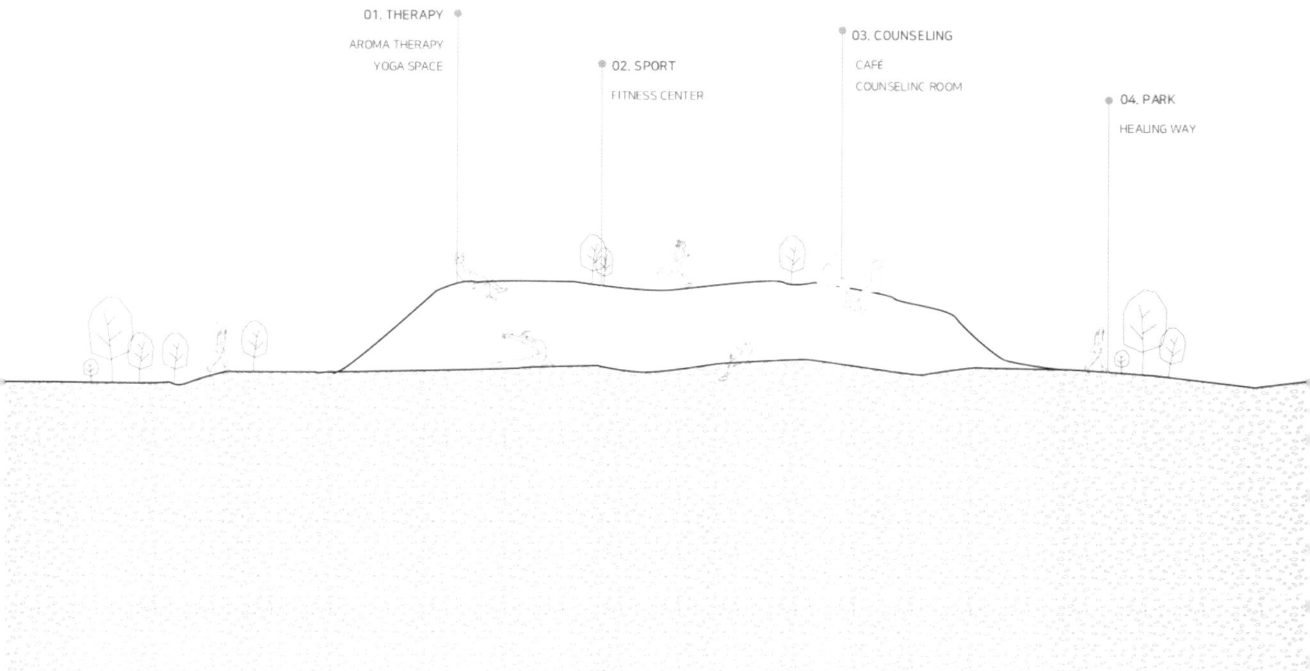

ⓒ 노유정, Yujeong No

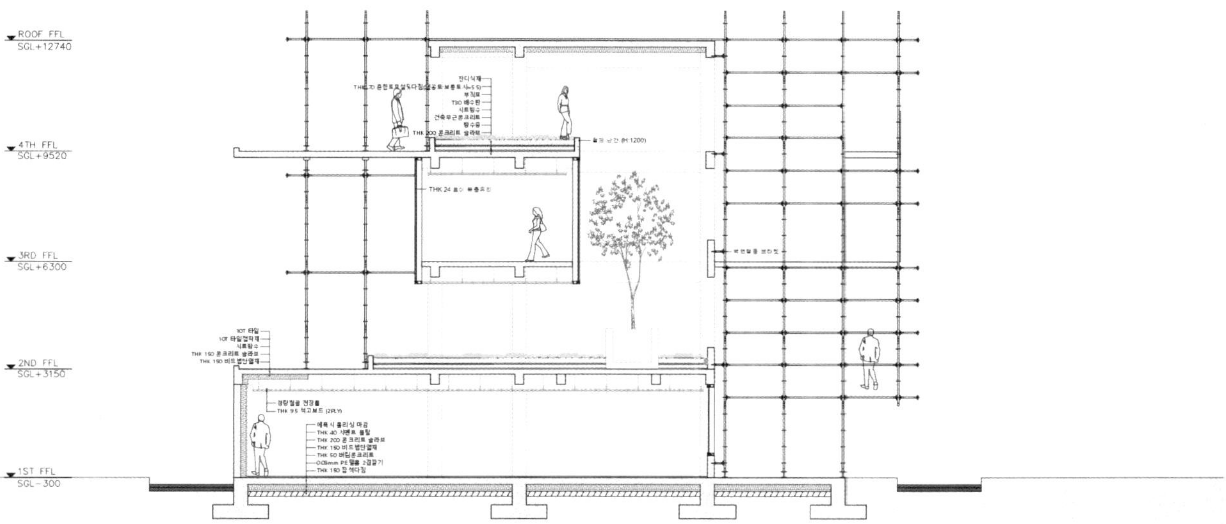

모상진 | Studio D

소삼림

The Road that Links the Past and the Future

경기 상상캠퍼스는 숲을 닮았다. 가볍게 자라나는 나무들은 시원한 그늘을 드리우고 평탄한 초원은 사람들을 걷게 만든다. 하지만 캠퍼스 안쪽까지 들어가지 않는다면 그 모습을 알기 어렵다. 사람들의 키만 한 담장과 돌덩이처럼 무거운 건물들이 캠퍼스 안과 밖의 경계에 자리 잡았기 때문이다. 이러한 건축적 제스처에 질문을 던지며 프로젝트를 시작했다. '건축이 더 가벼울 수는 없을까. 건축이 더 투명할 수는 없을까.'

이 프로젝트는 도심 속에 숨겨진 숲과 같은 문화 캠퍼스를 사람들과 적극적으로 연결한다. 건축은 장소의 일부가 되어 그 안에 자연스럽게 스며든다. 기존의 무겁고 불투명한 건축에서 가볍고 투명한 건축, 숲과 나무를 닮은 건축을 그린다. 사람들이 벽과 천장으로 구획된 공간에서 벗어나 숲 사이를 자유로이 부유하며 문화 생활을 즐길 수 있는 장소로써의 건축을 지향한다.

Sangsang Campus in Gyeonggi Province resembles a forest. Light-growing trees cast cool shade and flat grasslands make people walk. But it is hard to know what they look like if they do not go inside the campus. This is because people's tall walls and heavy buildings like rocks sit on the border between inside and outside the campus. They started the project by asking questions about these architectural gestures. "Can't architecture be lighter? Can architecture be more transparent?"

This project actively connects cultural campuses, such as forests hidden in urban centers, with people. Architecture becomes part of a place and naturally seeps into it. It paints light and transparent architecture from existing heavy and opaque architecture, and architecture that resembles forests and trees. It aims for architecture as a place where people can freely float and enjoy cultural life, away from spaces partitioned by walls and ceilings.

ⓒ 모상진, Sangjin Mo

ⓒ 모상진, Sangjin Mo

김한이 | Studio E
상상의 나무를 만들다, 상상수
Making an Imaginary Tree

뿌리는 대지의 오랜 양분을 흡수해 새로운 줄기와 열매를 맺는다. 이것이 리노베이션과 닮아 있다고 생각한다. 경기상상캠퍼스는 과거 '농대'라는 역사를 지닌 대지 위에 세워졌으며, 마치 한 그루의 나무처럼 그 뿌리에서 영양을 받아 현재의 문화캠퍼스로 성장하고 있다.

대지의 북쪽에는 고령층이 거주하고 있지만, 캠퍼스가 점차 리노베이션 되며 젊은 층을 위한 다양한 문화시설이 들어섰다. 오래된 양분을 바탕으로 신선한 열매를 맺는 나무 한 그루처럼, 이 공간에서 다양한 세대가 자연스럽게 어우러지는 모습을 상상하게 되었다. 과거 사람들이 즐기던 취미를 신세대에 맞게 재해석한 공간에서, 물이 줄기를 타고 흐르듯 세대 간의 다양한 만남이 이어지는 디자인을 제안한다. 이러한 공간은 세대가 함께 어울리며 소통할 수 있는 문화적 장이자, 과거와 현재, 미래를 연결하는 새로운 플랫폼이 될 것이다.

The roots absorb the land's long-standing nutrients and give rise to new stems and fruits. I believe this resembles the act of renovation. Gyeonggi Sangsang Campus was built on land that once held the history of the "College of Agriculture" and like a single tree, it has grown into today's cultural campus by drawing nourishment from those roots.

To the north of the site live elderly residents, but as the campus undergoes renovation, various cultural facilities for younger generations have been introduced. Like a tree that bears fresh fruit from old nutrients, I imagined this space as one where diverse generations naturally harmonize. In spaces that reinterpret past hobbies for today's youth, encounters between generations flow continuously, like water moving through a tree's trunk. Such a place becomes not only a cultural arena where generations meet and communicate, but also a new platform that connects past, present, and future.

ⓒ 김한이, Hani Kim

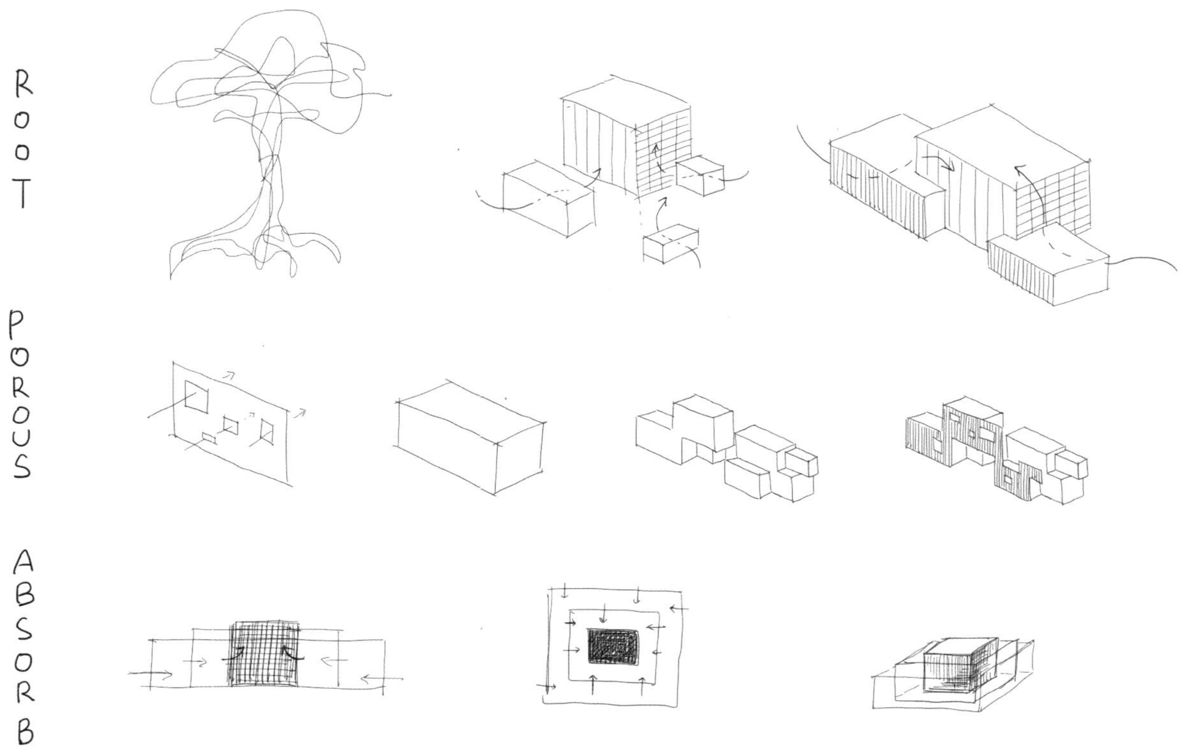
ROOT
POROUS
ABSORB

ⓒ 김한이, Hani Kim

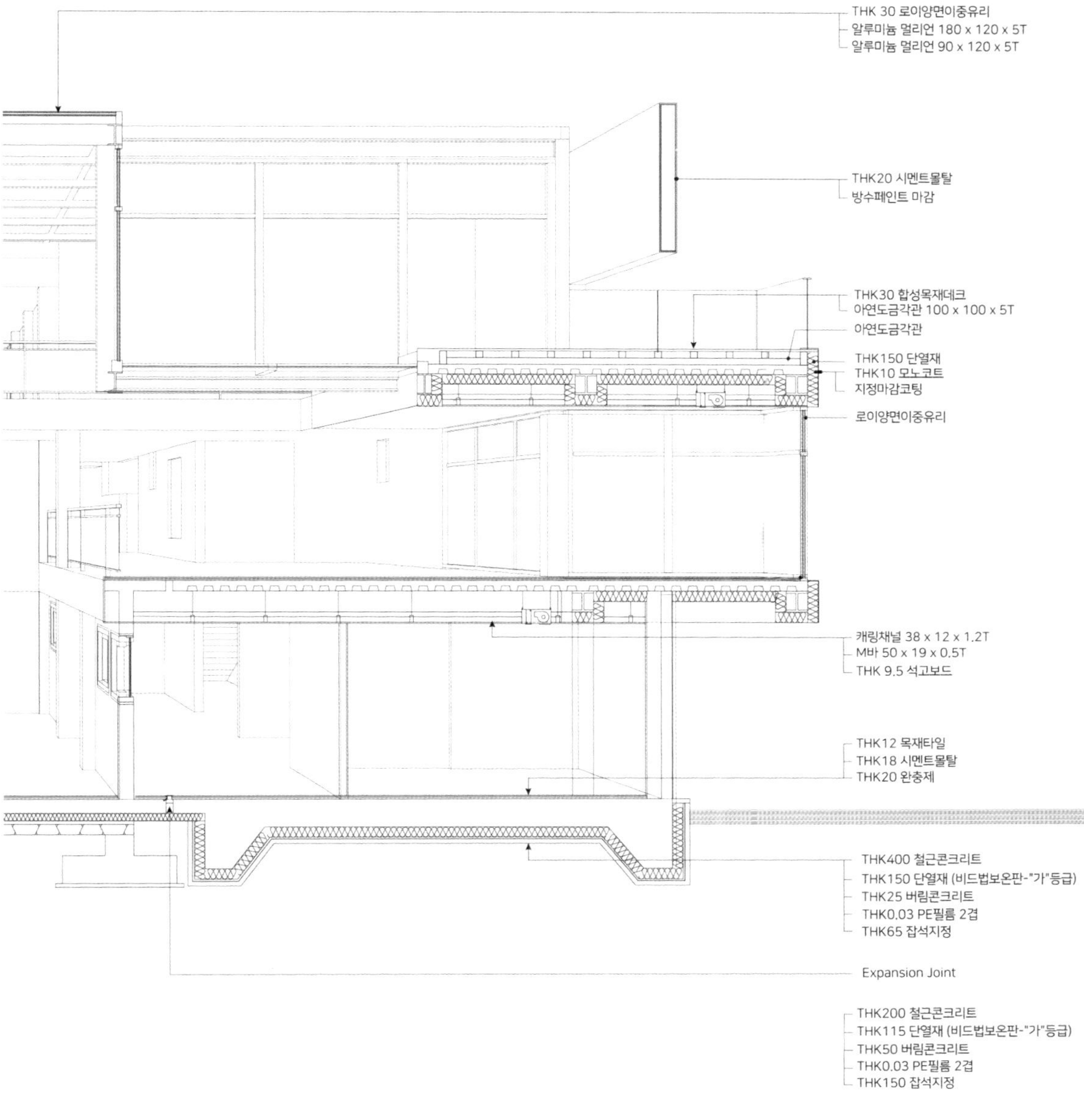
THK 30 로이양면이중유리
알루미늄 멀리언 180 x 120 x 5T
알루미늄 멀리언 90 x 120 x 5T
THK20 시멘트몰탈
방수페인트 마감
THK30 합성목재데크
아연도금각관 100 x 100 x 5T
아연도금각관
THK150 단열재
THK10 모노코트
지정마감코팅
로이양면이중유리
캐링채널 38 x 12 x 1.2T
M바 50 x 19 x 0.5T
THK 9.5 석고보드
THK12 목재타일
THK18 시멘트몰탈
THK20 완충제
THK400 철근콘크리트
THK150 단열재 (비드법보온판-"가"등급)
THK25 버림콘크리트
THK0.03 PE필름 2겹
THK65 잡석지정
Expansion Joint
THK200 철근콘크리트
THK115 단열재 (비드법보온판-"가"등급)
THK50 버림콘크리트
THK0.03 PE필름 2겹
THK150 잡석지정

신재권 | Studio E
스마트팜이 있는 복합문화시설
Complex Cultural Space with Smartfarm

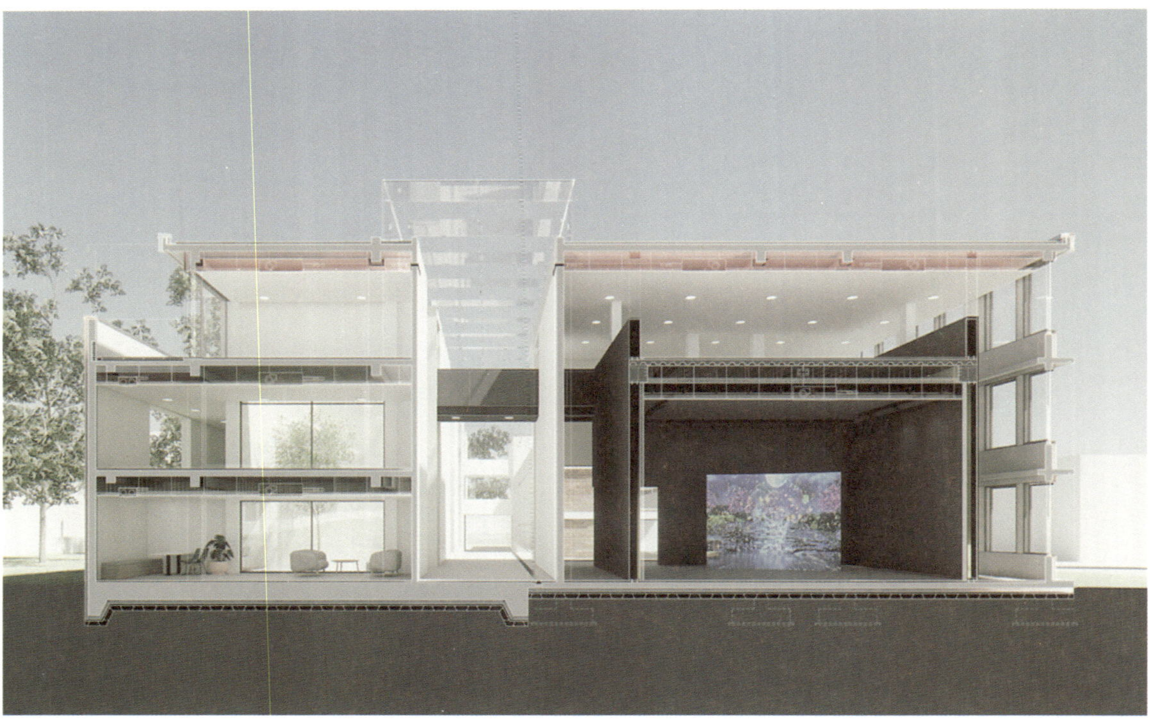

ⓒ 신재권, Jaegwon Shin

리노베이션 프로젝트 캠퍼스에는 조선시대부터 농업과 관련된 중요한 역할을 수행해 온 대상지의 역사성이 존재한다. 현재는 '경기상상캠퍼스'로 새단장하여 문화 예술, 창작 콘텐츠 관련 종사자들을 위한 지원 시설이 입주했으며, 지역 주민들에게도 열려있는 녹지공간을 제공하나, 캠퍼스 내 실내 휴게공간이 부족한 실정이다.

본 프로젝트에서는 농업과 밀접한 역할을 수행해 온 대상지의 역사성을 기억하고 캠퍼스 이용자들에게 실내 휴게 및 식도락 공간 제공하기 위해 농업+상업+문화가 결합된 복합 휴게공간을 제공하고자 한다. 이를 위해 농업을 컨텐츠로 하는 전시, 체험시설 및 먹거리의 생산·소비가 동시에 이루어지는 스마트팜·F&B 스토어를 프로그램으로 제시했다.
농업의 역사성을 상징하기 위해 건물의 시퀀스를 '과거-현재-미래'로 나누고, 기존의 건물들을 모두 가로지르는 투명한 유리 매스의 수평 동선을 추가하여 단순 동선일 뿐만 아니라 이용자로 하여금 시간의 진행을 느끼고 과거-현재-미래를 모두 묶어줄 수 있는 역할을 수행하도록 조성했다.

This campus renovation project is rooted in the site's history, which has played a significant role in agriculture since the Joseon Dynasty. The campus has since been rebranded as the "Gyeong-gi Sangsang Campus," which now houses facilities for professionals in culture, arts, and creative content. While it provides open green spaces for local residents, there remains a distinct lack of indoor rest areas.
This project aims to create a mixed-use complex that combines agriculture, commerce, and culture. It honors the site's close ties to agriculture while providing much-needed indoor rest and dining spaces for campus users. To achieve this, I propose integrating programs like smart farms and F&B (Food & Beverage) stores, where the production and consumption of food, as well as hands on agricultural exhibitions and experiences, can occur simultaneously.

To symbolize the site's rich agricultural history, the building's sequence is divided into three parts: Past, Present, and Future. A new, transparent horizontal glass structure is designed to run through all the existing buildings. This new "mass" serves not only as a simple circulation path but also as a device that allows users to feel the passage of time, connecting and unifying the past, present, and future of the campus.

ⓒ 신재권, Jaegwon Shin

유건 | Studio E
PIXEL

'PIXEL'은 세 가지 색을 이용하여 그래픽 이미지를 구현화시킨다. 픽셀의 크기와 밀도를 통해 서로 다른 형태들이 모여 하나의 통합된 형태를 완성시킨다. 본 프로젝트는 경기상상캠퍼스 부지의 녹지공간에 위치한 두 동의 건물을 연결하는 과정에서 사이트 주변의 픽셀화 시스템을 통해 최적화된 공간을 연출한다. 하나의 단위 픽셀을 공간으로 설정하고 녹지, 보행로, 건물 분포를 픽셀 분석하여 사이트에 조화로운 경계 없는 경험을 제공한다.

'PIXEL' uses three colors to create graphic images. Through the size and density of pixels, different shapes come together to create a unified form. This project connects two buildings located in the green space of the Gyeonggi Sangsang Campus site. It uses a pixelation system to create an optimized space around the site. Each pixel is defined as a space, and the distribution of green spaces, pedestrian paths, and buildings is analyzed within the pixel to provide a harmonious, borderless experience.

ⓒ 유건, Geon Yu

ⓒ 유건, Geon Yu

디지털건축통합시스템

김인한, Inhan Kim

<디지털 건축 통합 시스템>은 BIM(Building Information Modeling)을 설계 방법론이자 프로젝트 전달 체계로 활용하는 고급 스튜디오-기술 융합형 과정입니다. 이 과정은 디지털 장인 정신과 전문적인 실무를 연결하여 학생들이 실제 건축 환경의 복잡성을 반영하는 데이터가 풍부하고 건설 가능한 모델을 통해 건축 아이디어를 명확하게 표현할 수 있도록 합니다. 이 과정의 주요 목표는 학생들에게 BIM 데이터를 활용하여 실제 건물을 디지털로 재현하는 방법을 익히게 하고, 이를 기반으로 완성도 높은 디지털 프로젝트 결과물로 확장하는 데 있습니다.

한 학기 동안 학생들은 표준 규정을 기반으로 전체 도면 세트, 정교한 수량 산출 및 비용 추정, 그리고 업계 표준 형식의 고급 시각화를 포함하는 포괄적인 BIM 모델을 개발하게 됩니다. 수업은 프로젝트 기반 워크플로를 중심으로 진행되며, 학생들은 모델링, 문서화, 데이터 추출의 각 단계에서 자동화와 정밀도를 향상시키기 위한 다양한 도구들을 지속적으로 통합합니다. 특히, BIM을 활용한 실제 비용 추정에 중점을 두어, 모델에서 직접 자재 수량과 공사비를 정확히 도출하는 방법을 배웁니다.

학기 말, 학생들은 각자의 프로젝트 결과물을 반영한 데이터 기반 BIM 패키지를 완성하게 됩니다. 그 중 우수한 결과물은 비용 분석 자동화와 BIM 기반 파라메트릭 모델에서의 상세한 건설 문서 생성 능력을 효과적으로 보여주었습니다. 이 과정은 단순한 모델링 도구를 넘어서, BIM이 설계, 문서화, 의사결정을 통합하는 현대 건축의 핵심 시스템이라는 점을 강조하며, 학생들이 디지털 건축 실무의 핵심 역량을 갖출 수 있도록 돕습니다.

<Digital Architectural Integration System> is an advanced studio-technical hybrid course that immerses students in the application of Building Information Modeling (BIM) as both a design methodology and a project delivery system. The course bridges digital craftsmanship and professional practice, enabling students to articulate architectural ideas through data-rich, constructible models that mirror the complexities of real-world built environments. This course teaches students to digitally reconstruct real-world buildings using BIM data, guiding them through a project based workflow that includes modelling, visualization, quantity takeoff, cost estimation, and documentation in industry-standard formats.

Emphasizing automation, it focuses on deriving accurate material and construction costs directly from the BIM model, equipping students with the skills to produce complete architectural packages grounded in real-world data. Key Outcomes and Instructor Reflections By the end of the semester, students produce a data-rich BIM package that reflects project deliverables. Standout submissions demonstrated proficiency in generating detailed construction documents from BIM. The course highlights the power of BIM not just as a modeling tool, but as a system for integrating design and documentation in contemporary architecture.

Digital Architectural Integration System

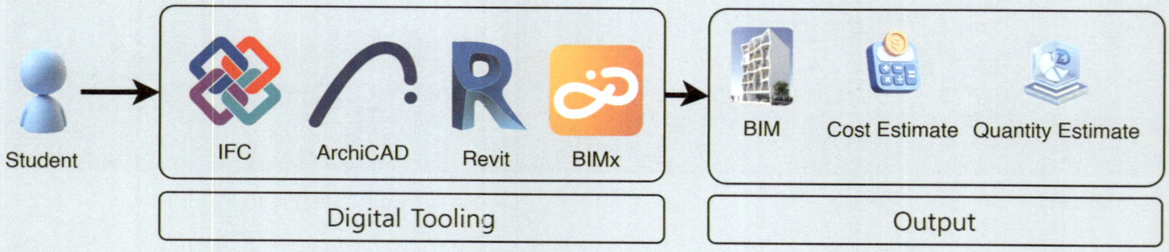

ⓒ 이영우, Youngwoo Lee

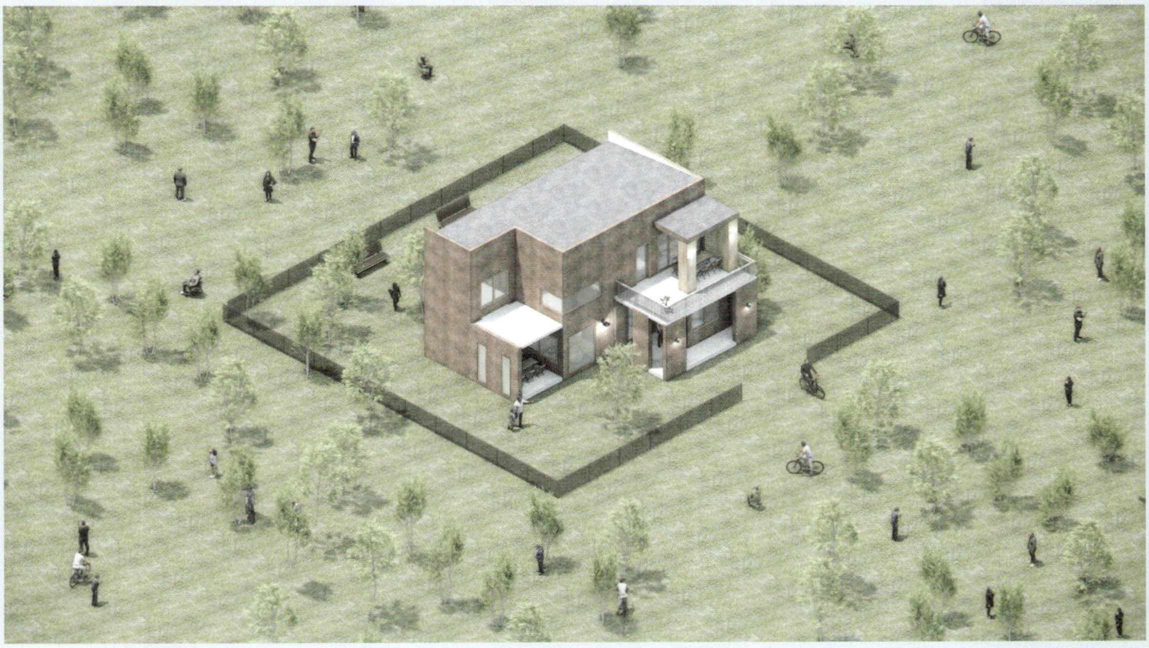

건축재료 및 구법

이은석, Eunseok Lee

현대 건축은 기술의 발달로 인해 수많은 방식의 디자인적 양태를 부단히 보여주고 있다. 특히 새로운 건축 디자인을 뒷받침하고 있는 것은, 그 어떤 것보다도 다양한 건축 재료와 구법의 발전에 편승하여 발전해 간다고 볼 수 있다. 그리하여 본 강의는 이 시대를 선도해 나갈 건축가들이, 각자의 건축 디자인 의도에 맞는 재료를 선택하는 능력을 고양할 뿐 아니라, 서로 다른 재료를 혼성으로 조합해 가면서, 건축 설계의 실질적이고 구체적인 완성도와 건축물 구축의 견고함을 견인할 수 있는 건축 설계자의 자질을 고양하는 수업이다.

우선적으로 다양한 건축 재료의 본질을 이해하기 위해서, 또한 시간과 장소에 따른 다양한 건축 재료의 요구에 효과적으로 대응하는 건축 설계자로 자리잡기 위하여, 건축 재료의 태동과 발전 그리고 역사적 건축 작업에서의 적용 과정을 살펴본다. 그리고 역사상 새로운 예술 분야와 건축의 개척자이었던 건축가들의 재료 사용에 대한 입장과 그들이 제안하였던 새로운 건축 재료들을 주제로 강의가 진행된다. 이 강의를 통해서 오늘날 세계적인 건축 재료 사용의 추세를 확인할 뿐 아니라, 우리가 가까이에서 체험적으로 재료의 가치를 접할 수 있도록, 근대 이후 한국 건축가의 지역성을 보여주는 재료 사용에 대해서도 살펴보게 된다.

아울러 재료의 선택 능력만큼이나, 건축 작업에서 적용하기 위해 실제적으로 요구되는 재료 구축의 방법을 모색하기 위해서, 직접 현장을 방문할 수 있는 건설과정 중의 교훈적 건축물을 방문하고, 그 재료 선택의 이유와 구축방법을 분석하여 숙지하고, 건축 전반에서 건축가 및 건축 시공자의 창의적 소양을 갖추게 된다.

Contemporary architecture, driven by rapid technological advancement, continuously presents new and diverse design expressions. At the heart of these innovations lies the evolution of building materials and construction techniques, which not only enable but also shape architectural creativity. This course is designed to cultivate architects who can strategically select materials that align with their design intent, as well as combine different materials in hybrid applications—enhancing both the conceptual resolution and the structural integrity of their work.

The course begins with an exploration of the origins, development, and historical applications of building materials. By studying how materials have been used across different times and contexts, students develop the capacity to respond effectively to material demands shaped by location, climate, and cultural context. Special attention is given to pioneering architects who, throughout history, have expanded the boundaries of the discipline through experimental material use and the introduction of innovative building technologies. In addition to surveying global trends in material application, the course examines the work of modern Korean architects whose projects embody regional identity through distinctive material choices. This allows students to experience and critically assess the cultural and tactile qualities of materials in a localized context.

Beyond material selection, the course emphasizes practical construction knowledge. Students visit active building sites to observe notable examples during the construction process, analyze the rationale behind material choices, and study the methods used to implement them. Through this combination of theoretical insight and hands-on exposure, students develop the creative and technical competencies necessary for material-driven architectural practice—equipping them to design and build with both imagination and precision.

[학생 분석 사례]

ⓒ 김민서, 김한이, 신재권 . Minseo Kim, Hani Kim, Jaegwon Shin

INTERIOR - CONCRETE BLOCK

- 콘크리트 블록
- 쌓기방식 - 길이쌓기 : 벽돌의 긴 면만 노출

- 성수동의 붉은 벽돌 거리를 마치 내부로 연장한 느낌
- 붉은색이 아닌 회색조를 사용하였으며, 필수 설비 이외의 실내 마감 재료가 거의 사용되지 않아 다소 투박한 분위기 연출

FOLDING SEQUENCE of BRICK FACE

- 3면으로 접힌 '붉은 주단'의 벽돌 파사드
- 이와 대비되는 테라스로 열린 동쪽 파사드

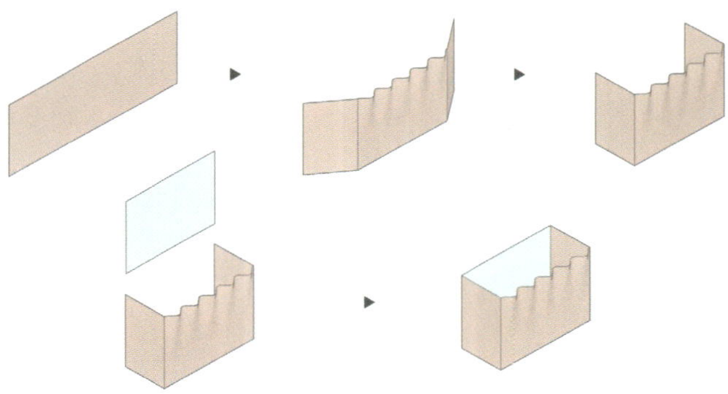

DETAIL - BRICK FINISH

1) 강철판 마감 후 벽돌색에 맞추어 도색
- 안정적인 형태
- 벽돌 외피가 두껍게 나타나는 것처럼 보임

2) 창호 상단부 스틸선반 마감 하단부 마구리 마감
- 상단부 벽돌 지지

3) 외벽 모서리 마감 생략, 줄눈 도색
- 외관 상 하나의 면으로 읽히게끔

현대건축론

김일현, Ilhyun Kim

고학년을 위한 <현대건축론>에서는 학생들이 지금까지 습득한 건축 지식과 사유를 바탕으로 자신만의 이론을 구축하는 연습을 한다. 이를 위해 건축과 건축가의 위상이 변화해 온 맥락에서 주요 논제와 인물을 살펴본다. 계몽주의와 산업혁명을 거쳐 근대와 탈근대 논의까지 다루지만, 세기나 세대를 넘어 관통하는 주제를 개인의 사유에 따라 고찰한다. 비트루비우스에서 비들러에 이르는 이론가들의 입장을 통해 특정 시대 건축과 건축가의 활동이 시대적 관점에 따라 다르게 해석됨을 확인하고, 이를 현재와 연결해 살펴본다. 현대건축의 기본 지식을 기반으로 현실성과 근대성을 연관지어 논제를 심층적으로 이해한 뒤, 개별 건축가의 문제작을 통해 개념과 의도, 결과를 비평적으로 탐구한다. 20세기 주요 논제를 이해함으로써 현재 상황을 객관적으로 판단하는 것도 목표이다. 최종적으로 학생들은 개인사와 역사를 고려한 자신만의 '현대건축론'을 제시한다. 이를 위해 애정하는 건축가와 세 가지 문제작을 중심으로 도면, 완성작, 해석을 통해 복합적 이해를 도모한다. 각 학생은 9월 중순까지 연구계획서를 제출하며, 먼저 현대건축의 중추적 키워드 7가지를 작성한다. 이어 '3×3'이라는 제목 아래 세 명의 건축가와 각 건축가별 세 작품을 선정하고, 세 가지 현대건축론적 쟁점을 주제로 발표한다. 매 시간 두 명이 발표하며, 학우들은 감상평을 제출한다. 감상평은 발표 요약이 아닌 개인 견해를 기록하고, 마지막에 세 가지 질문을 제기한다. 이 과정을 통해 세 명 건축가의 대표작 학습이 집합적으로 이루어진다. 최종 결과물은 논문 형식으로 평가되며, 발표자를 제외한 학우들의 질문에 답변하는 것으로 완성된다.

In the <Modern Architectural Theory> course for senior students, participants build their own theories based on the architectural knowledge and intellectual assets they have acquired. The course examines the evolving status of architecture and architects, focusing on key topics and figures. While covering discussions from the Enlightenment and Industrial Revolution to modernity and postmodernity, it also encourages students to explore themes transcending centuries according to personal reflection. By studying theorists from Vitruvius to Vidler, students see how buildings and architects' activities are interpreted differently in each era, then relate these concepts to the present. After exploring topics related to reality and modernity, students critically analyze individual architects' concepts, intentions, and outcomes through their major works. Understanding 20th-century debates helps them assess the current situation objectively. Ultimately, each student presents their own "Modern Architectural Theory," considering personal history. They focus on architects they admire, analyzing three major works through drawings, completed works, and interpretations. By mid-September, students submit a research proposal listing seven keywords central to modern architectural theory. Then, under the title 3×3, they select three architects and three works each, thematizing three issues for presentation. Two students present per session, and peers submit reviews, recording personal views rather than summaries and ending with three questions for the presenter. This process allows collective learning of representative works. Final submissions are evaluated as papers, completed with answers to peer questions.

김지선, Jisun Kim

건축은 시간의 예술이다. 착공에서 완공까지 일정 시간이 필연적으로 소요되며, 완성된 건축물은 수십 년에서 길게는 수백 년간 그 자리를 지키게 된다. 이는 건축이 단순히 물리적 공간의 창조를 넘어 사회, 문화, 환경과 긴밀히 연결된 가치들을 담아내야 함을 의미한다. 특히 현대 건축에서는 건축 과정 자체가 중요한 기록으로 남게 되며, 이를 통해 건축가들이 추구한 철학과 가치를 엿볼 수 있다. 건축물의 탄생 배경과 그 과정을 연구하는 일은 결과물 너머에 존재하는 내러티브를 이해하고, 당대의 시대적 맥락 속에서 건축물이 전달하고자 한 메시지를 파악하는 데 중요한 역할을 한다.

본 연구는 현대건축 이론의 주요 키워드로 선정한 <생태적 건축, 지속가능성, 인본주의, 디지털 알고리즘, 표현주의, 유니버설 디자인, 기존에 존재하지 않던 것에 대한 아이디어 및 시도> 중 특히 '지속가능성'과 '새로운 아이디어 및 시도'를 중심으로 한 건축가와 그의 작품에 주목한다. 이를 통해 건축물이 자리 잡은 환경과 사회적 배경, 그리고 해당 건축가가 건축을 통해 탐구하고자 했던 가치를 분석하고자 한다. 또한, 연구 대상이 된 건축물이 어떻게 현대 건축의 담론에 기여했는지, 그리고 그 과정에서 어떤 혁신적 접근이 이루어졌는지를 탐구하며 건축물의 과정적 내러티브를 구축하는 것을 목표로 한다.

Architecture is an art of time. Construction inevitably takes a period, and completed buildings can stand for decades or even centuries. Architecture must embody values connected to society, culture, and the environment, beyond creating physical space. In contemporary architecture, the process itself records the philosophies and values of architects. Studying a building's context and process helps to understand the narrative beyond the final product and the messages it conveys.

This study focuses on architects and works selected under key concepts of contemporary architectural theory, particularly 'sustainability' and 'innovative ideas and attempts.' It analyzes the social and environmental context of the buildings and the values the architects explored. The study also examines how these works contributed to contemporary discourse and the innovative approaches employed, reconstructing a process-based narrative of the buildings.

공간 사옥 | 김수근
힐링스테이 코스모스 | 김찬중
Quinta Monroy | 알레한드로 아라베나

대상 건축가는 김수근(1931–1986), 김찬중(1969–), 알레한드로 아라베나(Alejandro Aravena, 1967–)를 선정하였으며 각 건축가의 작품으로는 공간 사옥(서울특별시, 대한민국, 1977), 힐링스테이 코스모스(울릉군, 대한민국, 2017), Quinta Monroy(Iquique, Chile, 2004)를 선정하여 탐구한다. 세 명의 건축가의 특징을 알아보고, 설계자의 스타일과 건축 언어를 잘 표현한 세 개의 건축물을 선정하여 분석한다. 수많은 작품을 탄생시킨 건축가들이 '지속가능성'과 '기존에 존재하지 않던 새로운 시도'를 하게 된 계기와 이유 그리고 그들의 가치관과 의도를 파악하고 해당 작품들의 등장 배경과 사용성까지의 계보를 구축하며 형성 이유를 탐구하고 과정의 건축을 살펴본다.

Space Building | Swoogeun Kim
Healing Stay Cosmos | Chanjoong Kim
Quinta Monroy | Alejandro Aravena

The architects selected are Swoogeun Kim (1931–1986), Chanjoong Kim (1969–), and Alejandro Aravena (1967–), with the following works chosen for analysis: Space Building (Seoul, South Korea, 1977), Healing Stay Cosmos (Ulleung-gun, South Korea, 2017), and Quinta Monroy (Iquique, Chile, 2004). By examining the characteristics of these architects and analyzing three works that best express their design style and architectural language, the study seeks to understand the motivations and reasons behind their pursuit of sustainability and innovative approaches. It traces the background, usage, and formation of these works to explore their process-oriented architecture.

지속가능건축환경및설계응용

이석, Suk Lee

전세계 곳곳을 살펴보면 인간은 각기 다른 지리적 기후적 또는 문화적 환경에 영향을 받는 장소에서 서로 다른 생활을 하고 있다. 지리적 차이점은 지역 기후에 영향을 미치고 결국 이는 인간의 삶의 방식에 영향을 주면서 다른 문화적 배경을 형성하게 되기 때문일 것이다. 이는 곧 각각의 장소의 지역적 특색을 정의하고 이에 맞는 건축양식을 통해 오늘날의 서로 다른 물리적인 도시의 모습을 갖추게 되었다. 하지만 산업과 기술이 발전함에 따라, 지구온난화란 대표적인 이슈로 전 세계적으로 이상기후를 경험하는 시대가 되었다. 결국 이와 같은 변화무쌍한 기후변화에 대응하고 환경이 주는 이점을 활용하는 친환경 건축을 하려면 단순 기술 적용이 아닌, 여러 현상들에 대한 과학적 지식과 원리를 습득하고 설계에 직접적으로 적용할 수 있는 사고능력을 키워야 오늘날의 지속가능하고 친환경적인 건축을 할 수 있을 것이다.

따라서, 2019년도 개설된 <지속가능 건축 환경 및 설계응용> 수업에서는 친환경 건축을 이론으로만 접하는 교육이 아닌 과학적 원리를 실제 설계 과정에 접목시키는 방법을 탐구하고 발전시키는 실험적 교육을 진행한다. 이를 통해 학생들은 빛, 열, 음, 물 등 다양한 환경조건들이 형성되는 원인을 이해할 수 있게 되고, 이를 통해 건축이 주어진 환경에 적절히 대응하며 친환경적으로 활용될 수 있도록 설계할 수 있는 능력을 갖추게 된다.

Around the world, people live in diverse places influenced by diverse geographical, climatic, and cultural environments. Geographical differences influence local climates, which in turn affect human lifestyles and shape distinct cultural contexts. This has shaped the physical appearance of today's cities, defining the regional characteristics of each location and adapting architectural styles accordingly. However, with the advancement of industry and technology, global warming has become a prominent issue, leading to an era of extreme weather events worldwide. Ultimately, to address this ever-changing climate and utilize the benefits of the environment, green architecture requires more than mere technical application. It requires acquiring scientific knowledge and principles about various phenomena and developing critical thinking skills to apply them to design directly. This is essential for today's sustainable and eco-friendly architecture.

Therefore, the <Sustainable Architecture Environment and Design Applications> course, launched in 2019, offers an experimental approach that explores and develops methods for incorporating scientific principles into the actual design process, rather than simply introducing green architecture theoretically. Through this course, students will understand the causes of various environmental conditions, such as light, heat, sound, and water. This will equip them with the ability to design buildings that respond appropriately to their given environment and are environmentally friendly.

수업 방식은 이론과 실습으로 병행되는 구조이다. 열적 쾌적성을 이루는 방법, 열전달 원리의 이해를 통한 단열방법 연구, 열과 공기의 흐름을 이용한 냉난방, 빛과 시각의 연관성 고민을 통한 빛환경 설계, 건축자재 및 구법에 대한 탐구를 통한 지속가능성 고민, 음환경과 공간의 관계성까지 이론적으로 교육하며, 실습파트에서는 자연채광의 원리에 대한 수업을 바탕으로 5주간 자연채광을 중심으로 공간을 설계하는 디자인워크숍을 진행한다.

본 과목에서의 실습과제인 자연채광 기반 공간설계 프로젝트는 그룹프로젝트로 학생들은 조형적인 컨셉을 설정하여 물리적인 공간을 구현하며 해당 공간과 빛과의 상호작용을 탐구하며 공간의 용도에 맞은 빛의 유형과 조도를 최적화하는 설계를 진행한다.

학생 결과물 사례 이미지의 프로젝트는 물리적·정신적으로 지친 현대 사회 속에서 사람들이 잠시 머물며 휴식하고 생각을 비울 수 있는 공간의 필요성을 시작으로 프로그램을 명상관으로 설정하고 해양 생물의 안식처이자 은신처인 산호의 형태에서 모티브를 얻어 공간적으로 재해석하고자 했다. 초기에는 산호의 유기적인 형태 중 폴딩(Folding)을 공간 구성 원리로 삼고, 빛의 유입 방식에 따라 분위기가 달라지는 다양한 단면과 구조를 실험하였다. 그 과정에서 구조적 구현 가능성과 공간 사용성에 대한 피드백을 반영하여, 지나치게 유기적이고 비구조적인 방식은 배제하고 공간 자체가 구조이자 빛 유입을 조절하는 장치가 될 수 있도록 여러 조형적 형태를 스터디하며 발전시켜 나갔다. 결과적으로 벽, 바닥, 천장, 개구부 등의 공간 요소들이 하나의 유기적 형태로 연결되며, 각 공간마다 서로 다른 방식으로 빛이 유입되도록 하여 명상의 단계에 따라 정서적 전이가 일어나는 시퀀스를 구현하였다.

The course structure combines theory and practice. The course covers theoretical topics such as how to achieve thermal comfort, researching insulation methods through an understanding of heat transfer principles, heating and cooling using heat and air flow, designing a light environment through considering the relationship between light and vision, exploring sustainability through the exploration of building materials and construction methods, and even the relationship between sound and space. The practical portion of the course includes a five-week design workshop focused on space design centered on natural light, building on the principles of natural lighting.

The Natural Lighting-Based Space Design Project, the practical assignment for this course, is a group project. Students establish a formal concept, implement a physical space, explore the interaction between space and light, and design a design that optimizes the type and intensity of light appropriate to the space's intended use.

The project, presented in the image of the student output case study, began with the need for a space where people can pause, rest, and clear their minds in a physically and mentally exhausted modern society. The program was designed as a meditation center, and the project sought to spatially reinterpret the coral, a sanctuary and refuge for marine life, as its motif. Initially, the project utilized the folding nature of coral as a spatial compositional principle, experimenting with various cross-sections and structures that would alter the atmosphere depending on the way light entered. In response to feedback on structural feasibility and spatial usability, the project avoided overly organic and unstructured approaches. Instead, it explored and developed various sculptural forms, aiming to ensure that the space itself became both a structure and a device for controlling the inflow of light. Ultimately, spatial elements such as walls, floor, ceiling, and openings were connected into a single organic form, allowing light to enter each space in different ways, creating a sequence that fosters emotional transitions based on the stage of meditation.

김의인, 금경화, 노유정,
염정민, 장서윤, 조현주
| Group F

ⓒ 김의인, 금경화, 노유정, 염정민, 장서윤, 조현주
Euiin Kim, Kyeonghwa Keum, Yujeong No, Jeongmin Yeom, SeoyunJang, Hyeonju Jo

본 작품은 바쁜 현대인에게 휴식과 생각을 비울 수 있는 은신처를 제공한다. 해양생물의 안식처인 산호초에서 영감을 얻어, 유기적 형태와 다양한 빛의 유입 방식을 건축적 특징으로 추출했다.

핵심 요소는 '폴딩(Folding)' 기법을 발전시킨 'Batwing Structure' 모듈이다. 이 모듈은 바닥-벽-천장으로 이어지며 산호의 3차원적 형태를 직관적으로 구현한다.

빛이 들어오는 정도와 명상의 목적에 따라 공간을 정의하였으며, 개구부의 위치와 크기를 조절하여 어두운 공간에서 밝은 공간으로 이어지는 명상적인 시퀀스를 완성했다.

This work provides a shelter for busy modern people to relax and empty their thoughts. Inspired by coral reefs, a haven for marine life, the organic form and various ways of introducing light were extracted as architectural features.

A key element is the 'batting structure' module, which develops the 'folding' technique. This module leads to a floor-wall-ceiling and intuitively embodies the three-dimensional form of coral.

The space was defined according to the degree of light coming in and the purpose of meditation, and the position and size of the opening were adjusted to complete a meditative sequence from a dark space to a bright space.

ⓒ 김의인, 금경화, 노유정, 염정민, 장서윤, 조현주

Euiin Kim, Kyeonghwa Keum, Yujeong No, Jeongmin Yeom, SeoyunJang, Hyeonju Jo

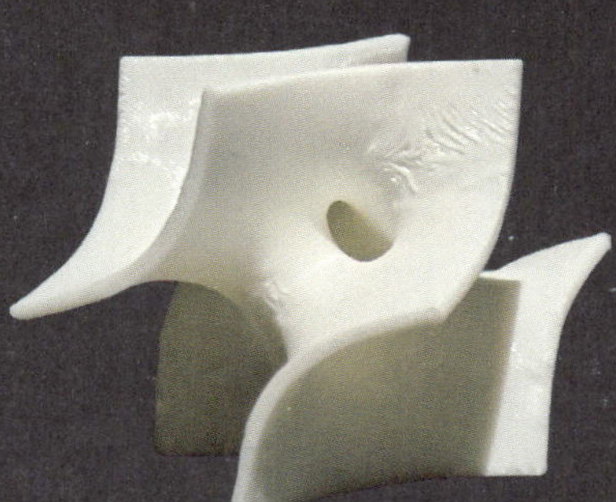

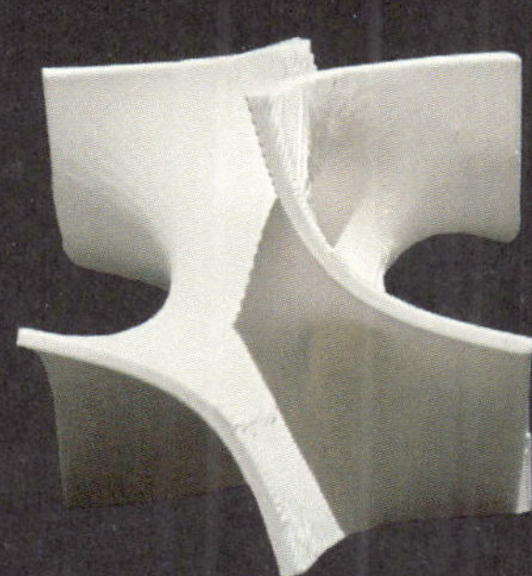

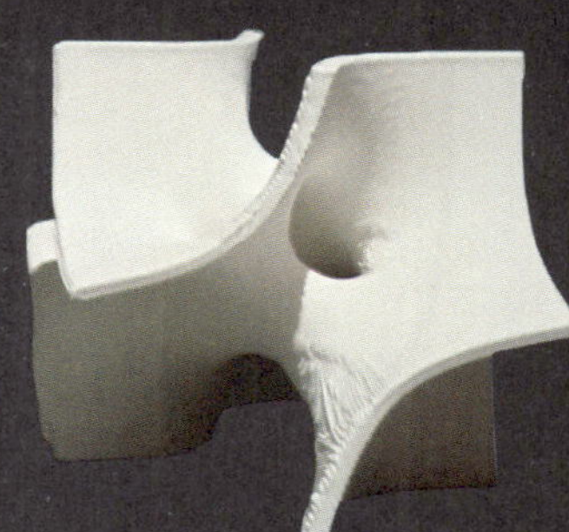

ⓒ 김의인, 금경화, 노유정, 염정민, 장서윤, 조현주
Euiin Kim, Kyeonghwa Keum, Yujeong No, Jeongmin Yeom, SeoyunJang, Hyeonju Jo

ⓒ 김의인, 금경화, 노유정, 염정민, 장서윤, 조현주
Euiin Kim, Kyeonghwa Keum, Yujeong No, Jeongmin Yeom, SeoyunJang, Hyeonju Jo

Juan, 김범준, 송규석, 이희찬, 정창민
| Group H

빛은 삶의 모든 순간에 당연한 것으로 받아들여지지만 자연광은 단 한 순간도 같은 상태로 존재하지 않는다. 이는 빛이라는 요소가 시간의 흐름을 반증하는 요소로 해석될 수 있음과 특정한 시간을 기념하는 요소가 될 수 있음을 시사한다.

관측되는 일광의 순환적 변화는 공전과 자전에 의해 이루어진다. 공전은 일(日)을, 자전은 시(時)를 드러내며, 이러한 순화는 연(年)으로 정의된다. 우리는 여기서 공전에 주목한다. 생일과 기일은 삶의 시작과 끝을 나타낸다. 일(日)이란 우리가 삶을 인지하는 방식이자, 망자의 죽음을 기억하는 방식이다.

Light is taken for granted at every moment in life, but natural light does not exist in the same state for a single moment. This suggests that the element of light can be interpreted as a factor that disproves the passage of time and can be an element that celebrates a specific time.

The cyclical changes in daylight observed are made by revolution and rotation. Revolution reveals the day, rotation reveals the time, and this purity is defined as the year. We pay attention to revolution here. Birthdays and anniversaries represent the beginning and end of life. Day is the way we perceive life and remember the death of the deceased.

ⓒ Juan, 김범준, 송규석, 이희찬, 정창민
Juan, Bumjun Kim, Gyuseok Song, Huichan Lee, Changmin Jeong

삶은 단 한 순간도 쉬지 않고 흘러가며 죽음은 일에 머물러야 하기에, 빛을 통해 드러나는 시간의 변화와 정지, 둘의 대비를 공간에 담은 기념적 공간을 제안한다. 삶의 공간은 시간을 투명하게 드러내는 직사광을 들이며, 죽음의 공간은 간접광을 들이되, 빛의 상태가 일(日)을 단위로 변화하지 않도록 한다. 개구부의 직경과 천장의 두께, 간접광을 들이기 위한 틈의 깊이가 변수로 설정되었으며, 이러한 수치는 일에 따른 조도의 차가 사라지도록 조정되었다. 앞선 과정을 통해 제안된 여러 가지 프로토타입에서 일광의 방향에 따른 시각적 편차를 최소화할 수 있는 최종안을 선정하여 제안한다.

Since life flows non-stop for a single moment and death must stay at work, we propose a commemorative space that contains the change and stop of time, and the contrast of the two revealed through light. The space of life is a direct light that transparently reveals time, and the space of death is exposed to indirect light, but the state of light does not change in units of day and day. The diameter of the opening, the thickness of the ceiling, and the depth of the gap for indirect light were set as variables, and these values were adjusted so that the difference in illuminance according to work disappeared. From the various prototypes proposed through the previous process, a final proposal that can minimize visual deviation according to the direction of daylight is selected and proposed.

ⓒ Juan, 김범준, 송규석, 이희찬, 정창민
Juan, Bumjun Kim, Gyuseok Song, Huichan Lee, Changmin Jeong

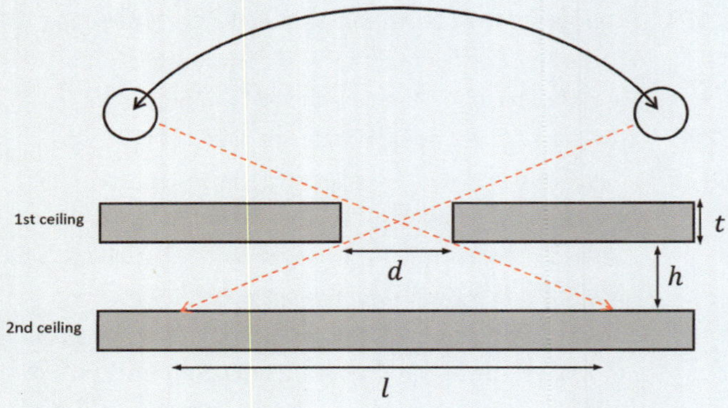

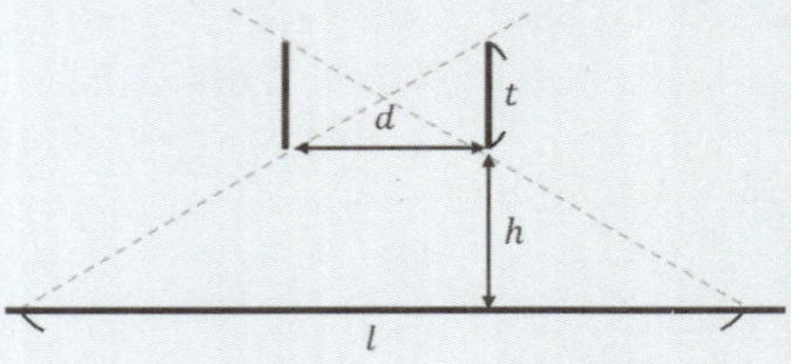

= Diameter of Skylight
= Thickness of the 1st Ceiling
= Height between the Ceilings
= Length of the Area in Direct Sunlight

$$\frac{t}{d} = \frac{t+h}{\frac{1}{2}(l+d)}$$

$$l + d = \frac{2d(t+h)}{t}$$

$$l = d\left(1 + \frac{2h}{t}\right)$$

ⓒ Juan, 김범준, 송규석, 이희찬, 정창민

Juan, Bumjun Kim, Gyuseok Song, Huichan Lee, Changmin Jeong

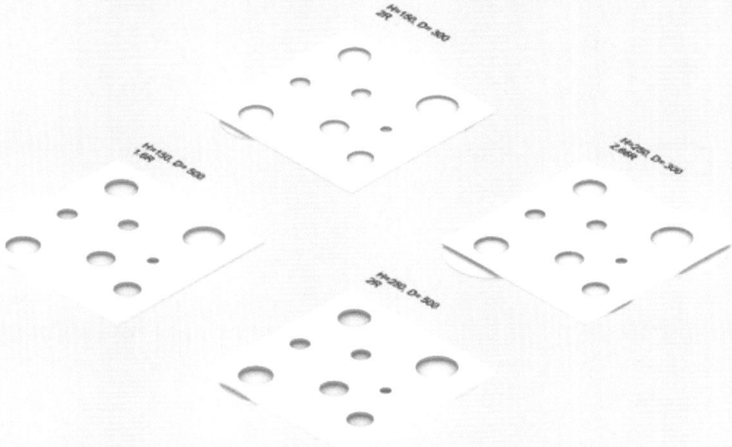

스마트시티와 미래건축

황경은, Kyungeun Hwang

<스마트시티와 미래건축> 수업은 스마트 기술과 건축, 도시 공간의 융합을 건축적 관점에서 탐구하는 수업이다. 기술 자체보다 중요한 것은 기술이 사용자의 일상에서 어떻게 작동하고, 건축 공간을 통해 사회적 의미로 확장될 수 있는지에 대한 고민이었다. IoT, 자율주행, 로봇, UAM, 에너지 관리 시스템 등을 중심으로 기술과 공간, 사람의 관계를 설계적으로 해석하고 가능성을 모색했다.

중간 프리젠테이션에서 학생들은 로봇 서비스, 자율주행차, UAM 등 기술을 특정 건축 공간에 적용하는 시나리오를 구성하고, 사용자 페르소나를 설정하여 일상 문제를 기술로 해결하는 방법을 고민했다. 기술이 공간에서 작동하는 방식과 새로운 기능, 동선, 사회적 의미로 확장하는 기획이 주를 이루었으며, 일부 팀은 공간 흐름과 시스템 자체를 바꾸는 제안까지 시도했다.

기말 프리젠테이션에서는 경희대 국제캠퍼스를 대상으로 한 설계과제였다. 학생들은 학교생활 속 불편함을 출발점으로 공간 문제를 정의하고, 기술을 통해 개선안을 설계했다. 스마트 열람실, 감응형 조명, 자율주행 셔틀, 스마트 가로등, 예약 기반 공간 운영, AR 길 안내 등 다양한 기술이 제안되었고, 이를 설계 전략으로 풀어내는 과정에서 학생들의 문제의식과 설계적 사고가 드러났다.

이번 학기는 기술을 단순히 도입하는 것이 아니라, 기술이 공간과 사회를 새롭게 조직하는 방식으로 바라보는 경험이었다. 학생들이 실제 경험에서 출발해 공간을 재상상하고, 기술이 설계적으로 어떻게 작동해야 하는지 고민한 점에서 의미 있는 시도들이 많았다.

The course <Smart Cities and Future Architecture> explores the integration of smart technologies with architecture and urban spaces from an architectural perspective. Beyond the technologies themselves, the focus is on how they operate in users' daily lives and how architectural spaces can extend their social meaning. Using IoT, autonomous vehicles, robots, UAM, and energy management systems, the course examined the relationship between technology, space, and people, exploring design possibilities.

In the mid-term presentations, students created scenarios applying technologies such as robotic services, autonomous vehicles, or UAM to specific architectural spaces. They developed user personas and considered how technology could solve daily problems. Proposals focused on how technology functions within space, new functions, circulation, and social implications, with some teams suggesting changes to the spatial flow and system itself.

The final presentations focused on Kyung Hee University's International Campus as a design project. Students identified problems in their daily campus life and designed solutions using technology. Proposals included smart reading rooms, responsive lighting, autonomous shuttles, smart streetlights, reservation-based space management systems, and AR-based navigation. The process revealed students' awareness of problems and their design thinking in translating technology into strategic design solutions.

Overall, the course emphasized viewing technology not merely as a tool but as a means to reorganize space and society. By starting from real experiences, students reimagined spaces and considered how technology should function architecturally, producing many meaningful design explorations.

김포 공항 Verti-port
7:50 AM
1 국제선 입국 승객, 어플리케이션으로 목적지 지정·예약
2 버티포트(UAM 이착륙장) 신속 보안검색
3 안전교육 이수 후 UAM 탑승, 이륙 및 도심비행
4 착륙 시간에 맞춰 최종 목적지까지 이동할 환승차량(택시) 정보 확인
5 버티허브 도착, 착륙
6 배정된 환승 차량 탑승 후 최종 목적지 도착
김포공항 verti-port에 도착하여 신속 보안 검색을 마친 후, UAM 택시의 정보를 확인하는 브루너 씨.
2025 스마트시티와 미래건축

여의도 Verti-port
8:25 AM
도착 전 UAM에서 미리 차량을 호출해둔 브루너 씨는 내리자마자 verti-port 아래층의 공유 차량 주차장으로 향한다.
2025 스마트시티와 미래건축

아모레퍼시픽_서빙 로봇
9:20 AM
자리에 앉자마자 태블릿을 통해 필요한 것들(음료, 간식, 회의 자료)을 요청하는 브루너 씨.
서빙 로봇이 음료와 간식을 가져오고 문서실에서 회의자료를 챙겨온다.
2025 스마트시티와 미래건축

낯선 익숙함, 익숙한 낯섦

Studio A | 김동일, Dongil Kim
Studio B | 김원준, Wonjun Kim
Studio C | 이두열, Dooyeol Lee
Studio D | 김조윤, Joyoon Kim
Studio E | 최여진, Yeojin Choi

<건축설계 7>은 건축학과 5학년 전공필수 스튜디오로, 학생이 스스로 설정한 건축적 주제와 이를 해결하기 위한 설계 전략을 심층적으로 탐구하는 수업이다. 졸업설계의 전 단계로서, 사회·문화·환경적 맥락을 분석하고 이를 건축적 형태와 공간으로 구체화하는 전 과정을 다룬다. 본 스튜디오는 주제 설정과 대상지 분석, 계획 설계, 기본 설계, 최종 제출까지의 단계별 과정을 통해 학생들이 비판적 사고와 종합적 설계 능력을 발전시키도록 한다. 2025학기의 주제는 "낯선 익숙함, 익숙한 낯섦"이다. 이 주제는 익숙한 공간을 새롭게 인식하고 낯선 환경 속에서 친숙함을 발견하는 건축적 가능성을 탐구하는 데 초점을 두었다. 학생들은 기존 건축 유형과 경계를 변형하거나 재배치하고, 시간·장소·감각·재료를 재구성하는 방식으로 공간의 본질과 경험을 재해석하였다. 이를 통해 단순한 형식 실험을 넘어, 기억과 감각, 시간성과 장소성을 아우르는 다층적 설계 접근이 이루어졌다.

설계 과정에서 나타난 접근 방식은 다양했다. 일부는 익숙한 재료를 낯선 비례나 스케일과 결합해 새로운 물리적 경험을 제안했고, 전통적 유형을 해체하거나 다른 맥락에 재배치하여 기능과 의미를 확장한 사례도 있었다. 빛, 소리, 재료와 같은 감각적 요소를 설계 핵심으로 활용해 사용자의 인식을 전환한 프로젝트, 자연과 인공의 경계를 재구성하여 새로운 균형과 상호작용을 제시한 작업, 그리고 시간의 레이어를 중첩하여 장소 해석의 깊이를 확장한 시도도 눈에 띄었다. 결과물 전반에서 주제 해석의 명확성과 설계 전략의 일관성이 확인되었다. 프로그램과 장소의 특성을 긴밀하게 연결하거나, 사회·문화적 맥락을 구체적으로 반영한 프로젝트들이 다수였으며, 변화하는 환경에 대응하는 공간 구조와 경험의 범위를 확장하는 설계가 특히 주목할 만했다. 이번 학기의 <건축설계 7>은 형태 창조를 넘어 건축적 사고의 범위를 감각·시간·맥락으로 확장하는 실험의 장이었다. 학생들은 각자의 설계 언어를 구체화하며, 개념의 명확성과 표현의 정교함을 동시에 발전시켰다. 이러한 과정은 건축이 사회와 환경 속에서 작동하는 방식을 재검토하게 했으며, 공간 해석과 설계 전략의 수준을 한 단계 끌어올리는 의미 있는 성과로 이어졌다.

<Architectural Design Studio 7> is the final core design studio in the undergraduate curriculum for fifth-year architecture students. It provides a platform for students to develop an independent architectural agenda and carry it through to a fully resolved design proposal. Positioned as the precursor to the graduation thesis, the studio guides students through thematic development, site analysis, and schematic to developed design, fostering critical thinking, contextual awareness, and advanced design skills. The 2025 semester was framed by the theme "The Known Unknown, The Unknown Known," encouraging students to perceive the familiar in unexpected ways and uncover familiarity within the unfamiliar. Students reconsidered typologies, boundaries, materiality, and sensory perception, layering memory, temporality, and place to create richer spatial narratives.

Design strategies varied widely. Some projects combined familiar materials with unconventional proportions or scales, while others dismantled traditional building types or relocated them into unfamiliar contexts to redefine function and meaning. Several works placed sensory elements—light, sound, texture—at the core of the design, or embedded temporal layers to deepen the sense of place. Across the body of work, clarity of thematic interpretation and coherence of design strategy were consistently evident. Many projects established strong relationships between program and site, while others addressed social or cultural contexts with precision. Notable outcomes included designs responding to environmental changes and expanding spatial experience through sensory transformation.

김범준 | Studio
A Project S.O.U.L

원시에서부터 현재까지, 건축은 필요에 부합하는 공간을 찾는 것에서 필요를 충족하는 공간을 창조하는 것으로 진화했다. 이제 건축은 필요를 위한 수단으로써 프로그램에 종속되지 않으며, 공간의 주체적 생성과 제거, 통합과 분리를 통해 사용자와 동등한 위계의 상대성을 갖는 생명체로 진화한다.

본 프로젝트는 건축과 공간을 이용되는 대상이 아닌, 살아있는 생명체로 바라본다. 낯섦과 익숙함이라는 개념이 가지는 상대성을 인간과 공간에 대입하여, 목적에 의해 사용되며 일방적인 상호작용을 가지는 관계가 아닌 서로가 주체성을 가지며 상호작용하는 관계를 구축하는 것을 목표로 한다.

From its origins to the present, architecture has evolved from seeking space to meet needs to creating spaces that fulfill them. Now, architecture is no longer a mere means to an end, subordinated to program. Through the subjective creation and removal of space, integration and separation, it is evolving into a living organism, possessing a relativity of equal hierarchical relationship with its users.

This project views architecture and space not as objects to be used, but as living organisms. By applying the relativity inherent in the concepts of unfamiliarity and familiarity to humans and space, it aims to establish a relationship where both parties possess agency and interact, rather than a one-sided relationship of purposeful use.

ⓒ 김범준, Bumjun Kim

ⓒ 김범준, Bumjun Kim

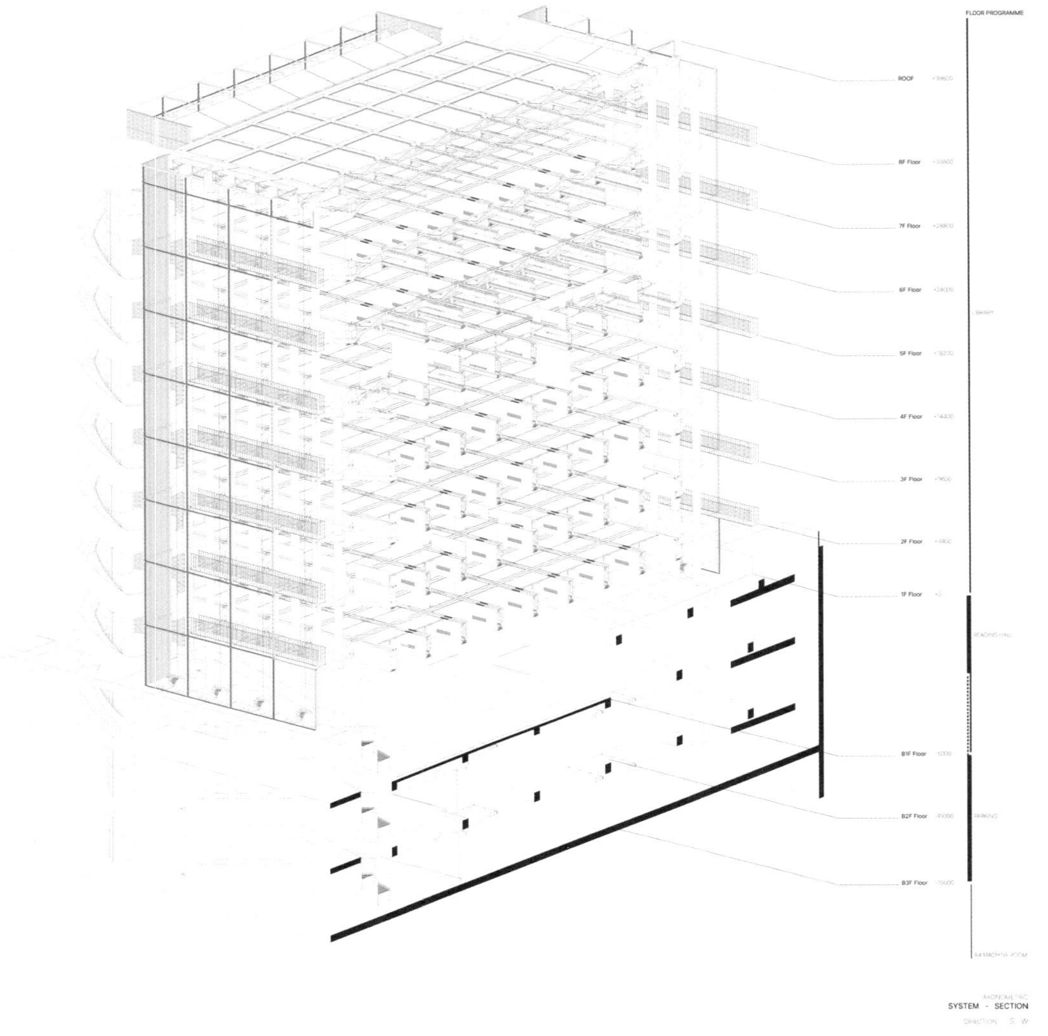
FLOOR PROGRAMME
ROOF
8F Floor
7F Floor
6F Floor
5F Floor
4F Floor
3F Floor
2F Floor
1F Floor
B1F Floor
B2F Floor
B3F Floor
SYSTEM - SECTION

ⓒ 김범준, Bumjun Kim

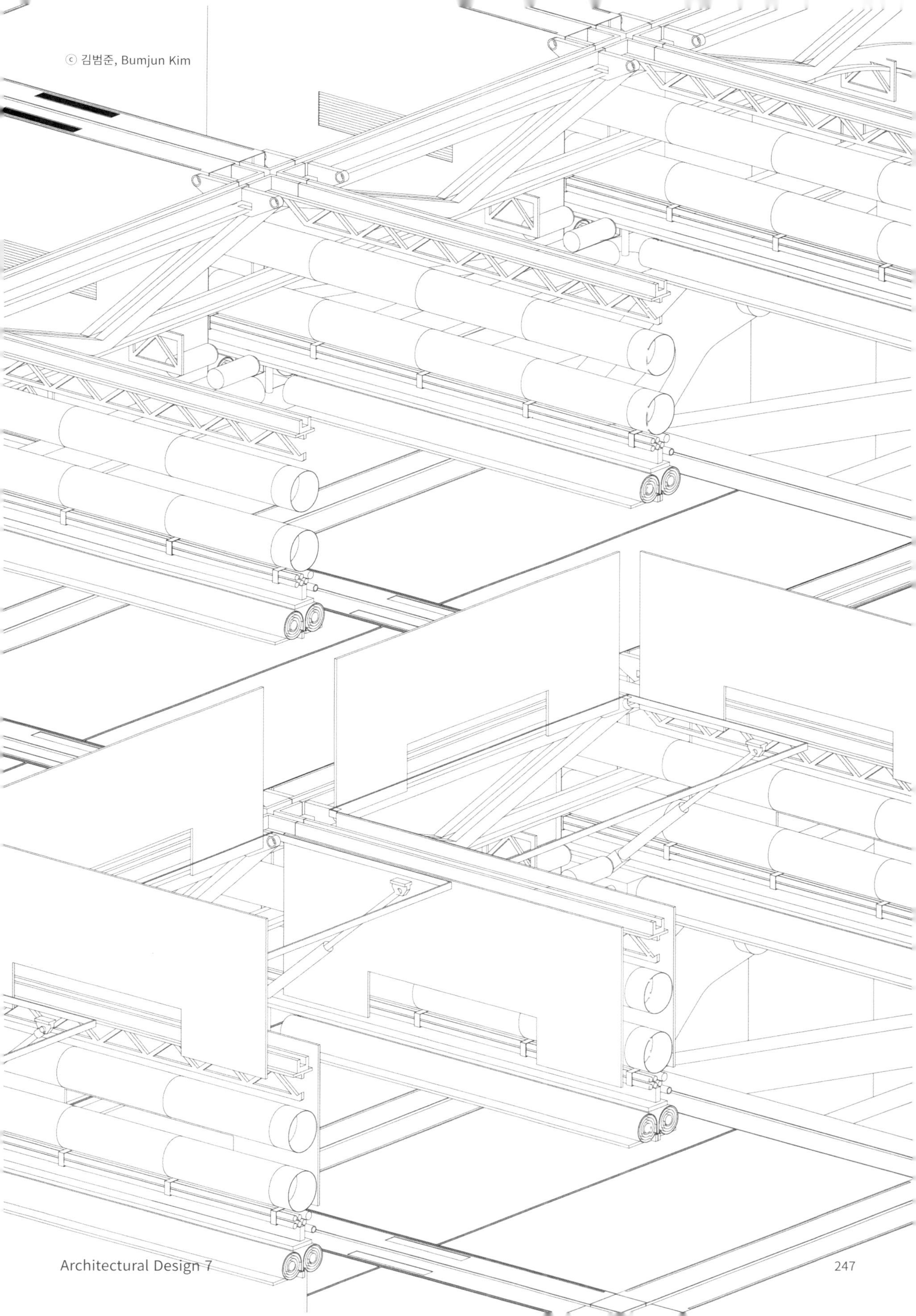

김현조 | Studio A

깊은 표면

Deep Surface

ⓒ 김현조, Hyeonjo Kim

표면은 건물에서 가장 먼저 인식되는 것 중 하나이기에 내외부를 매개하는 역할을 할 가능성이 크다. 그러나 일반적으로 건물의 표면은 공간과 별개로 분리되어 껍데기처럼 붙어 있을 뿐이다. 따라서 구조와 공간을 결합시킨 깊은 표면이 익숙한 낯섦으로 다가올 수 있도록 했다. 깊어진 표면은 중심부 공간을 유연하게 이용하게 될 가능성을 내포하기에, 콘텐츠 스튜디오가 프로그램으로 적절했다. 스튜디오를 지원하는 각 프로그램들은 활동성과 개방성, 스튜디오와의 관계에 따라 드러나고 숨으며 내외부를 연결한다. 이러한 다양한 깊이의 프로그램들은 돌처럼 쌓여 하나의 표면을 이룬다.

Surfaces are one of the first things perceived in a building, and thus have a strong potential to mediate between interior and exterior. However, typically, a building's surface is detached from its space, remaining attached like a shell. Therefore, a deep surface, combining structure and space, was created to create a familiar yet unfamiliar experience. The deepened surface offers the potential for flexible use of the central space, making the Content Studio a suitable program. Each program supporting the studio reveals and conceals itself based on its activity, openness, and relationship to the studio, connecting the interior and exterior. These programs of varying depths, like stones, pile up to form a single surface.

ⓒ 김현조, Hyeonjo Kim

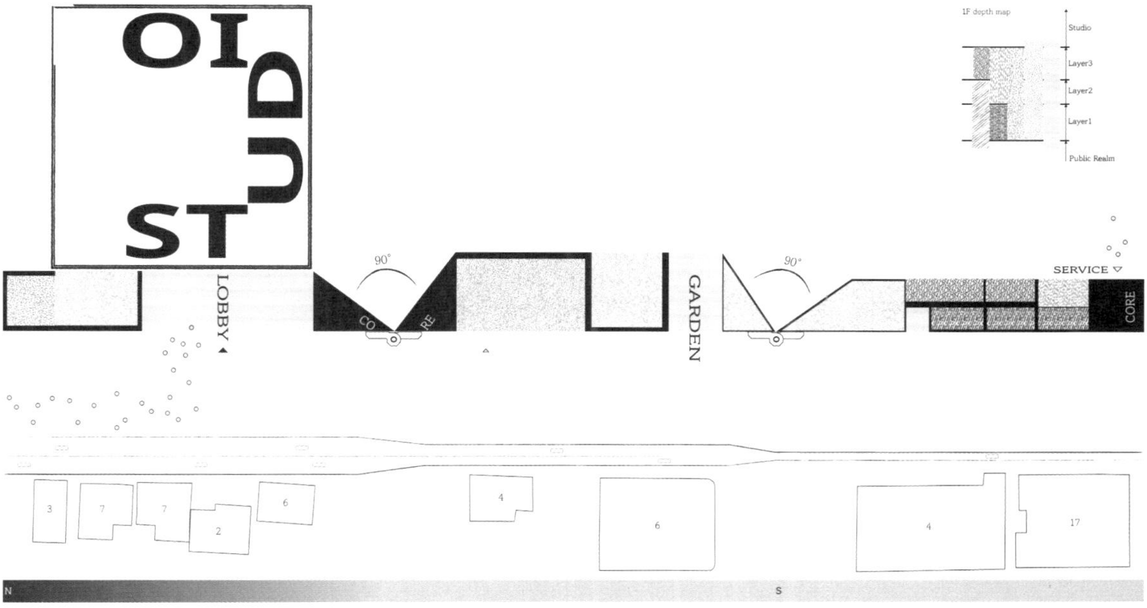

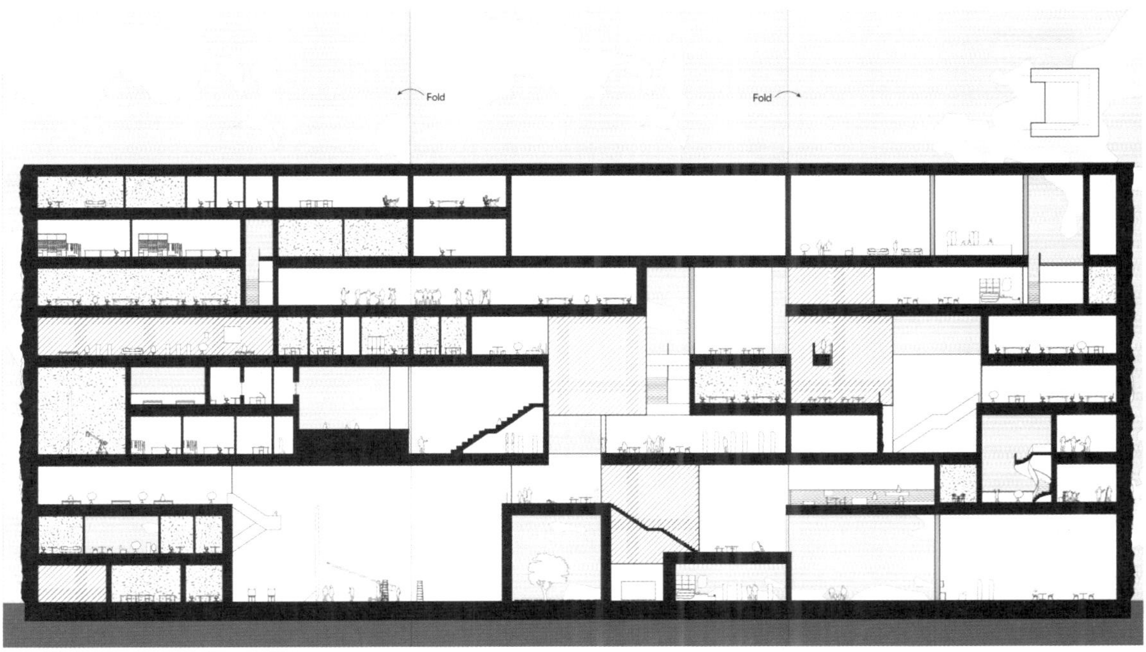

ⓒ 김현조, Hyeonjo Kim

ⓒ 김현조, Hyeonjo Kim

노유정 | Studio A
PLA - FORM

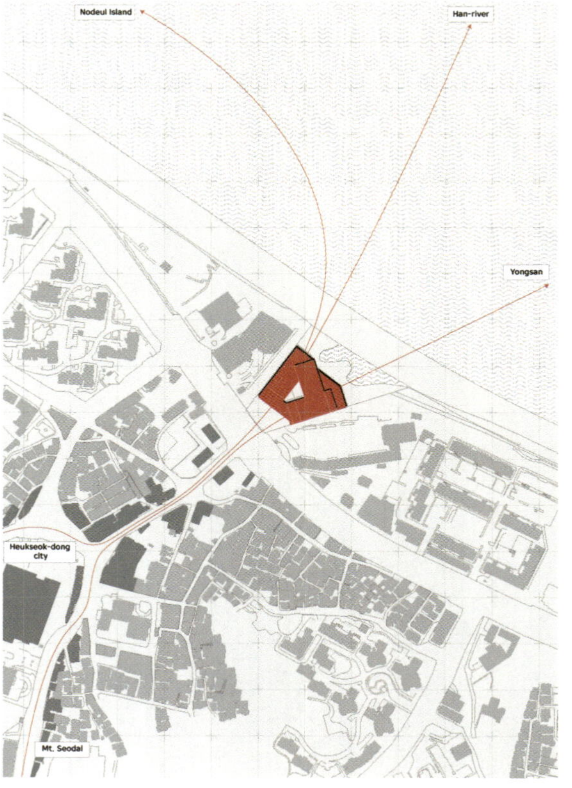

ⓒ 노유정, Yujeong No

한강과 맞닿은 흑석동 집하장 부지에 설계된 'Vertical Pla-Form'은 폐플라스틱의 수집부터 선별, 가공, 재활용 제품 제작에 이르는 전 과정을 수직적 흐름으로 구성한 도시형 업사이클링 복합시설이다.

공간 기능과 커뮤니티 프로그램을 입체적으로 결합하여, 생산과 관람, 문화가 한 공간 안에서 동시에 이루어지는 새로운 도시 경험을 제안한다. 산업과 문화가 공존하는 이 공간은 기존 혐오시설의 한계를 넘어, 시민이 직접 참여하고 체험할 수 있는 열린 플랫폼으로서 기능한다. 이는 산업시설을 단순한 기능적 공간이 아닌, 도시 속 문화적 장치로 재해석한 시도이다.

Designed on the site of the Heukseok-dong collection facility bordering the Han River, Vertical Pla-Form is an urban upcycling complex that vertically organizes the entire process of waste plastic collection, sorting, processing, and manufacturing into recycled products.

By combining open spaces and community programs, it offers a new urban experience where production, viewing, and culture all coexist within a single space. This space, where industry and culture coexist, transcends the limitations of existing repulsive facilities and functions as an open platform where citizens can directly participate and experience. This reinterpretation of industrial facilities goes beyond mere functional spaces and becomes a cultural fixture within the city.

ⓒ 노유정, Yujeong No

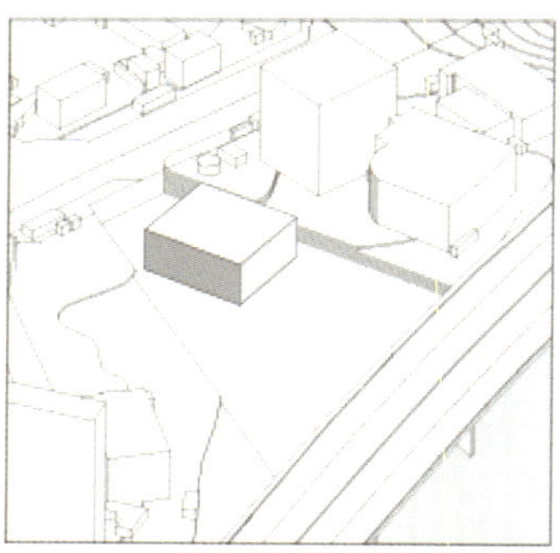

Placing Mass on the Site

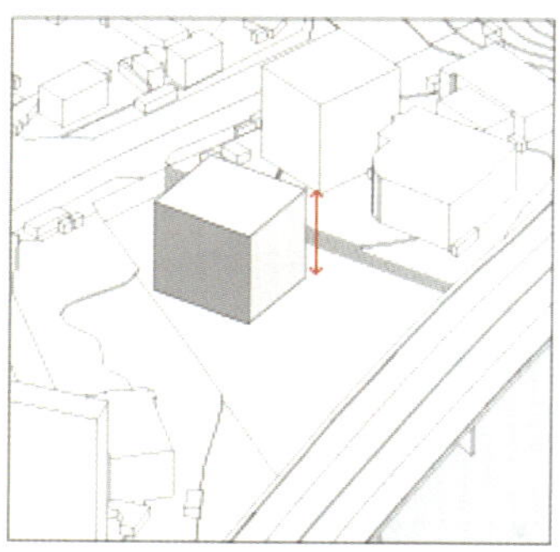

Placing Vertical Mass

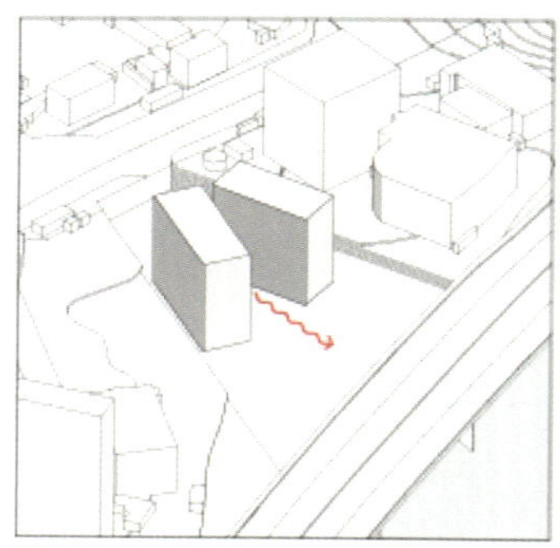

Connection on the Han-river

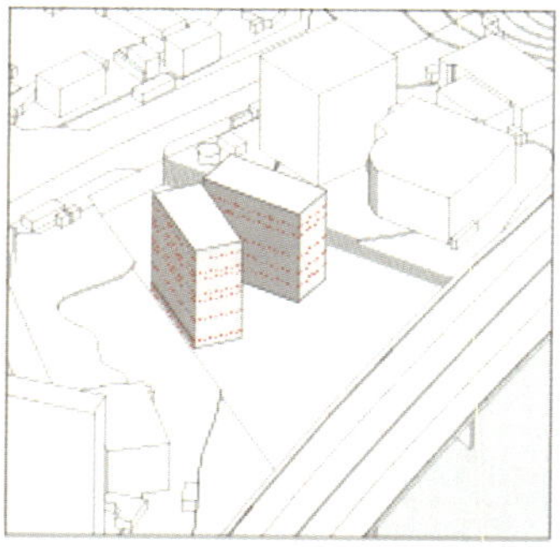

Vertical Program Distribution

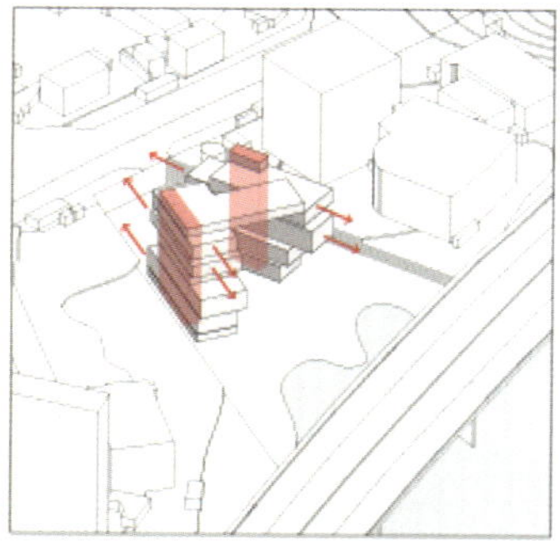

Consider Veiw & Pull and Push Mass

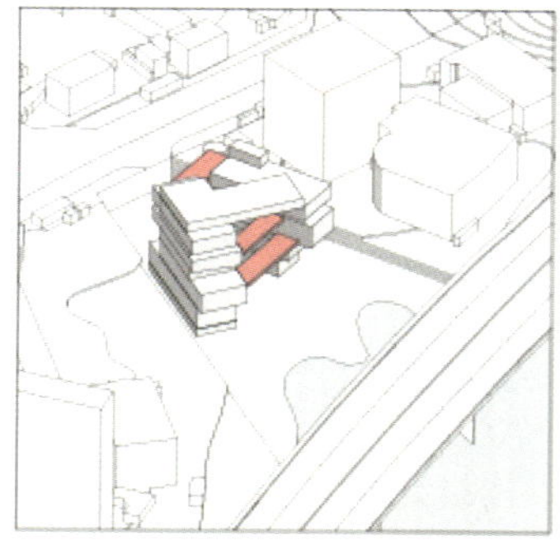

Bridge Connection

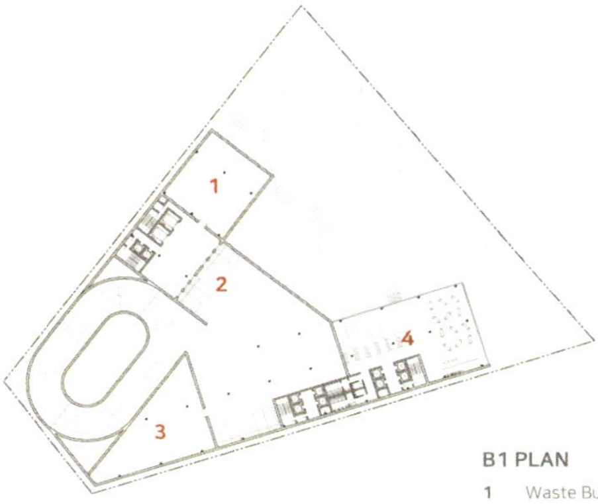

B1 PLAN

1 Waste Bunker
2 Loading dock
3 Storage
4 cafe

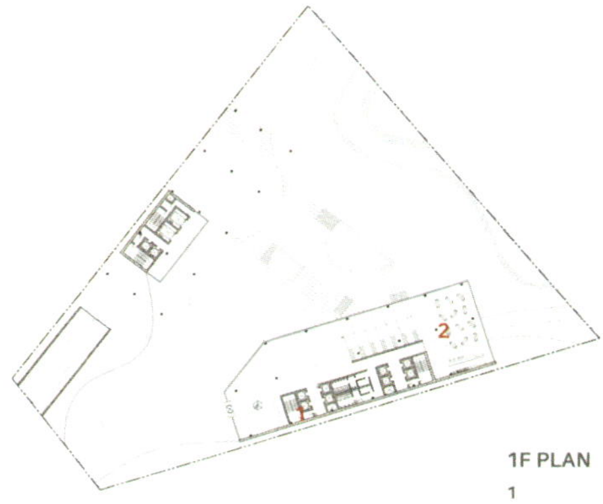

1F PLAN

1 Lobby
2 cafe

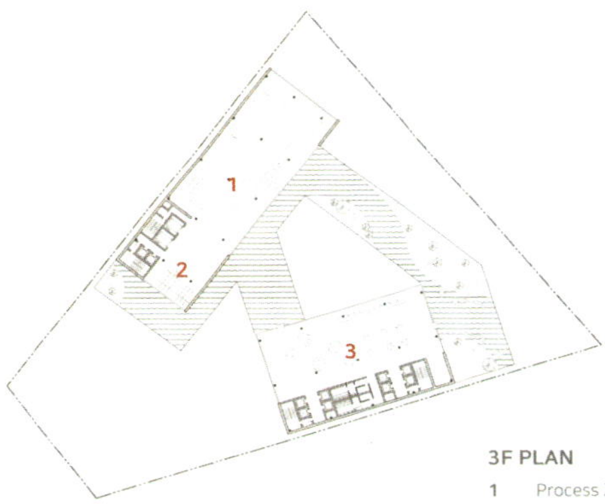

3F PLAN

1 Process Zone
2 Storage
3 Cinema Hall

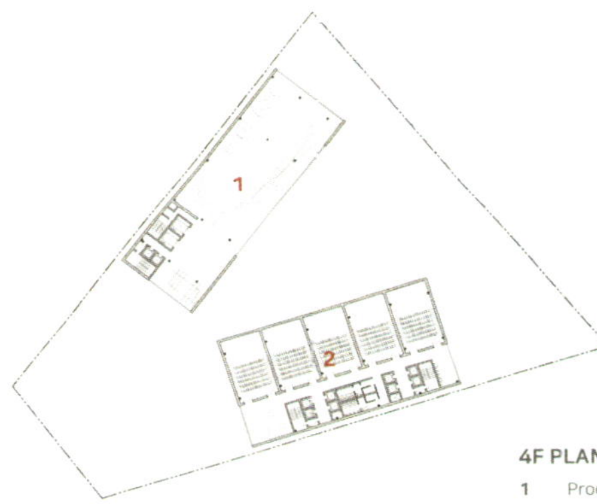

4F PLAN

1 Process Zone
2 Cinema

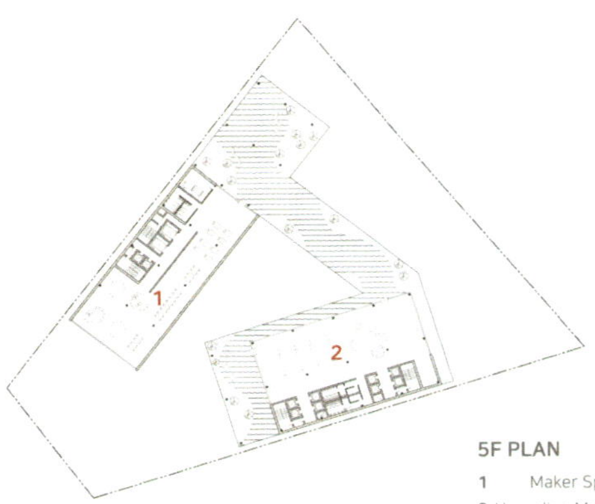

5F PLAN

1 Maker Space
2 Upcycling Market

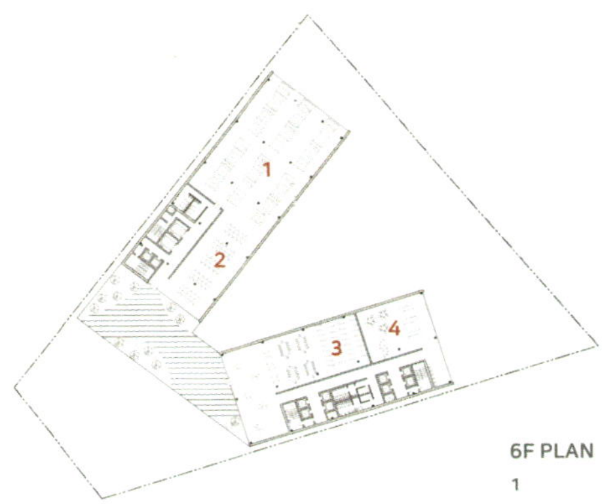

6F PLAN

1 Office
2 Design Lab
3 Library
4 Study Room

여재동 | Studio A
3rd Headquarter

ⓒ 여재동, Jaedong Yeo

본 프로젝트는 하이브리드 근무 시대에 대응하는 새로운 오피스 헤드쿼터 모델을 제안한다. 기존 헤드쿼터는 상주 근무를 전제로 대규모 면적을 점유하며, 비 근무 시간에는 유휴 공간으로 남았다. 그러나 하이브리드 근무가 보편화 되는 경우, 직원들은 회의나 협업 등 특정 목적에 맞춰 짧게 이용할 수 있는 공간이 더 필요하다. 이에 본 프로젝트는 '잠깐 만날 수 있는 곳'을 콘셉트로, 거대한 단일 건물 대신 접근성과 활용도가 높은 소규모 거점을 도시 전역에 분산한 네트워크를 제시한다. 주요 거점은 중앙버스전용차로 강남역 인근 버스정류장으로, 도심 교통망과 직결되어 변화하는 근무 환경에 유연하게 대응한다.

This project proposes a new office headquarters model for the era of hybrid work. Existing headquarters, predicated on permanent work, occupy large spaces and remain idle during off-hours. However, as hybrid work becomes more prevalent, employees will increasingly need spaces that can be used for short periods, such as meetings or collaborations. This project, based on the concept of "a place for brief meetings," proposes a network of small, easily accessible and usable locations distributed throughout the city, rather than a single, massive building. A key location is a bus stop near Gangnam Station on the central bus lane, directly connected to the city's transportation network, allowing for flexible adaptation to changing work environments.

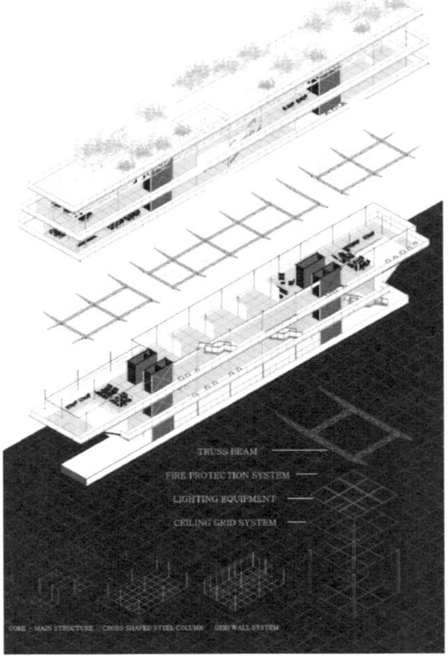

ⓒ 여재동, Jaedong Yeo

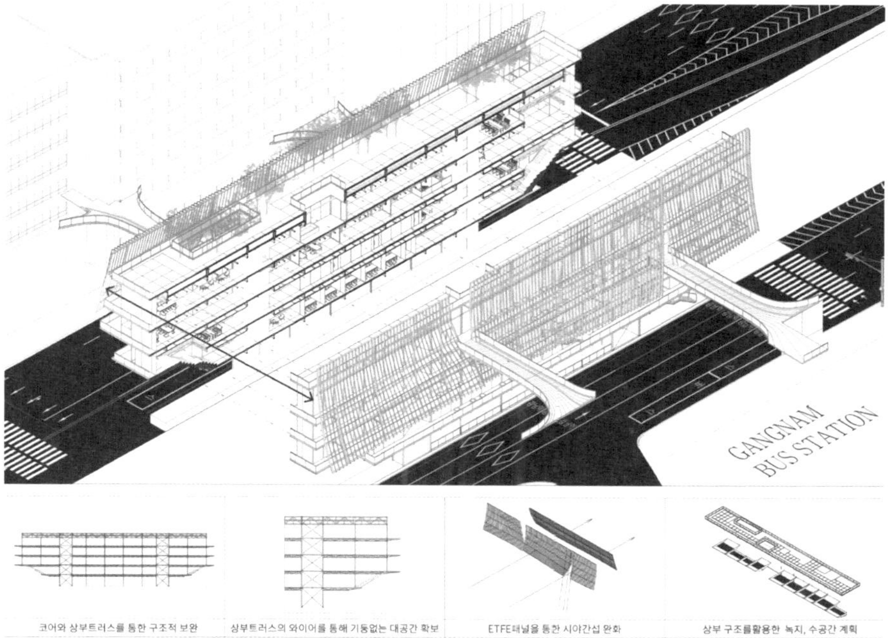

ⓒ 여재동, Jaedong Yeo

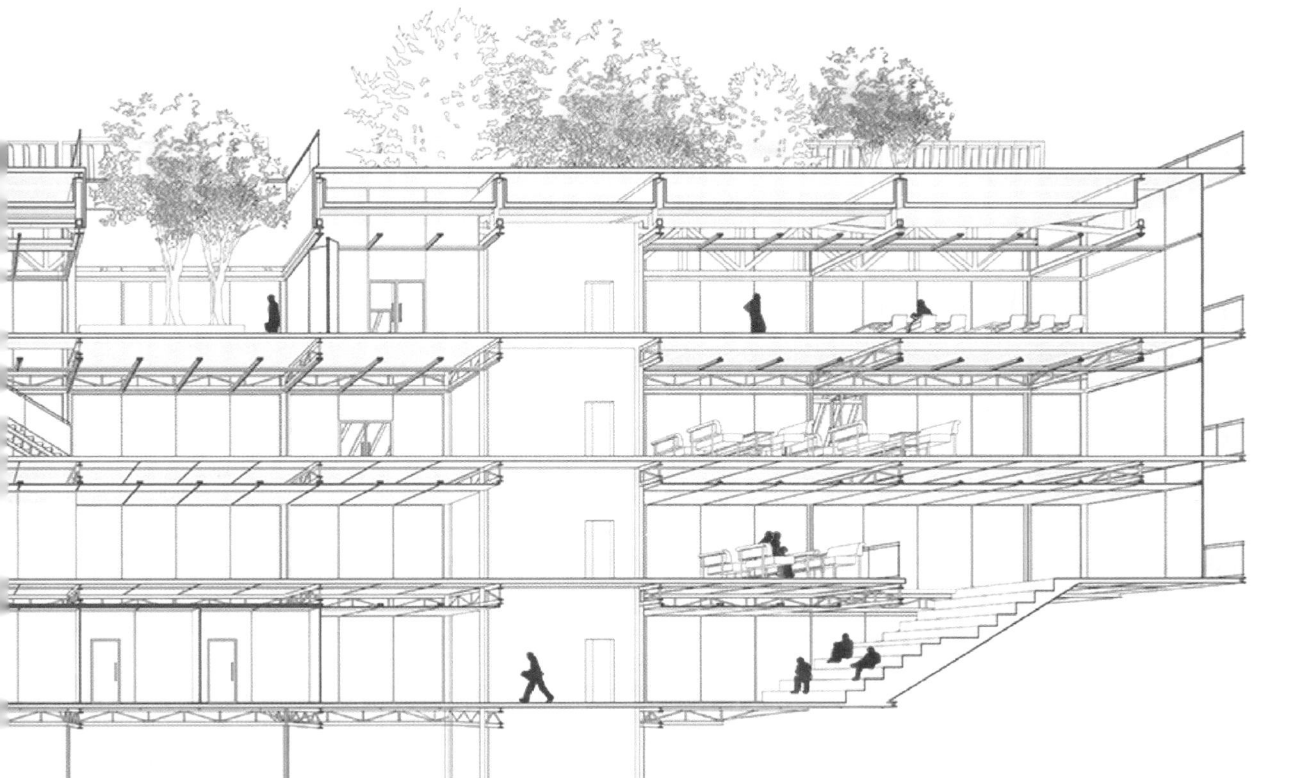

이로운 | Studio A
3rd Geomorphic Tectonic

"자연의 구축"

Geomorphic Tectonic은 퇴적, 침식, 응고와 같이 수천 년이 걸리는 지질학적 형성과정을 단기간에 압축, 재현하여 건축적 형태를 도출하는 새로운 구축 방식이다. 이 과정에서 구축의 주체는 인간이 아닌 자연이며, 인간은 자연이 작용할 수 있도록 조건과 환경을 마련하는 존재이다. 이렇게 형성된 구조물은 고정된 완결체가 아니라 성장, 침식, 붕괴를 거듭하며 시간 속에서 변화하는 존재로 남는다.

"Construction of Nature"

Geomorphic Tectonics is a new construction method that compresses and reproduces geological processes—such as sedimentation, erosion, and solidification—that take thousands of years, in a short period of time, to create architectural forms. In this process, the subject of construction is nature, not humans, and humans are the ones who create the conditions and environment for nature to function. These structures are not fixed, complete entities, but rather remain as entities that change over time, undergoing cycles of growth, erosion,

ⓒ 이로운, Roun Yi

ⓒ 이로운, Roun Yi

Geomorphic Tectonic

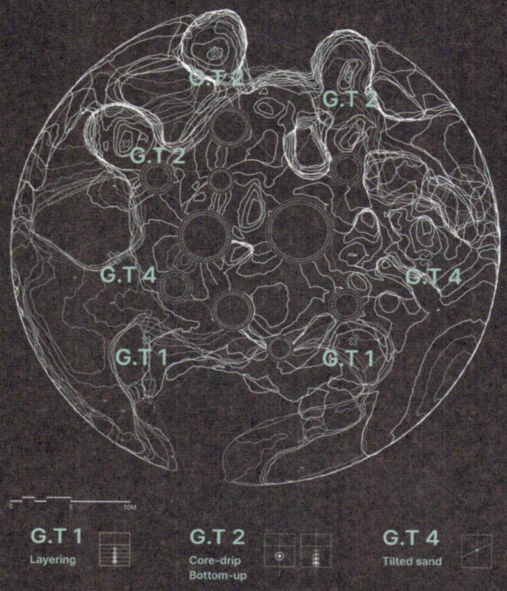

Biodiversity

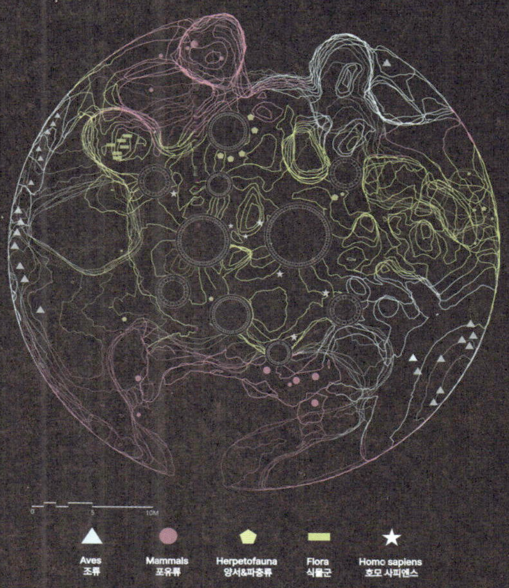

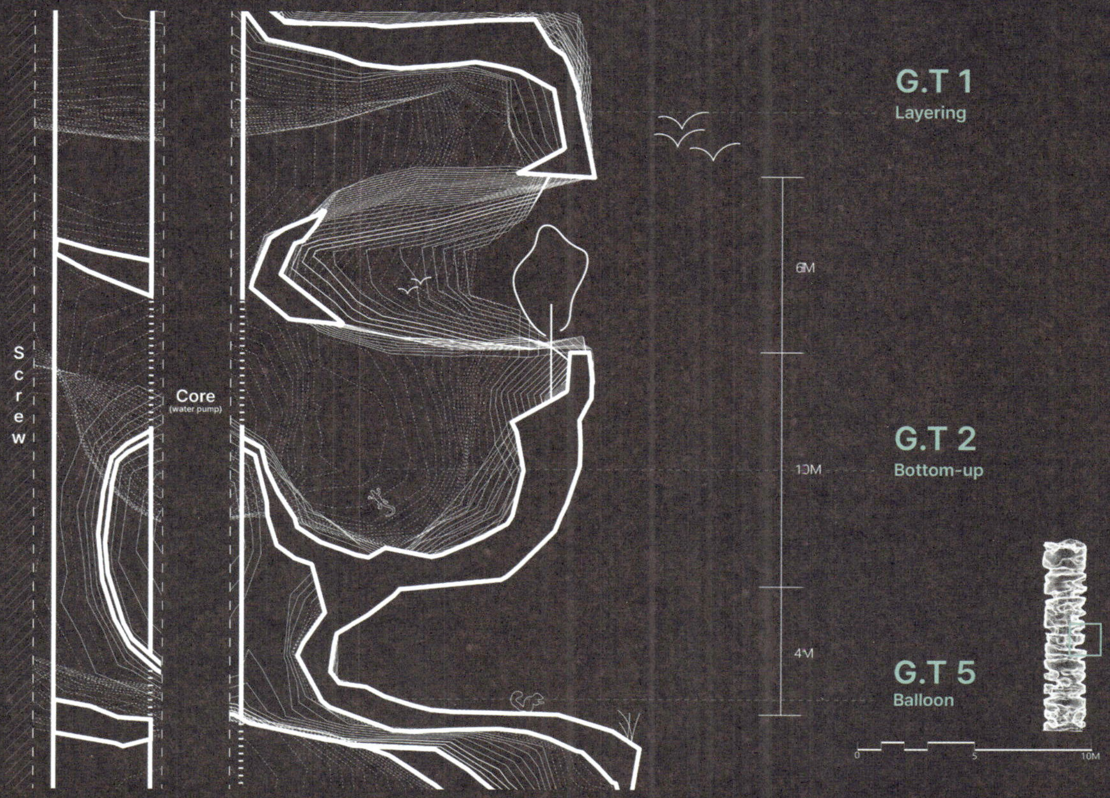

조성진 | Studio A
Theme Tower

현대 사회에서 여가 활동과 경험 중심의 소비는 단순한 휴식이나 오락의 차원을 넘어 삶의 질을 규정하는 중요한 요소로 자리매김하고 있다. 특히 경험경제의 확산은 사람들이 물질적 소비보다 체험적 경험을 중시하는 경향을 강화시키고 있으며, 이는 도시와 건축 공간의 구성 방식에도 직접적인 영향을 미치고 있다. 테마파크는 이러한 경험 경제를 대표하는 시설로써, 오락과 교육, 문화와 휴양을 동시에 충족하는 복합적 여가 공간으로 발전해왔다.

그러나 현재 국내외의 대표적인 테마파크들은 수평적으로 넓은 부지를 점유하고 있으며 도시 중심부와는 떨어져 있어 교통 접근성이 떨어지고 일상적인 이용과는 거리가 있다. 또한 고밀화된 도시 환경에서는 이러한 대규모 부지를 새롭게 확보하는 것이 현실적으로 불가능하다는 한계도 드러내고 있다. 이에 본 프로젝트는 도심 속 고밀화된 공간에서 테마파크를 수직적으로 재구성하며, 수직 공간에서의 다층적이고 풍부한 놀이경험을 구현하고자 한다.

In contemporary society, leisure activities and experience-centered consumption have become essential factors that shape quality of life, extending far beyond simple rest or entertainment. The rise of the experience economy has strengthened the shift toward valuing experiential engagement over material consumption, directly influencing the way cities and architectural spaces are structured. Theme parks are emblematic of this experience economy, having evolved into complex leisure environments that simultaneously offer entertainment, education, culture, and relaxation.

However, most major theme parks in Korea and abroad occupy large horizontal sites and are typically located outside urban centers, resulting in limited transportation accessibility and reduced relevance to everyday use. In high-density urban environments, securing such vast areas has become increasingly unrealistic. In response, this project seeks to reconfigure the theme park vertically within dense urban contexts, creating layered and immersive experiences in a multi-level vertical environment.

ⓒ 조성진, Seongjin Cho

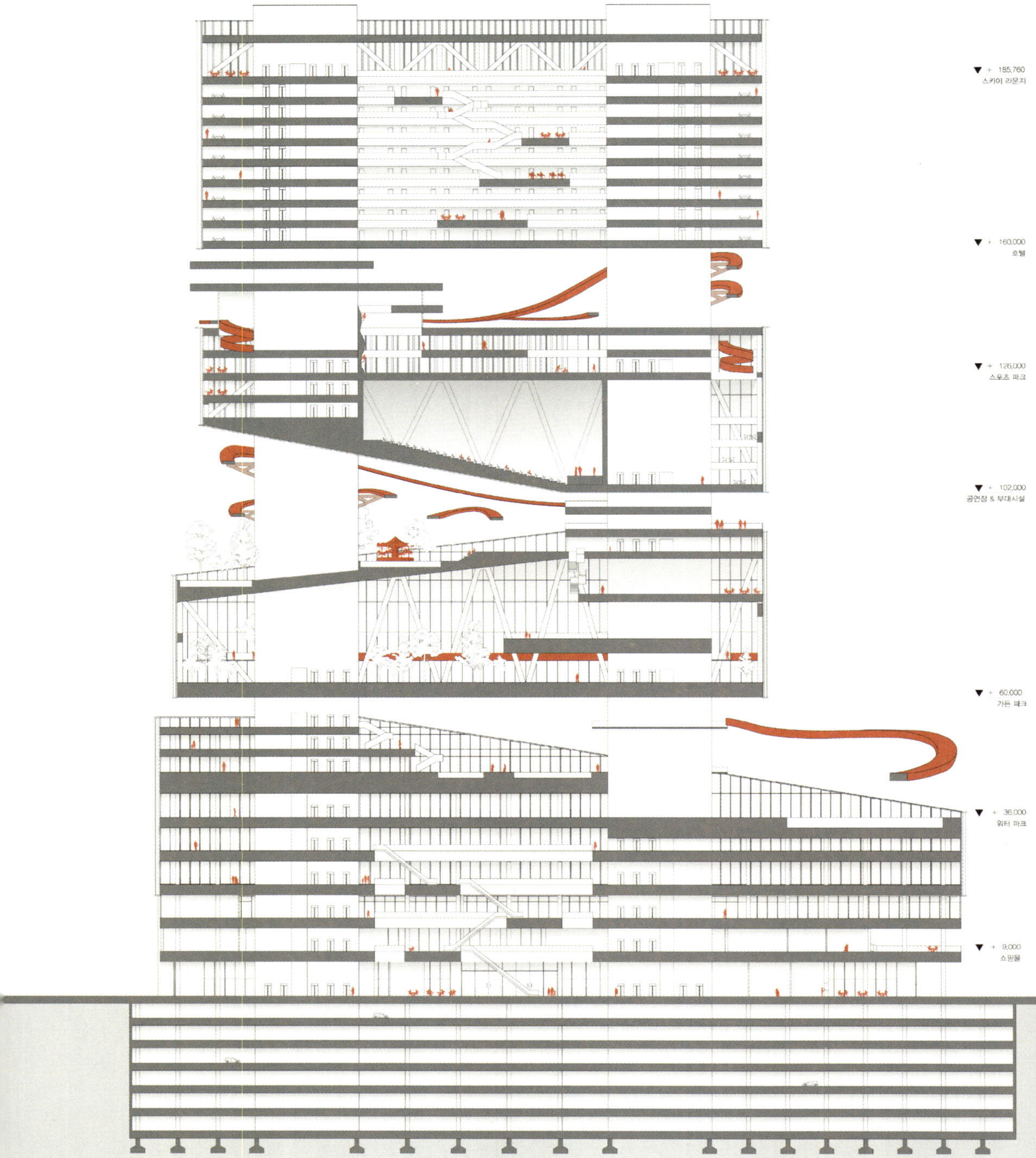

ⓒ 조성진, Seongjin Cho

김민서 | Studio B
TRACEBACK

장애를 입는다는 것은 특정 감각을 잃는 경험이며 이는 신체적으로 불편함뿐만 아니라 심리적 고립으로 이어질 수 있다. 본 프로젝트는 감각의 회복 자체에 중점을 둔 보행 중심의 재활센터를 제안한다. 우리는 걷는 행위를 통해 공간을 인지하고, 모든 감각을 활용하여 목적지에 도달한다. 이는 기계 장치의 도움 없이 오롯이 내몸으로 공간을 경험하며, 스스로 감각을 회복하는 정서적 자유의 행위이다. 기존 공원 부지를 활용하여 병원과 공원이라는 '일상적 공간'과 축제라는 '비일상적 공간'이 공존하는 이중적 성격을 기반으로 지역과 이벤트 요소가 감각 자극에 어떻게 시너지를 낼 수 있을지 그 가능성을 모색한다.

Being disabled is the experience of losing certain senses, which can lead not only to physical discomfort but also to psychological isolation. This project proposes a walking-centered rehabilitation center that focuses on sensory restoration itself. Through the act of walking, we perceive space and utilize all our senses to reach our destinations. This is an act of emotional freedom, experiencing space solely with our own bodies, without the aid of mechanical devices, and restoring our senses. Utilizing existing park land, the project explores how local and event elements can synergize sensory stimulation based on the dual nature of the space—the "everyday" space of a hospital and park, and the "unordinary" space of a festival.

ⓒ 김민서, Minseo Kim

1 일반관리부
- a 통합사무실
- b 대회의실
- c 당직실
- d 공공의료 사업실
- e 의사연구실
- f 세미나실

2 낮병동
- a 휴식실
- b 작업치료실

3 약국

4 소아외래
- a 소아진료실
- b 사회사업실
- c 처치실
- d 휠체어보관
- e [illegible]

5 일반외래
- a 일반진료실
- b 예비실
- c 원무사무실
- d 처치실
- e 휠체어보관
- f 창고

6 보장구실
- a 예비실
- b 기기창고
- c fitting room
- d 수리실

7 수치료실

8 치료실
- a 운동치료실
- b 소아운동치료실
- c 일상생활동작훈련실
- d 탈의 및 샤워

9 임상검사

10 생리기능검사

11 강당

12 기계전기실

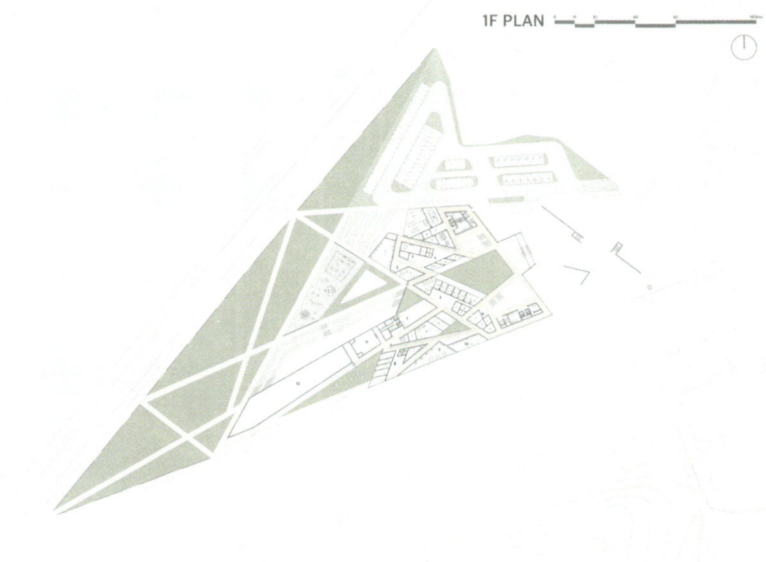

1 북카페

2 낮병동
- a 집단치료실
- b 사회복지사실
- c 상담실
- d 휠체어보관

3 기사실

4 의사실

5 회의실

6 중앙창고

7 중앙공급실

8 기타검사실

9 방사선촬영실

10 식당

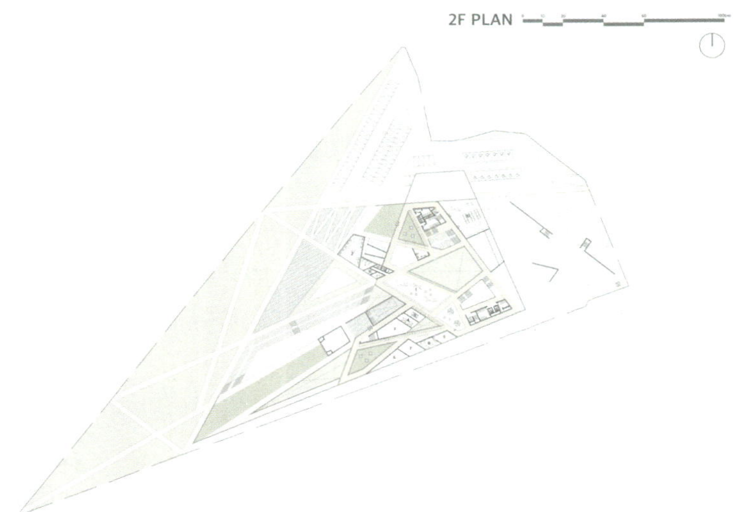

ⓒ 김민서, Minseo Kim

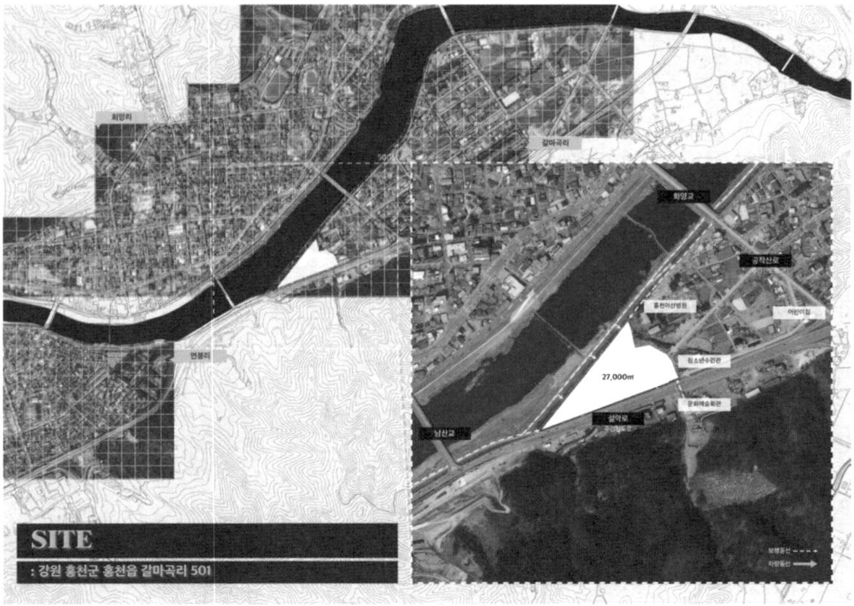

ⓒ 김민서, Minseo Kim

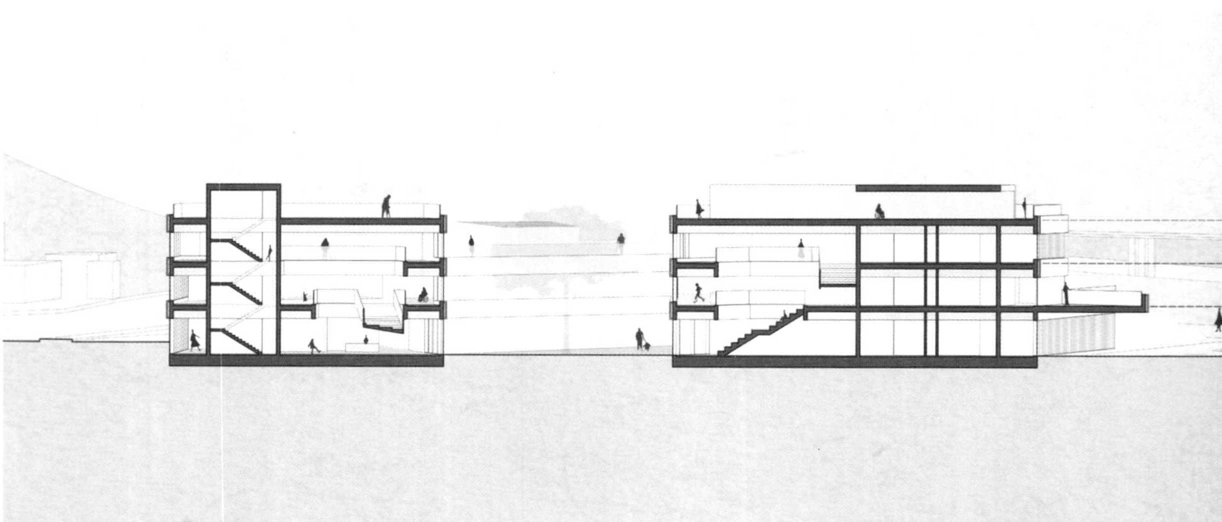

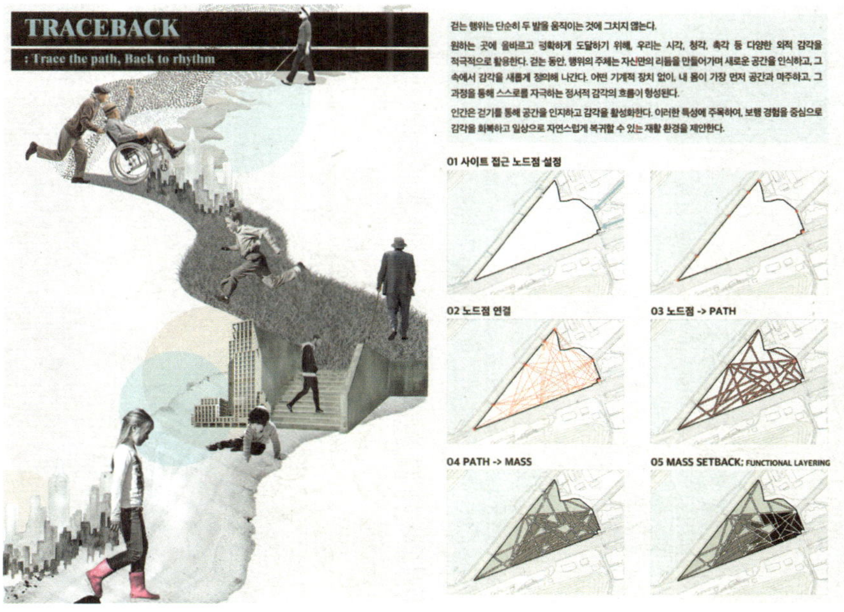

ⓒ 김민서, Minseo Kim

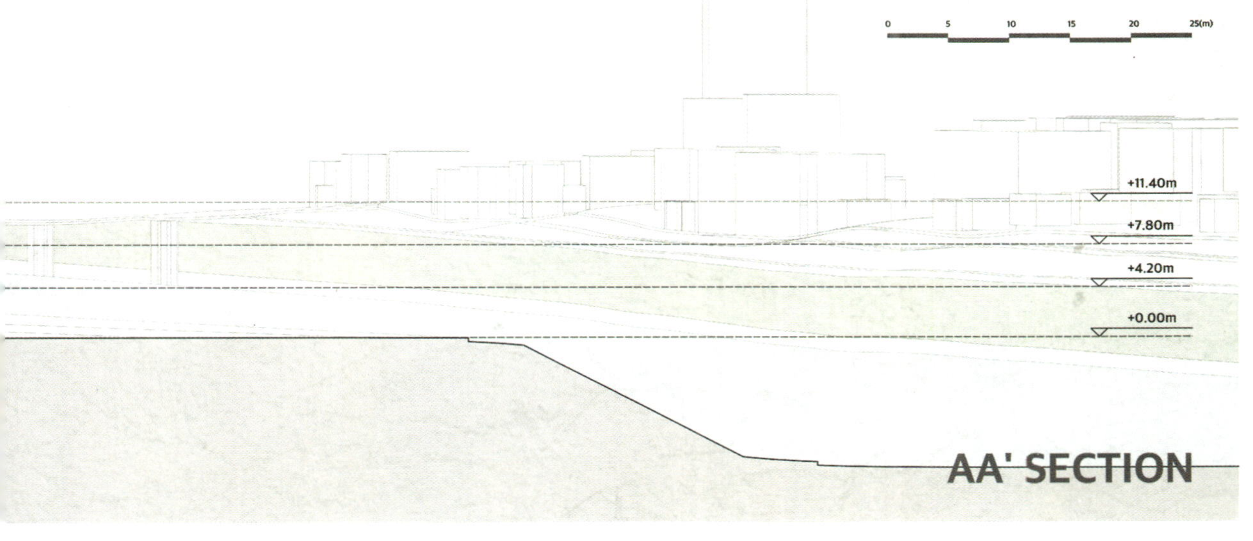

모상진 | Studio B
Urban Terrarium

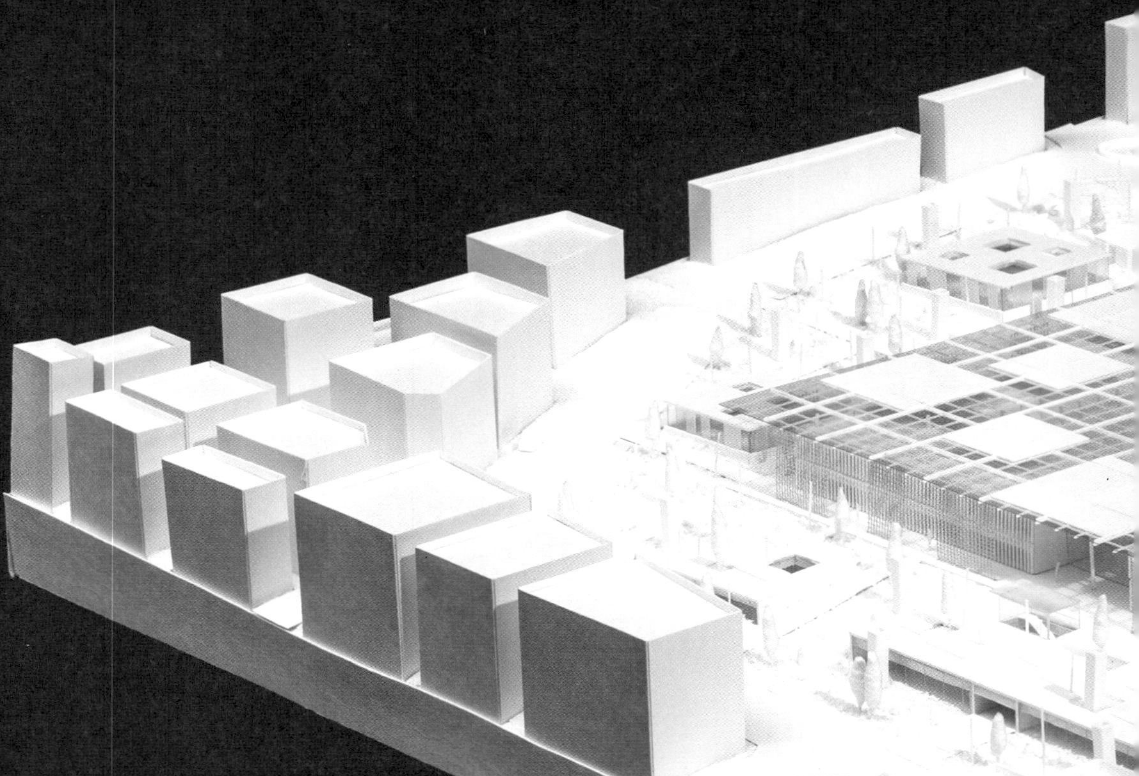

"현대의 교회는 어떤 모습으로 사람과 도시에 기여할 수 있을까" 어반 테라리움은 단단하고 폐쇄적인 건축에서 벗어나 자유로운 이동과 공간 경험이 가능한 유연하고 개방적인 건축을 그린다. 종교적 목적의 공간을 넘어 다양한 사회적 기능을 담아 사람들 사이의 유연한 관계를 만드는 장소를 지향한다.

"How can a modern church contribute to people and the city?" Urban Terrarium envisions a flexible and open architecture that allows for free movement and spatial experience, moving beyond rigid and closed structures. Beyond a space for religious purposes, it aims to accommodate diverse social functions and foster flexible relationships among people.

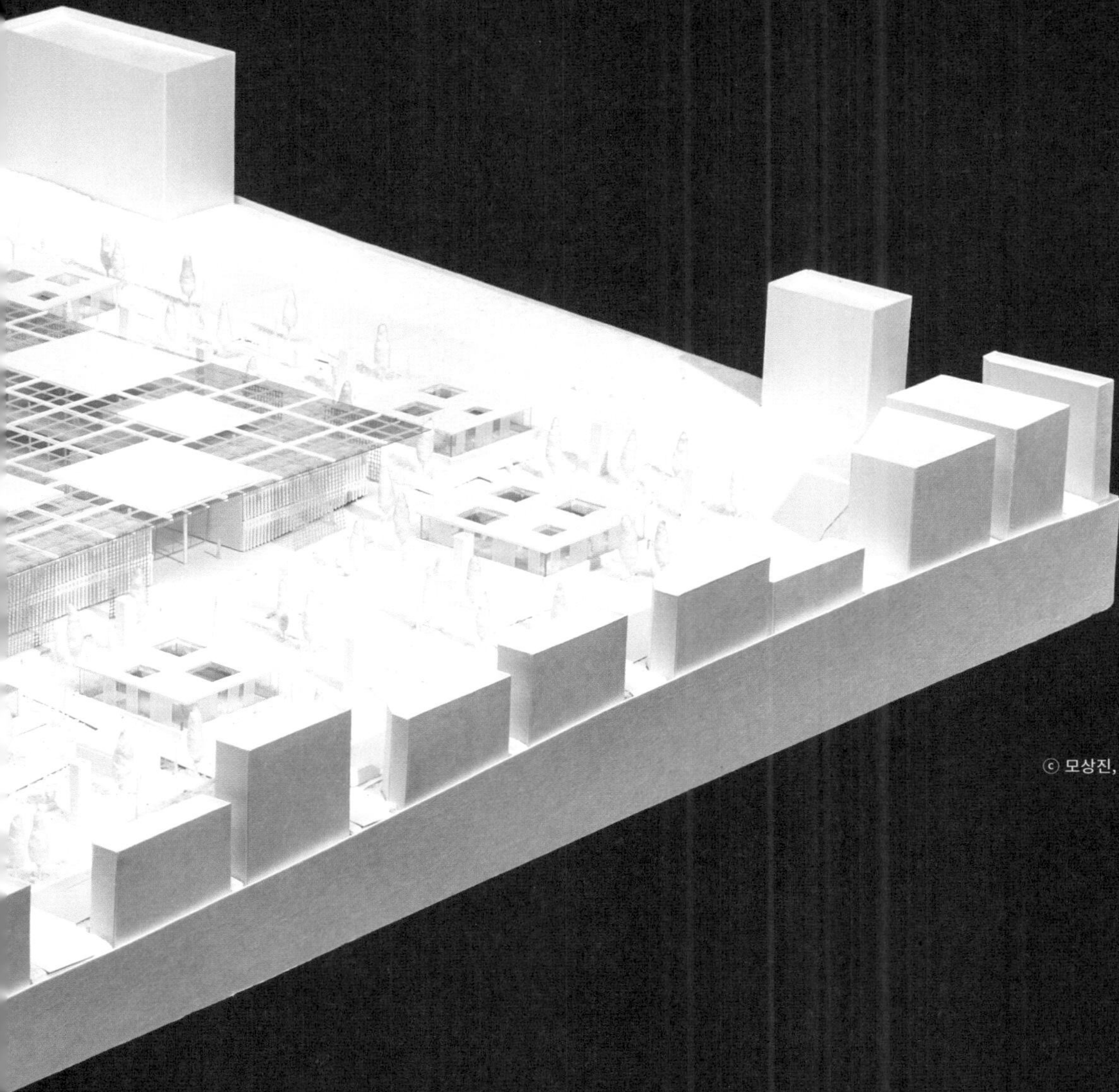

ⓒ 모상진, Sangjin Mo

MON
TUE
WED
THU
FRI
SAT
SUN

ⓒ 모상진, Sangjin Mo

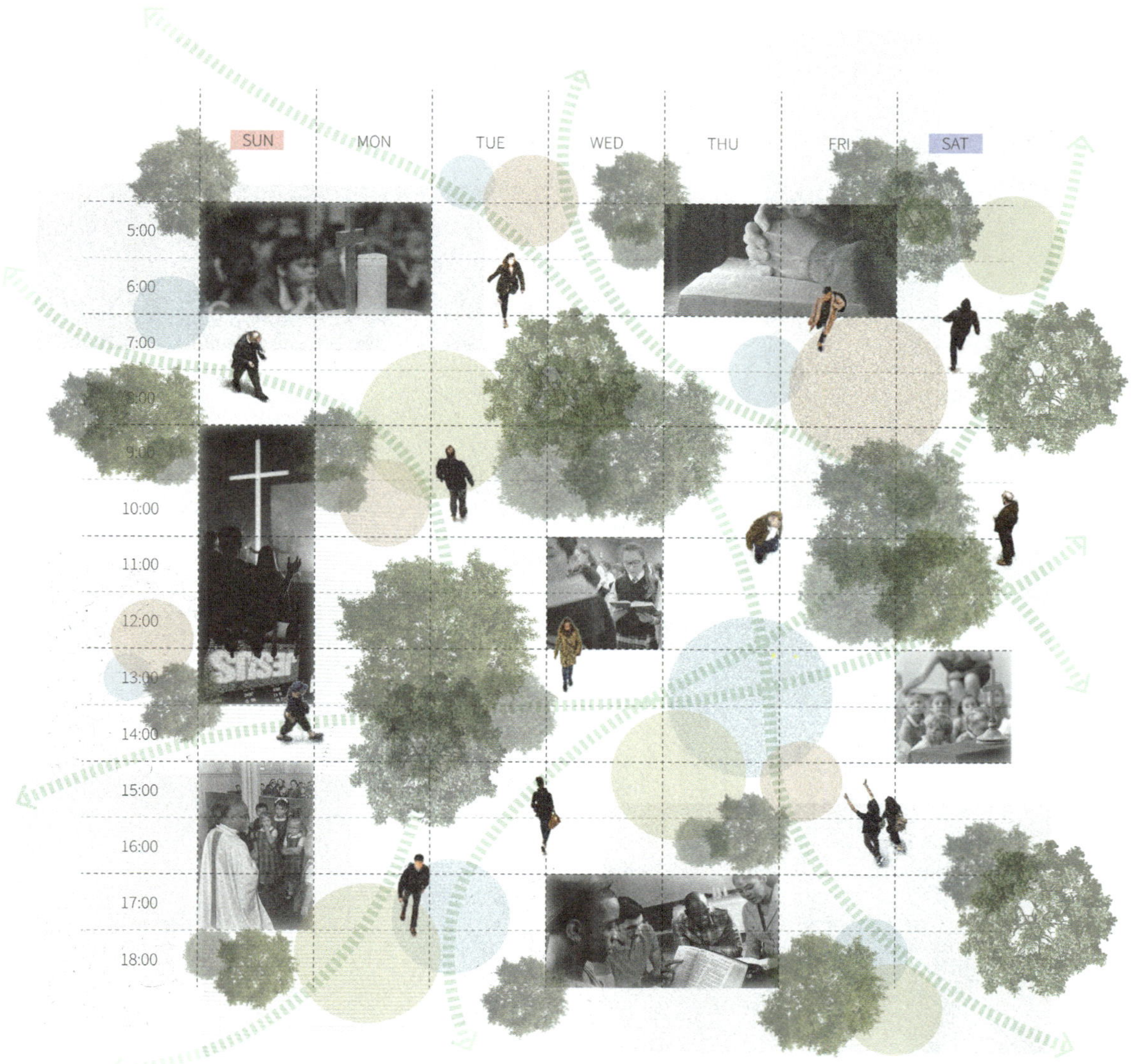

© 염정민, Jeongmin Yeom

염정민 | Studio B
URBAN LOOP-IN

자율주행차가 일상이 되는 미래 도시에서, 길은 단절의 선이 아닌 건축과 연결되는 흐름이 된다. 서울 상암동 자율주행 시범지구를 배경으로, 차량과 보행자가 공존하는 도시 구조를 상상하며 도로와 건축의 경계를 허무는 입체적 공간을 설계했다.

도로 폭을 재구성하고 순환형 동선으로 두 대지를 하나로 엮어 흐름이 외부로 확장된다. 차량은 언제 어디서든 승하차가 가능한 'First Mile–Last Mile' 개념을 구현한다. 자율주행 시대의 보행 환경과 이동 방식을 고려한 도시 구조의 새로운 가능성을 제시하는 건축적 프로토타입이다.

In a future city where autonomous vehicles are a daily occurrence, roads will not be disconnected lines, but flows that connect with architecture. Set against the backdrop of the autonomous driving pilot zone in Sangap-dong, Seoul, the project envisions a city structure where vehicles and pedestrians coexist, designing a three-dimensional space that blurs the boundaries between roads and buildings.

By reconfiguring road widths and linking the two sites with a circular route, the flow expands outward. It embodies the "First Mile–Last Mile" concept, allowing vehicles to board and disembark at any time and anywhere. This architectural prototype presents new possibilities for urban structures that consider pedestrian environments and mobility patterns in the autonomous driving era.

ⓒ 염정민, Jeongmin Yeom

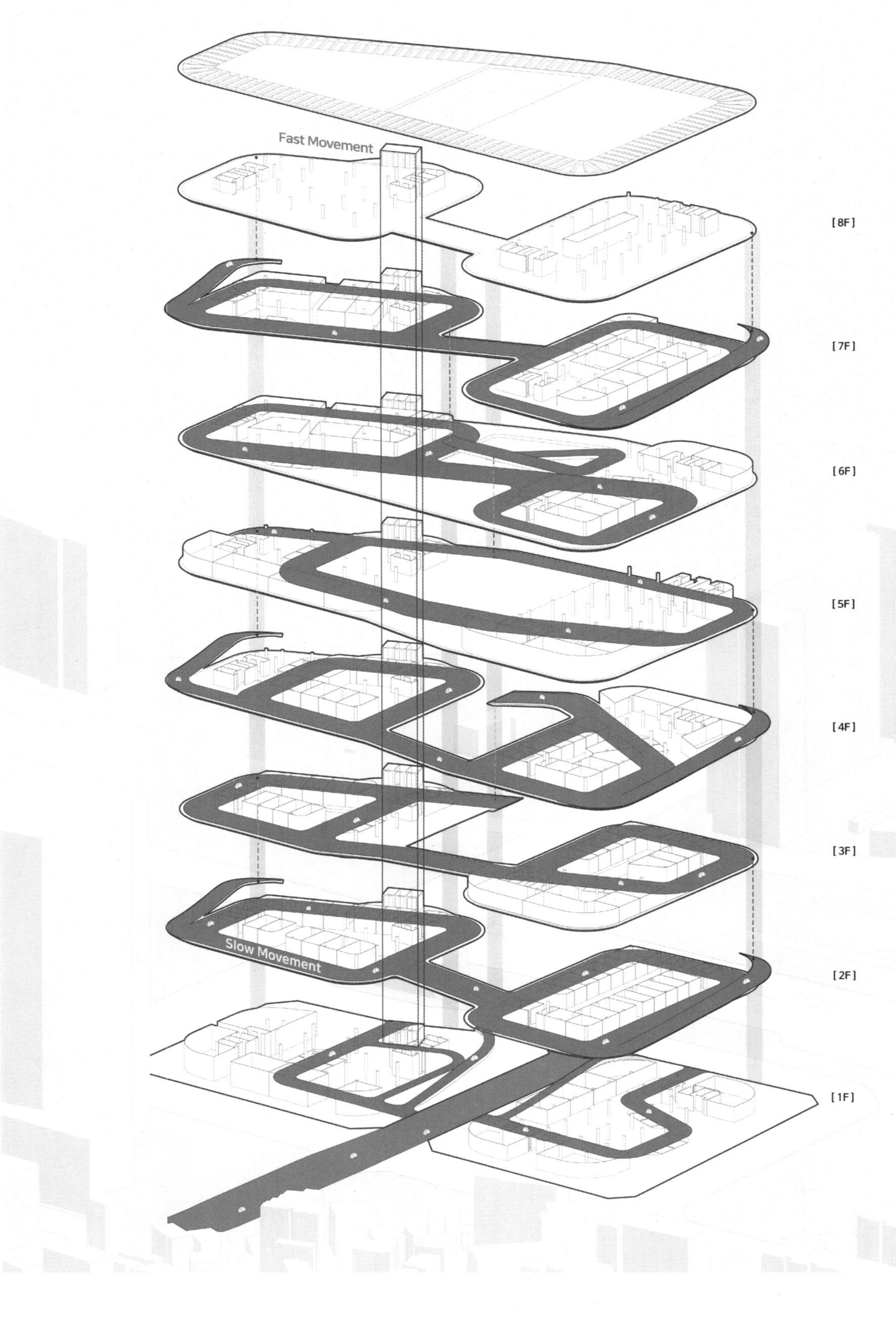

손문기 | Studio B
URBAN LOOP-IN

'Expandable Platform in Hangang-river' 프로젝트는 수직과 수평의 다양한 공간 확장 방식을 통해 열린 공간과, 프로그램이 결합된 닫힌 공간을 유기적으로 배치하였다. 이러한 공간 구성은 시각적, 물리적 경계를 최소화하고 자연과 도시, 사람과 공간의 경계를 허무는 역할을 한다. 주요 프로그램으로는 도서관, 북카페, 창작 공간, 디지털 갤러리, 수변 데크 등으로 다양한 공공 프로그램이 건물 곳곳에 배치된다.

이렇게 무한한 확장성을 지닌 플랫폼은 서래섬의 단순한 이동동선을 넘어 방문자들이 자연스럽게 머무르고 소통하며 창작할 수 있는 복합 문화 거점으로 기능한다. 한강이라는 도시의 중요한 자원을 최대한으로 활용하며 공공성의 미래를 상상해보는 프로젝트라 할 수 있다.

The 'Expandable Platform in Hangang-river' project expands various vertical and horizontal spacesAn open space through the method and a closed space in which a program is combined are organically arranged. This space composition is visualIt plays a role in minimizing enemy and physical boundaries and breaking down the boundaries between nature and city, people and space. The main programs are Various public programs are arranged throughout the building, including libraries, book cafes, creative spaces, digital galleries, and waterfront decks.

This infinitely scalable platform goes beyond the simple movement line of Seorae Island, where visitors stay naturally It functions as a complex cultural base where you can communicate and create. Making the most of the important resources of the Han River city It can be said to be a project that imagines the future of publicity.

ⓒ 손문기, Mungi Son

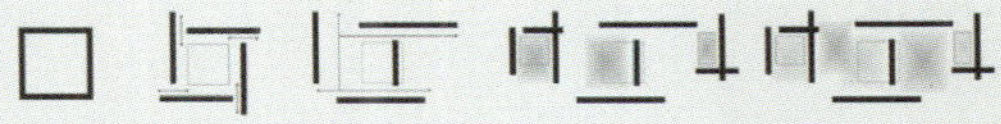

경계의 해체 및 확장

폐쇄된 4면의 경계를 해체하고 기존의 폐쇄적 공간이 다방향으로 개방되며 유입 동선의 다양성과 공간 내 이동의 유연성을 극대화 한다. 시선의 확장과 공간의 중첩이 자연스럽게 이루어지며, 사용자로 하여금 각기 다른 방향과 깊이로 공간을 인식하게 한다. 이러한 개방적 배열로 내,외부의 경계를 흐리고 다양한 동선을 수용할 수 있는 유연한 플랫폼으로 작용한다. 사용자의 다양한 공간 진입방식과 자유롭게 순환할 수 있는 확장된 공간감을 경험하게 된다.

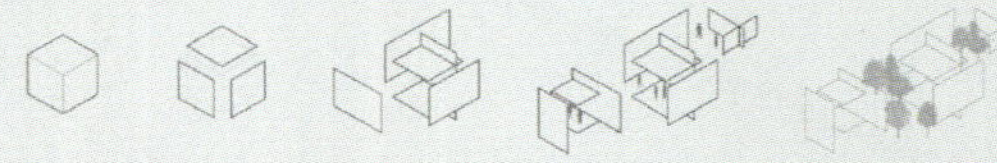

수직, 수평 면의 조합으로 열린공간과 닫힌공간의 경계 재구획

수평 면의 조합으로 평면적 확장과 흐름을 유도하고 수직 면의 조합으로 입체적 공간을 구성한다. 이러한 수직, 수평면들은 유기적으로 중첩되며 경계를 만들고 열린공간과 닫힌 공간이 자연스럽게 맞물리거나 분리된다. 예를 들어 한강변 데크 위에 유리로 된 북카페와 창작공간을 띄워 배치하고 아래는 열린 라운지와 산책로로 활용한다. 이처럼 수직,수평 면의 다양한 조합과 그 상호작용은 공간의 개방성과 공공성을 극대화 시키는 장치로 사용된다.

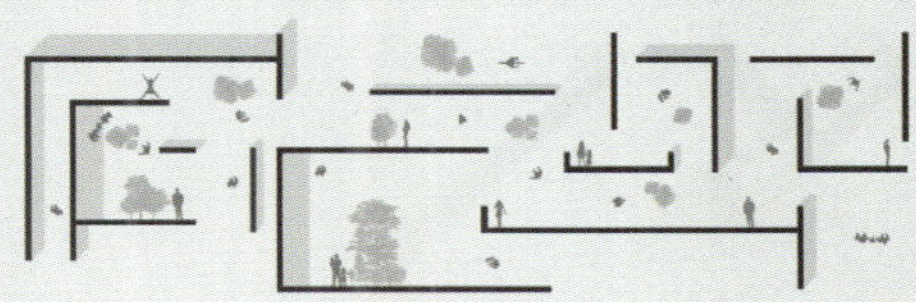

평면과 단면의 경계를 넘나드는 입체적인 공간 구조

수직과 수평의 직선적인 면들이 교차하여 만들어내는 공간 구조는 그 쓰임새에 따라 공간의 성격을 구분짓는다. 수평면은 데크,라운지,산책로처럼 자연스럽게 외부와 내부를 연결하며 이동과 머무름의 흐름을 만들어낸다. 수직면은 프로그램 공간을 구획하거나 시선과 동선을 유도하는 역할을 하며 여러 면들이 집중되는 곳에 도서관, 북카페, 창작공간 등 닫힌 프로그램 공간으로 계획된다. 이러한 수직,수평 면의 조합은 공간을 구분하면서도 연속적으로 연결되는 효과를 만들어낸다. 면과 면사이에 자연스럽게 생기는 틈, 즉 사이공간은 단순한 통로를 넘어 다양한 행위와 만남, 휴식이 일어나는 잠재력을 가진다.

Waterfront Park Deck

수변 공간으로 한강의 경관과 각 프로그램 사이의 경계에 있는 열린 공공 공간으로 자연광과 바람, 수변 전망이 공간 속으로 자연스럽게 스며들 수 있는 곳.

Transition Hall

열린 외부와 닫힌 프로그램이 만나는 전이 공간. 입구는 개방된 열린 공간에서 보다 집중되고 조용한 내부 환경으로의 이동을 중재하며, 도착감과 방향성, 그리고 공공과 사적인 영역 간의 구분을 돕는 곳.

Structural Partition Wall

건물의 핵심 공간 구조를 정의하는 수직 요소로, 주요 기능 영역을 분리하고 전체적인 건물의 구조이며, 다양한 프로그램 영역 간 물리적, 시각적 경계를 형성하여 내부 공간 조직과 정체성을 만들어 내는 곳.

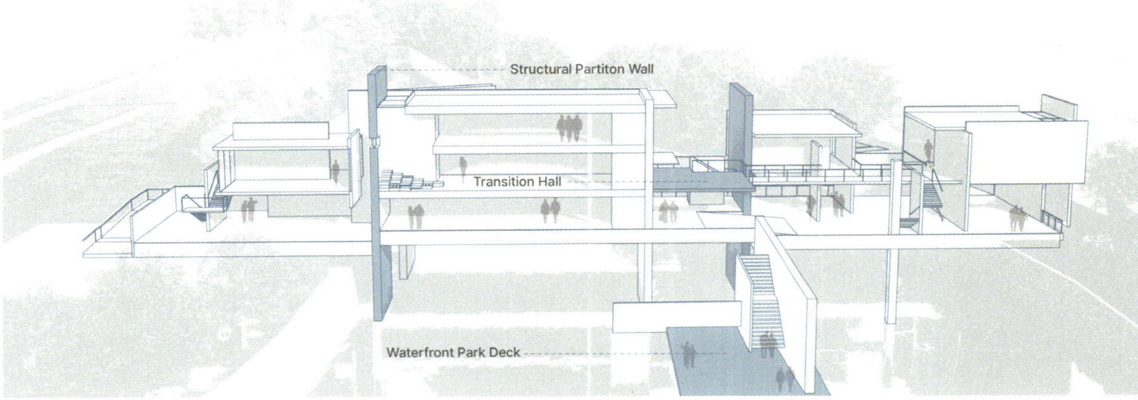

ⓒ 신재권, Jaegwon Shin

인류는 예로부터 도시문명을 이룩하면서 광장, 아고라, 시장, 포럼, 교회, 경기장, 극장 등 집단이 모일 수 있는 장소, 즉 대공간을 형성해왔다. 이는 정치, 경제, 종교, 철학, 문학 등 집단의 욕망을 담은 교류의 장이자 구성원들로 하여금 단합할 수 있는 구심점의 역할을 한다.

본 연구에서는 이러한 대공간들 중에서 다양한 문화 퍼포먼스가 가능한 공연장을 도심에 담아내고자 한다. 연구 대상지는 '문래창작촌'에서 북쪽으로 약간 떨어져, 주거와 근린생활 시설들로 둘러싸여 있다. 이곳은 원래 23년 동안 비어 있던 방직공장 부지로, 낙후된 서울 서남권의 문화적 격차를 해소하기 위해 '제2세종문화회관' 공연장을 건립하기로 했으나, 서울시의 갑작스런 정책 변경으로 인해 무산되어 현재 '문래동 꽃밭정원'으로 조성되어 있다.

오랜 세월 동안 이 필지를 제외한 채 주변은 고층 아파트 단지와 주상복합빌딩으로 개발되어왔다. '제2세종문화회관' 계획이 철회된 후 몇 년이 지난 지금도 이곳에는 주민들의 아쉬움이 깃들어 있는데, 이곳에 공연장의 기능을 포함한 복합문화공간을 조성하고자 한다.

본 연구를 통해 복잡한 도심 속에서 효과적으로 대공간을 조성하고, '공연장'이라는 비일상의 공간을 일상에서 쉽게 다가갈 수 있도록 새로운 공간 타입을 제시하고자 한다.

Since ancient times, human civilization has formed large public spaces—plazas, markets, churches, stadiums, theaters—as places for gathering and exchange. These spaces reflect collective social desires and serve as focal points for community life.

This study aims to insert a performing arts venue, a contemporary form of large public space, into the urban core. The project site lies just north of the Mullae Art Village, surrounded by housing and neighborhood facilities. Once a textile factory site left vacant for 23 years, it was planned to host the "Second Sejong Center for the Performing Arts" to address the cultural gap in southwestern Seoul. However, the plan was abruptly canceled due to a policy shift, and the site became the "Mullaedong Flower Garden."

While the surrounding area has since been redeveloped with high-rise apartments and mixed-use buildings, this plot alone remains untouched, leaving residents with lingering disappointment.

This study proposes a mixed-use cultural complex that includes a performing arts venue, seeking to create an effective large public space in a dense urban context and to make the "non-everyday" experience of performance culture accessible in daily life.

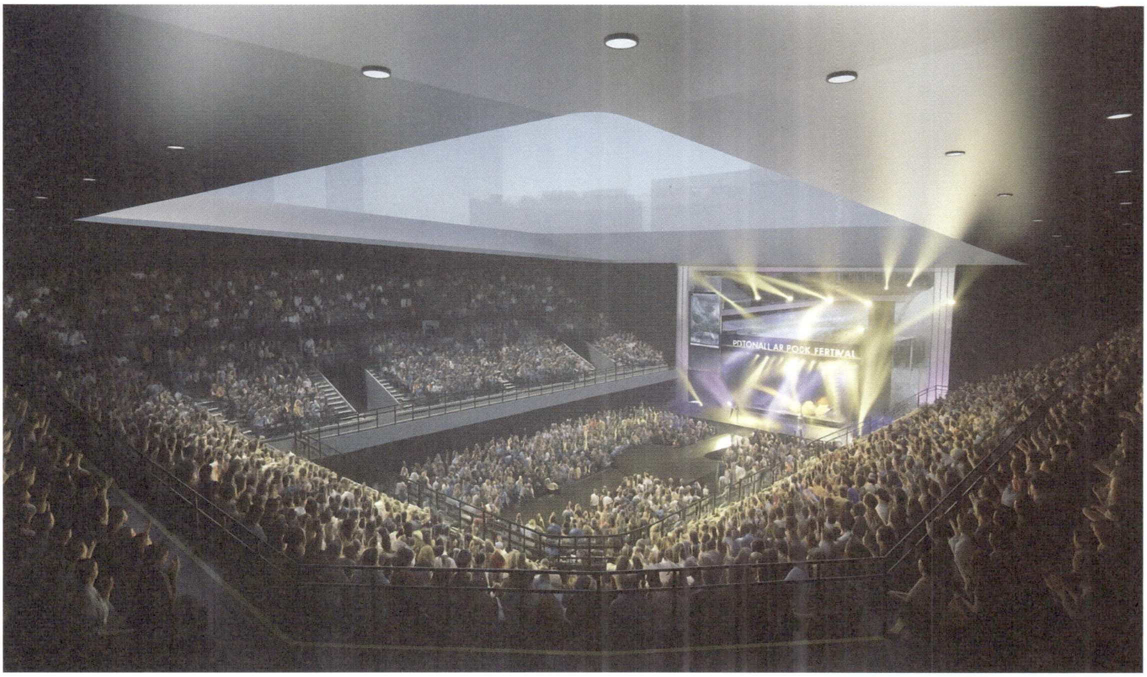

ⓒ 신재권, Jaegwon Shin

김민서 | Studio C
POST 2.0

모든 소식이 손끝에서 오가는 시대가 되었고, 우체국은 더 이상 사람들에게 정보의 거점이 될 수 없게 되었다. 우체국 재구성을 위해 선정한 이곳에서, 그동안 보이지 않던 2호선 신설동역의 폐승강장과 우체국 속 숨겨진 물류 흐름을 연결하여 사람들에게 함께 드러냈다. 그 흐름은 지상으로 흘러 사람들의 일상 속으로 스며들며, 프로그램과 동선을 유기적으로 엮어낸다. 보이지 않던 것이 모습을 드러내고, 머물던 흐름은 공간을 확장한다. 이곳에서 우체국은 과거의 모습을 벗어나 새로운 역할을 시작한다.

In an era where all news is at our fingertips, post offices can no longer serve as a hub for information. This site, chosen for the post office restructuring, connects the previously unseen platform of Silseoldong Station on Line 2 with the hidden logistics flow within the post office, revealing it to the public. This flow flows above ground, permeating people's daily lives, organically weaving programs and routes. The invisible is revealed, and the lingering flow expands the space. Here, the post office sheds its past and begins a new role.

ⓒ 김민서, Minseo Kim

ⓒ 김민서, Minseo Kim

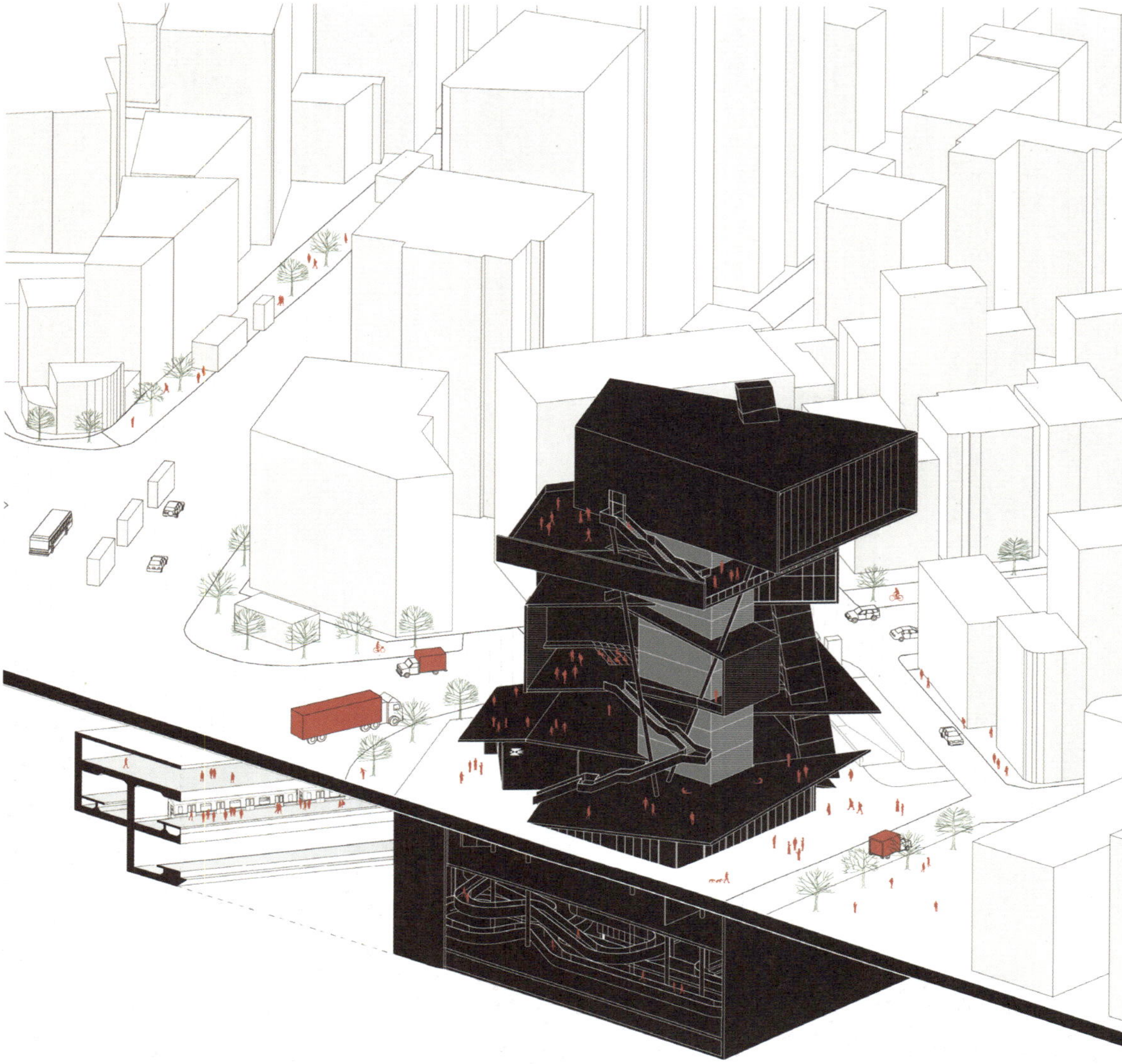

ⓒ 김민서, Minseo Kim

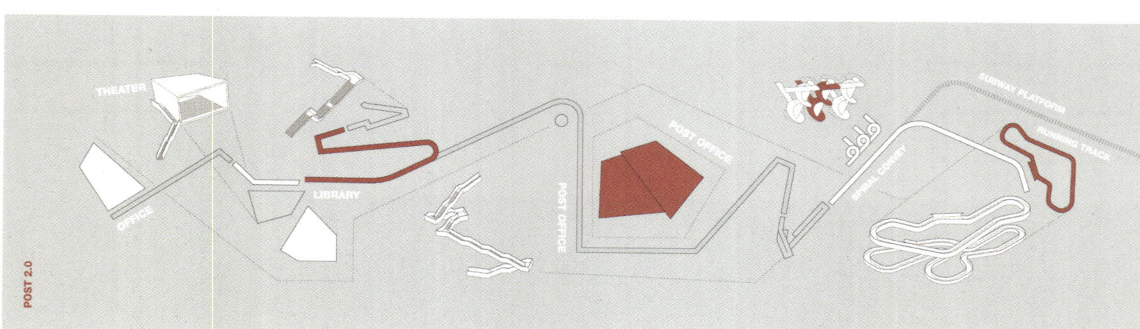

ⓒ 김민서, Minseo Kim

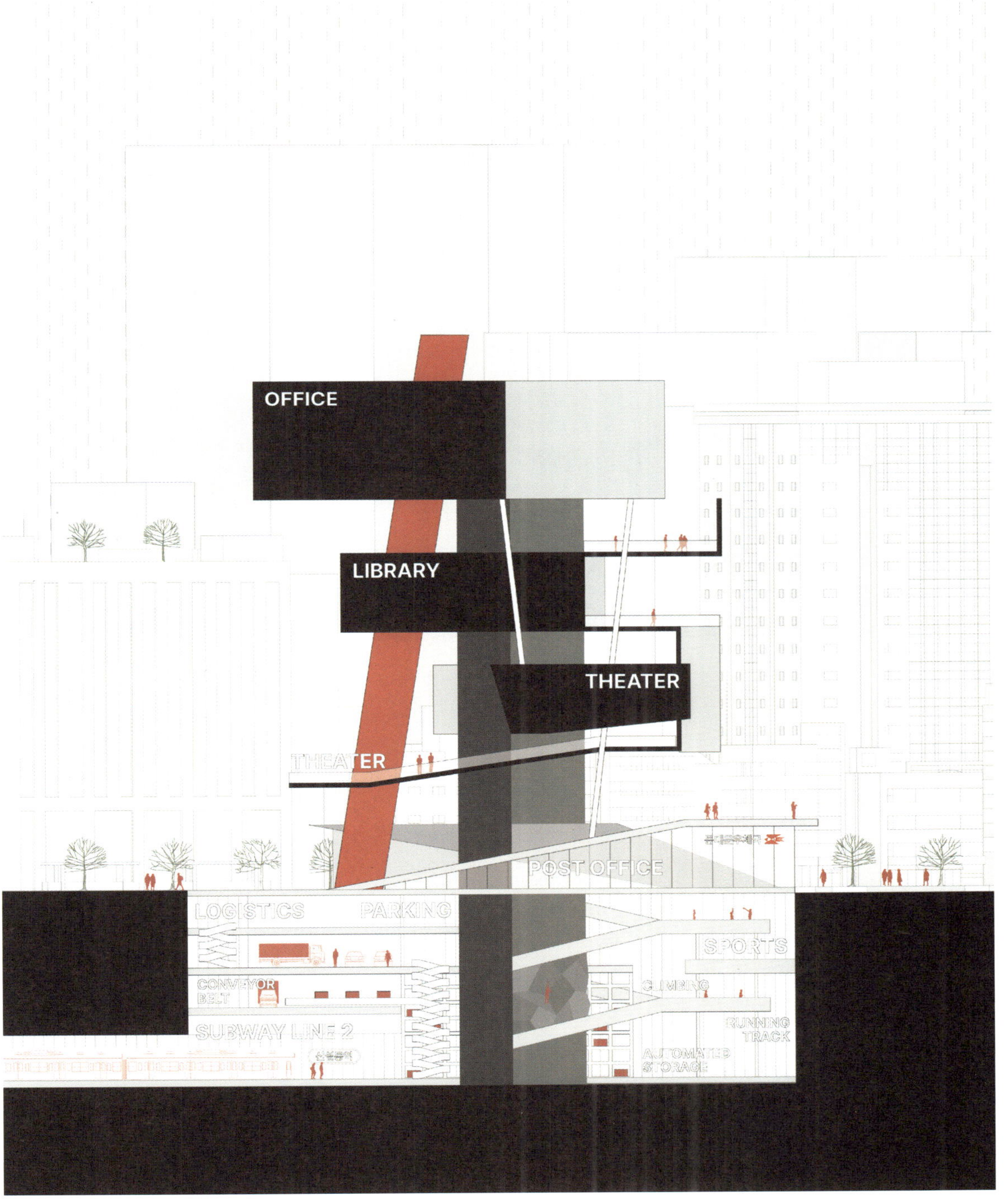

김채은 | Studio C
따로 또 같이

ⓒ 김채은, Chaeeun Kim

과거 공동체의 중심이었던 목욕탕이 사라지면서 동네 커뮤니티도 쇠퇴하고 있다. 이에 낡은 목욕탕을 새로운 커뮤니티 공간으로 재탄생하여 지역을 활성화하고 청년 유입을 유도하고자 한다. 성북동 북정마을은 아름다운 경관과 다양한 문화적 자원을 품고 있어 잠재력이 높은 곳이다. 이러한 지리적 이점을 활용해 주변 조망을 중심으로 프로그램을 배치하고 공간을 구성하고자 한다.

With the disappearance of the bathhouse, once the center of community, the neighborhood community is also declining. Therefore, we plan to revitalize the area by repurposing the old bathhouse into a new community space and attracting young people. Bukjeong Village in Seongbuk-dong boasts beautiful scenery and diverse cultural resources, making it a place with great potential. We plan to leverage this geographic advantage by arranging programs and organizing the space around the surrounding views.

History of Bath House

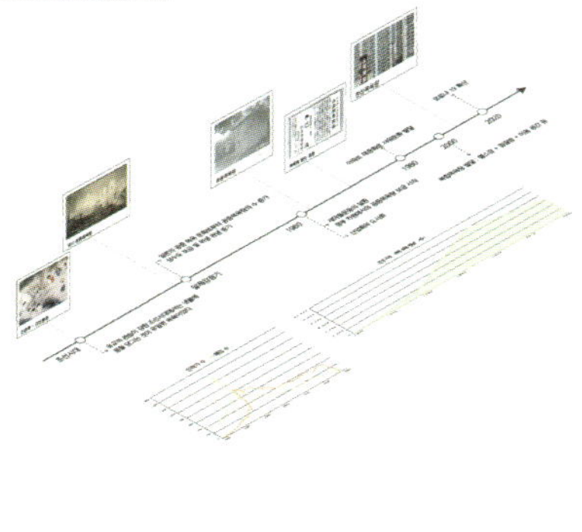

공중목욕탕의 흥망성쇠

일본에서부터 목욕 문화를 이어받아 우리만의 목욕문화를 형성했다. 도시화와 산업화 전 농촌에서는 공동자금으로 목욕탕을 만들기도 하였다. 하지만, 급속도로 발전하는 도시화로 이촌 향도 현상이 일어났고 이후로 농촌을 떠나 도시에 정착한 사람들의 경우, 과거의 향수를 가지고 농촌의 생활양식을 간직했다. 그렇기에 도시민들에게 공중목욕탕은 동네 사랑방 같은 공간이었다.

2000년대의 공중목욕탕은 대형목욕탕으로 미용시설, 헬스장, 찜질방, 한증막 등을 묶어서 탄생한 목욕탕이다. 공중목욕탕이 가장 많이 생겼던 시기이기도 하며 이후로 우리가 아는 소형목욕탕은 점점 사라져갔으며 '코로나19'로 인해 장기휴업을 거친 목욕탕 업소가 많아지고 있다.

Cultural and Educational

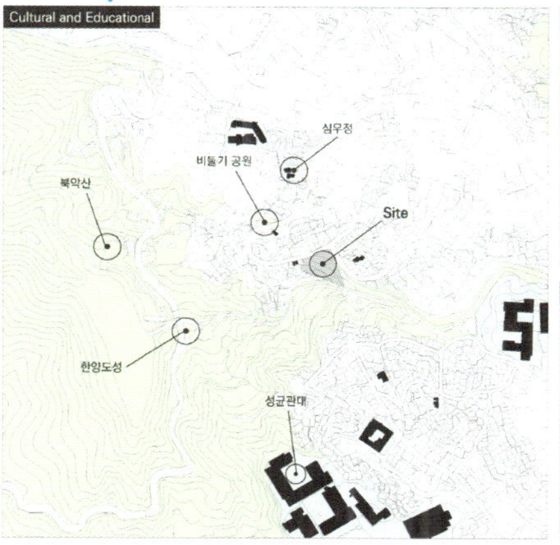

Main Access Road

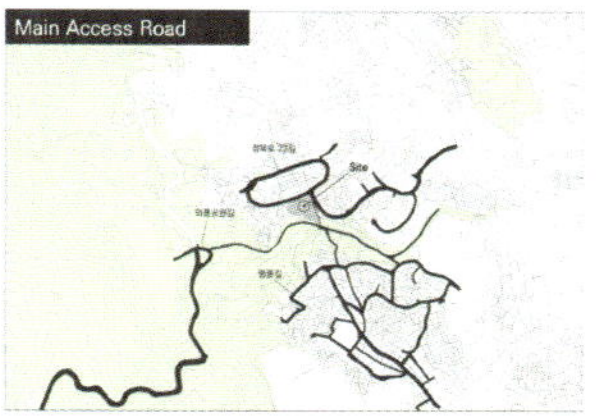

Primary Neighbourhoods

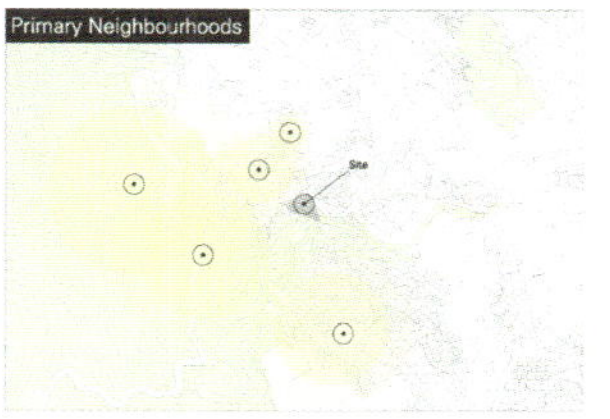

Site Analysis I 사이트인 북정마을은 골짜기와 같은 지형에 위치하여 주변에 아름다운 풍경을 조망할 수 있다. 북악산과 함께 있는 한양도성 성곽, 북정마을, 성북동의 주거단지를 바라볼 수 있다. 주변에는 성균관대, 한양도성, 북악산, 비둘기 공원, 심우정 등이 있어 문화적으로도 가치가 높다. 또한, 성균관대학교의 청년들이 중장년층이 모여사는 북정마을로 한양도성의 성곽을 통해 쉽게 갈 수 있다.

Prologue

과거의 공중 목욕탕은 농촌을 떠난 도시민들의 도시공동체를 결합하여 주는 공간이었으며, 그 자체로 동네 사랑방 역할을 하였다. 많은 이야기를 나눌 수 있는 공간이기도 하며, 사회취약계층에게는 필수 시설이기도 하였다. 하지만, 샤워문화가 발달하고 개인의 프라이버시를 더욱 더 선호하는 사회 현상으로 인해 점점 사라져가고 있다.

Movement

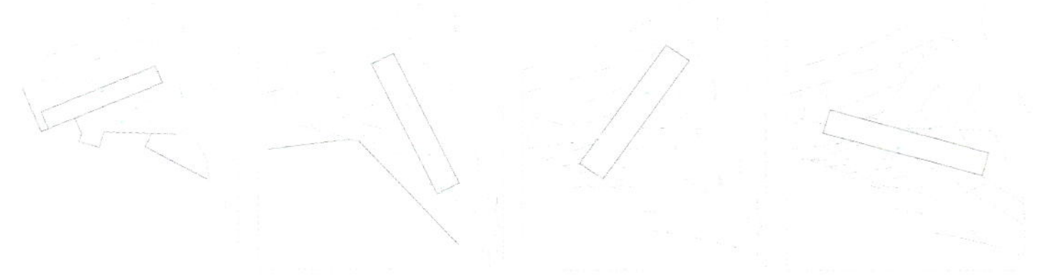

Flow of Ingress I 저층부는 한양도성 성곽길로 통하는 골목길과 마주보는 도로에서의 움직임, 층과의 움직임을 이용하여 다양한 단차에서 건축물로의 진입이 가능하도록 의도했다.

View & Program

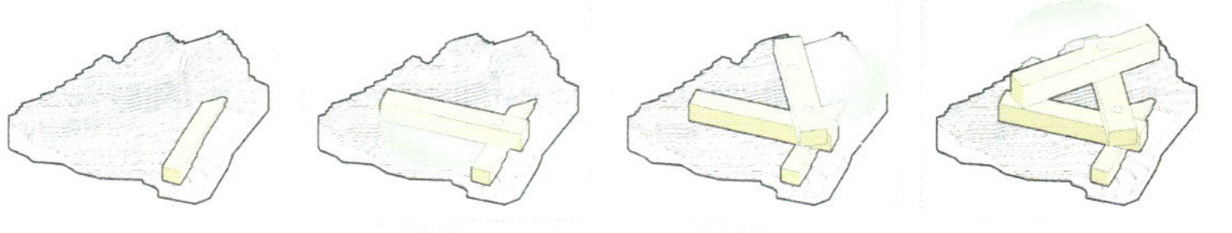

공유 오피스	북정마을 View 공유 주방	주택단지 View 하숙집	북악산 및 한양도성 View 목욕탕

Strategic Spatial Planning for Privacy and Views I 목욕탕의 프라이버시를 위해 인적이 드물고 성곽으로 가려져있는 뷰의 방향으로 계획하고, 하숙집도 마찬가지로 프라이버시를 위해 도로에서 보이지 않는 방향으로 계획하였다. 공유 주방과 공유 오피스는 퍼블릭한 공간으로 사람을 끌어들일 수 있는 뷰로 설정하였다.

Analysis of a Traditional Bath House

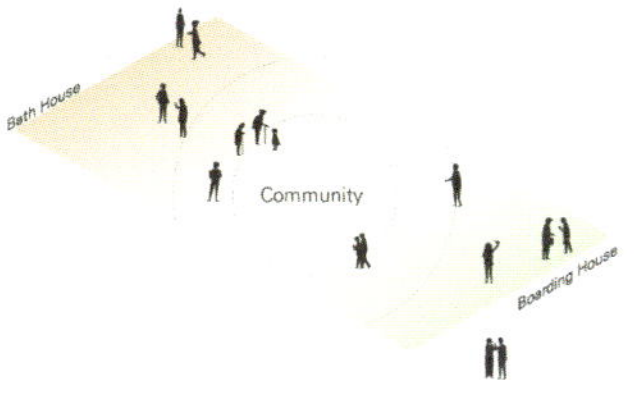

사회적 문제점 I 디지털 미디어를 겪으며 성장한 청년층과 전통적으로 직접적인 커뮤니케이션을 하며 성장한 중장년층과 서로 **심리적 거리감**이 존재한다. 뿐만 아니라, 도시화에 따라서 **개인화, 사회적 결속** 등이 사회적 문제점으로 자리잡고 있다. 뿐만 아니라, 목욕탕이 감소함에 따라 사회적 취약계층의 위생 및 건강 문제, **사회적 고립** 문제를 야기할 수 있다.

상생 방안 I 청년과 중장년층의 심리적 거리감을 해소하기 위해서 청년층에겐 안정적인 보금자리를 제공하고, 중장년층에겐 과거의 향수를 불러일으키며 커뮤니티의 역할을 하는 목욕탕을 제공하고자 한다. 또한, 매개 프로그램인 공유 주방과 공유 오피스를 제공하여 공유 주방에서는 어르신들이 요리를 하고, 청년들은 식사를 할 수 있는 하숙집과 같은 프로그램을 제공하여 서로간의 커뮤니티가 일어날 수 있도록 한다.

Site Section and View

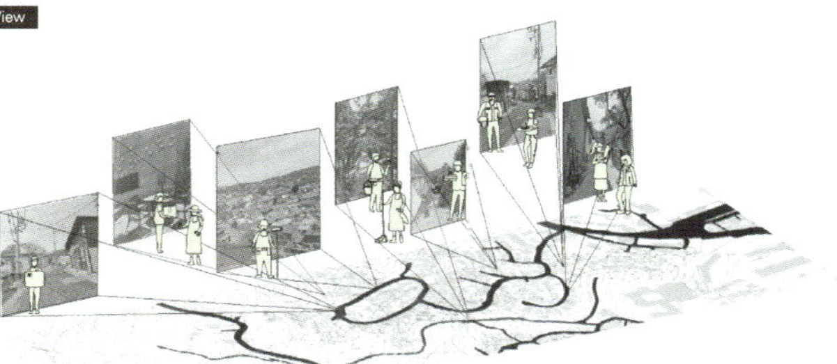

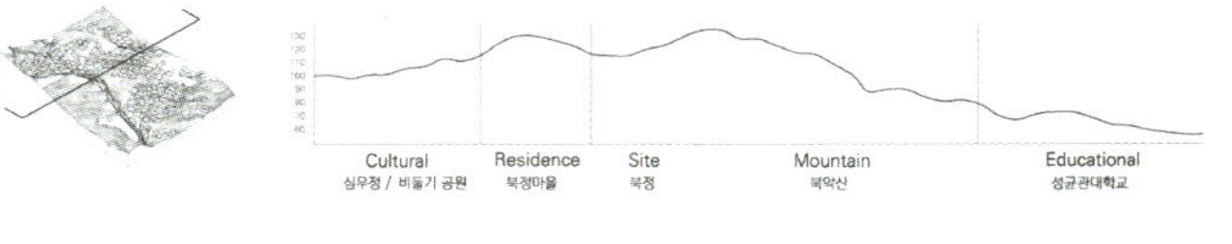

Site Section I 해당 부지의 단면을 통해서 골짜기와 같은 지형을 확인할 수 있으며 사이트에서 다양한 풍경을 조망할 수 있음을 알 수 있으며, 출사지로도 알려져 있다.

ⓒ 김채은, Chaeeun Kim

최지성 | Studio C
OFF THE RECORD, OPEN THE RECORD

영상 제작은 과거 방송국 중심의 폐쇄적 구조에서 벗어나 누구나 제작자이자 소비자가 될 수 있게 변화했다. 그러나, 이를 오프라인에서 공유하고 협업할 수 있는 플랫폼은 부족하다. 이를 기반으로 영상 제작의 기획, 촬영, 편집, 배포, 소비까지 전 과정을 아우르는 커뮤니티 중심 복합공간을 제안한다. 대상지는 후암동(도시)과 남산(자연) 사이의 단절된 지형에 놓여 있으며, 매스는 도로를 가로질러 양측을 연결하는 입체적 플랫폼으로 확장된다. 슬로프, 계단 등의 장치로 자연스러운 이동을 유도하고, 다양한 콘텐츠를 담는 그릇으로 전환한다. 램프와 외부 테라스를 통한 동선 확장은 다양한 만남과 협업을 가능케 한다. 미디어를 도서관의 새로운 정의로 확장한다.

Video production has evolved beyond the closed, broadcast-centric structure of the past, allowing anyone to become both producer and consumer. However, there is a lack of platforms for offline sharing and collaboration. Building on this, we propose a community-centered, multi-purpose space encompassing the entire process of video production, from planning, filming, editing, distribution, and consumption. The site lies on a disconnected terrain between Huam-dong (the city) and Namsan (nature). The massing expands across the road into a three-dimensional platform connecting the two sides. Slopes and stairs encourage natural movement, transforming the space into a vessel for diverse content. Ramps and outdoor terraces expand the circulation, enabling diverse encounters and collaborations. This project redefines media as a library.

ⓒ 최지성, Jiseong Choi

ⓒ 최지성, Jiseong Choi

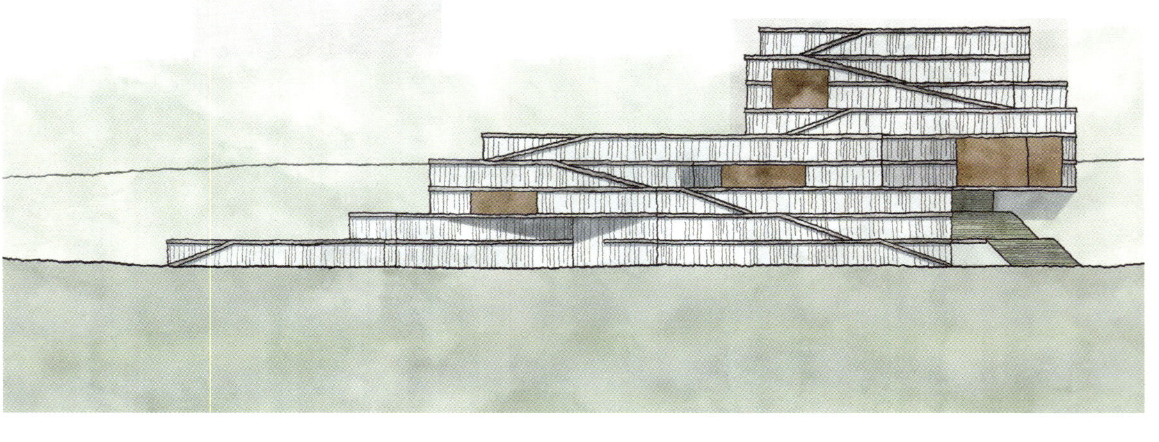

ⓒ 최지성, Jiseong Choi

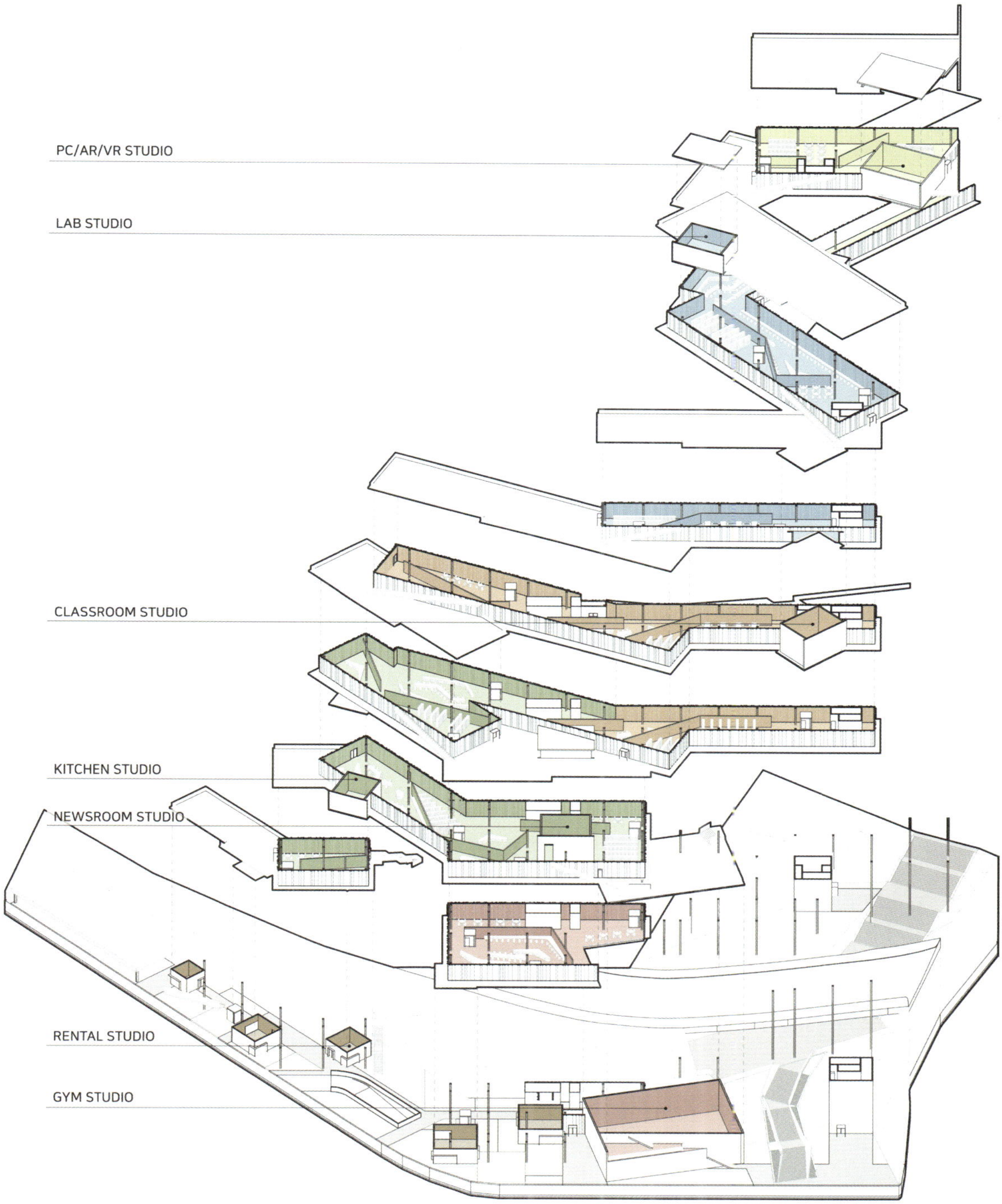

황지선 | Studio C

Re-Mill: 방앗간의 현대적 재해석

Reconfiguration of the Grain Mill

ⓒ 황지선, Jisun Hwang

과거 마을 사람들의 소통 중심이었던 방앗간은 공동체를 연결하는 중요한 거점이었다. 오늘날, 그 역할을 상주 중앙시장 인근에서 새롭게 이어가고자 한다. 오일장 천막의 임시성과 유연한 흐름을 재해석해, 지붕의 수평 레이어와 수직 동선으로 구현했다. 겹겹이 쌓인 지붕은 시장의 리듬과 밀도를 건물로 끌어들이며, 오르내리는 동선은 공간 곳곳을 연결한다. 이렇게 형성된 내부는 시장과 자연스럽게 이어지고, 귀농인이 곡물을 판매하며 2차 가공까지 확장 가능한 방앗간 프로그램이 자리한다. 생산-가공-유통-소비가 하나의 상호 연결된 시스템에서 순환하며, 이곳은 지역민, 귀농인, 방문자가 머물고 교류하는 커뮤니티 플랫폼이자, 지역의 미래 정착 구조를 실험하는 장이 된다.

In the past, the mill, a vital hub for communication among villagers, served as a vital hub for connecting the community. Today, this role is being reimagined near Sangju Central Market. The temporary nature and fluid flow of the oil market tents were reinterpreted, embodying the horizontal layers of the roof and vertical circulation. The layered roofs bring the rhythm and density of the market into the building, while the undulating circulation connects various spaces. This interior seamlessly connects to the market, housing a mill program that allows returning farmers to sell their grains and expand into secondary processing. Production, processing, distribution, and consumption circulate within a single, interconnected system. This space serves as a community platform where locals, returning farmers, and visitors can stay and interact, and as a testing ground for the region's future settlement structure.

ⓒ 황지선, Jisun Hwang

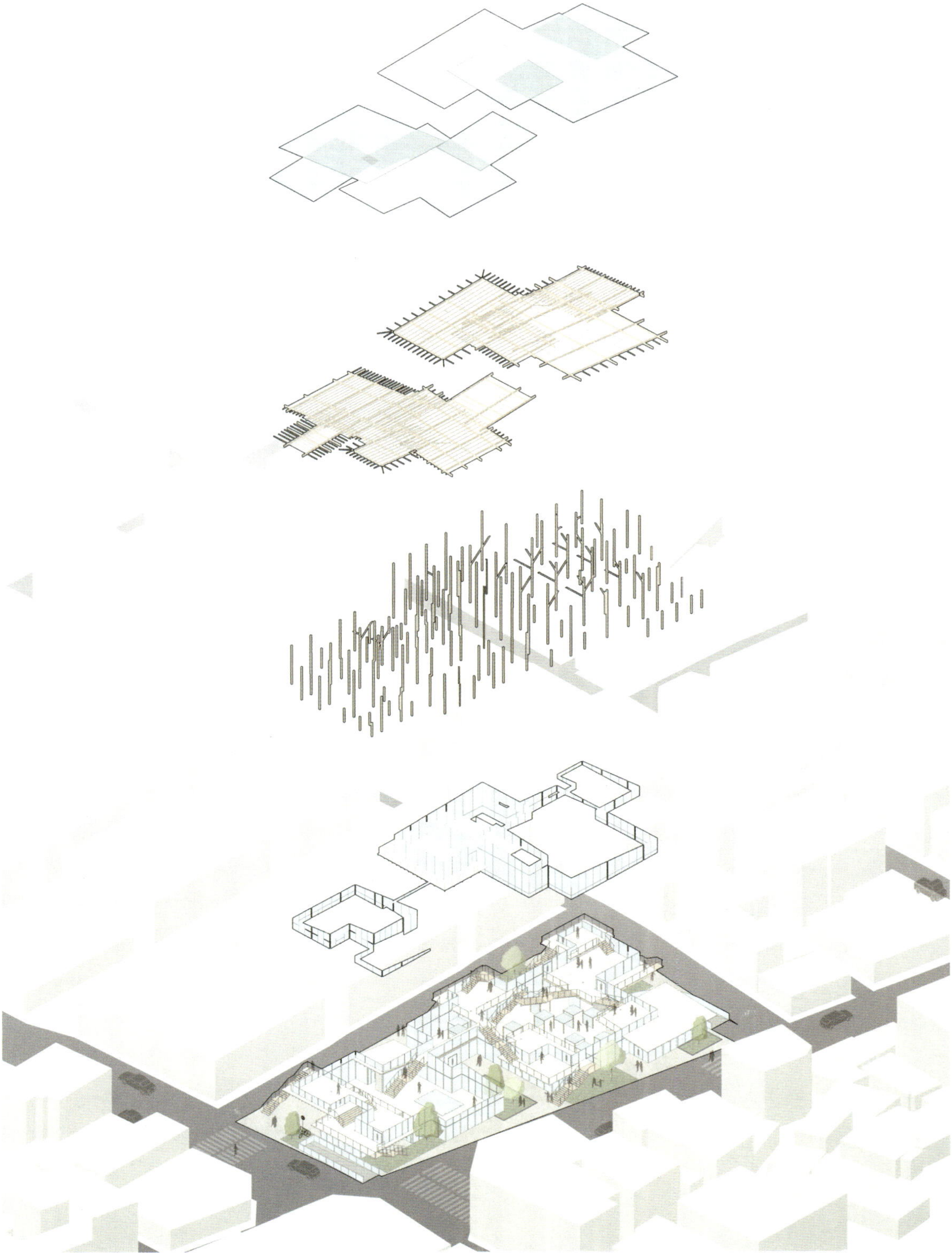

ⓒ 황지선, Jisun Hwang

장태수 | Studio C
Liquid Mountain

서울은 도시면적의 1/4이 산림인 세계적인 산의 도시이며, 도시와 산의 공존은 서울 도시 경험의 정체성이다. 하지만 현재도 도시화 탓에 서울시의 산지 면적은 줄어들고 있고, 도시에서 산으로 가는 길은 축대와 갈림길, 건물들로 마치 '사다리타기 게임'을 하는 것처럼 혼란스럽다.

산과 도시의 더 나은 연결 경험을 위해 산이 흘러내리듯 자연스러운 경사를 가진 인공지반을 덮는다. 산의 면적은 회복되고 시민의 접근성도 개선된다. 또한, 대지 내에 철거 예정인 회현 시민아파트를 새로 단장하여 자연의 여가 경험과 도시의 커뮤니티 활동이 공존하는 라이프스타일을 제안한다.

Seoul's identity is shaped by its unique coexistence of mountains and city, yet ongoing urbanization has fragmented access to these landscapes.

To reconnect them, I propose an artificial ground plane that extends the mountain's slope into the site, restoring lost terrain and improving public accessibility. The soon-to-be-demolished Hoehyeon Citizens' Apartments will be reimagined as a space where natural leisure and urban community activities coexist, suggesting a new lifestyle for the area.

ⓒ 장태수, Taesu Jang

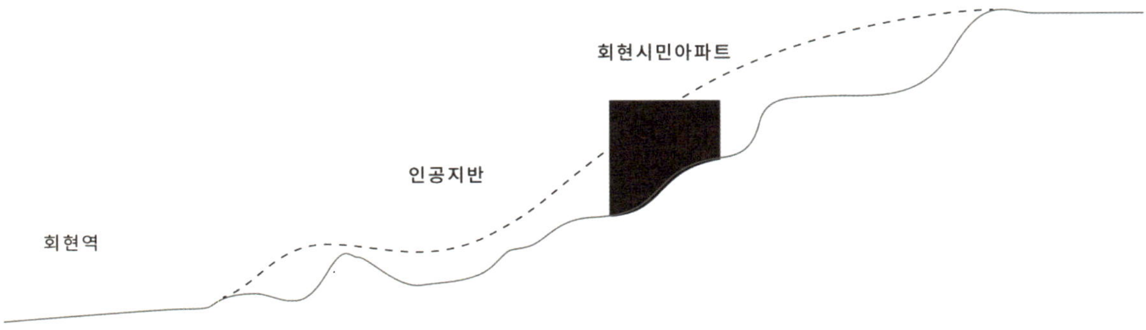

'다음 중 남산에 도착할 수 있는 사람은?'

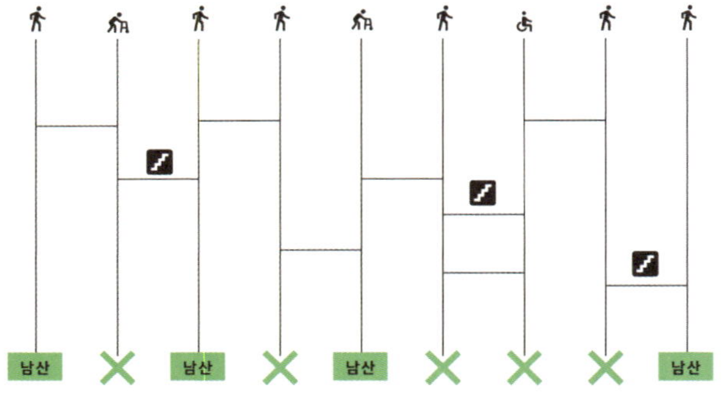

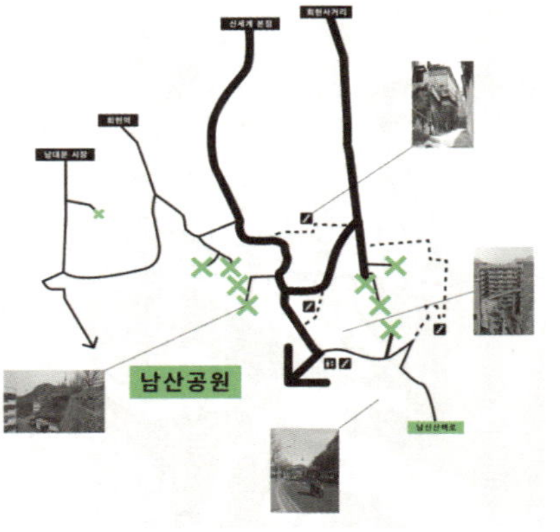

ⓒ 장태수, Taesu Jang

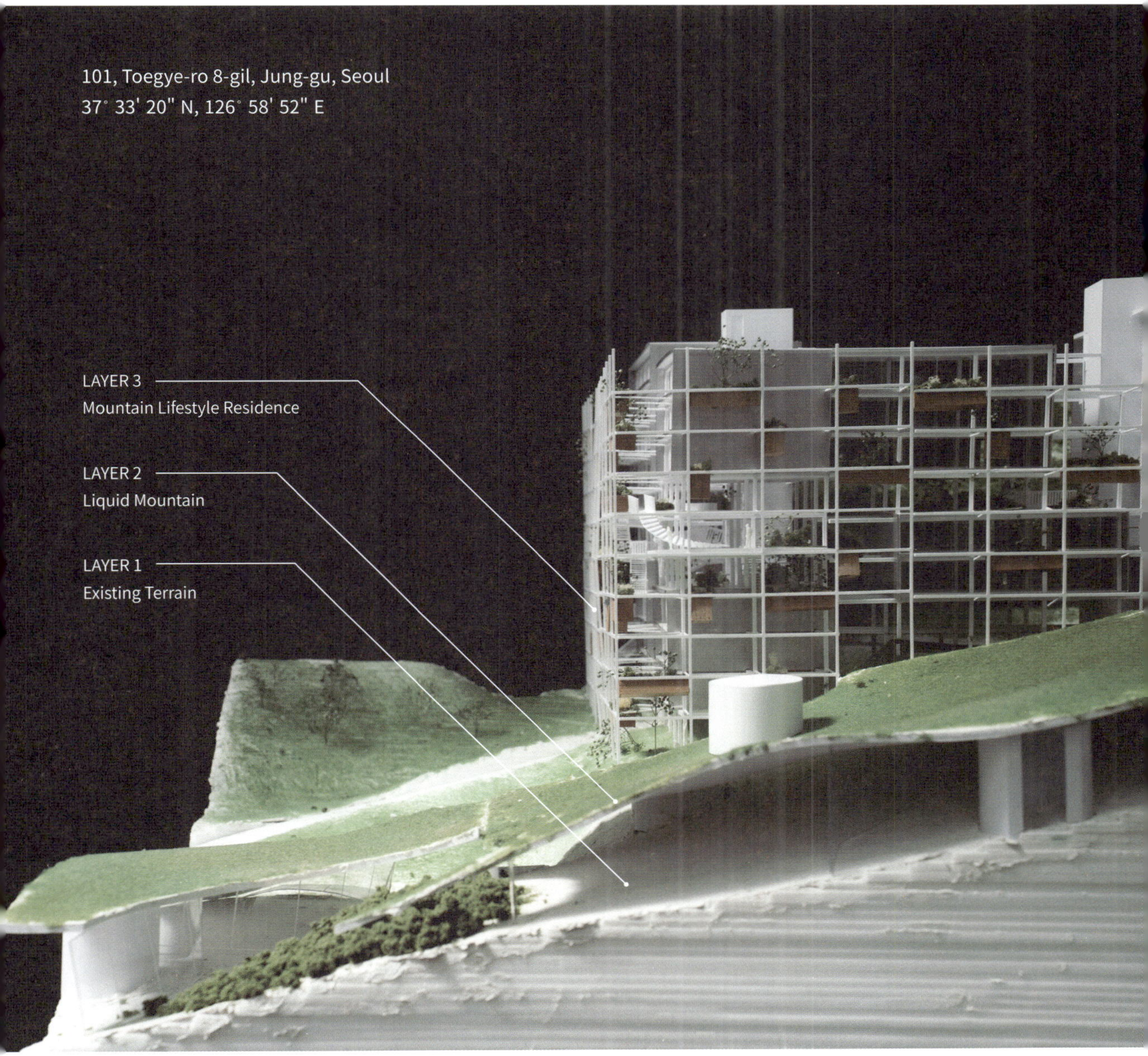

유건 | Studio D
UNCAMPUSTY

기존의 캠퍼스 건물은 넓은 저밀도 구역의 저층 형태로 고밀화되는 서울의 모습과는 상반된다. 80%를 넘어선 서울 주요 대학들의 용적률 사용률을 고려하여 이에 대한 방안으로 수직형 분야별 대학 캠퍼스를 계획한다. 이에 따라 도심지에 흩뿌려져 서울 대학들의 분야별 필요공간들을 확충하는 미래 도심형 캠퍼스 타워의 프로토타입을 제시한다.

기존의 대학캠퍼스는 'CAMPUS CORE'라는 사용빈도가 높고 중요한 건물을 중심으로 건물을 배치하였다. 본 프로젝트는 'CAMPUS CORE'의 의미를 재해석하여 'ATYPIC SPACE'라는 기존의 수평적 캠퍼스로 인한 형태의 한계성을 가지고 있던 공간들을 중심으로 타워를 계획하여 또 다른 캠퍼스의 익숙한 모습을 제안한다.

Existing campus buildings, typically low-rise buildings in broad, low-density areas, stand in stark contrast to the increasingly dense landscape of Seoul. Considering the floor area utilization ratio of major universities in Seoul, which exceeds 80%, this project proposes a vertical, discipline-specific university campus to address this. Accordingly, this project proposes a prototype for a future urban campus tower, scattered throughout the city center to expand the space required by each discipline at Seoul universities.

Existing university campuses typically center around a high-use, essential building called the 'CAMPUS CORE'. This project reinterprets the meaning of 'CAMPUS CORE' and proposes a tower centered around 'ATYPIC SPACE', spaces previously limited by the limitations of the horizontal campus, proposing a different, familiar campus experience.

Atypic Spatial Shape & Vertical Phase Analtsis
ATYPIC 공간 형태 및 수직 위상 분석

Shape of Light
빛의 형태

Inter-relationship between Programs
프로그램 간 상호관계성

View Facing the Tower Face
면과 접하는 뷰 형태

Movement Line
동선 형태

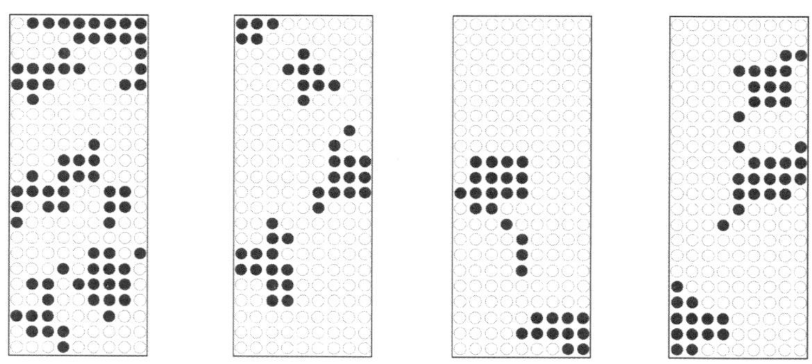

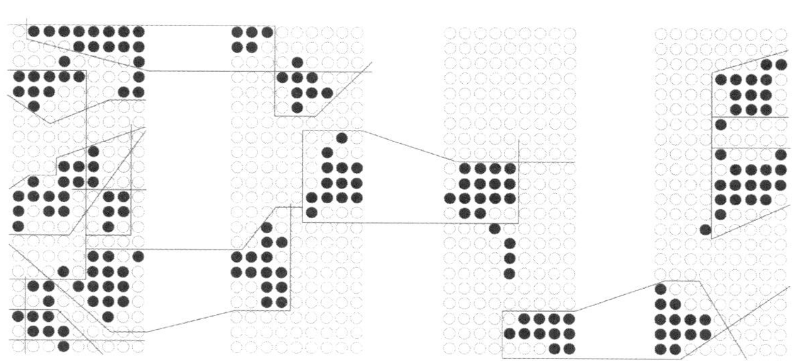

ⓒ 유건, Geon You

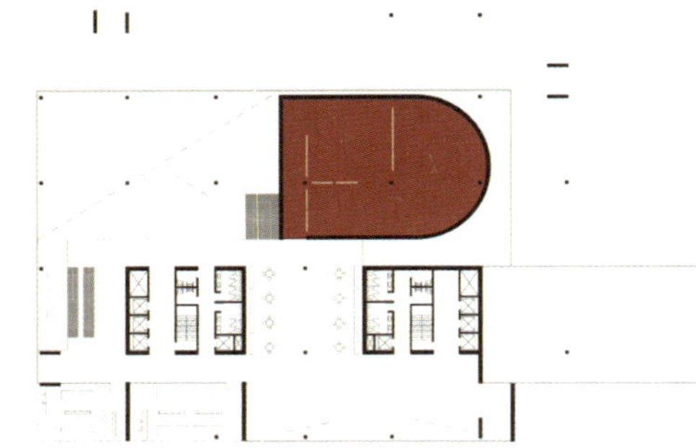

2F PLAN
Exhibition & Commercial Floor

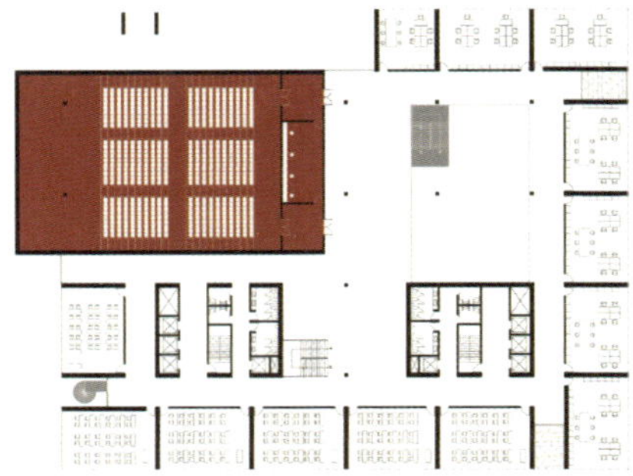

5F PLAN
Main Lecture Floor

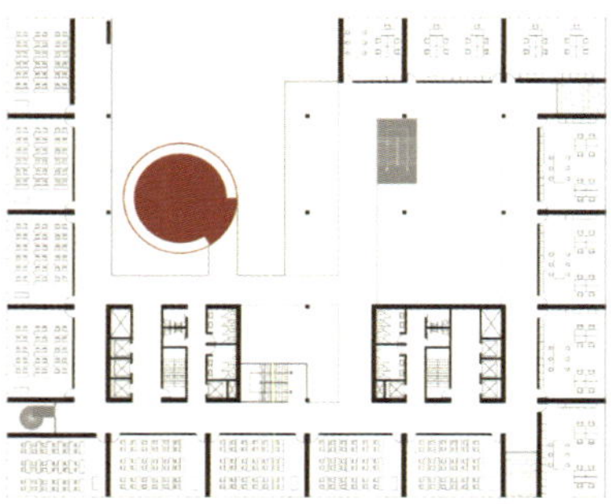

8F PLAN
Exhibition & Lecture Floor

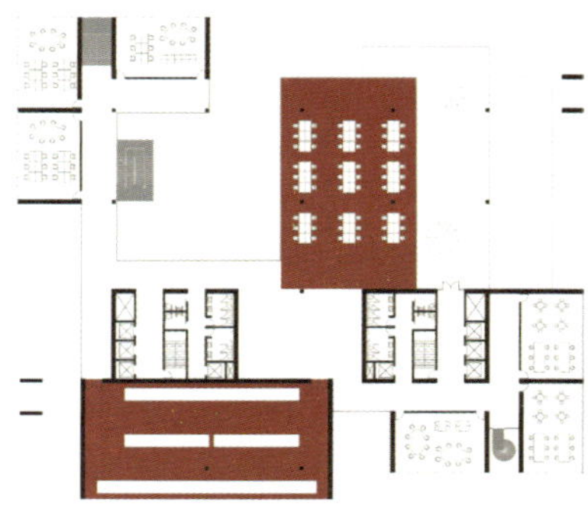

12F PLAN
Studio & Model Building Floor

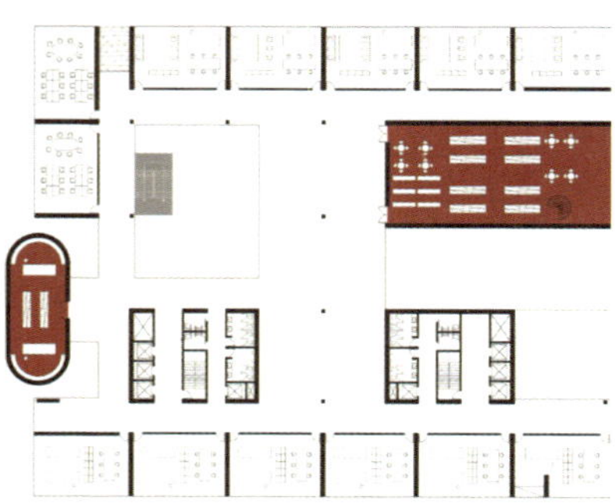

15F PLAN
Lab Floor

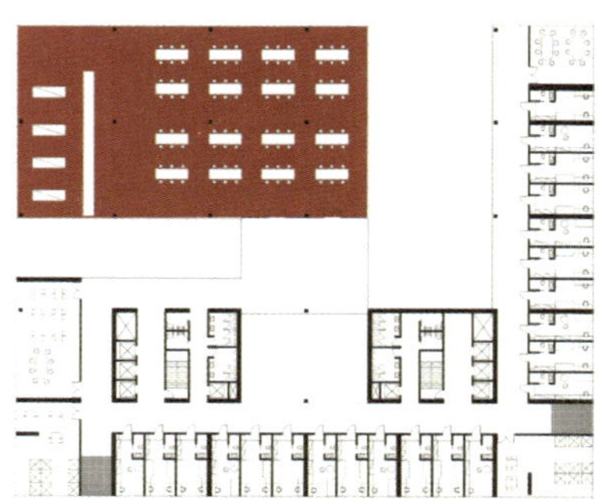

22F PLAN
Cafeteria & Dormitory Floor

ⓒ 유건, Geon You

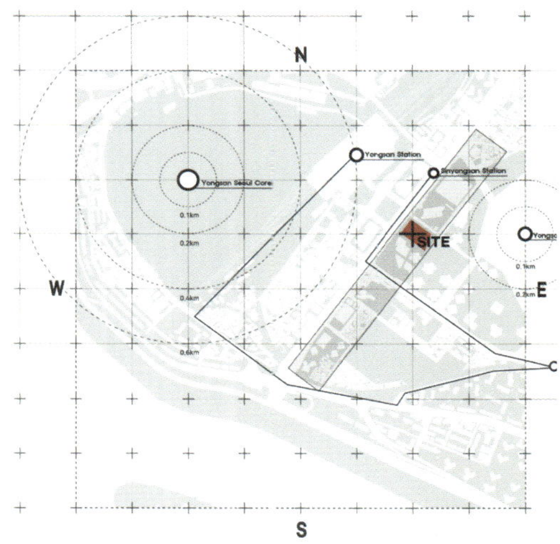

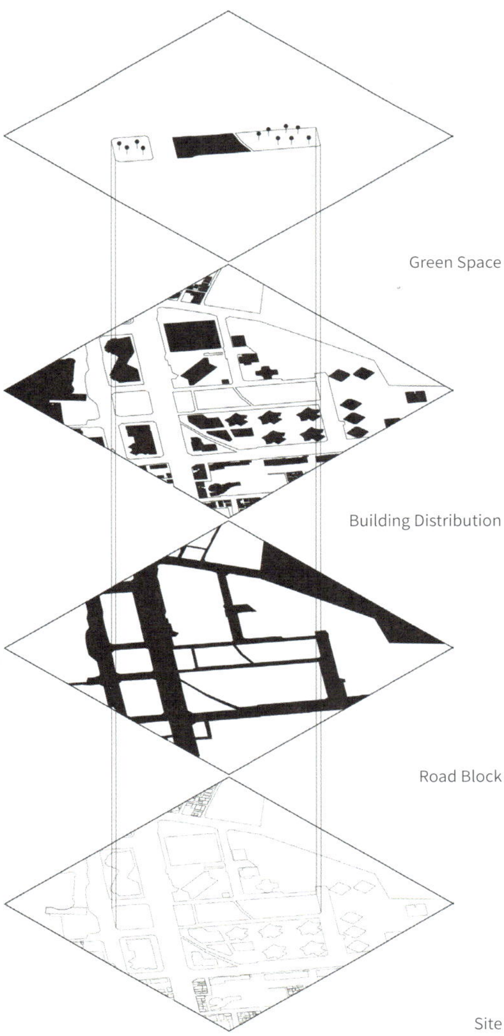

GREEN CONNECT

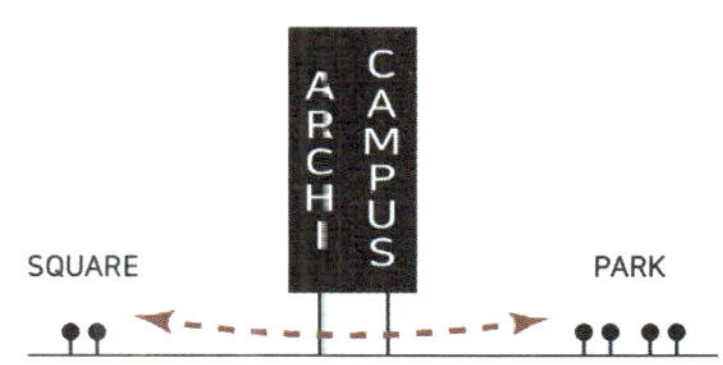

USER SEPARATION

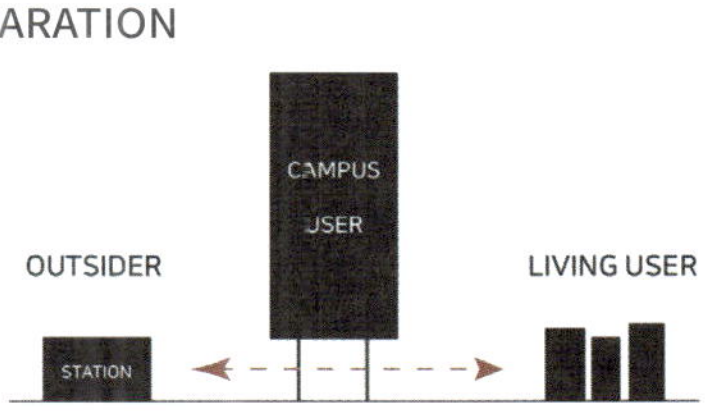

UNDERGROUND PLAN

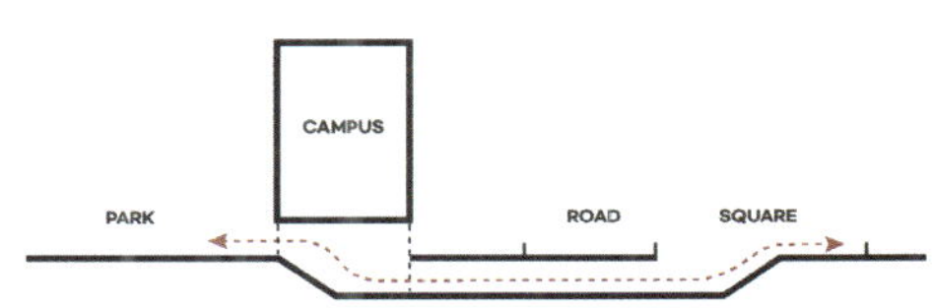

CORE PLAN

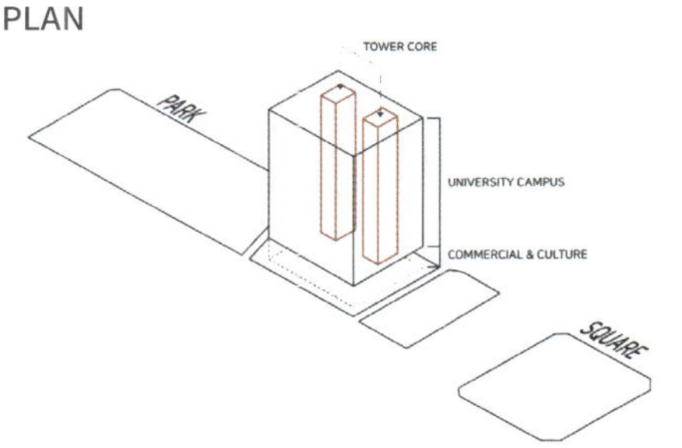

김하연 | Studio D
Island Complex Terminal

본 프로젝트는 가거도의 기존 방파제를 활용하여, 항공, 항만, AAM, 지역 커뮤니티 기능이 통합된 다기능 복합 터미널을 제안한다. 비워진 채 남겨져 있던 방파제 상부 공간을 활용하여 단순한 교통 시설을 넘어, 섬마을 주민들의 만남의 장소이면서 섬 방문자들과 마주침을 만들어내는 장소가 된다. 이 설계안은 향후 도시지역 전반에 적용 가능한 지역간 AAM 연계 교통 인프라의 프로토타입으로 제안된다.

This project proposes a multi-functional complex terminal that integrates aviation, port, AAM (Advanced Air Mobility), and local community functions by utilizing the existing breakwater at Gageodo Island. We propose to utilize the long-vacant upper space of the breakwater to create more than just a transportation facility. It will become a gathering place for island residents and a venue for encounters with island visitors. This design is proposed as a prototype for inter-regional AAM-linked transportation infrastructure that can be applied to urban areas in the future.

ⓒ 김하연, Hayeon Kim

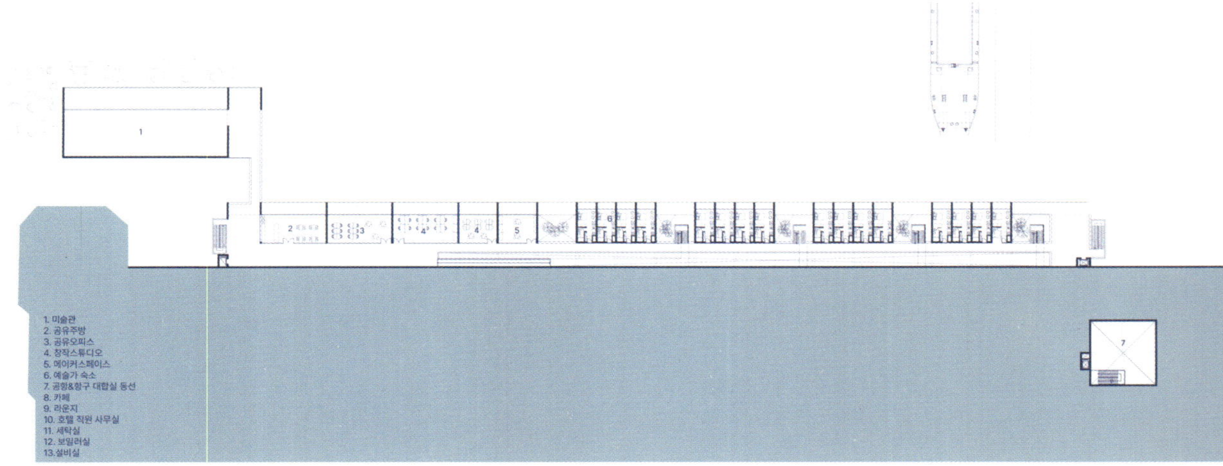
1
2
3
4
4
5
6
7
1. 미술관
2. 공유주방
3. 공유오피스
4. 창작스튜디오
5. 메이커스페이스
6. 예술가 숙소
7. 공항&항구 대합실 동선
8. 카페
9. 라운지
10. 호텔 직원 사무실
11. 세탁실
12. 보일러실
13.설비실

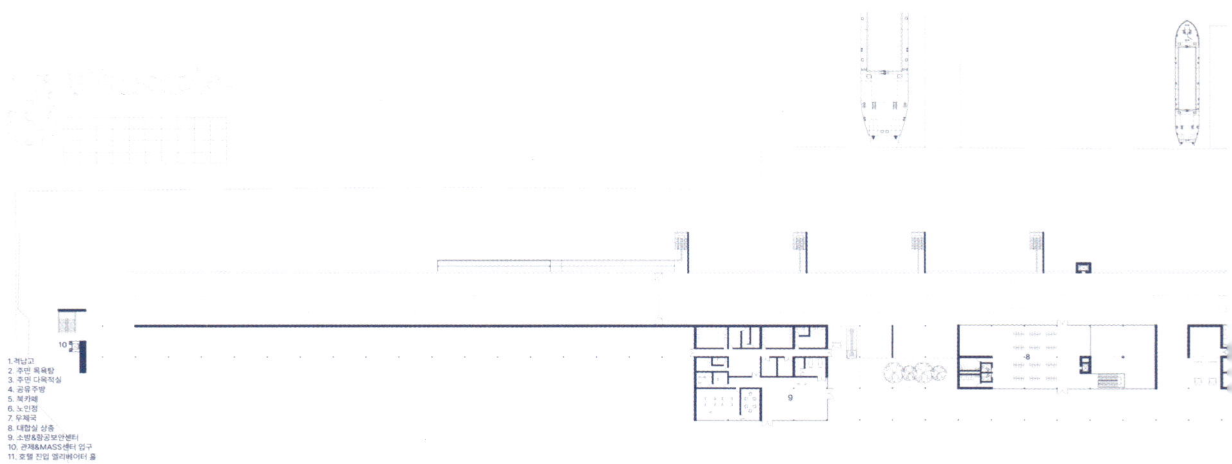
10
9
8
1. 격납고
2. 주민 목욕탕
3. 주민 다목적실
4. 공유주방
5. 북카페
6. 노인정
7. 우체국
8. 대합실 상층
9. 소방&항공보안센터
10. 관제&MASS센터 입구
11. 호텔 진입 엘리베이터 홀

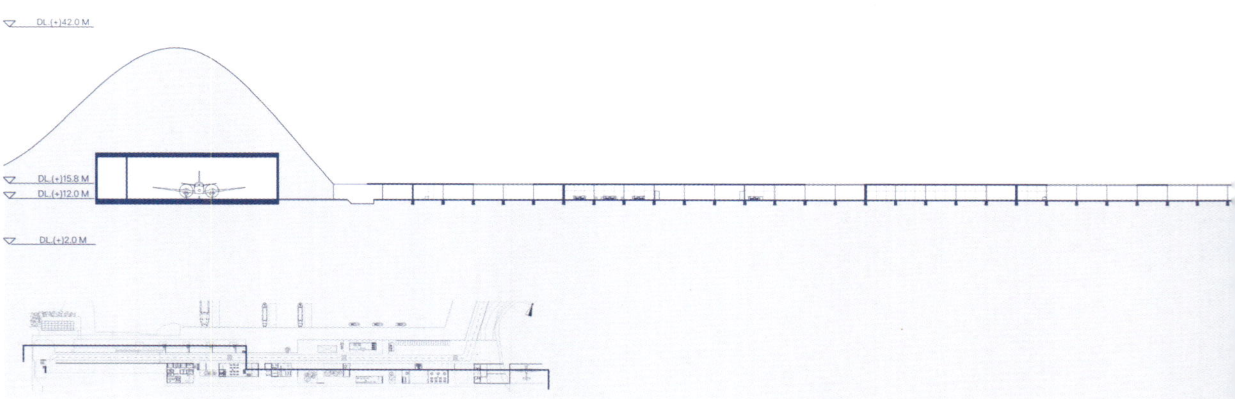
DL.(+)42.0 M
DL.(+)15.8 M
DL.(+)12.0 M
DL.(+)2.0 M

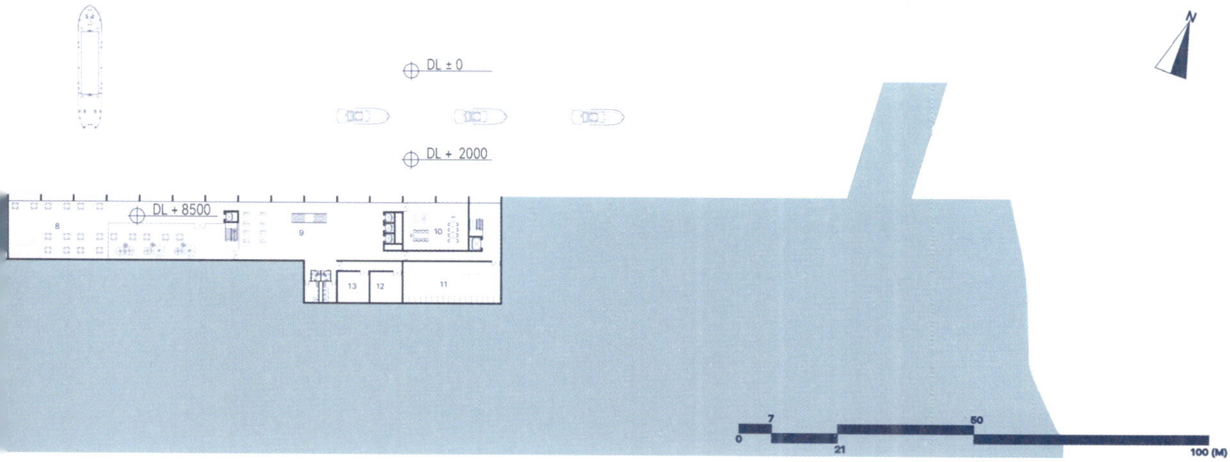

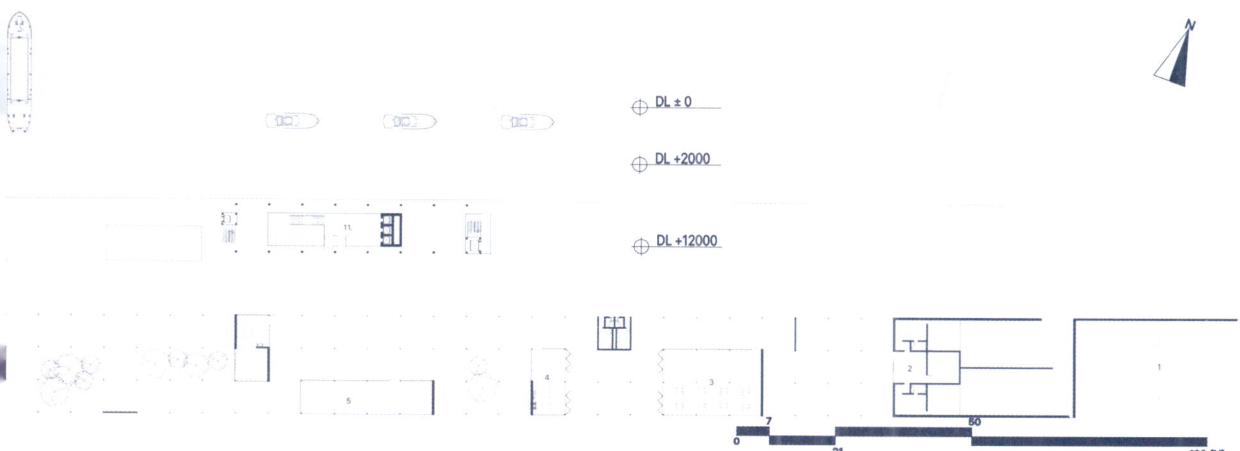

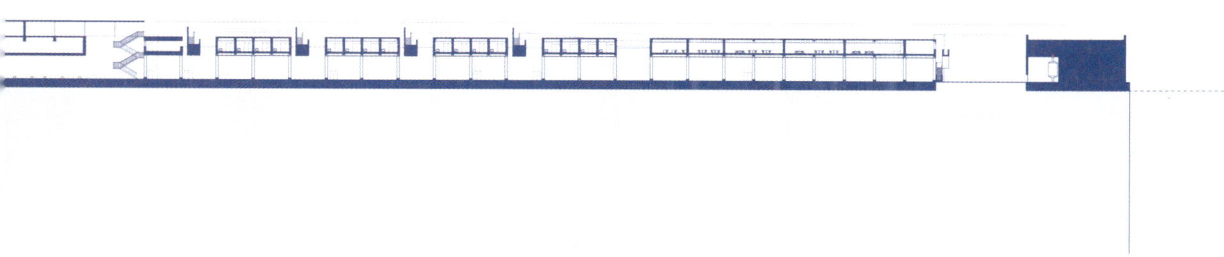

ⓒ 김하연, Hayeon Kim

김한이 | Studio D
Gate of Memory

국립서울현충원은 대한민국을 수호한 이들의 영혼이 잠든 국민의 성역이다. 하지만 현충일을 제외하고는 잘 방문하지 않는 공간이며, 유공자 가족이 아니라면 더욱 그렇다. 현충원은 그 의미를 담은 상징성을 충분히 보여야 하고, 이러한 명맥을 오랜 세월 유지함으로써 민족의 얼을 상징하는 장소가 되어야 한다. 이에 방문 경험을 개선하면서도, 강한 첫인상을 남길 수 있도록, 가장 처음 마주하는 공간인 입구를 수정하려 한다. 현충원을 소개하는 경건한 진입공간을 마련하는 동시에, 대상지의 지하철 공간을 적극적으로 연계하여 방문자의 매끄러운 진입이 가능하도록 하는 지하 보행체계 'Gate of Memory'를 제안한다.

The Seoul National Cemetery is a sacred place for the people, where the souls of those who defended the Republic of Korea rest. However, it is rarely visited except on Memorial Day, especially not by families of those who have served in the war. The cemetery must fully embody its symbolic meaning and, by maintaining this legacy for a long time, become a place that symbolizes the spirit of the nation. To enhance the visitor experience while leaving a strong first impression, we are revisiting the entrance, the first space visitors encounter. We propose the "Gate of Memory" underground pedestrian system, which not only introduces the cemetery to the public but also actively connects with the subway system of the site to ensure smooth entry for visitors.

ⓒ 김한이, Hani Kim

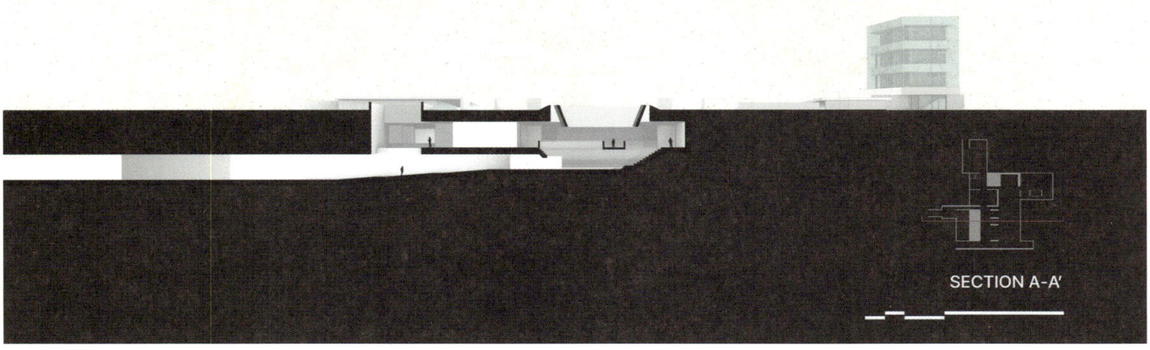

ⓒ 김한이, Hani Kim

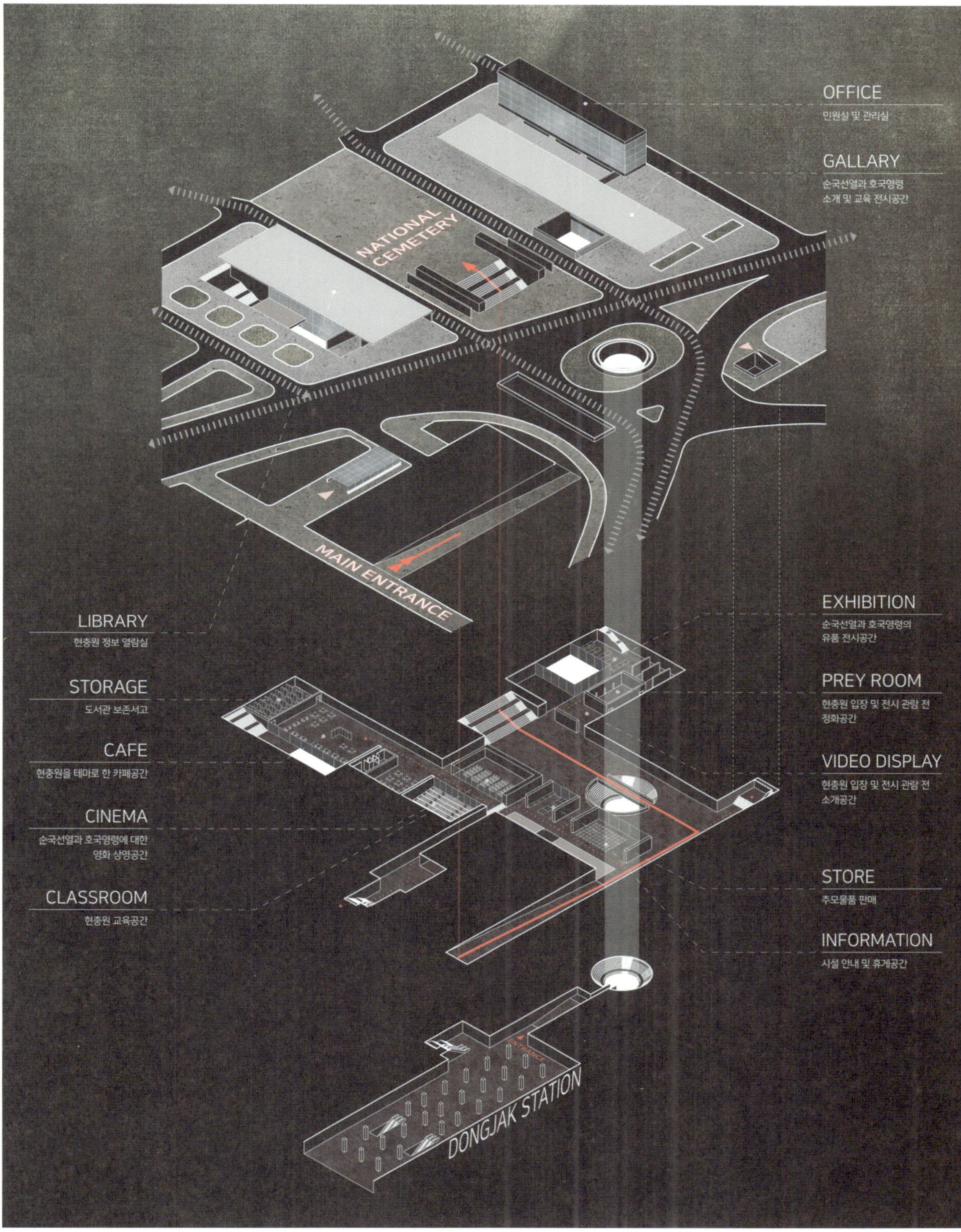
OFFICE
민원실 및 관리실
GALLARY
순국선열과 호국영령
소개 및 교육 전시공간
NATIONAL CEMETERY
MAIN ENTRANCE
LIBRARY
현충원 정보 열람실
STORAGE
도서관 보존서고
CAFE
현충원을 테마로 한 카페공간
CINEMA
순국선열과 호국영령에 대한
영화 상영공간
CLASSROOM
현충원 교육공간
EXHIBITION
순국선열과 호국영령의
유품 전시공간
PREY ROOM
현충원 입장 및 전시 관람 전
정화공간
VIDEO DISPLAY
현충원 입장 및 전시 관람 전
소개공간
STORE
추모물품 판매
INFORMATION
시설 안내 및 휴게공간
DONGJAK STATION

ⓒ 김한이, Hani Kim

김시온 | Studio D
IN-Forest

현대 도시는 방대한 데이터 인프라에 의존하지만, 데이터센터는 막대한 전력 소비와 폐열 배출로 심각한 환경 문제를 야기한다. 본 프로젝트는 이러한 문제에 대응하여 데이터 센터와 수직 온실을 통합한 에너지 순환형 인프라를 제안한다.

서버 작동에서 발생하는 폐열은 온실의 열원으로 활용되며, 외벽 풍력 발전과 지하 수력 시스템은 자가 발전 구조를 형성한다. 또한 수직 보이드와 기류 장치를 통해 효율적 에너지 전달이 가능하다.

이 건축적 제안은 도시 속 데이터 인프라를 단순한 소비 시설이 아닌, 기술과 생명이 공존하는 에코 인프라 모델로 전환하고자 한다.

Modern cities rely on massive data infrastructure, but data centers pose serious environmental problems due to their massive power consumption and waste heat emissions. This project addresses these issues by proposing an energy-circulating infrastructure that integrates a data center with a vertical greenhouse.

Waste heat generated from server operations is utilized as a heat source for the greenhouse, while external wind turbines and underground hydraulic systems form a self-powering structure. Furthermore, vertical voids and airflow devices enable efficient energy transfer.

This architectural proposal aims to transform urban data infrastructure from a simple consumer facility into an eco-infrastructure model where technology and life coexist.

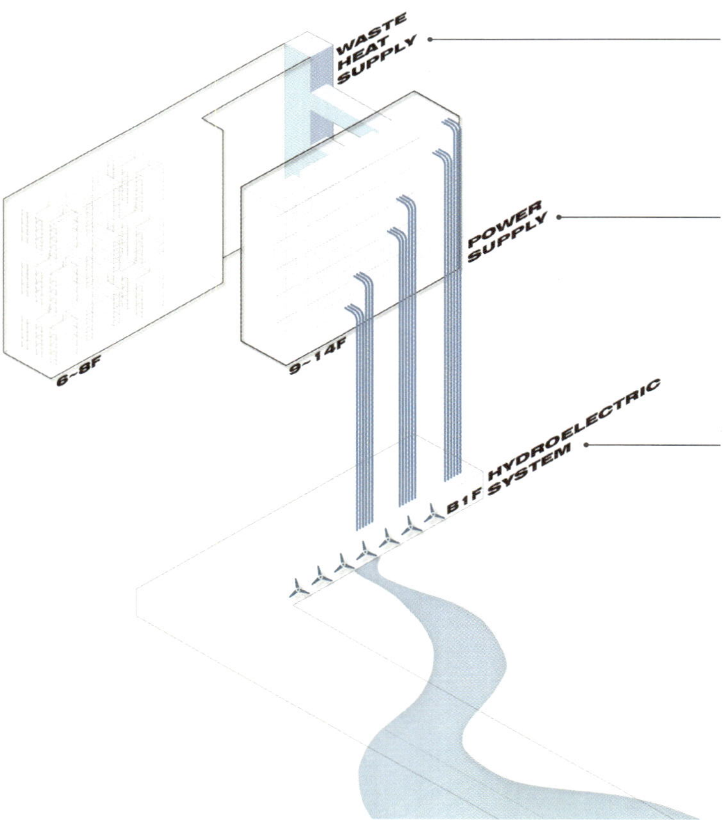

스마트팜에서는 해당 폐열을 난방 에너지로 활용하여 농작물 및 화훼를 수직 재배하며, 재배된 식물은 다시 1층의 화훼 장터와 외부 양재꽃시장으로 연결된다.

서버랙은 데이터 저장 및 처리 과정에서 다량의 폐열을 발생시키며, 이 열은 건축 후면의 굴뚝형 시스템을 통해 중층부의 스마트팜(6-8F)으로 전달된다.

순환의 흐름은 도시 외부 컨텍스트로부터 출발한다. 여의천의 수계를 지하로 끌여들여 수력 터빈을 회전시키고, 이를 통해 생산된 전력은 시스템 월 내부의 파이프라인을 따라 서버랙이 위치한 상층부(9-14F)로 공급된다.

© 김시온, Sion Kim

조영채 | Studio D
콘크리트 도시를 넘어

현대 도시는 효율성과 경제성으로 표준화된 콘크리트 건축이 지배하고 있다. 한편, 우리는 과연 이 환경이 최선인지 되묻고, 전통적으로 익숙하고 따뜻한 재료였던 목재의 가능성을 다시 주목할 필요가 있다.

본 프로젝트는 국내에서 2-3층에 머물던 목구조를 10층 규모 타워로 확장해 친환경성과 도시 경쟁력을 겸비한 대안을 제시한다. 이 타워는 '도심 아카이빙'을 핵심 기능으로 하는 도서관으로, 도시의 정보와 기억을 수집, 보존, 공유하며 과거와 현재 그리고 나아가 미래를 잇는 기록 장치로 기능한다.

Modern cities are dominated by concrete structures standardized for efficiency and economy. Meanwhile, we need to question whether this environment is truly optimal and re-examine the potential of wood, a traditionally familiar and warm material.

This project expands Korea's traditional two- or three-story wooden structure into a ten-story tower, offering an alternative that combines eco-friendliness and urban competitiveness. This tower, a library with "urban archiving" as its core function, will collect, preserve, and share the city's information and memories, serving as a record device connecting the past, present, and future.

ⓒ 조영채, Youngchae Cho

ⓒ 조영채, Youngchae Cho

권혁 | Studio E
AIR BLOCK

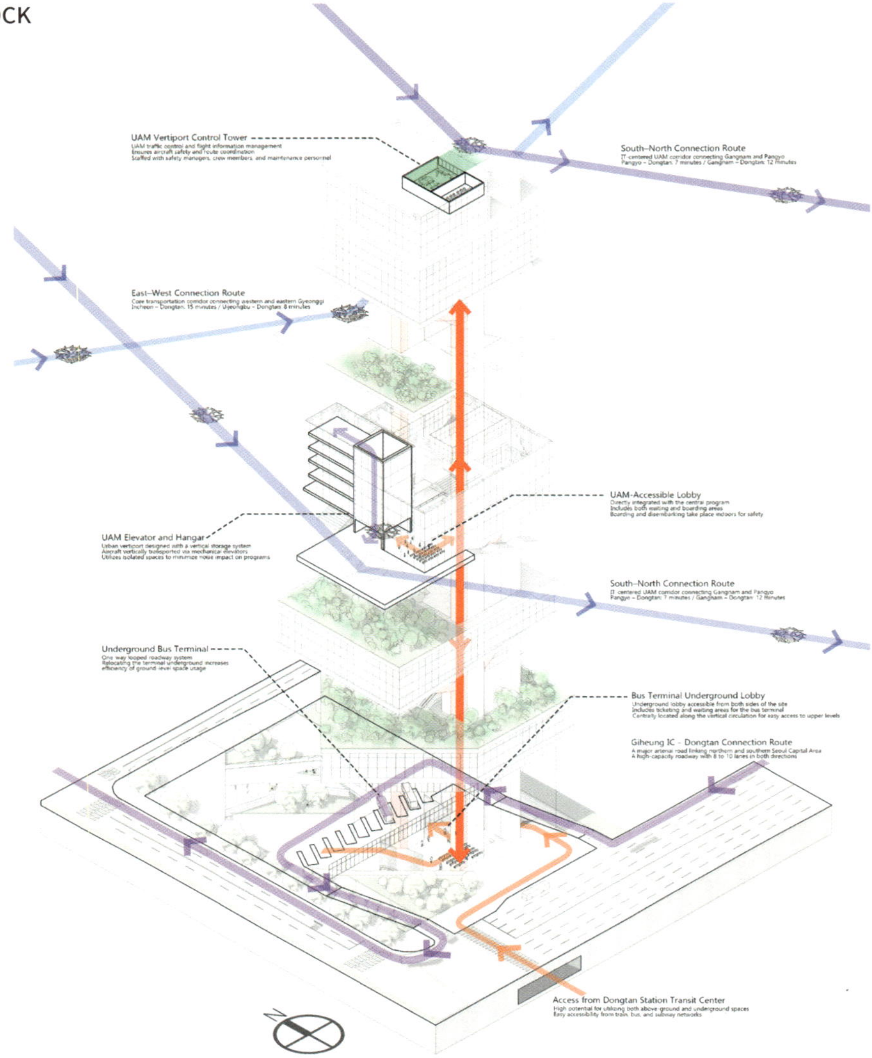

UAM은 2030년 상용화를 목표로 2025년 현재, 약 20개국에서 기체 및 인프라 개발과 시범 운항이 활발히 진행되고 있다. 본 프로젝트는 그에 따라, 새로이 요구되는 교통 인프라 구축에 대한 제안이다. 대상지는 수도권 남부 교통의 중심지로 성장 가능한 동탄역 인근 부지이다. 사전 건설된 철도 및 버스 노선과 연계하여 UAM의 활용도가 높을 것으로 전망된다.

따라서 이 프로젝트는 도심형 Vertiport에 대한 제안으로 기체 보관, 운영 관리, 탑승 및 이륙 시스템을 통합하고 UAM 기체의 수직 이동 개념을 건축적으로 접목시킨 사례이다.

With the goal of commercialization by 2030, UAM is actively developing aircraft and infrastructure, and pilot operations are currently underway in approximately 20 countries. This project proposes the construction of newly required transportation infrastructure. The target site is near Dongtan Station, a potential transportation hub in the southern Seoul metropolitan area. UAM utilization is expected to increase significantly, integrating with existing rail and bus routes.

Therefore, this project proposes an urban vertiport, integrating aircraft storage, operations management, boarding, and takeoff systems, and architecturally incorporating the concept of vertical movement of UAM aircraft.

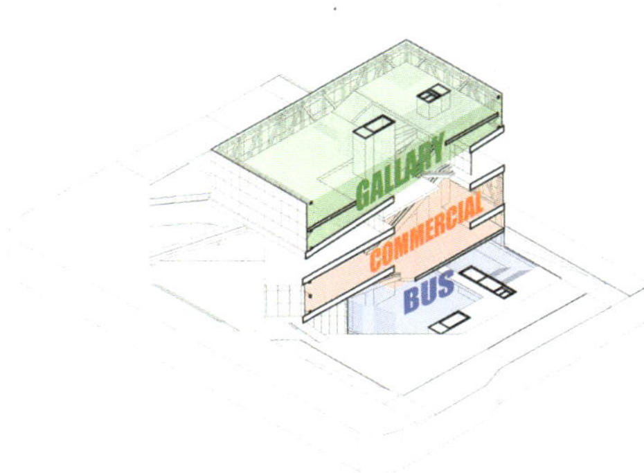
GALLARY
COMMERCIAL
BUS

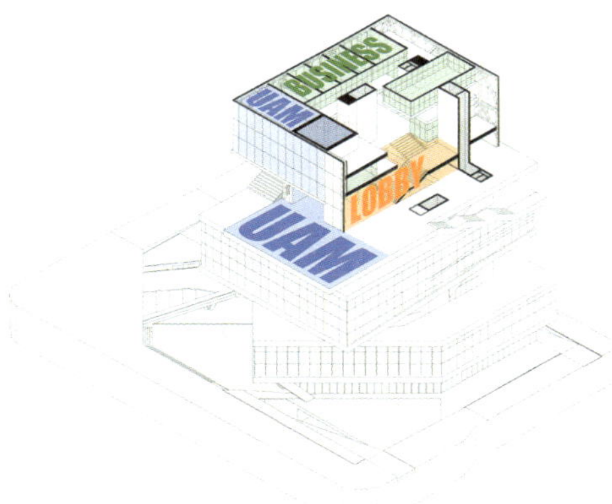
BUSINESS
UAM
LOBBY
UAM

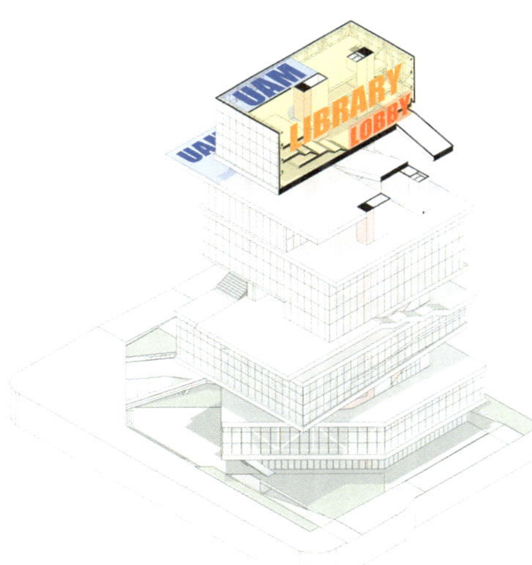
UAM
LIBRARY
LOBBY

VERTIPORT
CONTROL TOWER
22F ~ 24F
VERTIPORT SERVING ALL BUILDING USERS
MAINTENANCE FACILITY, BEACONS, AND CONTROL TOWER
LOUNGE
CAFE & LIBRARY
18F ~ 21F
LARGE OPEN SPACE COMPOSED OF A STAIR LOUNGE
AND BOOK CAFE, VIEWING AREA
VERTIPORT
17F
UAM VERTIPORT FOR BUSINESS&LOUNGE FACILITIES
HANGAR WITH CAPACITY FOR 8 AIRCRAFT
BUSINESS
MEETING ROOM
10F ~ 16F
VARIETY OF ROOMS INCLUDING MEETING ROOMS,
SHARED OFFICES AND CONFERENCE SPACES,
FLEXIBLY ARRANGED FOR ACTIVE CIRCULATION
VERTIPORT
10F
UAM VERTIPORT FOR BUSINESS FACILITIES
HANGAR WITH CAPACITY FOR 10 AIRCRAFT
GALLERY
7F ~ 9F
CIRCULATING ASCENT-DESCENT CIRCULATION
CREATED BY INCLINED FLOOR SLABS
COMMERCIAL
MALL / F&B 2F ~ 6F
CENTRALLY CONNECTED COMMERCIAL FACILITY WITH A
CONTINUOUS UNDERGROUND-TO-GROUND CENTRAL HALL STRUCTURE
BUS TERMINAL
B1 ~ 1F
BASED ON AN ESTIMATED DAILY USER COUNT OF 4,500,
ASSUMING A POPULATION OF 400,000 IN DONGTAN
BUS BOARDING AND ALIGHTING TAKE PLACE UNDERGROUND

ⓒ 권혁, Hyuk Kwon

ⓒ 권혁, Hyuk Kwon

백주원 | Studio E
다시 피는 학교

대한민국은 초고령화 초저출산 사회에 접어들면서 노인 인구는 증가하는 반면, 학령인구는 감소하고 있다. 이에 따라 초·중·고등학교의 폐교가 이어지는 한편, 노인 시설의 수요가 증가하고 있으나, 초고령 사회에 대응하기에는 여전히 부족한 실정이다. 이에 대한 근본적인 해결책이 필요하다고 판단하여, 누구에게나 익숙한 학교를 노인의 새로운 출발을 위한 공간으로 재활용하고자 한다. 특히 시니어의 행태적 특성인 '관조'에 주목하여, 이를 공간 구성의 핵심 개념으로 삼는다. 본 프로젝트에서는 폐교된 학교 공간을 활용한 시니어 아카데미 센터의 가능성을 제안한다.

As South Korea enters a super-aging society with a low birth rate, the elderly population is increasing while the school-age population is decreasing. Consequently, elementary, middle, and high schools are closing one after another, and the demand for senior facilities is increasing. However, these facilities are still inadequate to meet the needs of a super-aging society. Recognizing the need for a fundamental solution, we aim to repurpose familiar spaces like schools into spaces where seniors can begin anew. We focus specifically on the behavioral characteristic of seniors, "contemplation," and use this as a core concept in the spatial design. This project proposes the potential of a Senior Academy Center utilizing the space of a closed school.

ⓒ 백주원, Juwon Baek

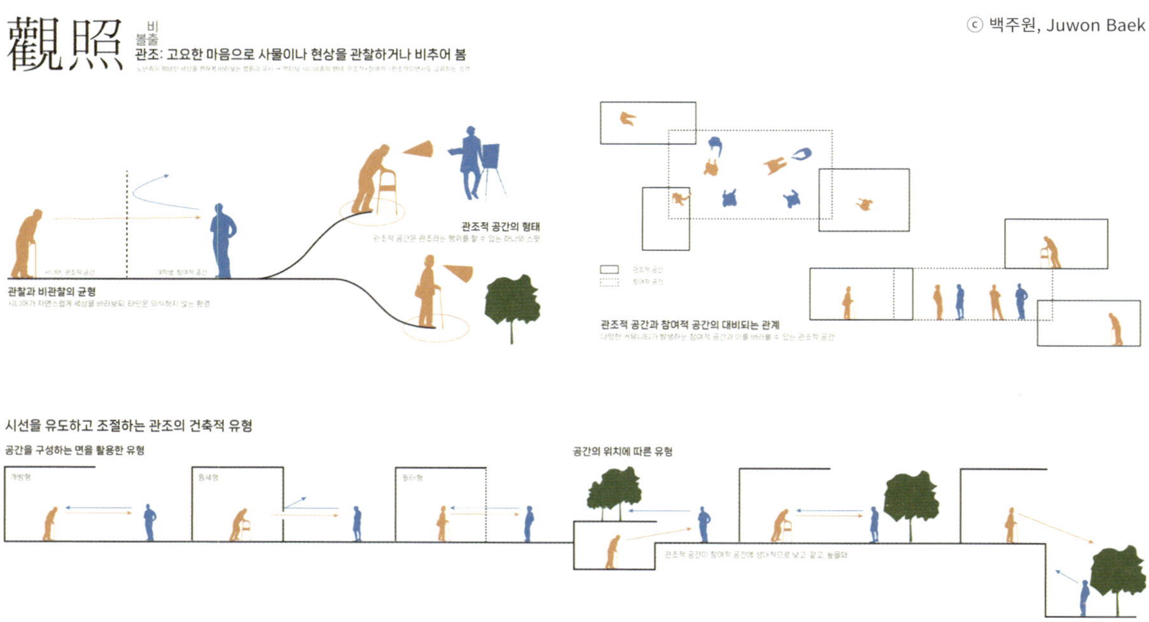

ⓒ 백주원, Juwon Baek

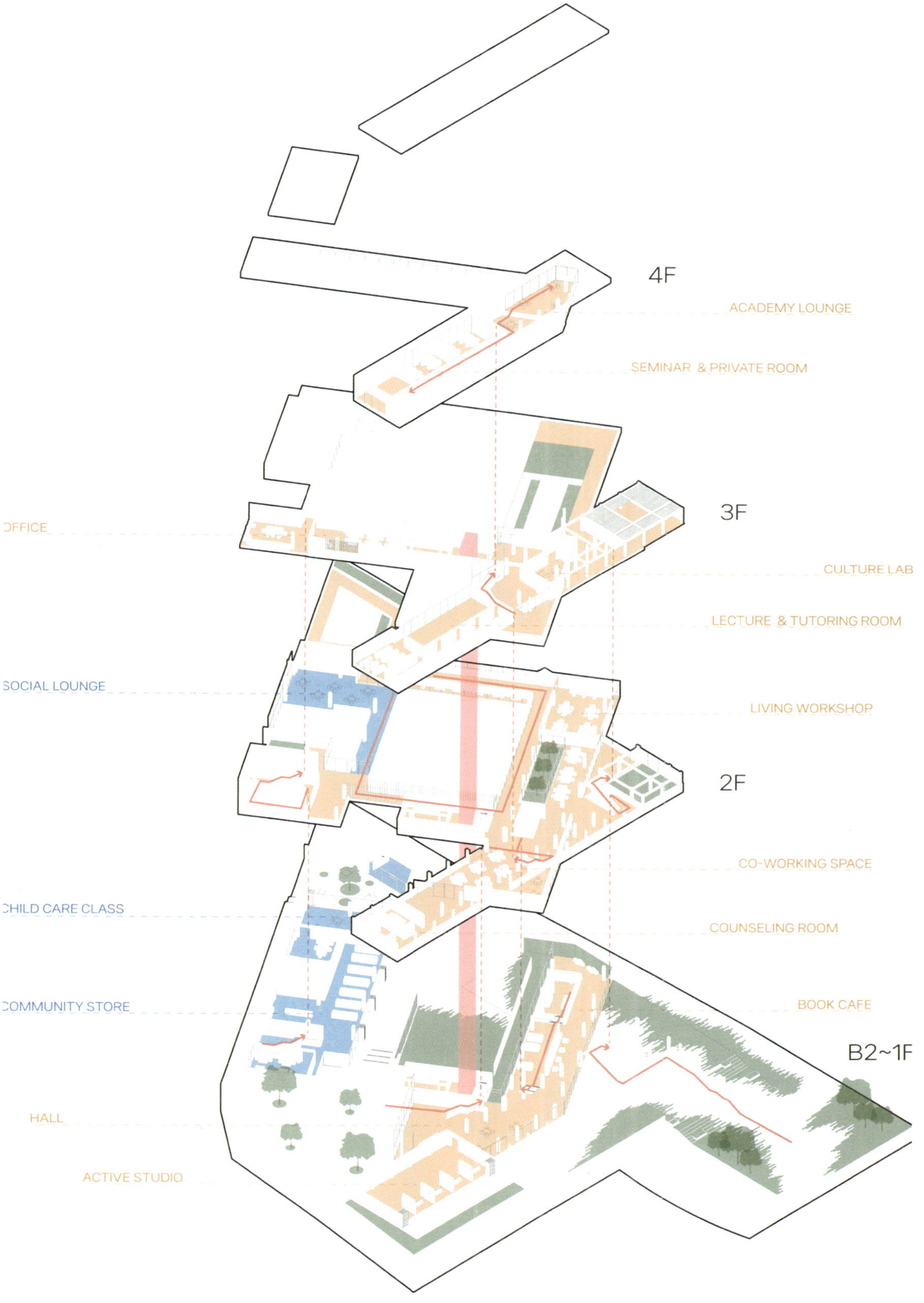

이상엽 | Studio E

경의선 미로길

ⓒ 이상엽, Sangyeop Lee

현대적 소비는 '공간적 소비'와 '경험적 소비'로 구분되지만, 두 흐름이 자연스럽게 이어지는 경우는 드물다. 본 프로젝트는 이러한 단절을 해소하여 외부 보행 흐름이 내부로 스며드는 공간을 제안한다. 연남동의 '경의선 숲길'과 '연남동 미로길'은 각각 두 소비의 유형을 대표하나, 그 연결성이 부족하다. 이에 도시 조직과 그 흐름을 분석해 두 장소를 입체적으로 연결하고, 스킵 플로어 구조를 통하여 서로 다른 소비의 경험이 보다 자연스레 교차하는 공간을 구현한다. 주말 오후 경의선 숲길을 산책하던 우리들은 어느새 연남동 미로길 위에 서있게 될 것이다.

Contemporary consumption is divided into “spatial consumption” and “experiential consumption”, but these two streams rarely seamlessly connect. This project bridges this disconnect, proposing a space where external pedestrian flows permeate internally. Yeonnam-dong's “Gyeongui Line Forest Trail” and “Yeonnam-dong Maze Trail” each represent two types of consumption, but their connection is lacking. Therefore, by analyzing the urban fabric and its flow, we create a three-dimensional connection between the two locations and, through the skip floor structure, create a space where different consumption experiences intersect more naturally. Those of us who stroll along the Gyeongui Line Forest Trail on a weekend afternoon will soon find ourselves standing on the Yeonnam-do Maze Trail.

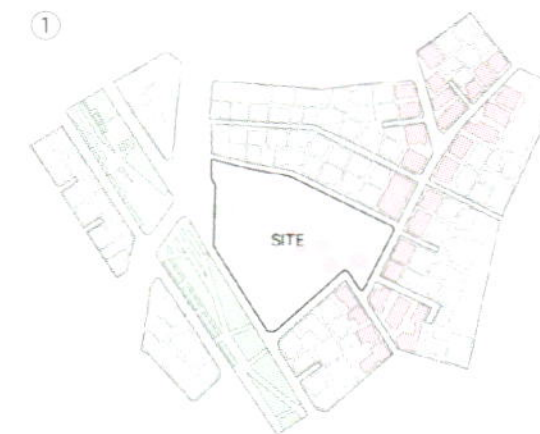

경의선 숲길과 연남동 미로길을
연결하는 메인 흐름 형성

연남동 도시 조직을 반영한
하부에서의 보행 흐름 형성

내부 순환 미로 동선을 활용한
상부에서의 흐름 형성

ⓒ 이상엽, Sangyeop Lee

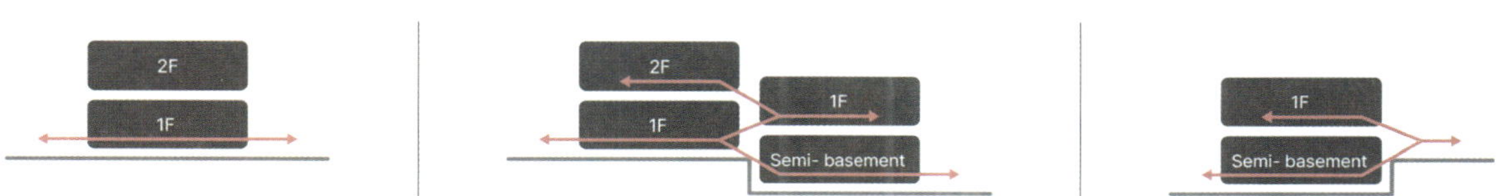

기본 상업시설의 구조 | **서로 다른 기준층이 엮이는 구조** | **연남동 상업시설의 구조**

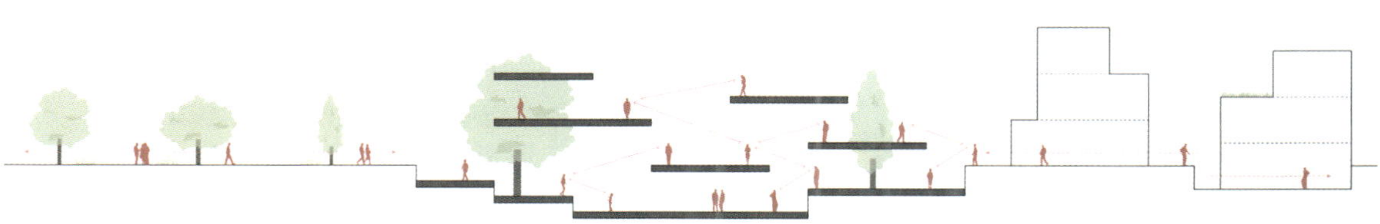

경의선 숲길 | **개념을 응용한 스킵플로어의 활용** | **연남동 미로길**

ⓒ 이상엽, Sangyeop Lee

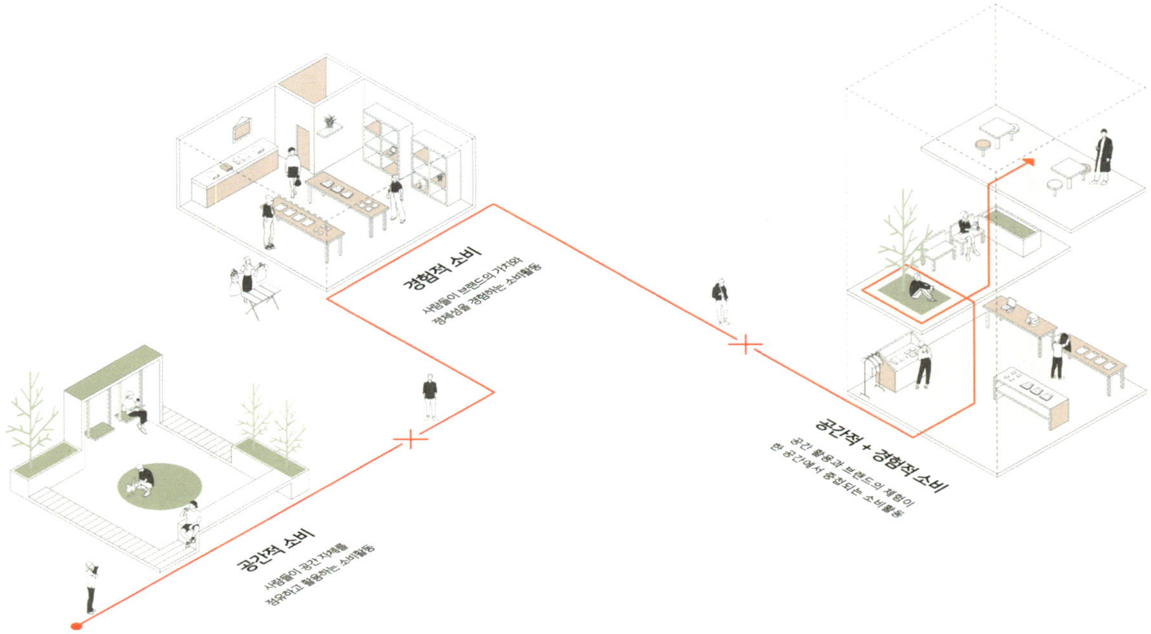

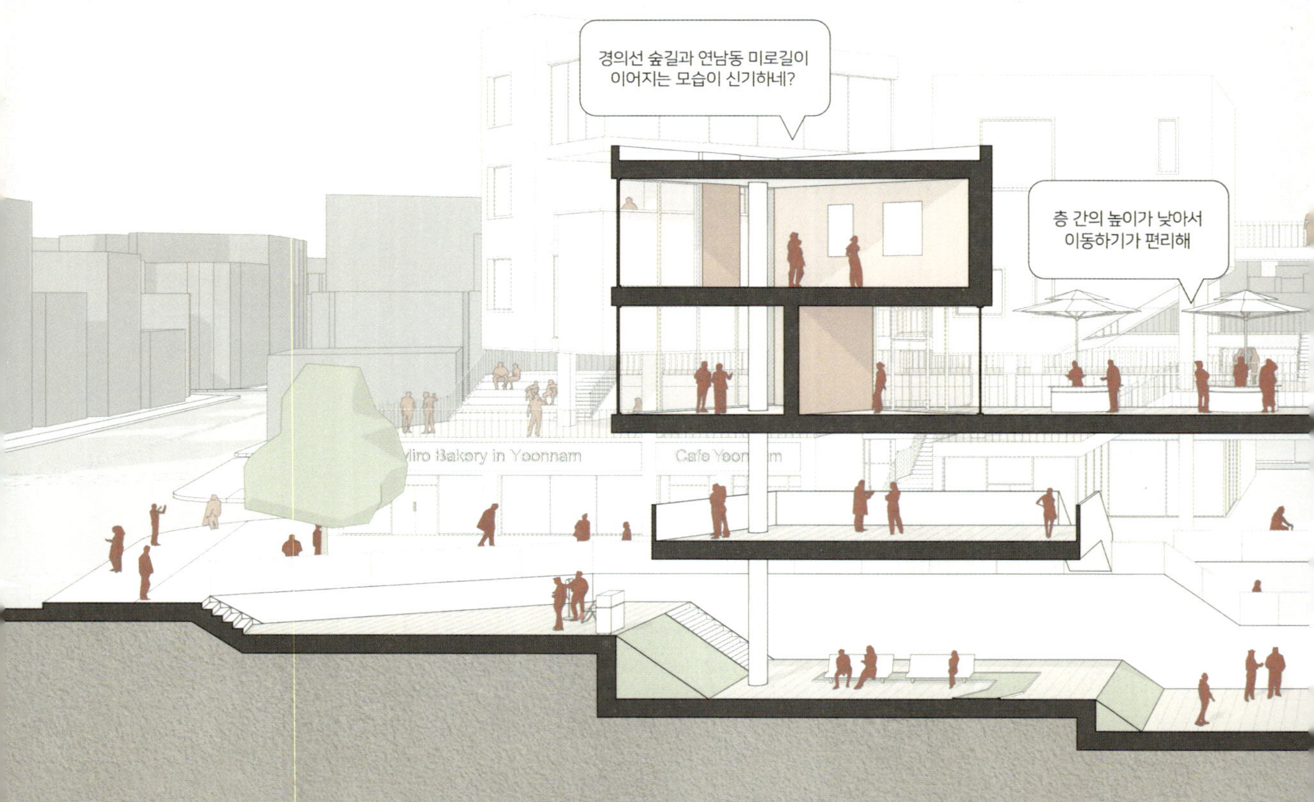

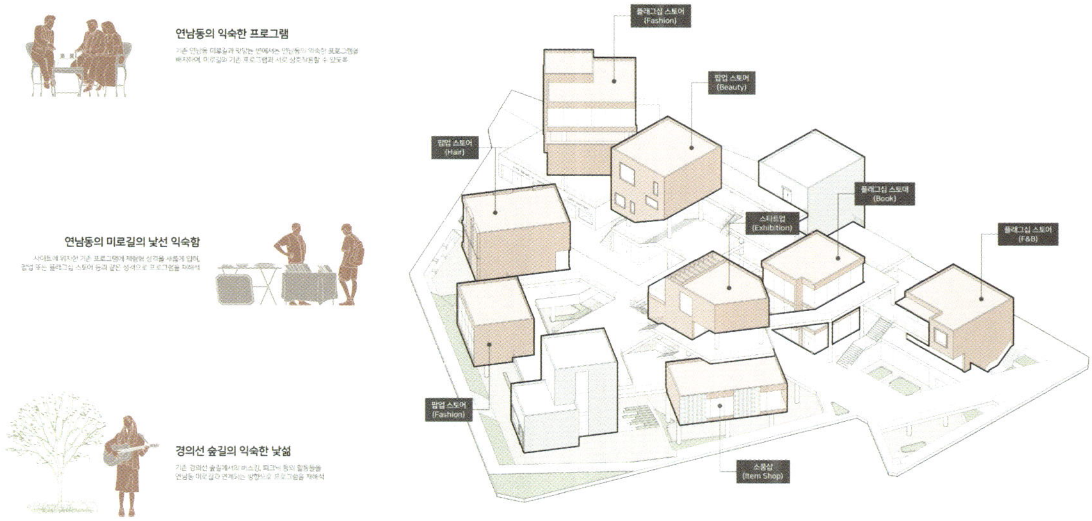

ⓒ 이상엽, Sangyeop Lee

임형주 | Studio E
다르게, 함께

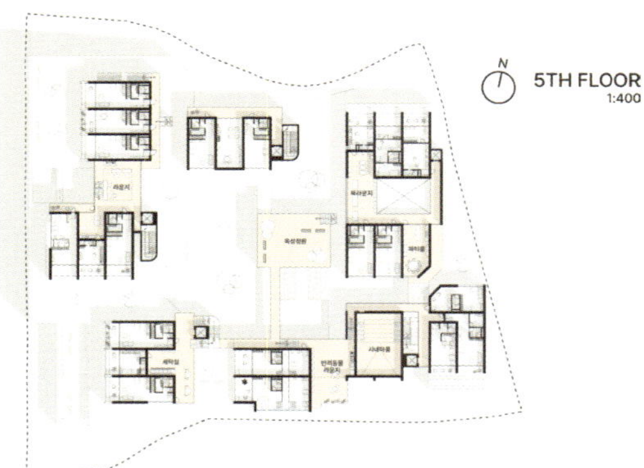

ⓒ 임형주, Hyeongju Lim

현대 사회는 핵가족의 해체와 1인 가구의 급증, 고령화 현상이 나타나고 있다. 그러나 한국식 아파트와 공동주거는 여전히 획일화된 단순 유닛과 복도식 평면에 머무르며, 청년주택, 신혼주택, 실버타운처럼 특정 세대만을 겨냥한 공유 주거에 국한되어 있다.

Modern society is experiencing the disintegration of the nuclear family, a surge in single-person households, and an aging population. However, Korean-style apartments and communal housing remain limited to standardized, simple units and corridor-style floor plans, often targeting specific generations through shared housing programs like youth housing, newlywed housing, and senior housing.

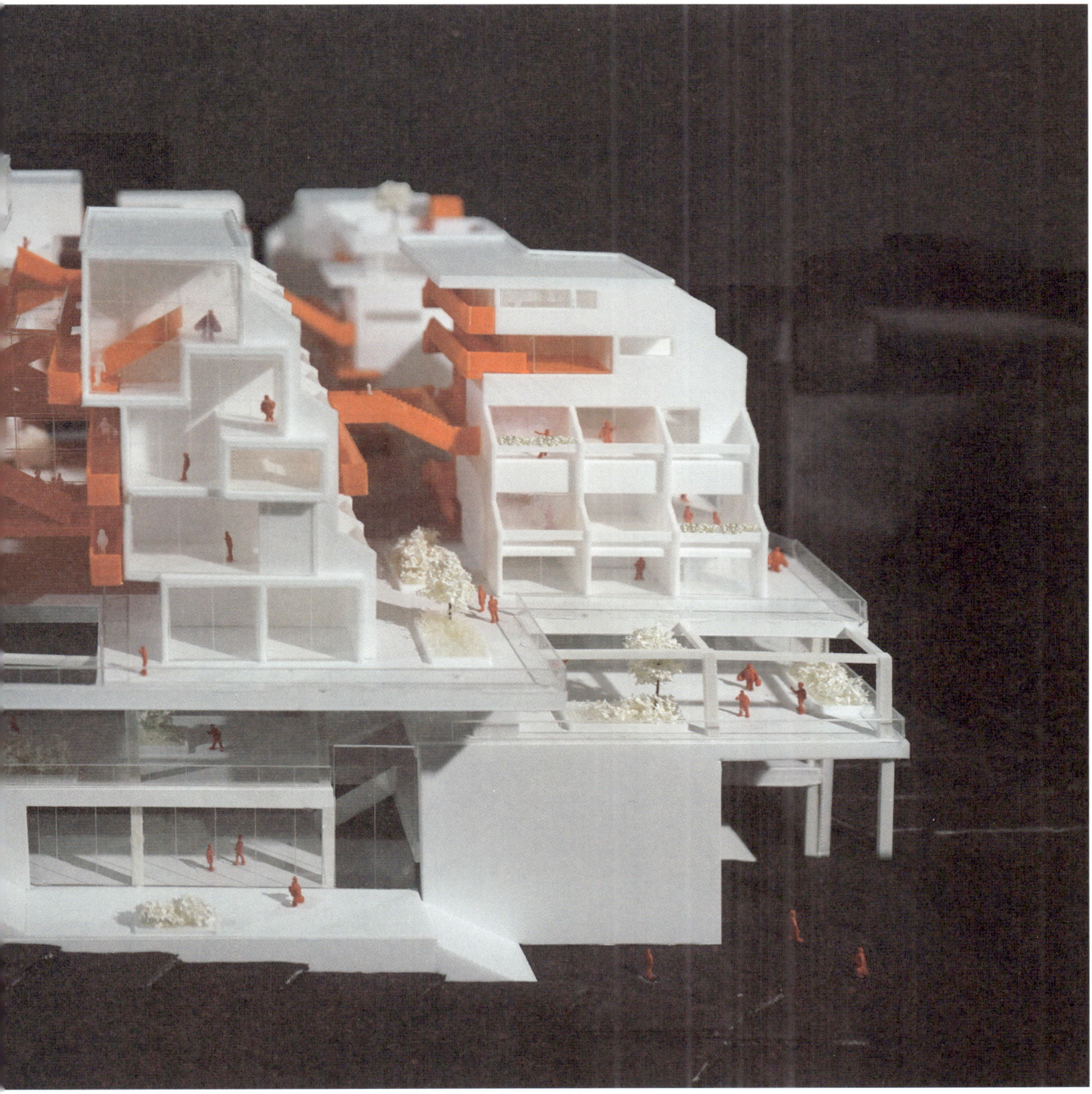

이에 본 프로젝트는 변화하는 세대 구성과 삶의 방식, 각자 다른 개성을 존중하는 '초개인화된 주거 유닛'을 제안한다. 또한, 엇갈림과 계단식 적층의 공간 전략을 통해 다양한 세대와 층위의 사람 간 관계 맺음을 유도하는 입체적 공간 구조를 지향한다.

이는 익숙한 주거 형식을 낯설게 재편함으로써, 더 깊은 정체성과 공동체성을 회복하고자 하는 시도이다.

This project proposes a "hyper-personalized residential unit" that respects the evolving composition of generations, lifestyles, and individual personalities. Furthermore, through spatial strategies of staggered and stepped stacking, it aims to create a three-dimensional spatial structure that fosters connections between people of different generations and levels.

This attempt, by reconfiguring familiar housing formats in a way that feels unfamiliar, seeks to restore a deeper sense of identity and community.

ⓒ 임형주, Hyeongju Lim

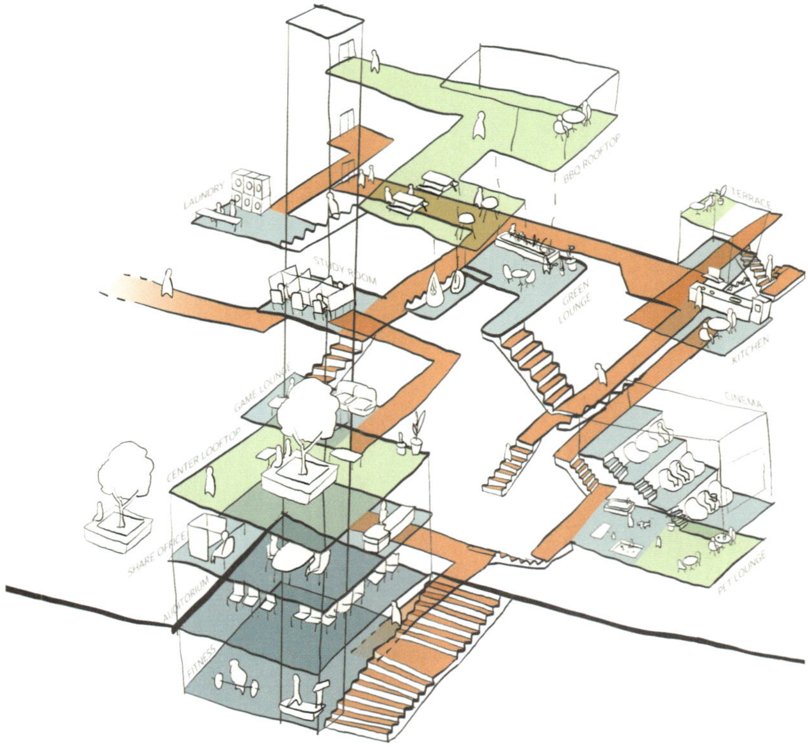

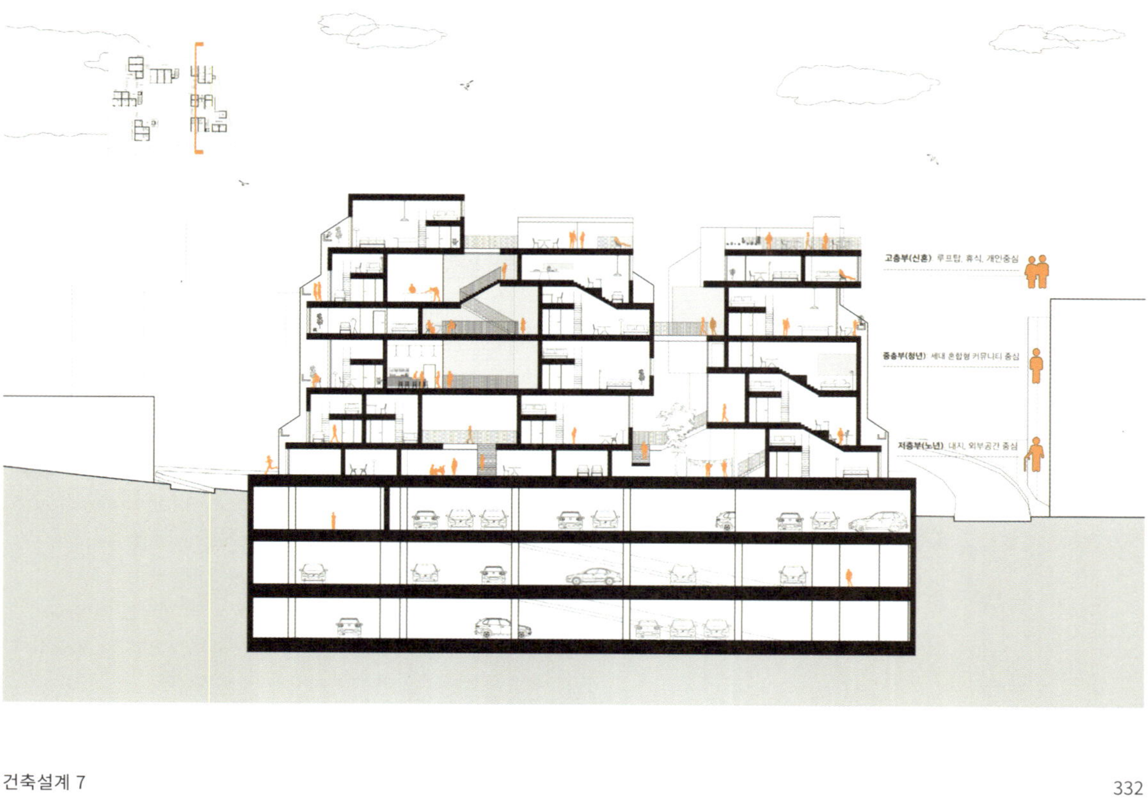

ⓒ 임형주, Hyeongju Lim

계획설계, 기본설계, 실시설계

Studio A | 김관수, Kwansoo Kim
Studio B | 정수진, Soojin Jung
Studio C | 문세영, Seyeong Moon
Studio D | 민준기, Joonki Kim

<건축설계 8> 과목은 건축설계 전 과정에 포괄하는 종합적인 설계 능력 배양을 목표로 한다. 각자 자신이 마련한 <건축설계 3>의 결과물을 바탕으로 법규 체크, 안전 및 방재설계, 무장애설계, 구조와 설비시스템 적용, 내/외장재의 적용, 실내재료 마감, 외벽 상세도 발전 등 계획설계, 기본설계, 실시설계의 단계를 체계적으로 진행하면서 디자인을 완성시킨다. 종합설계의 최종 결과물로서 실시도면 세트를 작성한다.

<Architectural Design 8> cultivates comprehensive design skills. Students systematically complete designs through schematic, design development, and construction document phases, applying code checks, safety, barrier-free design, structural/mechanical systems, and material detailing based on their <Architectural Design 3> output. The final deliverable is a set of construction drawings.

ⓒ 서수연, Suyeon Seo

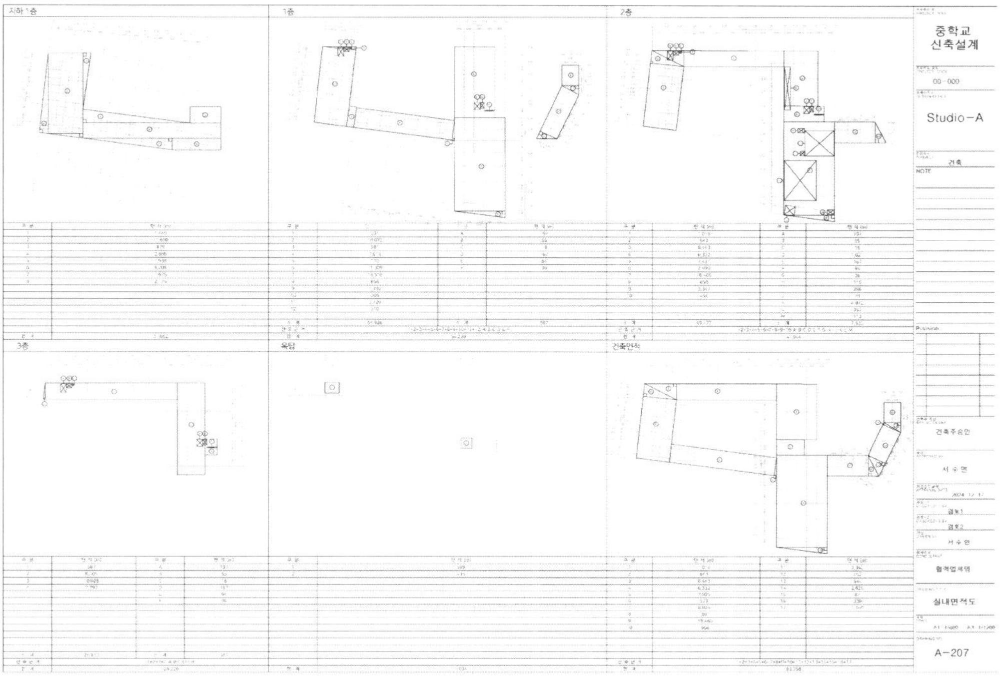

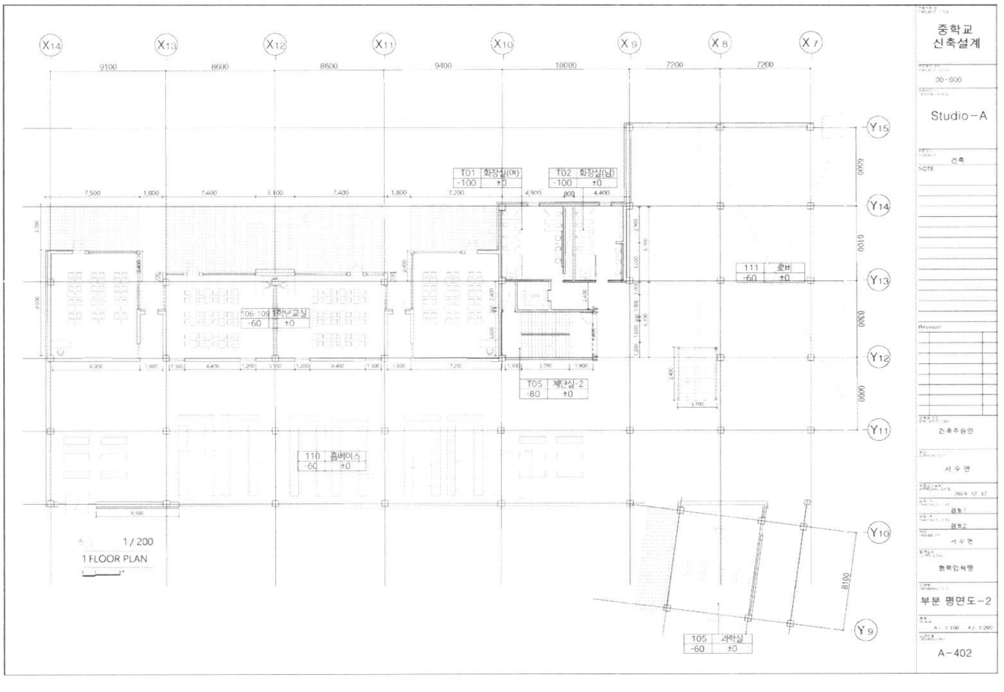

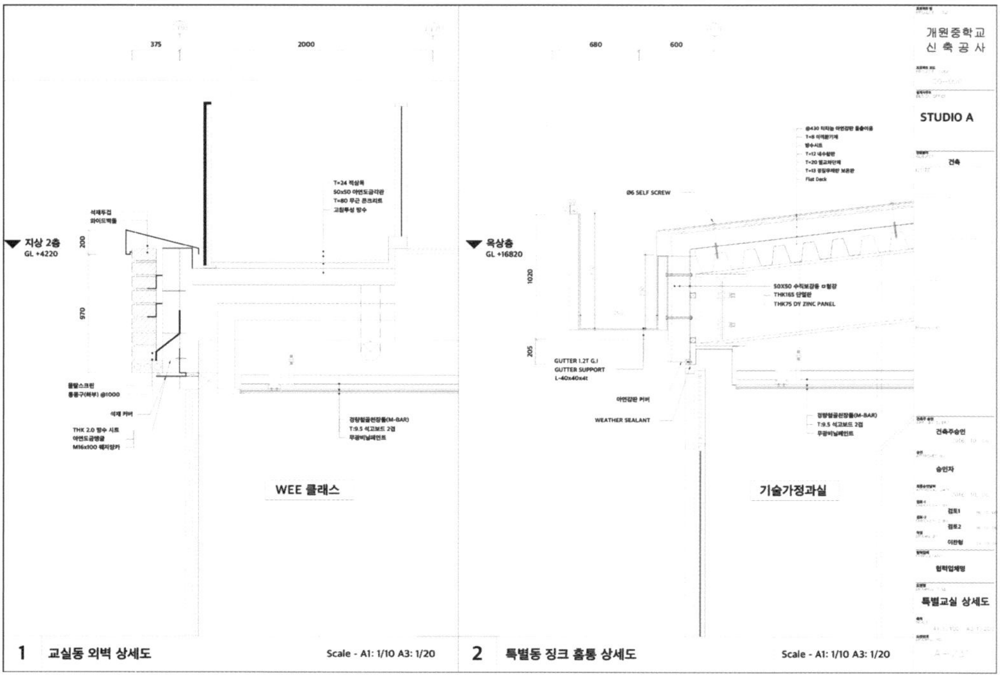
개원중학교
신 축 공 사
STUDIO A
WEE 클래스
기술가정과실
1 교실동 외벽 상세도
Scale - A1: 1/10 A3: 1/20
2 특별동 징크 홈통 상세도
Scale - A1: 1/10 A3: 1/20
특별교실 상세도

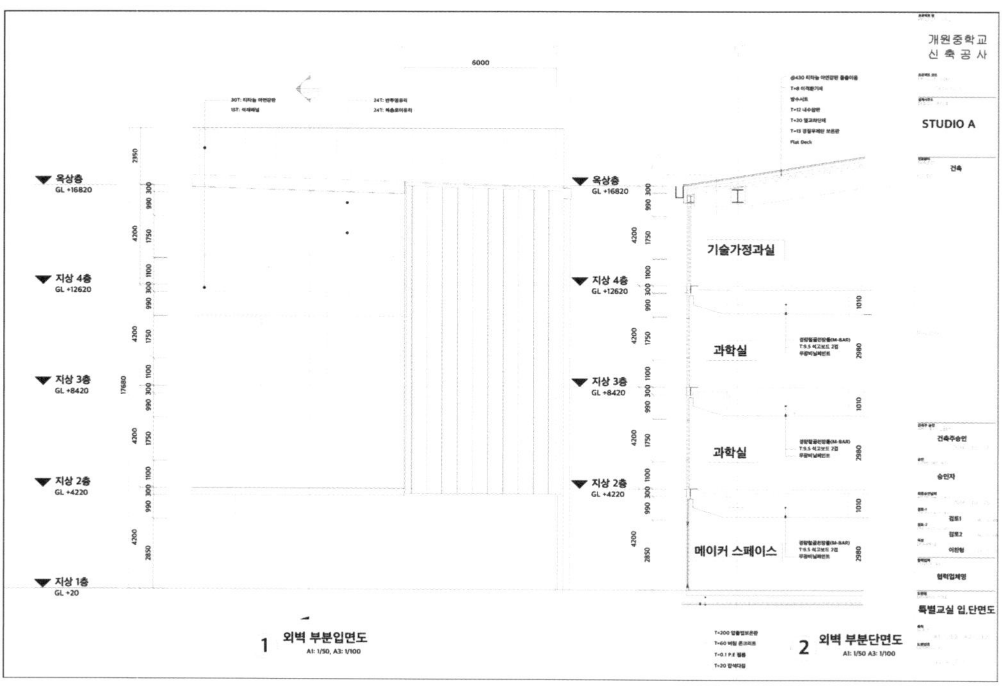
개원중학교
신 축 공 사
STUDIO A
옥상층
지상 4층
지상 3층
지상 2층
지상 1층
기술가정과실
과학실
과학실
메이커 스페이스
1 외벽 부분입면도
A1: 1/50, A3: 1/100
2 외벽 부분단면도
A1: 1/50 A3: 1/100
특별교실 입,단면도

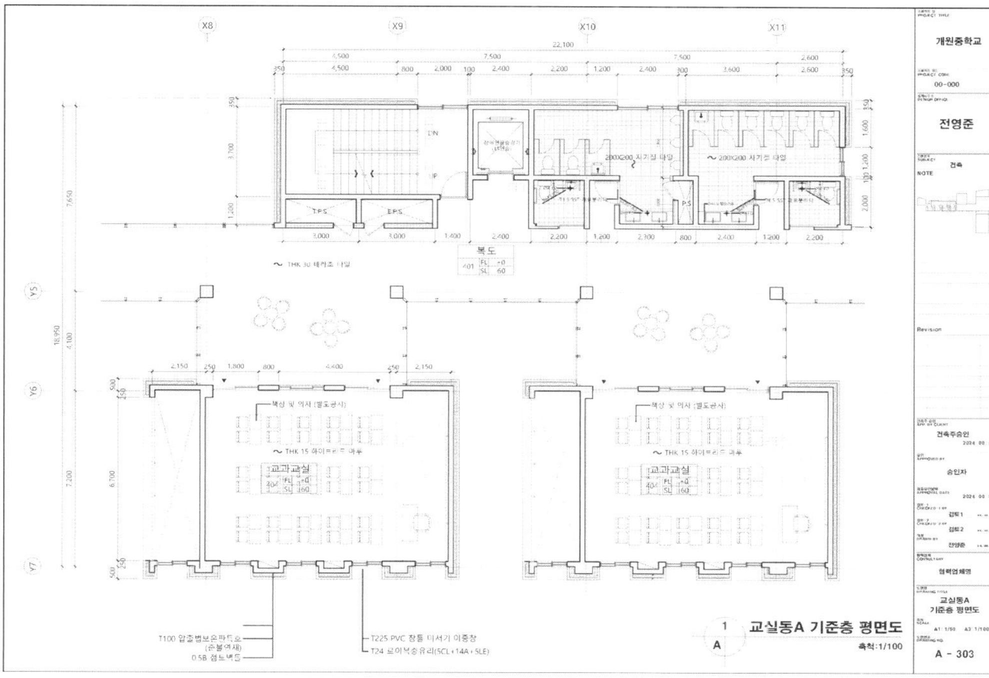
개원중학교
00-000
전영준
복도
교과교실
교실동A 기준층 평면도
축척:1/100
교실동A
기준층 평면도
A - 303

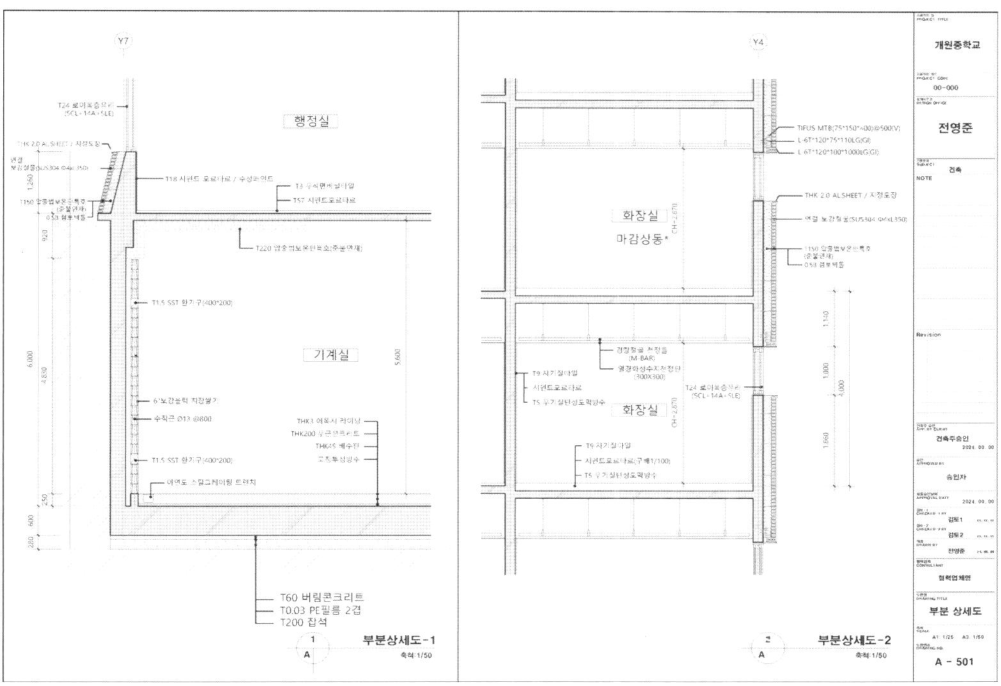
개원중학교
00-000
전영준
행정실
기계실
화장실
T60 버림콘크리트
T0.03 PE필름 2겹
T200 잡석
부분상세도-1
축척 1/50
부분상세도-2
축척 1/50
부분 상세도
A - 501

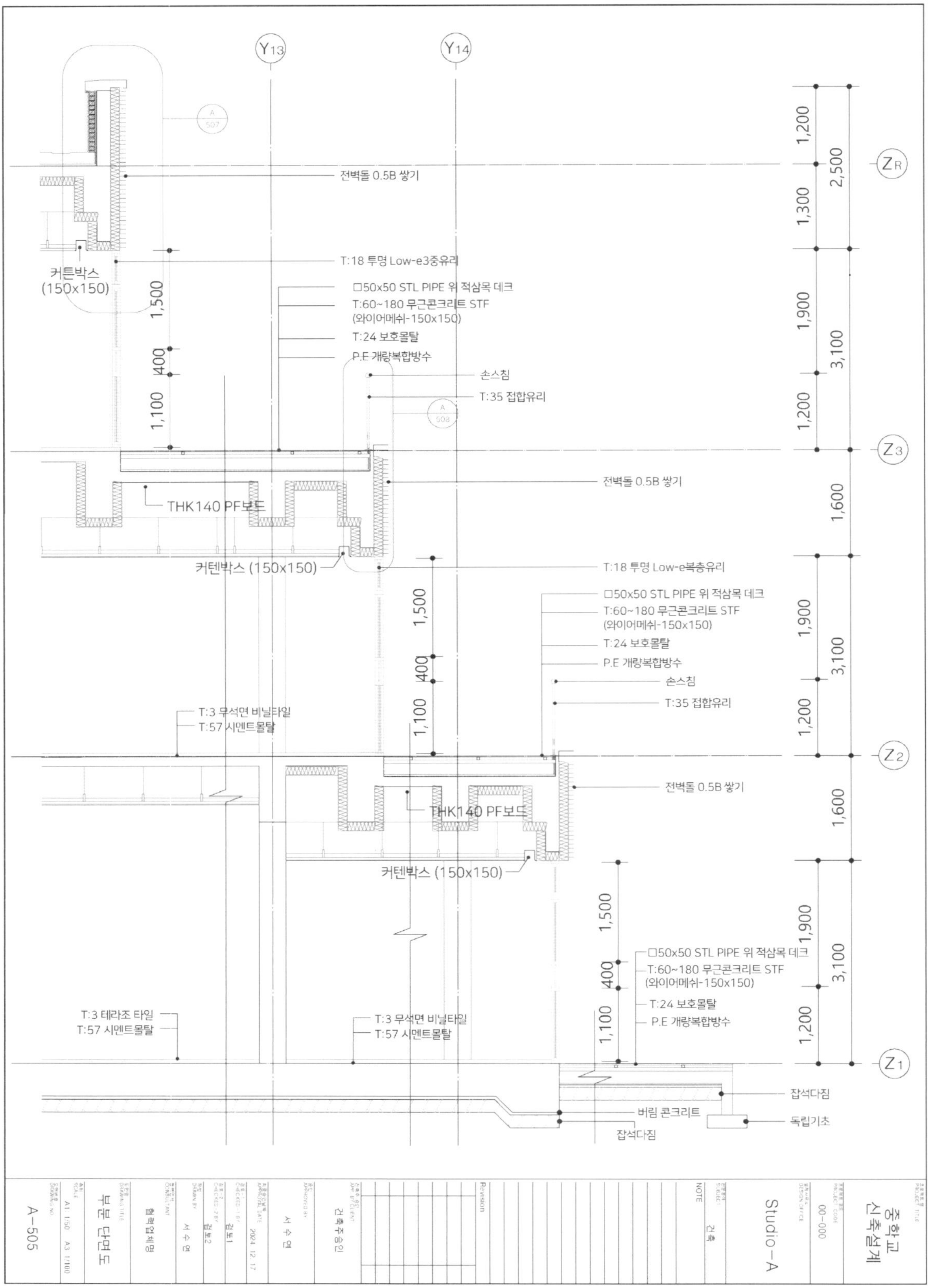
Y13
Y14
ZR
Z3
Z2
Z1
1,200
2,500
1,300
1,900
3,100
1,200
1,600
1,500
400
1,100
전벽돌 0.5B 쌓기
커튼박스 (150x150)
T:18 투명 Low-e3중유리
□50x50 STL PIPE 위 적삼목 데크
T:60~180 무근콘크리트 STF (와이어메쉬-150x150)
T:24 보호몰탈
P.E 개량복합방수
손스침
T:35 접합유리
THK140 PF보드
커텐박스 (150x150)
T:18 투명 Low-e복층유리
T:3 무석면 비닐타일
T:57 시멘트몰탈
T:3 테라조 타일
T:57 시멘트몰탈
잡석다짐
버림 콘크리트
독립기초
A-505
A1 1/50 A3 1/100
부분 단면도
서수연
2024 12 17
건축주승인
Revision
NOTE
건축
Studio-A
00-000
중학교 신축설계

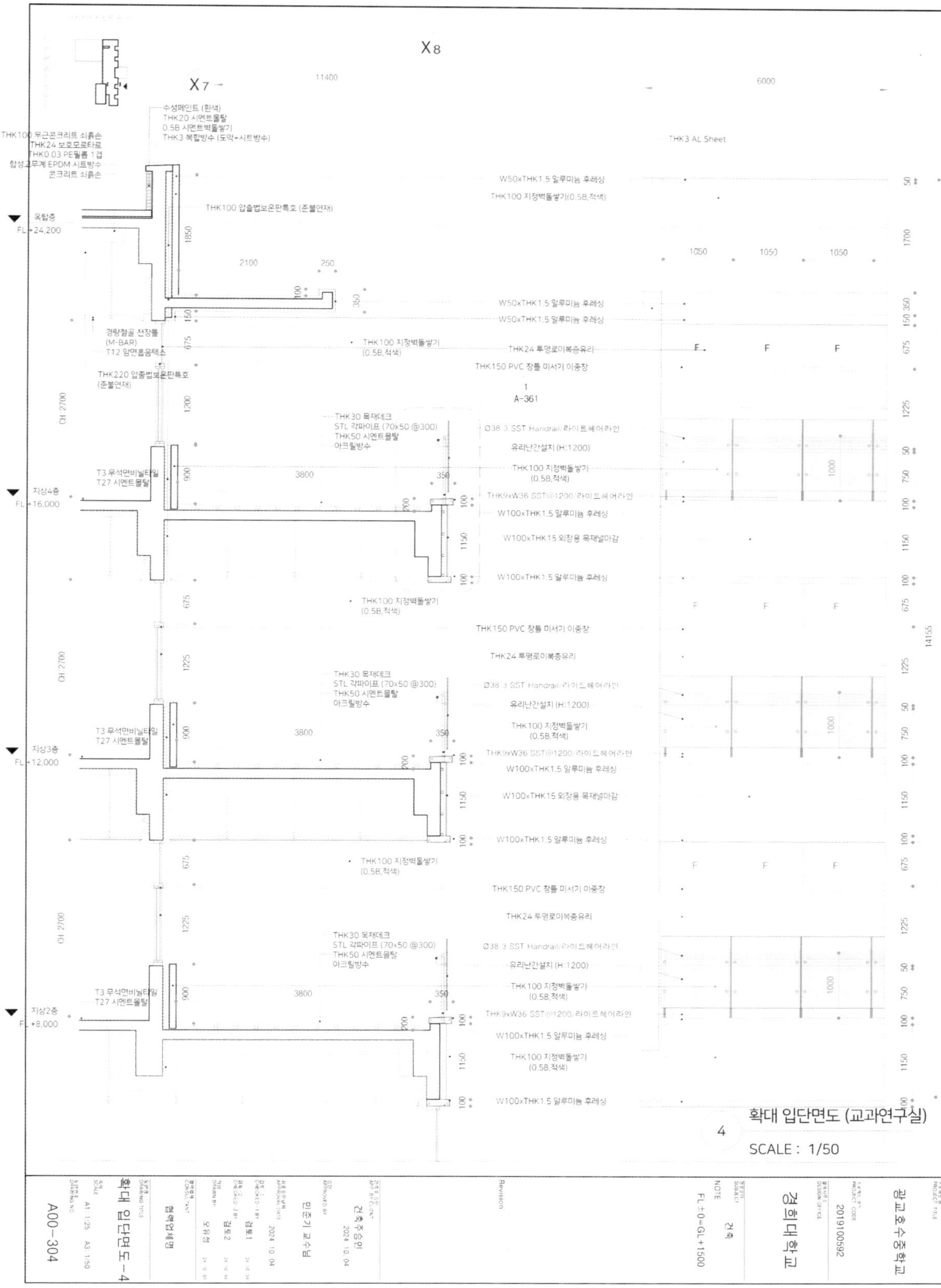

도면번호 DRAWING NO	축척 SCALE	도면명 DRAWING TITLE	협력업체 CONSULTANT	작성 DRAWN BY	검토 2 CHECKED 2 BY	검토 1 CHECKED 1 BY	최종승인일 APPROVAL DATE	승인 APPROVED BY	건축주 승인 APP. BY CLIENT	Revision	NOTE	협업분야 SUBJECT	설계사무소 DESIGN OFFICE	프로젝트 코드 PROJECT CODE	프로젝트명 PROJECT TITLE
A00-304	A1 1/25 A3 1/50	확대 입단면도-4	협력업체명	오유정	검토2	검토1	2024. 10. 04	민조기 교수님	건축주승인 2024. 10. 04		FL±0=GL+1500	건축	경희대학교	2019100592	광교호수중학교

ⓒ 전영준, Yeongjun Jeon

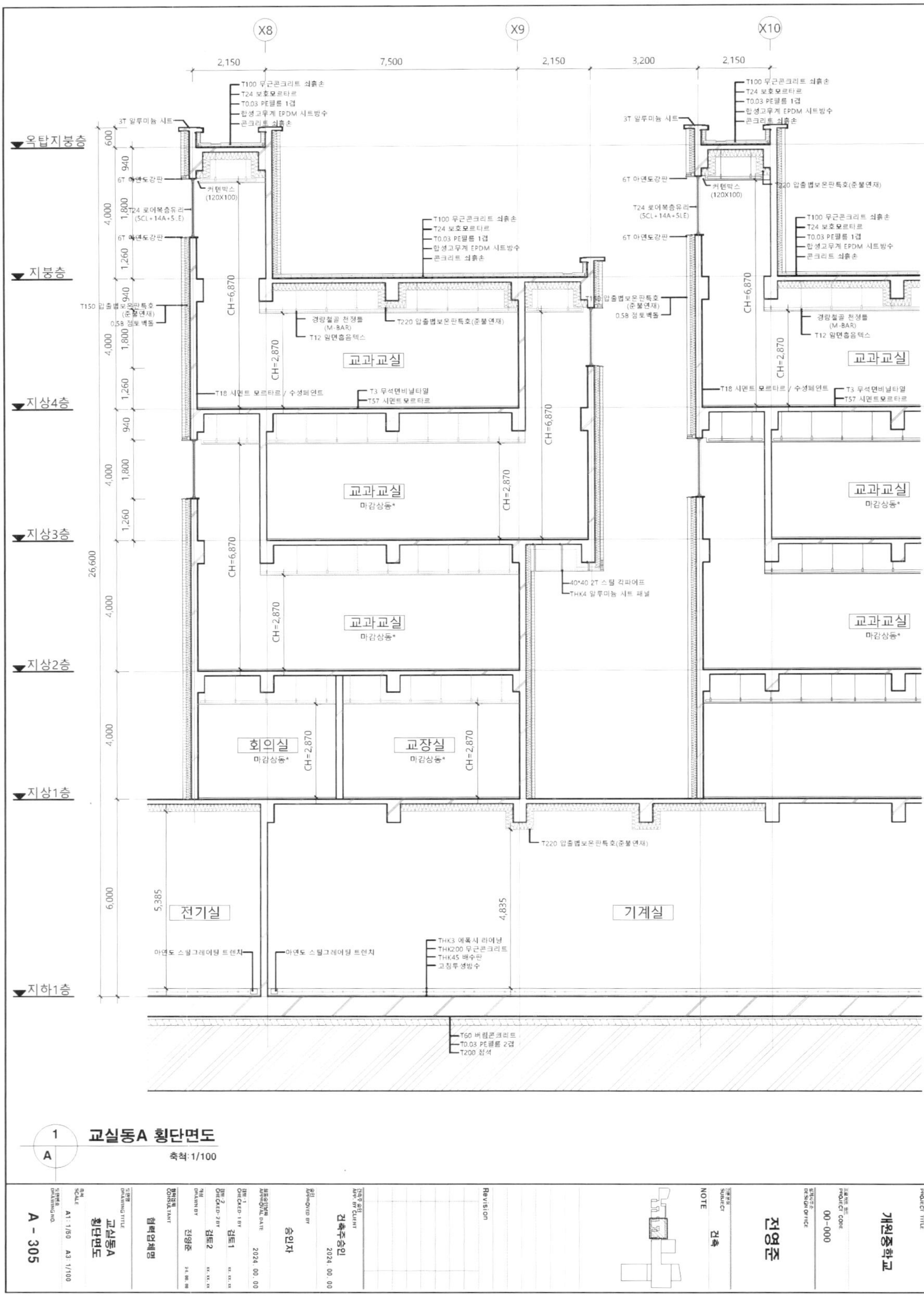

ⓒ 전영준, Yeongjun Jeon

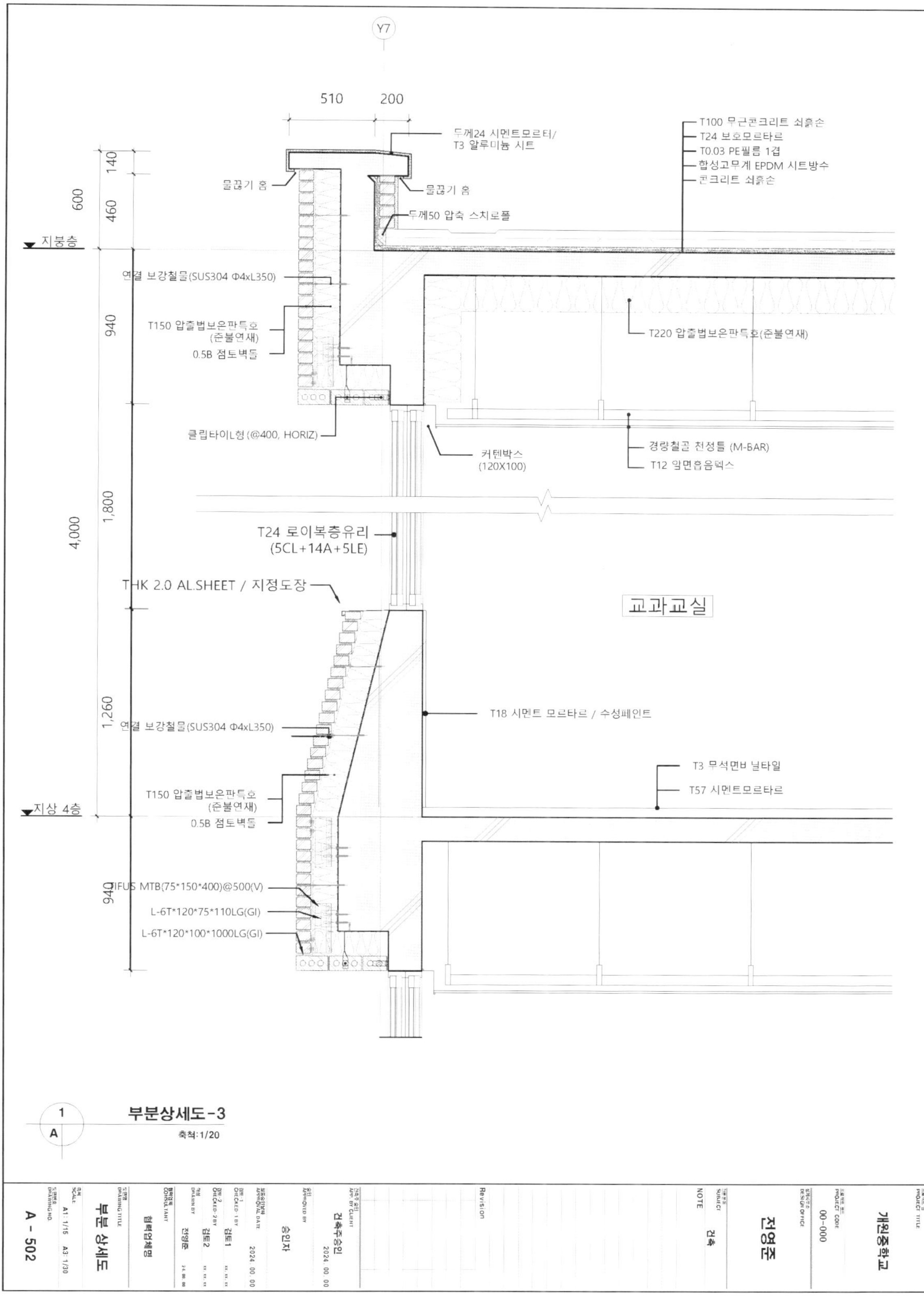

주제연구특론

김동일, Dongil Kim

경희대학교 건축학과 대학원은 디지털 제작과 컴퓨테이션을 중심으로, 데이터 기반 사회에서 건축이 수행할 새로운 역할을 탐구한다. 다양한 분야의 메타데이터를 설계·제작 과정에 통합하며 사회적·환경적·기술적 지속가능성을 실현하는 것을 목표로 하고, 이론 연구와 실험적 제작을 결합한 교육 모델을 지향한다.

2025학기 졸업논문·설계 스튜디오는 재료 물성과 환경 성능 데이터를 설계의 핵심 변수로 설정하고, 디지털 프로세스와 실제 제작을 하나의 설계 파이프라인으로 통합하는 실험적 스튜디오로 운영되었다. 과정은 분석-시뮬레이션-형상 생성-최적화-프로토타이핑의 순환 구조로 구성되었으며, 데이터와 물성을 기반으로 설계 개념의 타당성과 실현 가능성을 검증하는 데 중점을 두었다.

올해 스튜디오는 연속섬유 복합재의 활성탄성 구조 연구와, 도시 기후 문제에 대응하는 성능형 녹지 인프라 설계라는 두 주제로 진행되었다. 전자는 경량·유연 재료를 대형 건축 요소로 확장할 가능성을 실험적으로 검증했으며, 후자는 생태·환경 데이터를 기반으로 도시 환경을 적극적으로 조절하는 수직 녹지 시스템을 제안했다.

두 프로젝트는 서로 다른 접근에도 불구하고 '데이터 기반 설계-실험적 제작 검증'이라는 스튜디오의 핵심 구조를 충실히 구현했다. 향후에는 재료 기반 연구의 내구성·시공성 검토, 환경 기반 연구의 데이터 신뢰도와 장기 관리 체계 보완 등이 필요하다. 본 스튜디오는 디지털과 물리적 제작을 유기적으로 통합한 심화 설계·연구 모델을 제시하며, 데이터와 물성이 결합된 건축의 새로운 패러다임 가능성을 실증하였다.

The Graduate Program in Architecture at Kyung Hee University centers on digital fabrication and computational design, exploring architecture's role in a data-driven society. By integrating metadata from diverse fields into design and production processes, the program aims to advance sustainable architectural methodologies through the combined framework of theoretical inquiry and experimental making.

The 2025 Graduate Thesis & Design Studio treated material properties and environmental performance data as primary design drivers, integrating digital workflows with physical prototyping in a continuous loop. The studio emphasized validating design concepts through iterative cycles of analysis, simulation, form generation, and fabrication.

Two main research paths were developed. The first expanded bending-active structures made from continuous fiber composites into architectural-scale elements, demonstrating the structural and spatial potential of lightweight, flexible materials. The second proposed performance-based vertical green infrastructure addressing urban climate challenges, utilizing ecological and environmental data to position vegetation as an active environmental system.

Despite differing themes, both projects reflected the studio's core structure of data-driven design and experimental verification. Future work includes examining material durability and scalability, as well as enhancing environmental data resolution and long-term management strategies. Collectively, the studio presented an integrated design-research model that illustrates how data and material behavior can generate new architectural paradigms.

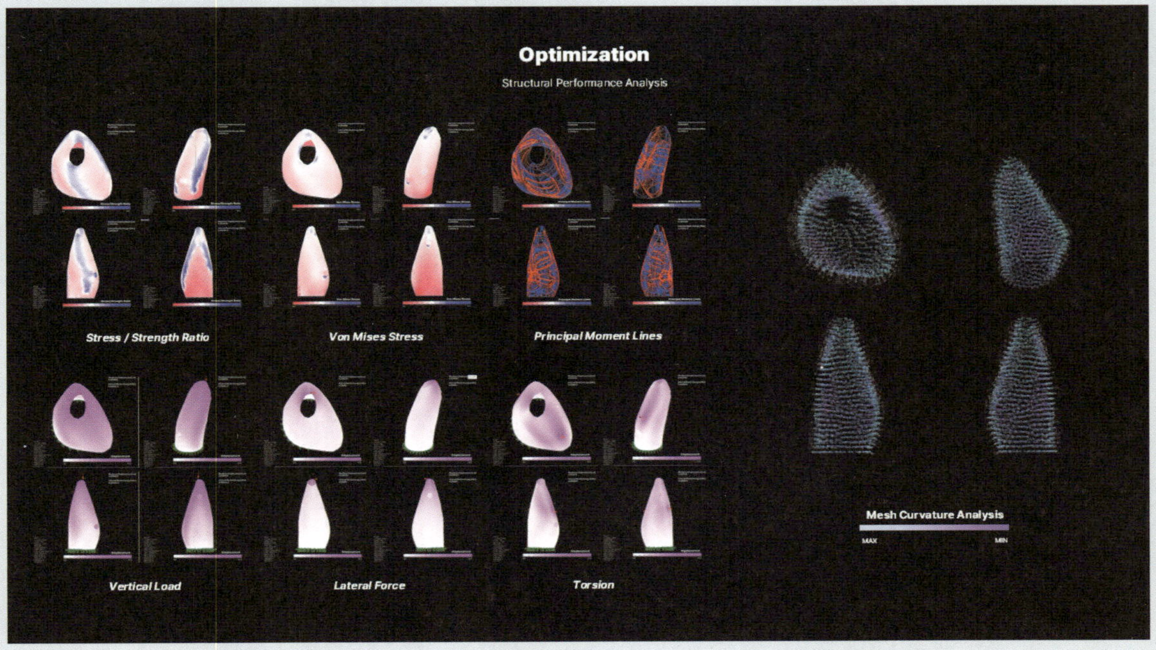

본 연구는 지속가능성을 향한 건축적 지향점에서 재료와 구축의 역할에 주목하며, 건축 역사 속 재료 및 구축적 혁신이 빚어낸 새로운 패러다임을 고찰하고 가볍고 유연한 재료의 잠재력을 탐색한다. 기존 활성탄성구조 사례를 확장한 후속 연구로서, 대형 연속섬유 복합재를 활용한 활성탄성면 기법의 재료적·구축적 발전 가능성을 모색한다. 특히, 건축적 원형(Archetype)의 3요소 중 하나인 기둥(Column)을 제작하여 원초적 건축요로서의 확장 가능성을 탐구한다. 약 1.5mm 두께의 연속섬유 복합재를 수직 부재로서 기능하도록 하기 위해 Multi-Vertex Conical Shell이라는 새로운 기하학적 형상을 도출하고, 이를 <재료 물성탐구-형상 구축-최적화 및 구조 검증-패브리케이션>의 단계로 구성된 물성 기반 컴퓨테이션 디자인 방법론을 토대로 디지털 시뮬레이션, 실증 모형 제작 등 다층적 절차와 실험을 통해 검증하였다. 가볍고 유연한 재료로 구현된 건축물은 제작, 가공, 운송, 조립, 해체 및 재사용 등 전 과정에서 전통적 건축 자재 대비 환경 영향을 최소화한다. 또한 재료와 구축의 탐구로, 급변하는 사회적 요구에 따라 변화하고 적응하는 건축적 유형을 제시함으로써 새로운 건축적 패러다임을 선도하는 기반이 되기를 기대한다.

This study focuses on the role of materials and construction in architectural sustainability. It examines the new paradigms created by material and construction innovations in architectural history and explores the potential of lightweight, flexible materials. As a follow-up study that expands on existing activated elastic structures, it explores the material and structural potential of activated elastic surface techniques utilizing large-scale continuous fiber composites. Specifically, it explores the potential for expanding this technique as a fundamental architectural element by fabricating a column, one of the three elements of an architectural archetype. To enable a 1.5mm-thick continuous fiber composite to function as a vertical member, a novel geometric shape called a multi-vertex conical shell was developed. This was validated through a multi-layered process, including digital simulation and modeling, and experiments, based on a material-based computational design methodology consisting of the stages of "material

Plant Distribution

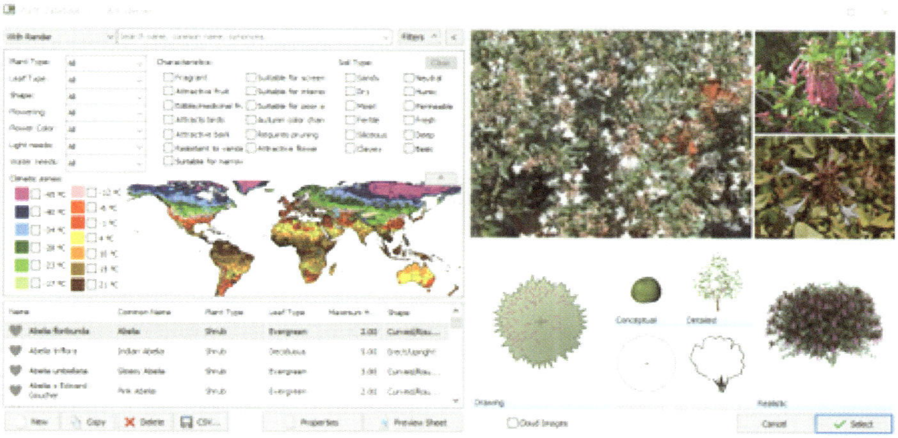

property exploration – shape construction – optimization and structural verification – fabrication." Buildings realized with lightweight, flexible materials minimize environmental impact across the entire process—from fabrication and processing to transportation, assembly, dismantling, and reuse—compared to traditional building materials. Furthermore, through the exploration of materials and construction, we hope to lay the foundation for leading a new architectural paradigm by proposing architectural types that can change and adapt to rapidly changing social needs.

오늘날 급속한 도시화와 이상기후는 도시 내부의 열섬 현상, 생물다양성 저하, 미기후 불균형과 같은 복합적인 환경 문제를 야기하고 있다. 이러한 문제를 해결하기 위해 녹색 인프라의 중요성이 강조되고 있으나, 실제 구현에 있어 제도적 기반, 기관 간 협업, 설계 방법론 등의 부재로 인해 실행력이 떨어지는 실정이다. 본 연구는 'Performative Green'이라는 개념 아래, 자연(녹색)이 보다 능동적이고 성능기반적으로 도시 환경에 개입될 가능성을 탐색한다. 서울에 위치한 도시공원을 대상으로 녹지의 연결성과 기후재난의 정도를 정략적 지표에 기반하여 평가한다. 생태계 서비스 분석을 통해 이를 기반으로 대상지와 식물종을 선정한다. 또한, 이를 통해 도심 속 녹지 부족 문제를 지리적, 환경적, 사회적 관점에서 진단하고, 설득력 있는 필요성을 제시함은 물론, 대상지에서 누리지 못하는 생태계 서비스의 종류와 정도를 파악한다. 이후, 도출된 대상지에 대해 기후 조건과 태양광 조건에 따라 적합한 식생을 배치하고, 식생을 수직적으로 담을 수 있는 구조체의 형태적·구조적 성격을 성능 기반 설계를 기준으로 정의하여 성능 기반 수직공원의 프로토타입을 제안한다.

결과적으로 이 연구는 도심 속 식생의 수직화를 위한 기초 프레임워크를 제시하며, 녹색 인프라가 단순한 장식이나 보조 요소가 아닌 도시환경을 실질적으로 조절하고 강화하는 성능적 존재로서 기능할 수 있음을 입증하고자 한다.

Today, rapid urbanization and abnormal climates are causing complex environmental problems such as the urban heat island effect, biodiversity loss, and microclimate imbalances. While the importance of green infrastructure is emphasized to address these issues, its implementation remains hampered by a lack of institutional foundations, inter-agency collaboration, and design methodologies. This study explores the potential for nature (greenery) to intervene more actively and performance-based in the urban environment, under the concept of "Performative Green." This study assesses green space connectivity and climate disaster risk in urban parks in Seoul using quantitative indicators. Ecosystem service analysis is used to select target sites and plant species. Furthermore, this study assesses the lack of green space in urban areas from geographical, environmental, and social perspectives, demonstrating a compelling need for it and identifying the types and extent of ecosystem services lacking in the target sites. Subsequently, for the identified target site, appropriate vegetation is placed according to climatic and solar conditions. The morphological and structural characteristics of the structure capable of vertically containing the vegetation are defined based on performance-based design, proposing a prototype of a performance-based vertical park.

Consequently, this study presents a basic framework for verticalizing urban vegetation and demonstrates that green infrastructure can function not merely as decoration or auxiliary elements, but as a performance-based entity that substantially regulates and enhances the urban environment.

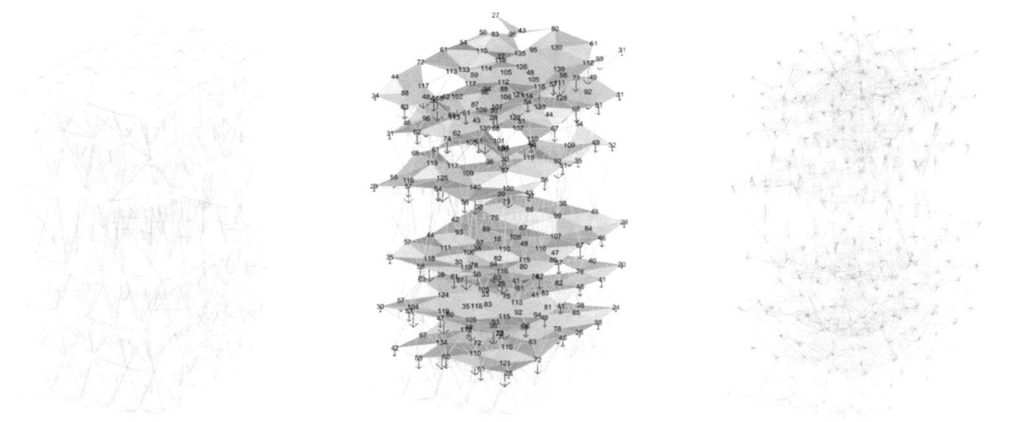

Voxelize Slab
Divide Polysurfaces as Voxel

Closest Point to Node
Load Each Voxel to the Closest Load Point

Optimize Cross-section
Optimize Beam & Column Thickness

전산설계특론 II

김동일, Dongil Kim

<전산설계특론 II>는 경희대학교 건축학과와 기계공학과가 공동 운영하는 대학원 심화 스튜디오로, 첨단 제작 기술과 건축 설계를 결합해 새로운 설계·제작·시공 방법을 탐구하는 캡스톤형 공동연구 수업이다. 건축적 아이디어를 실제 구현 가능한 공학적 시스템으로 확장하는 것을 목표로 하며, 복합재료, 소프트 메커니즘, 로보틱스, 센서 기반 제어 등을 다룬다. 학생들은 개념 발상부터 시뮬레이션, 성능 검증, 프로토타이핑, 실환경 적용까지를 하나의 통합 프로세스로 경험하며 디지털과 물리 제작을 연결하는 능력을 키운다.

이 스튜디오는 건축 설계를 재료공학·기계제어·디지털 제조·현장 로보틱스로 확장하며, 제작 가능성과 성능 최적화 등 실무 요소를 초기 단계부터 반영하는 통합 설계 방식을 실천한다. 학생 프로젝트는 실제 적용을 전제로 기술 검증 과정을 거쳐, 건축 연구가 산업·공학 분야와 연결될 수 있는 가능성을 탐색했다. 특히 프로젝트별로 요구되는 성능 목표를 설계 초기부터 명확히 설정해, 실험·제작 과정 전반의 판단 기준으로 활용한 점이 본 수업의 중요한 특징이다.

2025학기에는 세 가지 프로젝트가 진행되었다.

가변 음향 제어 키네틱 천장은 경량 복합재와 Bending-Active 구조를 적용해 공간 음향을 능동적으로 조정하는 시스템을 구현했다. 구조 안정성을 분석하고 목표 잔향시간과 실측값 비교로 성능을 검증했다.

엘라스틱 키네틱 파사드는 연속섬유 복합재의 탄성을 활용해 환경 변화에 반응하는 입면 시스템을 구현했으며, 동역학 시뮬레이션과 조도 센서 기반 제어로 구조와 환경 성능을 확보했다.

라이다 기반 시공 자동화 로보틱스는 기준선 설정 작업을 자동화한 시스템으로, 고정밀 위치 결정과 장애물 회피 기능을 결합해 복잡한 시공 환경에서의 자율 이동 가능성을 입증했다.

세 프로젝트는 재료 물성, 디지털 시뮬레이션, 센서 제어, 실물 제작을 연계한 동일한 구조를 공유하며, 학생들은 이를 통해 융합형 설계자로 성장할 수 있었다. <전산설계특론 II>는 설계의 창의성과 제작 기술을 통합하는 교육 모델로 자리 잡았으며, 건축의 학제 간 확장성과 실무 적용 가능성을 제시한 수업이다.

<Special Studies in Computational Design II> is a graduate-level collaborative studio jointly offered by the Departments of Architecture and Mechanical Engineering at Kyung Hee University. The course integrates advanced fabrication technologies with architectural design to develop new methods for conceptualization, production, and construction. Its goal is to translate architectural ideas into technically viable engineering systems through work in composite materials, soft mechanisms, robotics, and sensor-based control. Students move through an integrated workflow—from concept development and simulation to performance testing, prototyping, and applied implementation—building the capacity to link digital processes with physical making.

The studio extends architectural education into materials science, mechanical control, digital manufacturing, and on-site robotics while embedding manufacturability and performance evaluation from the earliest design phases.

Three major projects were completed in the 2025 semester.

The Adaptive Acoustic Kinetic Ceiling used lightweight composites and bending-active structures to modulate acoustic conditions, verified through structural analysis and measured reverberation data.

The Responsive Elastic Kinetic Façade utilized the elasticity of continuous fiber composites to achieve environmental responsiveness, supported by dynamic simulation and a sensor-based control system.

The LiDAR-Based Robotic Layout System automated layout marking through high-precision calibration, obstacle avoidance, and autonomous navigation in complex construction environments.

All projects shared a workflow integrating material behavior, digital simulation, sensor control, and physical prototyping, illustrating how design creativity and technical execution can operate as a unified interdisciplinary model.

본 연구는 연속섬유 컴포지트를 활용한 활성탄성면의 건축적 적용 방법론의 하나로서, 움직이는 건축 요소인 키네틱 파사드의 프로토타입 제작에 초점을 두고 진행하였다. 기존의 키네틱 파사드는 복잡한 매커니즘과 많은 기계적 결합 및 구동 장치로 인해 유지보수 단계에서의 어려움을 겪고 있다. 이를 해결하기 위해 단순한 2차원 평판을 3차원으로 변형하는 활성탄성면의 구조적 성능과 입면 장치로서의 환경적 성능을 동시에 만족하는 리스폰시브 엘라스틱 키네틱 파사드를 제안한다.

선행된 연속섬유 컴포지트를 활용한 활성탄성면 관련 연구배경을 바탕으로, 2차원 기준의 재단 및 가공 방식과 손쉬운 3차원 변형을 통한 폼파인딩 및 추적, 축소모형 제작을 통한 형상 교차검토 등 물성 기반 디자인 프로세스를 진행하였다. 이후 동역학 시뮬레이션을 활용하여 움직이는 활성탄성면의 응력분포, 굽힘한계, 고유주파수 기반의 진동실험 등 다양한 구조성능 평가 기준을 수립하고 이를 기준으로 최적의 형상을 도출하였다. 이후 환경 성능을 제어하기 위한 장치로서 기능하기 위해 환경 성능을 기준으로 형상을 평가하였다. 최종적으로 결정된 파사드 유닛을 실제 스케일로 제작하여 움직임을 위한 모터 및 구동 계획과 조도센서 기반의 최적 제어 시스템을 구현하였다.

본 연구는 활성탄성면의 물성 기반 디자인 프로세스에 동역학 시뮬레이션을 통한 구조성능 평가 및 최적화, 환경성능 평가 시뮬레이션을 통한 환경 최적화, 조도 기준 PID 최적제어를 통한 개폐장치 자동화 등 최적 형상을 도출하고, 실제 환경에서 제작 및 구현하는 새로운 건축 디자인 방법론을 제시했다는 것에 의의가 있다. 특히, 타 분야와의 긴밀한 협업을 통해 건축 분야 연구의 범위를 확장하고 후속 연구를 통해 융합 학문으로서 발전 가능성을 내포한다.

This research focuses on the prototyping of a kinetic façade, as a methodological application of bending active sheets utilizing continuous fiber composites in architectural design. Conventional kinetic façades often face challenges in maintenance due to their complex mechanisms, numerous mechanical connections, and driving devices. To address these issues, this research proposes a Responsive Elastic Kinetic Façade that simultaneously satisfies structural performance for transforming a simple 2D plane into a 3D shape and achieves environmental performance as a façade device.

Based on background researches on bending active sheet utilizing continuous fiber composites, a material-driven design process was carried out. This process included 2D-based cutting and processing methods, easy 3D transformation for form-finding and tracking, and cross-validation of shapes through empiric design studies. Subsequently, dynamic simulations were used to establish various structural performance evaluation criteria, such as stress distribution, bending radii, and vibration experiments based on natural frequencies for moving active elastic surfaces. The optimal shape was derived based on these criteria. The shape was then evaluated in terms of environmental performance to ensure its functionality as an environmentally responsive device.

The final façade unit was fabricated at a full scale, incorporating motorized movement and a control system optimized using light sensors. This allowed for the implementation of an adaptive opening and closing mechanism.

This study is significant in that it proposes a novel architectural design methodology that integrates material-driven design processes for bending active sheets, structural performance optimization through dynamic simulations, environmental optimization through performance evaluation simulations, and automated control systems using PID optimization for light-based operability. Furthermore, through close interdisciplinary collaboration, this research broadens the scope of architectural studies and suggests the potential for further development as a multidisciplinary field through future research.

일반적으로 사람들은 하루의 90퍼센트 이상의 시간을 실내에서 머문다. 특히 공용공간은 사람들로 북적이고 온갖 자극들이 많으며, 그로 인해 정신질환의 비율은 높아지고 있다(Megan Burfoot, 2022). 이와 같은 이유로 실내의 열환경, 빛환경, 공조시스템 등에 대한 연구와 실증이 이뤄지고 있지만 음향에서는 그렇지 못하다. 대표적으로 교실은 다수의 학생들이 이용하며 강의, 자습, 그리고 시험과 같은 상황이 일어나는 다목적 공간이다(Megan Burfoot, 2022). 각 상황에 따라 필요한 음향환경이 다름에도 불구하고 교실에서는 흡음을 제외한 별다른 음향적인 고려가 되어있지 않다. 가변적인 상황에 맞추어 음향의 편안함을 갖추기 위해서는 잔향시간 뿐만 아니라 초기 반사를 통한 소리의 명료도 향상이 필요하다(현진오, 정대업, 2021). 초기 반사는 소리가 발생한 직후부터 0.05초까지의 소리를 의미한다(John S. Bradley 1998). 20세기 후반부터 초기 반사의 중요성이 강조되었고 현재까지 많은 논문이 축적돼 상당한 역사를 갖는 음향 개념이다(David Klepper, 2016). 이는 흡음뿐 아니라 공간의 형태를 통한 음향환경 조절도 가능함을 의미한다. 그러나 축적되어온 논문의 양에 비해 실증된 사례는 적다. 해당 프로젝트는 교실의 가변 음향을 이루기 위해 흡음과 반사를 조절할 수 있는 키네틱 천장을 목표로 진행되었다. 천장 음향의 단점을 보완하기 위해 가벼우면서도 내구성이 좋은 엑시아의 라이트텍스를 사용하였으며, Reuben Margolin의 와이어와 원형 엑츄에이터를 활용한 메커니즘을 적용하였다. 해당 메커니즘은 원형 안에 위치한 점을 움직이는 단순한 동작만으로 스트립 형태의 물체를 파동의 형태로 움직일 수 있다. 가변형 패널의 구현 가능성을 시험하기 위해 RecurDyn을 활용하여 가상 Prototype을 제작해 다방면의 해석을 진행했다. Actuator의 스펙을 결정하기 위해 기구학적 메커니즘을 모델링하여 케이블에 가해지는 Tension Value를 계산하였고 구조적 안정성 평가를 위해 패널에 가해지는 Max stress(Von mises)를 계산하여 Lite tex의 인장강도와 비교평가하였다. 또한 Max stress와 ERP(Equivalent radiated power) 측면에서 성능을 최대로 발휘할 수 있는 Motor 구동축 각속도의 최적화를 진행하였고 최종적으로 패널 Wave Motion에서 가장 이상적인 Parameter들을 도출하였다.

Generally, people spend over 90 percent of their time indoors. Public spaces, in particular, are crowded with people and filled with various stimuli, which is leading to a rise in the prevalence of mental illnesses (Megan Burfoot, 2022). For this reason, research and practical application are being conducted on indoor thermal environments, lighting environments, and HVAC systems, but not so much in acoustics. A classroom, for instance, is a multi-purpose space used by many students for situations such as lectures, self-study, and examinations (Megan Burfoot, 2022). Despite the need for different acoustic environments for each situation, classrooms lack acoustic considerations other than sound absorption. To achieve acoustic comfort tailored to variable situations, it is necessary to improve sound clarity through early reflections as well as controlling reverberation time (Hyunjin Oh, Jeong Dae-eop, 2021). Early reflections refer to the sound received from the moment of sound generation up to 0.05s (John S. Bradley 1998). The importance of early reflections has been emphasized since the late 20th century, and it is an acoustic concept with a substantial history, accumulating many papers to date (David Klepper, 2016). This means that the acoustic environment can be controlled not only through sound absorption but also through the shape of the space. However, compared to the volume of accumulated research, the number of successful practical examples is small. This project was aimed at developing a kinetic ceiling capable of adjusting both absorption and reflection to achieve variable acoustics in a classroom. To compensate for the shortcomings of ceiling acoustics, lightweight yet durable Lite Tex from Exia was used, and a mechanism utilizing Reuben Margolin's wire and circular actuators was applied. This mechanism allows a strip-shaped object to move in a wave form by a simple movement of a point located within a circle.

본 연구는 나란히 움직이는 패널이 형태에 따라 반사각을 조절하고, 교차하는 패널이 틈 사이를 통과하는 소리의 양을 조절해 잔향시간을 변화시킬 수 있다는 가설을 설정했다. 실험 공간은 일반적인 교실 규모인 9m×7.5m, 층고 3m로 설정하였다(신원식, 한규영, 2003). 해당 볼륨에서 반사 실험은 반사판의 각도 변화로, 흡음 실험은 교차 패널의 진폭 차이로 대안을 구성하였다. 시뮬레이션은 잔향시간(흡음 영향)과 소음(반사 영향)을 각각 결과값으로 도출해 비교했다. 반사는 Early Reflection Benefit(ERB)이 Signal-to-Noise Ratio(SNR)의 영향을 크게 받기 때문에 소음값을 활용하였다(Mahmut SOZER, 2023). 그러나 시뮬레이션 결과 잔향시간은 0.19–0.21s로 목표값 0.7s와 큰 차이를 보였으며, ERB 평가를 위해서는 별도의 배경소음 측정이 필요한 것으로 나타났다.

가변 패널의 구현 가능성 검토를 위해 RecurDyn 기반 가상 프로토타입을 제작하고 기구·구조 해석을 수행하였다. Actuator 선정은 케이블에 작용하는 장력 계산을 바탕으로 하였으며, 구조 안정성은 패널에 발생하는 최대 응력(Von Mises)과 Lite tex의 인장강도를 비교하여 검증하였다. 또한 Motor 구동축의 각속도를 최적화하여 Max stress와 ERP(Equivalent Radiated Power) 측면에서 효과적인 구동 조건을 도출하였다. 모터는 r-theta 공간에서 2자유도 운동을 구현해 방향별 독립 제어가 가능하며, 극좌표 기반 시스템으로서 곡선·회전 운동 구현에 적합하다. Revolute 모터와 리니어 모터를 조합해 천장의 비선형·곡선 운동을 실시간으로 구현하며, 가변형 패널 시스템의 실현 가능성을 확인하였다.

Based on this, a hypothesis was established: panels moving parallel to each other can adjust the angle of reflection based on their shape, and panels moving in an intersecting manner can control the reverberation time based on the amount of sound passing through the gaps between the crossed panels. The classroom volume for the acoustic experiment was determined to be the most common classroom size of 9m×7.5m, with a floor height of 3m, suitable for the educational environment within a classroom (Shin Won-sik, Han Kyu-young, 2003). Alternatives for reflection and absorption tests were set within this volume. Reflection alternatives were set by varying the angle of the reflection panel based on the sound source location, and absorption alternatives were set by varying the difference in amplitude of the intersecting panels. The simulation aimed to compare the results by deriving reverberation time for absorption and noise for reflection. It is self-evident that reverberation time is most heavily influenced by sound absorption. The reason for deriving noise to evaluate reflection is that the early reflection index, Early Reflection Benefit (ERB), is greatly influenced by the Signal-to-Noise (SNR) ratio (Mahmut SOZER, 2023). However, the simulated reverberation time was between 0.19s and 0.21s, showing a significant difference from the target reverberation time of 0.7s. Furthermore, since the magnitude of G50 required for the ERB calculation formula also changes depending on the background noise of the evaluation target, there is a need to measure background noise separately.

To test the feasibility of the variable panel, a virtual prototype was created using RecurDyn to perform various analyses. To determine the actuator specifications, the kinematic mechanism was modeled to calculate the Tension Value applied to the cables. For structural stability evaluation, the Max stress (Von mises) applied to the panel was calculated and compared with the tensile strength of Lite Tex. Additionally, optimization of the motor drive shaft angular velocity was conducted to maximize performance in terms of Max stress and ERP (Equivalent radiated power). The motor implemented a 2-degree-of-freedom motion in r-theta space for 2-dimensional actuator driving, enabling position control in a polar coordinate system and independent directional driving. In this study, revolute and linear motors were used for each degree of freedom to perform real-time motion implementation based on control signals, thereby verifying the feasibility of implementing curved trajectories and nonlinear motion of the ceiling.

제조화건축특론

황경은, Kyungeun Hwang

<제조화건축특론>은 공업화·장수명 주택을 출발점으로 모듈러 건축, BIM 기반 설계, 표준화·자동화 논의와의 연계를 다룬 수업이다. 단순 기술 습득이 아니라 미래 주거의 지속 가능성과 산업적 혁신을 비판적으로 고찰하는 데 목표를 두었으며, 이론·실습·사례 연구를 통합한 방식으로 운영되었다.

초반에는 장수명·공업화 주택 개념을 비교하고 모듈러 건축의 절차 완화와 표준화 필요성을 논의했다. 학생들은 팀별 문헌·정책 조사와 발표를 통해 모듈러 주택이 사회·제도적 맥락과 연결된 패러다임 전환임을 인식했다.

중반부에서는 국내외 사례를 분석하며 기술 혁신이 법규·시공 오차·이해관계 충돌 등 현실적 문제와 맞물린다는 점을 확인했고, 이를 통해 산업·정책적 지원의 필요성을 검토했다. 이는 교과서적 지식을 넘어 실제 적용 가능성을 비판적으로 평가하는 훈련이 되었다.

실습에서는 BIM 기반 모듈러 설계를 경험했다. Revit으로 컴포넌트 제작과 라이브러리 구축을 수행하며 초기 설계 단계의 표준화와 협업 데이터 구조의 중요성을 이해했다.

후반부에는 빌딩스마트협회 컨퍼런스 참여를 통해 산업계의 표준화·자동화 논의를 직접 접했고, 모듈러 건축이 설계 단계부터 데이터 관리와 협업 체계를 요구하는 복합적 과정임을 확인했다.

이번 학기 수업은 이론·사례·실습을 균형 있게 제공하며 기술·정책·사회적 맥락을 종합적으로 다룬 점이 긍정적으로 평가된다. 향후에는 팀 단위 BIM 협업 프로젝트를 통해 실무형 워크플로우를 확장할 계획이다. <제조화건축특론>은 장수명·모듈러 주택을 중심으로 지속 가능성과 산업적 혁신을 탐구하는 장을 제공했으며, 표준화·자동화·정책 연계 등 연구자와 실무자가 직면할 과제를 심층적으로 논의하는 기반을 마련했다.

The graduate seminar <Advanced Topics in Industrialized Housing> explored industrialized and long-life housing in relation to modular construction, BIM-based design, and issues of standardization and automation. Rather than focusing solely on technical skills, the course aimed to cultivate a critical understanding of sustainable housing and industrial innovation through an integration of theory, case studies, and digital practice.

Early sessions introduced the conceptual foundations of long-life and industrialized housing while addressing the need for procedural simplification and standardization in modular construction. Team-based research on academic and policy sources helped frame modular housing as a systemic transformation within the housing sector.

The middle part of the course analyzed domestic and international cases, revealing how construction tolerances, regulatory barriers, and stakeholder conflicts limit the practical adoption of innovation without institutional support. This sharpened students' ability to evaluate modular systems beyond their technical merits.

BIM-based exercises provided hands-on experience, in which students developed modular components and data libraries in Revit, emphasizing the importance of early-stage standardization and collaborative digital workflows.

The course concluded with participation in the building SMART conference, where ongoing debates on standardization and automation further demonstrated the need for data-driven coordination from the earliest design phases. Overall, the seminar successfully integrated theoretical inquiry, case-based analysis, and digital application, offering students a comprehensive framework for engaging with the technological and institutional challenges shaping the future of housing.

교육시설

■ 모듈 도면

- 모듈개수: 8개
- 모듈 크기: 3,430x11,600 8개
- 모듈 유형: 화장실 A타입1개, 화장실 B타입1개, 교실 A타입 3개, 교실 B 타입 3개
- 기둥규격: ㅁ-200x200x6t, ㅁ-200x200x9t, ㅁ-100x50x3.2t, ㅁ-100x50x2.3t
- 보 규격: ㄷ-380x100x13x20, ㄷ-200x90x8x13.5, ㅁ-200x100x6t, ㅁ-200x90x8x13.5t, ㅁ-200x90x8x13.5t, ㅁ-150x100x4.5t, ㅁ-125x75x2.3t , ㅁ-100x50x3.2t, ㅁ-100x50x2.3t

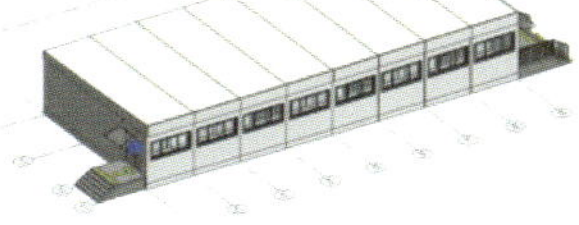

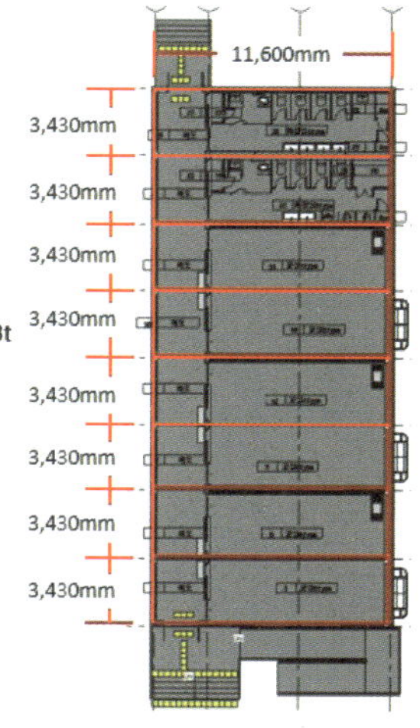

근린생활시설

■ 모듈 도면

- 모듈개수: 6개(x5개층)
- 모듈 크기: [3000x7000, 3000x5650, 3500x9000, 3200x9000, 3400x9000 2개](x5개층)
- 기둥규격: ㅁ-150x150x9t
- 보 규격: ㄷ-200x90x8x13.5, 300x90x9x13

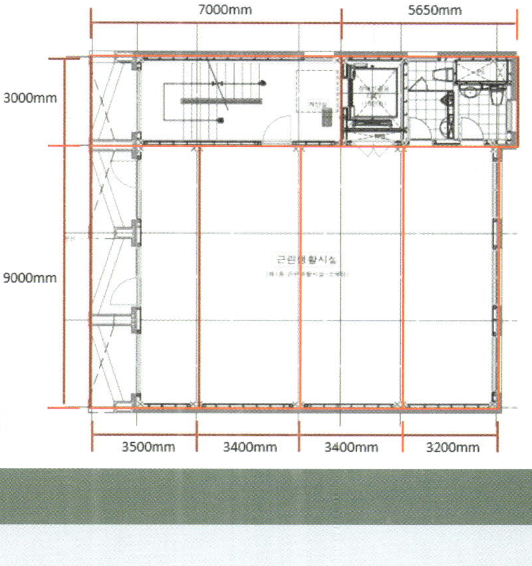

건축정보세미나 III

김인한, Inhan Kim

이 강좌는 첨단 건축 기법에 중점을 두며 특히 모듈러 건축과 제조 및 조립을 위한 설계(Design for Manufacture and Assembly, DfMA)를 핵심 주제로 다룬다. 모듈러 건축은 건축 부재를 통제된 환경에서 사전 제작한 후 현장에서 조립하는 혁신적인 방식으로 소개된다. 이러한 접근은 공사 기간을 단축하고 효율성을 향상시키지만 동시에 운송, 협업 조정, 설계 적응성과 관련된 새로운 과제를 발생시킨다. 그러나 기존의 전통적 건축 방식으로는 쉽게 실현하기 어려운 창의적 설계 해법과 지속 가능한 건축 실천의 기회를 열어 준다.

이 강좌는 또한 효율적인 생산과 단순화된 조립을 설계 철학으로 삼는 DfMA의 역할을 탐구한다. 학생들은 설계 결정이 어떻게 낭비를 줄이고 비용을 통제하며 학제 간 협력적 워크플로우를 지원할 수 있는지를 배우게 된다. 실제 프로젝트의 사례 연구를 통해 성공적인 적용 사례뿐 아니라 도중에 마주한 장애 요소들도 다루며, 이를 통해 과정 전반에 대한 실질적인 통찰을 제공한다.

강좌의 주요 요소 중 하나는 모듈러 및 접이식 건축을 지원하기 위한 BIM(Building Information Modeling)의 활용이다. 학생들은 BIM이 협업 조정과 자동화를 촉진하고 설계를 제작 과정과 직접 연결함으로써 모듈러 공정을 어떻게 지원하는지를 학습한다. 또한 휴대 가능하며 재구성이 가능한 구조물을 구현할 수 있는 접이식 및 적응형 건축 시스템의 가능성도 탐구한다. 이 강좌는 이론적 지식, 사례 분석, 기술적 응용을 결합하여 학생들이 현대 건축 실무에서 모듈러 및 적응형 방법을 이해하고 적용할 수 있는 역량을 갖추도록 한다.

This course focuses on advanced architectural techniques with a strong emphasis on modular construction and Design for Manufacture and Assembly (DfMA). Modular construction is introduced as an innovative method in which building components are fabricated offsite in controlled environments and then assembled on site. This approach reduces time and improves efficiency but also creates new challenges related to transportation, coordination, and design adaptability. At the same time, it opens new opportunities for creative design solutions and sustainable practices that traditional construction methods cannot easily achieve.

Alongside modular construction, the course examines the role of DfMA as a design philosophy that prioritizes efficient production and simplified assembly. Students explore how design decisions can be shaped to reduce waste, control costs, and support collaborative workflows across disciplines. Case studies from real projects provide examples of both successful applications and obstacles encountered, offering practical insights into the process.

A major component of the course is the use of Building Information Modeling (BIM) to support modular and foldable architecture. Students learn how BIM facilitates modular processes by improving coordination, enabling automation, and connecting design directly to fabrication. The course also explores foldable and adaptable architectural systems, highlighting their potential in creating portable and reconfigurable structures. By combining theoretical knowledge, case study analysis, and technological application, the course equips students with the skills to understand and apply modular and adaptive methods in contemporary architectural practice.

BIM과 IPD 특론

김인한, Inhan Kim

BIM 및 IPD 과정은 BIM이 건축 실무에서 설계 방법론이자 관리 도구로 활용되는 방식을 종합적으로 다룬다. 학생들은 자재 사양 입력부터 수량 산출이 포함된 정밀 모델 구축까지 건축 프로젝트의 전 생애 주기를 경험하며, 실제 워크플로우에 기반한 단계별 절차를 익힌다. 이를 통해 BIM이 단순한 설계 플랫폼을 넘어 설계·비용·일정·문서화를 통합하는 프레임워크임을 이해하게 된다.

수업의 핵심은 실무 적용이다. 학생들은 BIM 도구로 비용 및 일정 산출물을 포함한 프로젝트 패키지를 제작하며, 이론과 실습을 연계한 실제 시나리오를 수행한다. 이러한 과정은 BIM을 의사결정, 성능 분석, 이해관계자 소통의 플랫폼으로 활용하도록 요구하며, 학기 말에는 창의성과 기술성을 포괄한 완성형 BIM 모델을 제작할 수 있는 역량을 갖추게 된다. 또한 본 과정은 기존 소프트웨어의 한계를 비판적으로 검토하는 점에서 학부 수준의 BIM 교육과 차별화된다. 학생들은 BIM 기능의 제약을 분석하고 이를 해결하거나 우회할 워크플로우를 직접 설계하며 디지털 도구의 장단점을 깊이 있게 이해한다.

수업은 IPD(통합 프로젝트 수행)의 중요성도 강조한다. 사례 연구와 실습을 통해 초기 참여, 공동 책임, 조정된 의사결정 등 IPD 원칙이 BIM 기술을 통해 어떻게 실무에 적용되는지 탐구하며, 협업 중심의 프로젝트 수행 방식을 체계적으로 학습한다.

The BIM and IPD course offers a comprehensive study of how Building Information Modeling operates as both a design methodology and a project management framework. Students engage in the full lifecycle of a project—from defining material specifications to producing a detailed digital model with quantity takeoffs—following workflows that closely reflect professional practice. Through this process, they come to understand BIM as an integrated system connecting design, cost management, scheduling, and documentation.

A central emphasis of the course is practical application. Students develop a full project package using BIM tools, including cost and schedule outputs, gaining skills directly applicable to real-world practice. The course encourages the use of BIM not only for representation but also for decision-making, performance evaluation, and stakeholder communication, culminating in a complete and professionally structured BIM model. Distinct from undergraduate BIM courses, the seminar critically examines the limitations of current software platforms and the challenges they create in practice. Students analyze functional constraints and propose workflows to address or bypass them, strengthening their understanding of digital tools and developing professional problem-solving skills.

The course also highlights the role of Integrated Project Delivery (IPD), illustrating how BIM supports collaboration through early stakeholder engagement, shared responsibilities, and coordinated decisions explored via case studies and applied exercises.

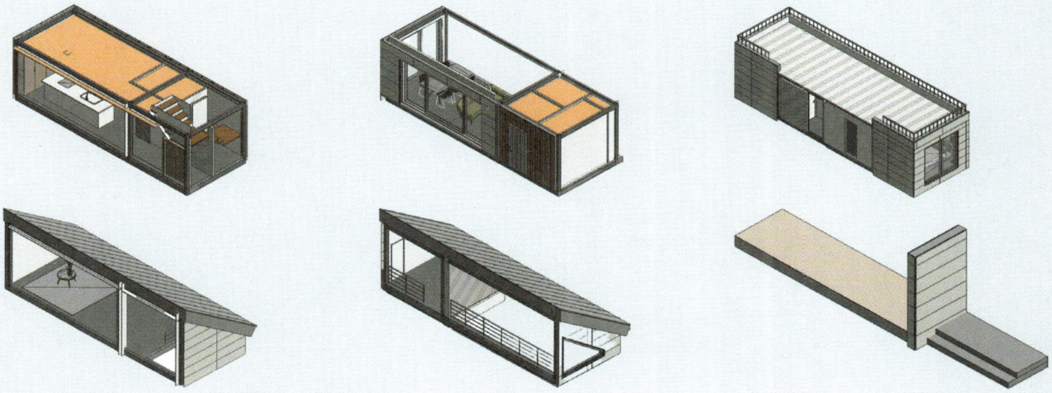

Data in Design

[대학원 교과목]

이남주, Namju lee

이 강좌는 데이터를 디자인 소재로 활용하여 디자인 프로세스를 개발하고 코딩하고자 하는 분들을 위한 입문 강의와 실습 워크숍으로 구성되어 있다. 강의에서는 코드, 데이터 처리, 기하 데이터, 벡터, 래스터 등 다양한 주제의 기본 개념과 실제 구현 방법을 다룬다. 구체적으로는 벡터, 점, 선, 폴리라인, 곡선, 표면, 메쉬, 그래프, 픽셀, 복셀, 머신 러닝, 딥 러닝, 매핑 및 시각화 기술 등과 같은 내용을 포함한다. 디자이너의 관점에서 학생들은 데이터와 도구를 효과적으로 활용하는 방법을 깊이 이해할 수 있으며, 강좌를 마친 후에는 지식과 기술을 확장할 수 있는 고수준의 포괄적인 개념을 습득하게 될 것이다. 강좌에서 다루는 아이디어와 내용은 데이터를 디자인에 접목하고자 하는 사람들에게 훌륭한 지침이 될 것이다. 학생들은 매일 특정 주제에 대해 배우고, 토론하며, 과제를 해결하고 실습 예제를 진행한다. 강사는 수업 전후로 언제든지 질문과 문제 해결을 돕기 위해 대기한다. 또한, 학생 개개인이나 그룹이 자신의 관심사와 능력에 따라 특정 주제에 집중하거나, 이후 다른 주제를 다시 학습할 수 있는 유연한 접근도 가능하다. 데이터를 디자인 소재로 활용하는 데 관심 있는 디자이너에게 이 수업을 추천한다.

4차 산업혁명은 데이터 기반 사회로의 본격적이고 명시적인 진입을 의미한다. 이에 따라 디자이너에게 데이터에 대한 이해는 핵심적인 역량으로 자리 잡고 있다. <데이터와 디자인> 수업에서는 디자이너들이 데이터를 디자인의 재료로 이해하고 가공하는 방법을 학습하며, 이를 통해 디자인 프로세스를 코드화하는 개념을 익히게 된다. 특히 공간(디자인) 데이터를 다루고 가공하는 능력을 통해 데이터의 피상적 활용을 넘어, 보다 근본적이고 창의적인 데이터 활용을 목표로 한다.

This course is an introductory lecture and practical workshop for those interested in leveraging data as design material to develop and code design processes. It covers fundamental concepts and practical implementation across various topics: code, data processing, geometric data, vectors, and rasters. Specifically, the content includes vectors, points, lines, polylines, curves, surfaces, meshes, graphs, pixels, voxels, machine learning, deep learning, mapping, and visualization techniques. From a designer's perspective, students will gain a deep understanding of how to effectively utilize data and tools, acquiring high-level, comprehensive concepts to expand their knowledge and skills post-course. The ideas and content provide excellent guidance for anyone looking to integrate data into design. Daily sessions involve learning, discussion, problem-solving, and practical exercises on specific topics. The instructor is available before and after class for questions and troubleshooting. A flexible approach allows individuals or groups to focus on specific topics based on their interests and abilities, or revisit other subjects later. This class is highly recommended for designers interested in using data as a design medium.

The Fourth Industrial Revolution marks our explicit entry into a data-driven society, making data literacy a core competency for designers. In 'Data and Design', students learn to understand and process data as a design material, grasping concepts for coding design processes. The course particularly focuses on handling and manipulating spatial (design) data. This aims to move beyond superficial data use towards more fundamental and creative applications, transforming how designers engage with information.

1. 컴퓨테이셔널 사고의 이해
문제를 정의하고 논리적·체계적으로 해결하는 사고 과정을 이해하며, 알고리즘적 접근과 문제 분해 능력을 습득

2. 데이터 종류와 가공 도구의 이해
정형 데이터와 비정형 데이터의 차이 및 유형을 분석하고, 데이터 처리와 분석을 위한 도구와 워크플로우를 이해

3. 해석기하학(Analytical Geometry)의 이해와 적용
수치적 기하학적 문제를 해결하는 방법론을 이해하며, 직선, 곡선, 평면 등 공간적 객체의 수학적 표현과 응용

4. 컴퓨테이셔널 지오메트리(Computational Geometry)의 이해와 적용
기하학적 문제를 효율적으로 해결하기 위한 알고리즘의 설계와 분석을 학습

5. 벡터(Vector)와 래스터(Raster)의 이해와 구현
벡터와 래스터 데이터의 차이점과 장단점을 이해하며, 그래프, 픽셀, 복셀 데이터 구조를 활용한 공간정보 처리 방법을 학습

6. 디자인 문제의 연역적·귀납적 접근과 구현
연역적 사고와 귀납적 사고를 활용하여 문제를 해결하고, 창의적인 디자인 솔루션 도출을 위한 논리적 사고와 프로토타이핑 기법을 습득

7. 디자인 프로세스의 코드화와 최적화
디자인 과정을 컴퓨테이셔널 방식으로 모델링하고 자동화하며, 알고리즘을 활용해 디자인 워크플로우를 최적화하고 효율성을 증대

8. 디자인 및 연구를 위한 CAD 도구와 알고리즘 개발
디자인 알고리즘을 개발하고, 디자인 연구와 프로젝트를 위한 맞춤형 도구를 설계 및 구현

1. Understanding Computational Thinking
Learn to define problems and approach them logically and systematically, acquiring skills in algorithmic thinking and problem decomposition.

2. Exploring Data Types and Processing Tools
Analyze the differences and characteristics of structured and unstructured data, and gain knowledge of tools and workflows for data processing and analysis.

3. Understanding and Applying Analytical Geometry
Explore methodologies for solving numerical and geometric problems, including the mathematical representation and application of spatial objects such as lines, curves, and planes.

4. Applying Computational Geometry
Study the design and analysis of algorithms to efficiently solve geometric problems.

5. Grasping and Implementing Vectors and Rasters
Understand the differences, advantages, and limitations of vector and raster data, and learn methods for processing spatial information using graph, pixel, and voxel data structures.

6. Deductive and Inductive Approaches to Design Problems
Use deductive and inductive reasoning to solve problems and develop creative design solutions, while mastering logical thinking and prototyping techniques.

7. Codification and Optimization of the Design Process
Model and automate design processes computationally, leveraging algorithms to optimize workflows and enhance efficiency.

8. Developing CAD Tools and Algorithms for Design or Research
Design and implement custom tools for design algorithms and projects, tailored to specific design research and applications.

학과 소개 및 교육 철학

본 대학 건축학 교육은 초창기 4년제 건축공학과의 틀 속에서 시작된 때부터 5년제 건축학 프로그램을 운영하고 있는 지금까지 '창조적 실천력을 갖춘 건축가 양성'이라는 교육목표를 일관되게 추구하고 있다. '창조적 실천력'이란 미래지향적 패러다임을 추구하며, 자유로운 사고 능력과 이를 현실에 적용할 수 있는 합리적 적용 능력을 함께 가지는 것이다. 과거 '건축공학'이라는 교육편제의 한계 속에서도 설계 중심의 건축학 교육을 분명하게 지향해왔다. 이제 선진적 교육환경과 프로그램의 강화를 통해 이 시대 건축문화를 선도해나갈 건축가 육성을 위해 최선의 노력을 경주하고 있다.

본 프로그램의 설립목표인 '창조적 실천력을 갖춘 건축가 양성'을 위해 학생들에게 교육할 구체적인 세부 목표를 다음과 같이 설정했다. 이 세부목표는 교과과정 구성의 기본방향이 된다.

① 창의적 문제해결 능력 배양

프로젝트의 복합적인 맥락과 여건에 대한 깊은 이해를 바탕으로 문제의 핵심을 바로 인식하고, 이에 대한 다양한 차원에서의 창의적 대안들을 검토하고 발전시키는 능력을 배양한다. 특히 건축을 도시와 사회의 차원에서 넓게 볼 수 있는 안목을 갖추게 하며, 사회에 대한 건축가의 책임을 깊이 인지하도록 한다.

② 실무 수행능력 배양

졸업생이 사회에 진출해 재교육 없이 실무를 원활히 수행할 수 있도록 교육한다. 계획설계 단계부터 실시설계 단계까지 단계별 설계수행능력을 배양한다. 설계교육의 최종 단계에서는 건축의 형태와 기능 그리고 건물시스템을 유기적으로 통합시킬 수 있도록 한다.

③ 시대를 선도하는 전문성 배양

우리는 기술, 사회, 경제, 문화 전반에 걸쳐 급격한 변화가 일상화된 시대에 살고 있다. 이러한 변화에 따라 건축가에게 기대되는 역할과 능력 또한 달라진다. 따라서 시대의 변화와 새로운 요구에 부응하는 전문성을 배양한다.

④ 국제화 마인드 배양

이제 세계는 하나의 공동체로 네트워크를 이루고 제반 가치와 수단을 공유하고 있다. 국제교류 프로그램을 통해 타문화의 가치와 사고체계를 경험하고 동시에 우리 문화의 고유성과 독창성을 인지함으로써 자기 정체성을 가지고 국제 사회와 소통할 수 있는 자세를 배양한다.

Since its beginnings as a four-year Architectural Engineering program, our university has aimed to cultivate architects with "creative practical competence," a mission continuing in the current five-year Bachelor of Architecture curriculum. This competence combines imaginative thinking with the rational skills needed for real-world application. Even within the earlier engineering-focused framework, the program prioritized design-oriented education. Today, enhanced by advanced facilities and an expanded curriculum, we remain committed to nurturing architects capable of shaping contemporary architectural culture.

To realize this goal, the program defines four core educational objectives:

① Creative Problem-Solving Skills

Students learn to identify the essence of complex architectural problems, consider diverse contexts, and generate creative solutions. They develop a broad vision connecting architecture to the city and society, with a strong sense of social responsibility.

② Professional Practice

Graduates acquire the ability to perform effectively in practice, mastering all design stages—from conceptual to detailed design—and integrating form, function, and building systems.

③ Professional Expertise to Lead the Times

The program develops expertise that responds to rapid technological, social, economic, and cultural changes, preparing architects for evolving professional demands. Global Mindset

④ Global Mindset

Through international exchanges, students experience diverse cultural values while recognizing their own creativity and identity, fostering effective global communication.

학년별 교과목 개요

이와 같은 교육체계는 기본적으로 학생들의 학습능력을 고려하여 기본능력 훈련에서부터 심화훈련 단계까지 순차적으로 구성한 것이다. 이러한 교육적 의도가 소기의 성과를 거두기 위해서는 각 과제가 분명한 교육적 의도를 가지고 설계되어야 한다. 설계과제를 설정함에 있어서 고려할 요소들을 네 가지 범주로 정리하고 각 설계과제의 교육목표에 따라 조정함으로써 설계과제를 정교화했다.

네 가지 범주는 '프로그램', '컨텍스트에 대한 고려', '기술적 고려', '프로그래밍'이다. '프로그램'의 세부내용은 용도, 규모, 도입기능이다. 단순하고 익숙한 수준에서부터 복합적이며 조사연구를 필요로 하는 수준까지 넓은 스펙트럼 안에서 어떠한 수준으로 설정하는 것이 각 과제의 교육주제와 부합하는지 검토하여 설정했다. 다음으로 프로젝트를 둘러싼 '컨텍스트'를 자연·물리적 맥락, 문화·역사적 맥락, 사회·경제적 맥락, 법규·제도적 맥락으로 구분하고, 각 설계과제에서 개입시킬 요소들을 정해 프로젝트의 배경 시나리오를 작성하도록 했다. '기술적 고려'란 각 설계과제와 구조, 환경조절, 시공 세 가지 기술 영역과의 연관성을 말한다.

이와 아울러, 각 과제에서 학생들로 하여금 어떠한 설계사고(Design Thinking)에 집중하도록 할 것인가의 문제 또한 중요하다. 이를 구체화함으로써 교수는 각 과제의 교육목표를 보다 선명하게 인식할 수 있게 된다. 설계과정에 작동되는 심적 행위를 '문제정의 능력', '공간구성 능력', '형태구성 능력' 세 가지 유형으로 구분하고 어떠한 요소를 훈련할 것인지 구체화하도록 했다. '문제정의능력'은 문제를 인식, 해석, 정의하는 가치판단적 사고다. 이를 통하여 설계목표(Design Goal)가 설정된다. '개념설정 능력'은 해결안의 개념적 틀을 형성하는 심상적 사고로서 이를 통하여 설계개념(Design Concept)이 형성된다. '공간구성 능력'은 물리적 요소를 사용해 공간을 구성하는 능력으로서 이를 통해 공간적 질서(Spatial Order)가 부여된다. 마지막으로 '형태구성 능력'은 물리적 요소를 사용해 형태언어를 구사하는 능력으로써 이를 통해 형태적 미(Formal Aesthetics)가 창출된다.

전체적으로 3학년까지 프로젝트에 개입되는 고려 요소들이 점차적으로 증가되어 가다가 4학년부터는 상당한 수준의 복합성을 갖도록 구성했다. 5학년 마지막 학기 과제는 실무 프로젝트와 유사한 복합성을 갖게 된다.

This educational system is structured progressively—from foundational skill training to advanced levels—based on students' learning capabilities. To achieve the intended educational outcomes, each design project is developed with clear pedagogical intent.

The design curriculum refines each project through four key categories of consideration: Program, Context, Technical Aspects, and Design Thinking. Program covers use, scale, and functions to be introduced. The level of complexity ranges from simple and familiar to comprehensive and research-intensive, depending on the educational theme of each project. Context is analyzed across natural/physical, cultural/historical, socio-economic, and legal/institutional dimensions, allowing students to construct realistic project scenarios. Technical Aspects address the integration of structural, environmental, and constructional systems relevant to each design stage.

In parallel, the curriculum emphasizes design thinking—the mental processes activated during design. These are categorized into three main competencies: Problem Definition—the ability to recognize, interpret, and define design problems through critical judgment, leading to the formulation of design goals. Spatial Composition—the capacity to organize physical elements into coherent spatial order. Form Composition—the ability to articulate physical form and create formal aesthetics.

As students progress through the program, the complexity and number of design considerations increase. By the fourth year, projects integrate multiple layers of contextual and technical challenges, culminating in a fifth-year capstone project that simulates real-world professional practice.

[전공 교육과정 체계도 및 전공 선후수과목 체계도]

구분		학년 / 학기	1-1	1-2	2-1	2-2	3-1	3-2	4-1	4-2	5-1	5-2
구분		과 목 명	기초설계 1 표현기법 1 건축디지털 디자인기초	기초설계 2 표현기법 2	건축설계 1	건축설계 2	건축설계 3	건축설계 4	건축설계 5	건축설계 6	건축설계 7	건축설계 8
과 목 주 제			공간적 감성 표현 능력	공간적 사고 표현 방법	공간의 조직	공간의 연출	부분의 종합	건축과 도시 컨텍스트	건축-도시 통합설계	리노베이션	건축적 문제의 해결	종합적 설계
프로젝트의 조건	설계 대상	용 도	비건축	비건축	주 택	미술관	중학교	사옥 및 연구소	집합주거	캠퍼스시설 및 다양한 주제	자유주제	실시설계
		규 모	–	단위공간	단일건물	단일건물	건물군	단일건물	건물군	건물군	자 유	건물군
		기 능	–	단일기능	단일용도 단순기능	단일용도 단순기능	단일용도 복합기능	복합용도 복합기능	복합용도 복합기능	복합용도 복합기능	복합용도 복합기능	복합용도 복합기능
	프 로 그 래 밍		–	–	–	–	–	부분 작성	부분 작성	부분 작성	전체 작성	부분 조정
	고려할 컨텍스트	자연·물리적	–	–	○	○	○	◎	◎	◎	◎	◎
		문화·역사적	–	–	–	○	○	◎	◎	◎	◎	◎
		사회·경제적	–	–	–	–	–	○	○	○	◎	◎
		제도(법규)	–	–	–	–	○	○	○	○	○	◎
	고려할 기술분야	구 조	–	–	○	○	○	○	○	◎	○	◎
		환 경	–	–	–	○	○	○	○	◎	○	◎
		시 공	–	–	–	–	–	–	–	○	○	◎
교육목표 요소	문제정의 능력		–	–	○	○	○	◎	◎	◎	◎	○
	개념설정 능력		○	○	○	○	◎	◎	◎	◎	◎	○
	공간구성 능력		–	◎	◎	◎	◎	◎	◎	◎	◎	◎
	형태구성 능력		◎	–	○	○	○	◎	◎	◎	◎	○

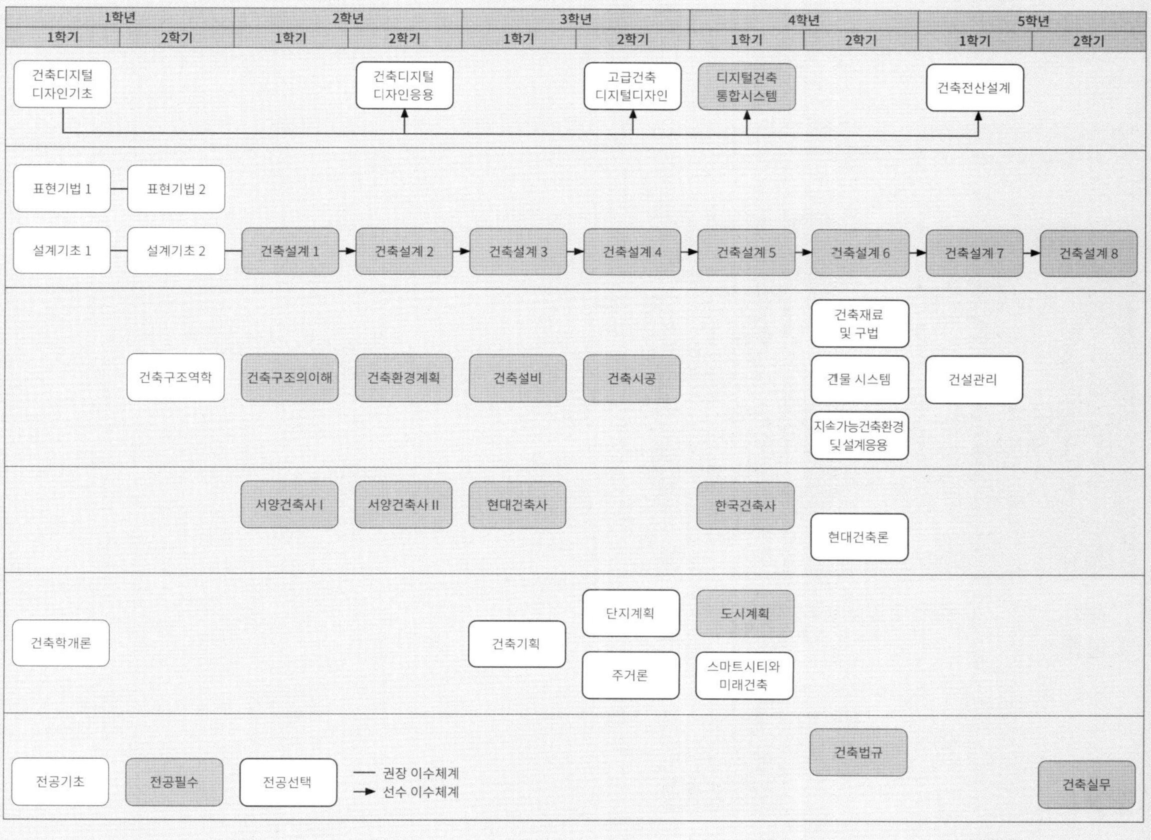

강연: Lecture Series

건축가 조성룡 잠실대첩 이야기
Architect Sungyong Joh Story of the Jamsil Battle

2025년 경희대학교 건축학과 공개강의는 도시와 건축, 재료와 공간의 관계에 대해 비판적 시각을 공유하고, 학문과 실무 간의 연계를 도모하기 위한 강연 프로그램으로 전반기와 하반기에 걸쳐 진행되었다.

전반기 강연에서는 건축가 조성룡이 "잠실대첩"이라는 주제로 강연을 펼쳤다. 그는 잠실이라는 서울의 대표적인 도시공간이 형성되어 온 역사적 배경과 도시계획의 방향성을 짚으며, 건축이 그 속에서 수행하는 사회적·문화적 역할에 대해 비판적으로 고찰했다. 특히 대규모 개발이 만들어낸 도시 스케일의 변화, 그리고 공공 공간의 성격이 어떻게 재편되어 왔는지에 대한 설명은 도시와 건축의 상호작용을 이해하는 데 중요한 인식을 제공하였다. 강연 후 이어진 대화에서는 학생들의 질문을 바탕으로, 도시 공간에 접근하는 건축가의 태도에 대한 실천적 관점이 공유되었다.

The 2025 Public Lecture Series at Kyung Hee University's Department of Architecture was held over two semesters and aimed to foster critical discourse on the intersections between architecture, urbanism, materials, and spatial design, while strengthening the connection between academia and practice.

In the spring semester, architect Joh Sungryong delivered a lecture titled "The Jamsil Battle," examining the urban history and transformation of the Jamsil area in Seoul. Through this case, he explored the social and cultural roles of architecture within the broader urban framework. His critique of large-scale urban development and the evolution of public space invited reflection on how architectural practice can engage with historical and political narratives embedded in the city. The lecture concluded with a dialogue session in which students engaged directly with the speaker on questions of spatial agency and design responsibility.

<SoA> 강예린, 이치훈 경희 건축전 특별 초청 강연
<SoA> Yerin Kang, Chihoon Lee Special Invited Lecture at KyungHee Architecture Exhibition

하반기 강연은 졸업전시 초청강연의 일환으로, SoA(Society of Architecture)의 강예린, 이치훈 소장이 초청되어 진행되었다. "재료, 컨텍스트, 공간"이라는 주제를 중심으로 SoA가 다양한 프로젝트에서 실험해온 작업들이 소개되었으며, 각 프로젝트가 다루는 장소성, 사회적 맥락, 재료적 전략이 어떻게 구체적인 공간 형식으로 구현되는지를 설명하였다. 특히 SoA 특유의 섬세한 장소 해석과 재료 사용 방식은, 실험적 건축의 가능성을 모색하는 데 있어 실질적인 사례로 제시되었다. 강연 이후의 대담에서는 건축가로서의 문제의식과 설계 과정에서의 고민들이 학생들과 자유롭게 공유되었다.

이번 공개강의는 서로 다른 세대와 관점을 가진 건축가들이 자신들의 작업을 통해 도시와 공간을 어떻게 해석하고 대응하는지를 보여준 자리였다. 경희대학교 건축학과는 앞으로도 다양한 강연 프로그램을 통해 이론과 실천이 교차하는 건축적 담론의 장을 지속적으로 만들어나갈 예정이다.

The fall lecture featured architects Yerin Kang and Chihoon Lee of SoA (Society of Architecture), invited as part of the annual graduation exhibition. Under the theme "Material, Context, Space," the lecture presented a series of projects spanning from early to recent works. SoA's approach, which integrates material experimentation with sensitive readings of context and program, illustrated how architecture can operate at the intersection of the conceptual and the tangible. Their thoughtful reflections on design strategies, along with a conversation with students, offered valuable insights into how critical thinking translates into built form.

Together, the two lectures provided an intergenerational and interdisciplinary perspective on architectural thinking and practice, reinforcing the role of public discourse in architectural education. The Department of Architecture will continue to cultivate such dialogues that bridge design, theory, and cultural context.

한일 국제건축워크숍

경희대학교 건축학과는 매년 일본 와세다대학교와 함께 한일 국제건축워크숍을 개최하고 있으며, 해당 프로그램은 한국과 일본에서 번갈아 진행되는 양교 간의 지속적 학술 교류의 일환이다.

2025년 워크숍은 한국에서 개최되었으며, 경기도 수원시의 화성 일대, 특히 도시 내 잔여공간(Grey Space)을 중심으로 도시재생 및 문화 기반시설의 가능성을 탐구하는 주제로 기획되었다.

'도시의 그레이 스페이스 재활성화'를 주제로 한 이번 프로그램은, 수원 화성의 역사적 맥락 속에서 활용되지 않거나 단절된 도시 공간들이 지역사회에 어떤 방식으로 다시 통합되고, 문화적 의미를 획득할 수 있는지를 탐색하는 데 중점을 두었다. 학생들은 수원천과 화성 구조물 사이의 공간적 단절을 연결하는 방식, 주민 일상과의 접점을 형성할 수 있는 소규모 문화 프로그램(예: 마이크로 박물관, 작은 도서관 등)을 제안하였다. 설계 과정에서는 현장 조사를 비롯한 지역 리서치, 한국과 일본의 도시재생 사례 연구, 공동 설계 및 모형 제작이 포함되었으며, 참가 학생들은 도시 구조와 역사, 사회적 조건을 다각도로 분석하며 실험적 공간 전략을 구체화했다.

이번 워크숍의 최종 결과물은 2025년 10월, 수원시가 주최한 '수원 도시건축문화제 – 그레이필드' 전시에 출품되어 일반 시민 및 도시 관계자들에게 공개되었다. 전시는 정조테마광장을 중심으로 실내외 공간에 설치되었으며, 학생들의 창의적 제안이 실제 도시 담론의 장으로 확장되는 계기를 마련했다.

경희대학교와 와세다대학교의 한일 워크숍은 단순한 학생 교류를 넘어, 도시 공간을 대상으로 한 국제적 교육 실천의 대표적 사례로 자리잡고 있다. 매년 지속적으로 이어지는 이 프로그램은 건축 교육의 학제 간 확장성과 지역사회 참여형 설계 교육의 가능성을 확인하는 중요한 플랫폼으로 기능하고 있다.

The Department of Architecture at Kyung Hee University continues its long-standing tradition of hosting an annual joint workshop with Waseda University, alternating each year between Korea and Japan. This collaborative initiative serves as a vital platform for design education, cultural exchange, and shared inquiry into contemporary urban issues.

In 2025, the workshop was held in Korea and focused on the historic city of Suwon, specifically the neglected and overlooked “grey spaces” surrounding the Hwaseong Fortress. Titled “Reactivating the Grey Spaces of the City”, the program invited students to examine how underutilized urban pockets—such as vacant lots, disused infrastructure, or inaccessible sites—might be reimagined as catalysts for social and cultural regeneration.

Working in interdisciplinary teams, students from both universities conducted fieldwork, urban analysis, and design studies over the course of an intensive week. Proposals ranged from small-scale public and cultural interventions to landscape strategies that reconnected fragmented urban fabric—especially around the Suwoncheon stream and the fortress's edge conditions.

The resulting works were publicly exhibited at the Suwon Urban Architecture Culture Festival – Grayfield in October 2025, held at the Jeongjo Theme Theater and adjacent outdoor plaza. With support from the City of Suwon, the exhibition offered a rare opportunity for students to engage directly with the public, presenting their ideas within the broader discourse of urban regeneration.

As an annual initiative, the Kyung Hee–Waseda Workshop not only strengthens the academic bond between the two institutions but also demonstrates the potential of architectural education to meaningfully intersect with local context, policy, and civic life.

2025
SUMMER
KHU-WASEDA
INTERNATIONAL WORKSHOP

SUMMER
KHU-WASEDA

경희 건축전
: 낯선 익숙함, 익숙한 낯섦

2025년 경희대학교 건축학과 졸업전시는 "The Known Unknown, The Unknown Known(낯선 익숙함, 익숙한 낯섦)"이라는 주제 아래, 익숙한 환경에 대한 낯설게 보기와, 낯선 상황에서의 새로운 친밀성 발견을 통해, 건축적 감각과 인식을 전환하는 시도를 전개하였다. 이는 단순한 형태나 공간 구성의 실험을 넘어, 오늘날 건축이 다루어야 할 감각적, 문화적, 사회적 층위에 대한 질문을 던지는 기획이었다.

전시는 5학년 졸업설계 작품을 중심으로 구성되었으며, 기획단이 직접 큐레이션을 맡아 주제문 작성부터 공간 구성, 시퀀스 설계, 전시장 연출에 이르기까지 전 과정을 자율적으로 수행하였다. 각 전시 존(Zone)은 감각, 시간, 장소, 기억, 관계성 등 학생 각자의 해석을 반영한 방식으로 배치되었으며, 전시 전체는 관람자가 주제를 따라 이동하며 다양한 사고와 태도에 몰입할 수 있도록 구성되었다.

작품들은 도시의 틈새, 사회적 경계, 감각의 공백 등 비가시적 이슈들을 건축 언어로 전환하고자 하였으며, 설계 결과물은 도면, 모형, 영상, 설치 등 다양한 표현 매체를 활용해 감각적 몰입과 비평적 읽기를 동시에 가능케 하였다. 또한, 건축을 통해 질문을 제기하고 서사를 구성해나가는 설계 접근 방식이 돋보였다.

이번 전시는 단지 졸업작품 발표의 장을 넘어, 경희대학교 건축학과의 교육과 실천, 학생 주도성과 창의성, 그리고 동료성과 공동 기획의 문화가 집약된 상징적 자리였다. 총장을 비롯한 주요 인사와 외부 건축 전문가, 동문, 재학생이 함께 참여하여 학과 구성원 모두의 집단적 성과를 나누는 자리가 되었으며, 연례 교육성과의 공식 기록이자 향후 아카이브 및 연감 «DAKHUMENT»의 주요 콘텐츠로 수록되었다.

The 2025 Graduation Exhibition at Kyung Hee University, titled "The Known Unknown, The Unknown Known," explored the blurred boundaries between perception and reality, memory and imagination, familiarity and strangeness. Far from a conventional showcase of final design projects, this exhibition asked how architecture can reframe what we think we know—and reveal the unseen within the everyday.

Through their thesis work, students examined latent possibilities within familiar urban spaces, often recontextualizing them to provoke new interpretations. Others engaged with abstract notions—of absence, memory, rhythm, or scale—using architectural tools to materialize what is often overlooked or assumed. Rather than offering fixed solutions, the projects invited viewers into a space of inquiry: one shaped by ambiguity, tension, and curiosity.

What distinguished this exhibition was not only its theme but its process. Organized entirely by a student-led curatorial team, the show reflected a collective authorship rarely visible in institutional settings. From the conceptual framework to spatial layout and installation design, students directed every aspect of the exhibition, creating a cohesive and immersive narrative experience. The gallery was divided into thematic zones, each articulating a different facet of the central paradox—where the known becomes strange, and the strange becomes known.

The exhibition also served as a convergence of the department's academic, cultural, and communal energies. Faculty, alumni, peers, and external guests—including the university president—gathered not simply to view student work but to reflect on the shared questions that architecture continues to pose: How do we live? What do we remember? What must we now reimagine?

The Known Unknown, The Unknown Known was more than a presentation of outcomes. It was an exploration of architectural thinking as an open, critical, and creative act. Its legacy will continue through its documentation in the department's yearbook, «DAKHUMENT», preserving both the work and the questions that shaped it.

AIR
BLOCK

동문 행사

경희대학교 건축학과는 매년 두 차례 동문행사를 통해 재학생과 졸업생이 한자리에 모여 소통하는 전통을 이어가고 있다. 5월 학교 축제 기간에 열리는 “DAKHU 포장마차”는 동문 선배와의 대화 코너와 건축학과 주점에서 함께 식사하는 교류의 장으로, 졸업 후 진로와 사회생활, 인생 여정에 대한 진솔한 경험담을 나누며 세대 간 간극을 좁혀 간다. 또 다른 주요 행사인 졸업전시는 <경희 건축전: DAKHUMENT>라는 이름으로 진행되며, ‘낯선 익숙함, 익숙한 낯섦(The Known Unknown, The Unknown Known)’을 주제로 매년 9월 초 일주일간 5학년 졸업작품을 중심으로, 1학년부터 5학년 학생들의 스튜디오 결과물, 동문 선배들 프로젝트들을 선보인다. 경희대학교 공과대학 설계동에서 열리는 이 전시에서 동문과 재학생은 경희건축의 교육과정을 공유하고 학과의 정체성과 미래 방향을 함께 모색한다.

The Department of Architecture at Kyung Hee University upholds a long-standing tradition of bringing current students and alumni together through two annual alumni events. The "DAKHU Pocha," held during the university festival in May, offers a space for conversation with alumni seniors and a communal meal at the department pub. It is a meaningful occasion where students and graduates share candid experiences about career paths, professional life, and personal journeys after graduation, helping to bridge the generational gap. Another major event is the annual graduation exhibition, presented under the name <Kyung Hee Architecture Exhibition: DAKHUMENT> Held every early September for one week, the exhibition features 5th-year graduation projects along with studio works from 1st- to 5th-year students and selected alumni projects, under the theme "The Known Unknown, The Unknown Known." The exhibition takes place at the Architectural Design Building of the College of Engineering. Here, alumni and students come together to share Kyung Hee Architecture's educational philosophy and explore the department's identity and future direction.

학과 답사

2025.05.15 - 2025.05.16

경희대학교 건축학과는 매년 1학기 국내 건축답사를 통해 교실 밖에서 실제 공간을 체험하며 배우는 전통을 이어가고 있다. 2024년부터는 수도권 당일 답사와 학과 MT 형식의 1박 2일 여행을 해마다 번갈아 운영하며, 매년 다른 지역의 전통건축 유산과 현대건축 사례를 폭넓게 탐방하고 있다. 2024년에는 종묘·창덕궁·운현궁을, 2025년에는 충남 아산의 수덕사·추사고택·외암마을을 방문해 한국 건축의 역사성과 장소적 맥락을 직접 체감했다. 특히 1-5학년 전체 학생이 함께 참여하는 것을 원칙으로 하여, 학년이 섞인 7-8명 규모의 조를 구성하고 답사 미션, 팀 게임, 스탬프 랠리 등 다양한 이벤트를 마련해 서로 자연스럽게 교류하고 친밀감을 쌓을 수 있도록 운영했다. 이러한 답사는 건축적 시야를 넓히는 동시에 경희건축 공동체의 문화를 만들어가는 소중한 자리로 자리 잡고 있다.

The Department of Architecture at Kyung Hee University has a tradition of learning beyond the classroom through domestic architectural field trips held every spring semester. Since 2024, the program alternates each year between a one-day metropolitan tour and a two-day, one-night departmental trip, exploring different regions to experience both traditional and contemporary architecture. Recent destinations include Jongmyo, Changdeokgung, and Unhyeongung (2024), and Sudeoksa Temple, Chusa House, and Oeam Folk Village in Asan (2025). All students from 1st to 5th year participate, joining mixed-year teams of 7-8 members to complete field missions and group activities that encourage interaction and bonding. These trips broaden students' architectural perspectives while strengthening the sense of community within Kyung Hee Architecture.

UAUS

어반 젤리: 도시를 유영하다
Urban Jelly: Glide through the City

해파리는 눈도, 코도, 귀도 없다. 뇌도 심장도 없는 아주 원시적인 생물이다. 해파리는 의지없이 그저 물살에 몸을 맡기며 유영한다. 걱정없이 흐느적거리는 삶. 책임도, 판단도 내려 놓은 듯한 태도. 그러면서도 삶을 유지하는 것이 해파리가 가진 가장 단순하지만 강력한 힘이 아닐까. 가끔은 이 복잡한 세상이 버겁게 느껴질 때가 있다. 같은 시대를 살아가며 같은 시간을 공유한다고 해도 우리는 모두 다른 생각을 쌓아가며 살아간다. 모두가 다 다른데 어떻게 같은 방향을 강요할 수 있을까. 서로 다른 길을 가는 것이 자연스러운데도, 우리는 늘 어떤 정답을 찾으려 애쓴다. 우리는 딱딱하게 챗바퀴처럼 돌아가는 삶을 살아가는 현대 사회 속 아무 생각 없는 해파리처럼 목표 없이 유영할 수 있는 공간을 만들고자 한다. 헤엄쳐 도망갈 힘이 없다면, 파도에 몸을 맡기고 유영하자. 꼭 어디를 향하지 않아도 그것만으로도 충분히 잘 살고 있는 것이다. 그러다 보면 엉뚱하게 흘러간 그 곳에 또 다른 길이 있을지도 모른다.

The jellyfish has no eye, no nose, no ears, no brain, no heart. It is a primitive creature, yet a resilient one. Without will or direction, it drifts freely with the current. A life without worries, without responsibility or judgment. And still, it survives. There is something deeply powerful in its simplicity. In today's complex world, life can often feel overwhelming. Though we share the same time and space, we all move with different goals. We chase answers and struggle to keep up in the rigid grid of the city. Urban Jelly is a pavilion created for those moments, a space where you can pause. Where you can drift without a destination, and still be okay. A reminder that even without purpose, you are still living well. Perhaps, by floating aimlessly, you may stumble upon a new path, or a beautiful coincidence. Urban Jelly invites you to pause, let go, and simply drift.

별들의 집
10.29 이태원 참사
서울광장 분향소를
기억합니다.
499일

DAKHUMENT Annual Book 2024–2025

[Credit]

경희대학교 건축학과

Department of Architecture, Kyung Hee University

편집위원장
김동일

Editor-in-Chief
Dongil Kim

편집위원
이관석, 김일현, 황경은

Editorial Board
Kwanseok Lee, Ilhyun Kim, Kyungeun Hwang

학생편집위원
팀장: 김민서
강혜기, 고수연, 김연희, 김진형, 김현조, 이주영, 서보경

Student Editorial Board
Student Editorial Chair: Minseo Kim
Haegee Kang, Sooyeon Ko, Yeonhee Kim, Jinhyung Kim, Hyeonjo Kim, Jooyoung Lee, Bogyeong Seo

2025 DAKHUMENT 1기
단장: 장태수
강영진, 강이삭, 강혜기, 고수연, 김경환, 김민서, 김연희, 김예영, 김재엽, 김진형, 김현조, 모상진, 박소현, 서보경, 신유정, 윤지원, 이주영, 장민주, 장태수, 조성진, 최주원, 최지성, 현서영, 홍상엽

DAKHUMENT 1st Cohort, 2025
Program Lead: Taesu Jang
Youngjin Kang, Isaac Kang, Haegee Kang, Sooyeon Ko, Kyunghwan Kim, Minseo Kim, Yeonhee Kim, Yeyoung Kim, Jaeyeob Kim, Jinhyung Kim, Hyeonjo Kim, Sangjin Mo, Sohyun Park, Bogyeong Seo, Yoojeong Shin, Jiweon Yoon, Jooyoung Lee, Minju Jang, Taesu Jang, Sungjin Cho, Juwon Choi, Jiseong Choi, Seoyoung Hyun, Sangyeop Hong

본 연감은 경희대학교 건축학과의 교육·연구·기록 활동을 아카이빙한 결과물이며, 학생·교수·동문이 함께 협업하여 만들어낸 집단 지성의 기록입니다.

This publication is the result of collaborative documentation by students, faculty, and alumni of the Department of Architecture at KyungHee University, archiving one year of design, research, and academic practice.

경희대학교 건축학과
경기도 용인시 기흥구 덕영대로 1732
경희대학교 국제캠퍼스 공과대학

홈페이지: archi.khu.ac.kr
아카이빙: dakhugallery.com

전화: 031-201-2536
팩스: 031-204-8114
이메일: dakhument@khu.ac.kr

Dept. of Architecture, Kyung Hee University
1732, Deogyeong-daero, Giheung-gu, Yongin-si,
Gyeonggi-do, Republic of Korea

Web: archi.khu.ac.kr
Archiving: dakhugallery.com

Tel: 031-201-2536
Fax: 031-204-8114
E-mail: dakhument@khu.ac.kr

도서출판 우리북
서울특별시 서초구 동산로 80-1, 2층 201호
출판등록: 2010년 8월 27일
등록번호: 제321-2010-000175호
편낸이: 김영덕
휴대폰: 010-5228-2130
전화: 02-3463-2130
팩스: 02-2360-2150
이메일: kyd2130@hanmail.net
홈페이지: http://ooribook.com

WOORIBOOK
2F, 80-1, Dongsan-ro, Seocho-gu, Seoul, Republic of Korea
Published Registration: August 27, 2010
Registration Number: No.321-2010-000175
Publisher: Youngdeok Kim
Mobile: +82-10-5228-2130
Tel: +82-2-3463-2130
Fax: +82-2-2360-2150
E-mail: kyd2130@hanmail.net
Web: http://ooribook.com

초판 1쇄 인쇄: 2026년 1월 1일
초판 1쇄 발행: 2026년 1월 1일

1st Print: January 1, 2026
1st Published: January 1, 2026

ISBN: 979-11-85164-51-9
정가: 45,000원

ISBN: 979-11-85164-51-9
Price: 40 USD

기획: 경희대학교 건축학과
편집: 2025 DAKHUMENT 편집위원회
교정 및 교열: 2025 DAKHUMENT 편집위원
편집디자인: 스튜디오126
표지디자인: 고정현, 서보경
인쇄 및 제책: 영풍인쇄사

Editorial Planning: Dept. of Architecture, Kyung Hee Univ.
Edit: 2025 DAKHUMENT Editorial Team
Correction: 2025 DAKHUMENT Editorial Board
Editorial Design: STUDIO126
Cover Design: Junghyun Ko, Bogyeong Seo
Print: YOUNGPOONG Printing Co.